（原著第八版）

Positive Child Guidance

(8th edition)

# 0—12岁儿童的正面引导

## ——给教师和家长的心理学建议

[美] 达拉·费里斯·米勒（Darla Ferris Miller）/著
刘晶波 等/译

中国轻工业出版社

**图书在版编目（CIP）数据**

0—12岁儿童的正面引导：给教师和家长的心理学建议 ／（美）达拉·费里斯·米勒（Darla Ferris Miller）著；刘晶波等译．—北京：中国轻工业出版社，2022.7（2023.9重印）

ISBN 978-7-5184-4007-8

Ⅰ．①0… Ⅱ．①达… ②刘… Ⅲ．①儿童心理学 Ⅳ．①B844.1

中国版本图书馆CIP数据核字（2022）第094572号

**版权声明**



责任编辑：牟　聪

策划编辑：吴　红　　　　责任终审：张乃柬

责任校对：刘志颖　　　　责任监印：吴维斌

出版发行：中国轻工业出版社（北京东长安街6号，邮编：100740）

印　　刷：三河市鑫金马印装有限公司

经　　销：各地新华书店

版　　次：2023年9月第1版第2次印刷

开　　本：787×1092　1/16　印张：29.5

字　　数：310千字

书　　号：ISBN 978-7-5184-4007-8　定价：98.00元

读者热线：010-65181109，65262933

发行电话：010-85119832　传真：010-85113293

网　　址：http://www.chlip.com.cn　http://www.wqedu.com

电子信箱：1012305542@qq.com

如发现图书残缺请拨打读者热线联系调换

201322Y1X101ZYW

# 译者序：为了帮助儿童养成适宜的社会行为

行为养成，是儿童社会性发展与教育领域中一个非常重要的概念。它意指依据儿童的年龄特征，对其日常在具体的社会生活场景中所表现的行为进行明确的引导、规训，从而帮助儿童从小养成适宜的社会行为，并最终成长为一名可以达成自我认可、为社会所悦纳的新成员。

基于丰富的儿童心理学与社会心理学研究，儿童教育研究者与实践者们特别关注“如何对儿童进行行为管理”这一研究领域，出版了大量的理论价值与实践应用价值兼具的著述。本书便是其中比较有影响力的一部著作。自其第一次出版发行起，目前已经更新至第八版。作者达拉·费里斯·米勒博士也因其围绕儿童行为养成方面所做出的贡献而在美国适龄儿童的家长与教师中享有盛誉。

选择集中力量翻译这本书的初衷，一方面是对其学术价值的看重——“以准确翔实的基础理论做基座，对不同年龄儿童的特征进行充分的分析，而后精准地给出对儿童进行积极行为管理的相关途径与具体方法”。在儿童社会性发展与教育领域，如同本书这种理论基础扎实、实际操作指导力度强大、逻辑清晰紧凑、内容翔实、案例生动的著作无疑是上乘之作，特别值得被译介，更值得儿童的养育者们深入学习。另一方面，与我国当下儿童教育实践中的一个突出现象有关：我们对于儿童适宜行为养成的关注远远不足，进而滋生了许多给孩子自身发展、家庭和睦乃至社会和谐造成消极影响的大大小小的问题。比如：“孩子行为习惯差、自理自律能力弱”“养育者们深陷各种困境”“孩子的心理与行为偏差激增，极端事件频发”等。这些现象强烈地提示着我们，必须尽快、尽最大可能去关注并支持我国儿童行为的发展。

深究问题成因，当下对儿童行为养成关注不足与两个因素密不可分。其一，与我国先前的独生子女政策引发的当代家庭结构变迁有关。在一个由 2 个、4 个甚至 6 个大人面对 1 个孩子的家庭人际互动过程中，大人们往往不自觉地从自己的视角出发，围绕“我们怎样可以更好地对待孩子？”来思考和行动，而不容易意识到“孩子真实的需要是怎样的？”“孩子适宜的行为应该是怎样的？”，进而忽视了“支持孩子行为养成”这一重要的儿童教育内容。其二，与宏观时代背景下人们更倾向于开发人类个体的潜能，及早、即快促进孩子的知识与技能发展有关。在过去的

30年里，我国的家庭教育与儿童教育机构在促进孩子的认知与才艺发展方面投入巨大，但对于孩子的生活习惯、社会行为养成、心理弹性支持等则倾向于“交给成熟去负责”。我们简单地认为：等孩子长大了，行为自然就会好起来；而唯有知识传递与技能培养是必须及早起步的“硬仗”，要练习好“童子功”，不能让孩子输在起跑线上。这种养育倾向直接制约了家长与教师在儿童适宜行为养成方面的付出。客观地说，这些偏差不是成人们愿意看到的结果，并且很多人已经开始或正在极力纠正、改进。

其实，在中华文明绵延不绝的繁衍与传承中，关于如何管理、规训孩子的社会行为的论述非常丰富。自人类历史上最早的教育论著《学记》开始，几乎每一个朝代都有关于理想的儿童教养实践的论段，覆盖的内容维度极为丰富，涉及的儿童行为发生的时空也比较广泛，遍布“从早到晚”“从春到冬”所发生的，指向孩子自己、与孩子相关的他人、与孩子生活相关的各种环境中“事无巨细”的各种行为。借助于这些古训，人们以淳朴、简便的方式教育着、引导着孩子的成长，也推动着文明的演进与社会的发展。遗憾的是，随着社会变迁，文明积淀下的有关儿童行为养成的训导中总有其自身在儿童观等方面凸显出的弊端，这些弊端在教育学科化、机构化、规范化后所凸显的“尊崇研究成果”“忽视民间代际传承”的教育实践发展轨迹中受到了相应的制约。现如今，在儿童行为管理的实践中，家长与教师们更多遵照教科书上的原理与方式进行实际操作。就此而言，本书的翻译与出版就显得尤为重要。如果父母和教师真正能够读懂本书中对不同年龄儿童行为发展普遍特征的归纳、分析，真正能够分辨出孩子问题行为的表现并查明其背后的原因，真正能够遵循作者在大量实践中萃取的积极的儿童行为养成方式，那么毫无疑问，我们之前在这一领域所累积的亏欠、缺憾会得到有效的补足。其结果不仅会推动我国当下儿童教育的革新、推动孩子适宜的社会行为的养成，更会助推我国和谐社会的建构。

此书的翻译工作最初是从将之作为南京师范大学学前教育专业儿童社会性发展与教育方向硕士研究生的专业英语教材起步的，在书中的内容被深入、仔细研读的基础上着手进行分步翻译的。蒋蒲颖、郭冠群两名硕士生在这一过程中所获得的专业成长最大，在翻译过程中付出的时间与精力也最多。在全书初步翻译完毕后，又有美国北卡罗来纳大学教育学博士、南京师范大学教育科学学院博士后吴昊加入，最终大家集中攻坚直至定稿。尽管因为受新型冠状病毒肺炎疫情等客观因素影响，成书时间超出了预期，但是本书终于要和家长、教师们见面了。此时，我们心中有大功告成后的释然，更有一份忐忑。

坦率地说，作者在书中所做的理论阐释与实践样态描述对于专业工作者来说并不陌生也不深奥，但是要把它们以尽可能通俗易懂的语言表述出来并不是件容易的事情。人类个体适宜的社会行为虽然有广泛的共通性，但也因人们所处文化与社会大背景的差异而各有侧重。由此，书中的观点难免会有和我国儿童的社会性发展与教育实践存在偏差和并非可以拿来即用的地方。此外，局限于我们自身驾驭英文的能力，译文中存在的不合适、不恰当的地方一定不在少数。然而，世间终究没有完美，这些不足之处恳请读者们给予真诚的批评、指正，那将是我们在寻求进步与成长过程中最好的鞭策。

刘晶波

2022年3月29日于南京

# 前　言

不久前，我的一个孙女因为她的妹妹干扰了她精心安排的玩偶游戏，而对妹妹大喊大叫。基于正面引导技术，我自然会说："阿普丽尔，罗莎在哭。她想谈谈当你对她说出愤怒的话时她的感受。"

阿普丽尔茫然地抬起头，就像一个从全神贯注中刚回过神的人，说道："我没有听到自己说生气的话。"关于可爱的阿普丽尔，最近我想了很多。我们有很多时候都没有听到自己的声音。有效地引导儿童需要成人的关注和自律。想要在引导儿童上取得成功，不仅需要记忆新信息，还需要处理信息，变得能自我觉察，有时这甚至会改变伴随一生的习惯。做好这些事情都不容易，就像阿普丽尔一样，首先，我们必须听到自己说的生气的话。

我曾担任过教师（从婴幼儿阶段到初中阶段）、保育主任、幼儿教育专业教授和实习教师主管。在我观察教师与儿童相处的这些年里，有些事情发生了很多变化。但是有些事情并没有改变，比如，今天仍然有教职工恐吓幼儿要保持安静，让他们的注意力保持集中，并且错误地认为这会帮助孩子学习。

## 我们共同的追求

与孩子互动的大多数成人都有良好的意愿，希望孩子得到最好的东西。作为幼儿教育者，我们的共同追求是在日复一日的实践中找到对我们真正有用的最佳实践。我们真心希望能够支持儿童的发展，并改善他们的生活。我们都希望取得成功，我衷心地希望这本书将在儿童引导方面取得新的成功。

这里介绍的引导方法不是我的发明或发现。我花了40年的时间观察、研究、与儿童和家庭一起工作和学习有关的知识。我不仅通过研究让·皮亚杰（Jean Piaget）、阿尔弗雷德·阿德勒（Alfred Adler）和玛丽亚·蒙台梭利（Maria Montessori）等人进行学习，我也从像你这样的同事那里学到了很多东西，他们通过在会议上发表演讲和撰写期刊文章来慷慨地分享自己的想法。在这本书中，我将竭尽全力将所有我能获得的、实用的，关于儿童引导的专业知识、研究和智慧汇集在一起，并且以简化、有条理、易于阅读的方式呈现给你们。

## 关键假设

《0—12岁儿童的正面引导——给教师和家长的心理学建议》（原著第八版）（*Positive Child Guidance*，8th edition）为针对儿童的引导提供了全面的计划。本书的每个部分都非常符合发展适宜性教育（Developmentally Appropriate Practice，DAP）的理念。

这里提供的方法基于以下关键假设。引导必须：

- 尊重并建立自尊心
- 适应个体差异
- 支持自立和自律
- 符合儿童的发展水平
- 参考儿童的群体文化

## 三种哲学观点

成熟主义理论家阿诺德·格塞尔（Arnold Gessell）提出了成熟主义者的理念，即发育是随着时间推移在可预测阶段自动发生的生物过程。这个观点提供了有效的引导工具，同时提出了警示——如果做得太过，它可能会被用作放纵、“放手”或忽略引导的借口。

行为主义理论家约翰·沃森（John Watson）、B. F. 斯金纳（B. F. Skinner）和艾伯特·班杜拉（Albert Bandura），对影响发展的环境主义观点做出了巨大贡献，该观点认为儿童的环境塑造了其学习和行为。这个视角为回应非常具体的行为问题提供了有用的指导工具。然而，它的策略对于回应所有的引导情况并不具有发展适宜性。事实上，在没有孩子积极合作的情况下使用行为主义的方法，有将成人置于操纵和控制的专制角色的风险。

建构主义理论家让·皮亚杰、玛丽亚·蒙台梭利和列夫·维果茨基（Lev Vygotsky），发展了建构主义者的观点，即幼儿被视为学习过程中的积极参与者。因为环境和人的积极互动是学习和发展的必要条件，所以建构主义者认为儿童是他们学习的伙伴。建构主义的哲学观自然匹配了在发展适宜性教室中具有权威性的成人的引导角色。

显然，本书倾向于建构主义的观点。

## 本书的读者

本书主要是为高校学生编写的，多年来许多大学已采用本书作为幼儿教育专业课程的教材。高校中的学生非常多样化。一堂课可能面向努力学习英语的学生、参与精英计划的学生、努力将基本技能提高到大学水平的学生，以及因成熟和工作习惯在学术上表现出色而返回课堂的成人。

我有意撰写本书以吸引多层次的成人学习者。本书以相对没有术语的写作风格，提供了引导理论和哲学基础。为了那些苦苦奋斗的学生，本书中运用了易读的写作手法、实用的逸事记录和有趣的照片，以使各章节变得更有趣。但是，本书也提供了足够“有深度的”、能充分激发批判性思维的信息，为经验更为丰富的学生带来了智力挑战。

## 本书的组织

本书分为四个部分：

- 正面引导的准备
- 重视每个孩子的独特性
- 预防行为问题
- 积极干预

本书根据引导方法的不同方面进行编排：

- 第 1—3 章以明确儿童的目标和回顾儿童学习与发展的相关理论作为正文的开始；
- 第 4—6 章提供了关于如何通过观察、认识和理解儿童的独特品质来评价儿童的信息；
- 第 7—9 章讨论了如何通过规划发展适宜性环境、建立牢固的关系以及支持道德和社会智力发展来预防问题；
- 第 10、11 章提供了关于学习如何忽视、重新定向或干预不恰当行为的实践细节，并更正了长期的无效行为背后的错误目标。

## 第八版的更新之处

《0—12 岁儿童的正面引导——给教师和家长的心理学建议》（原著第八版）侧

重于通过发展适宜性引导方法来支持儿童的发展和提升他们的生活。新版提供了一个全面的引导计划，每一部分都包含了发展适宜性教育的理念。新版包括了重要的研究进展，并阐述了那些正在改变儿童照顾方式的变化。

## 特色

*更新的学习目标*。与每一章的主要小节所相关的学习目标，向学生展示了他们需要了解哪些内容来处理和理解章节中的信息。在学习完每一章后，学生应该能够演示他们如何使用和应用新知识和技能。

*每一章都有的新标准*。新的和改进的全美幼教协会（National Association for the Education of Young Children，NAEYC）标准体现在每一章的章首位置，以帮助学生确定每一章中涉及的关键标准。

*新的“认识大脑”文本框*。这些新部分为学生提供了当下的神经科学研究发现，这些研究发现影响了我们对儿童学习方式的理解和有效引导儿童的方式。

*实际应用的重点*。每一章中至少有一个证明了本章的重要概念的实际应用案例。此外，本书中列举了大量的例子，以帮助学生掌握在现实世界中应用新能力的方法。

*明确行为矫正在正面引导中的作用*。提供外在动机，使用代币、奖品和表扬来作为强化手段，在特定的情况下会非常有效，但如果使用不当，会严重破坏内在动机。本书为支持内在动机和正确地使用外在动机提供了指导。

*更新的关于道德发展的报道*。儿童教育项目在人类道德价值观的发展中发挥重要作用，而道德价值观对于成功实现民主政治中的公民权利至关重要。正面引导建立在尊重和自信地照顾孩子——培养他们健康生活、尊重他人和对自己的行为负责的内在动力——的基础上。

*更新的关键术语和定义*。为了支持学生的学习，在每一章的结尾，都会出现一系列的关键术语。

*更新的引文*。本书中引用了著名的哲学家、教育家和作家的相关名言来阐明章节内容并启发学生。

## 每章亮点

第 1 章　为什么引导是重要的

- 校订后的材料与 DAP 的基础文本相关联
- 有关儿童和家庭的及时信息
- 有关儿童照护者的最新统计数字
- 表述为“保证安全、尊重他人、负责任”的基本原则

第 2 章　历史的观点和引导理论

- 关于镜像神经元的当前研究如何影响引导的新信息

第 3 章　理解儿童的行为

- 关于儿童发展的关键理论的最新信息
- 关于婴儿发展的最新内容
- 慢性压力对大脑结构发展影响的新数据
- 关于养育风格的最新信息
- 游戏在儿童发展中的重要作用的新信息

第 4 章　如何观察儿童

- 通过项目评估来保证高质量的照护
- 将观察结果与 DAP 相整合的最新策略
- 使用神经科学来更好地了解关于儿童发展的讨论

第 5 章　为文化多元的儿童和家庭服务

- 学习并发现书籍和其他媒介中有关偏见的新指南
- 很少出现在儿童的学习资料、书籍和媒介中的那些代表性不足的文化群体的新名单
- 贫困对儿童发展的破坏性影响的新研究发现
- DAP 学习环境对婴幼儿的有益影响的新研究发现
- NAEYC 的道德规范更新声明和 DAP 的目标清单

### 第 6 章　理解有能力差异的儿童

- 能力差异儿童面对慢性压力的特殊脆弱性的新研究发现
- 使用“能力差异”一词代替“残疾”
- 添加“包容性”一词来反对排斥的想法
- 欺凌和戏弄是通过发展水平和性别来解决的

### 第 7 章　营造内外兼顾的发展适宜性环境

- 与发展适宜性教育的联系贯穿本章
- 有关室内外环境设计的深入信息
- 绿色游乐设施的创新部分以及研究对它们的评价
- 有关儿童肥胖和户外活动价值的新观点
- 关于体罚的消极影响的最新研究
- 虐待性头部创伤及相关问题的最新消息

### 第 8 章　通过积极沟通建立联系

- 婴幼儿语言发展的新研究发现
- 与儿童一起使用手语以减少沟通的受挫感并增强大脑发育的策略
- 在儿童中建立归属感的方法
- 进行关键对话和和平解决冲突的方法

### 第 9 章　产生积极行为和消极行为的根本原因

- 道德智力的七种基本美德的概述
- 表明大脑结构的发育如何影响道德行为的最新研究

### 第 10 章　有效的引导干预

- 解决日常引导问题的 DAP 实用策略

### 第 11 章　错误的目标、动机和正念

- 内在动机和外在动机影响条件的新研究发现
- 应对儿童使用粗鲁或不恰当语言的策略

- 帮助儿童接受其行为后果的材料
- 有效使用行为矫正的最新情况
- 社会情绪智力研究的最新进展
- 高情商人士的十个习惯
- 儿童正念训练

此外，为了帮助学生习得技能并将理论与实践联系起来，本书提供了以下内容：

- 使章节内容栩栩如生的照片
- 对发展适宜性教育的强调
- 提供真实故事、图表、案例、建议和策略的文本框
- 制订积极行为清单的独特计划
- 相关研究、新出现的社会问题和挑战
- 教职工、家长和儿童之间的对话示例
- 促进积极行为的发展适宜性活动
- 有关大脑和情绪的研究发现
- 教师支持亲社会性发展的方式

## 致谢

本书中出现的许多精美照片由休斯敦蒙台梭利乡村日间学校和克莱蒙特联合卫理公会教堂幼儿园的家庭和教职工慷慨提供。玛格丽特·埃利森、玛丽索尔·夏普、杰里·博尔曼和许多教师花了很多时间来收集照片并与家长沟通，使照片有可能出现在本书中。我对这些专业人员的努力深表感谢。

我也感谢亲爱的朋友——前《纽约日报》（*Newsday*）编辑金杰·罗思，我从他那里获得了他提供的灵感、创意和反馈。我得到了两个女儿米歇尔和辛德的帮助和支持，她们俩都是教授。米歇尔拥有加利福尼亚大学洛杉矶分校的认知心理学博士学位，同时是北亚利桑那大学的心理学教授。辛德拥有加州大学欧文分校的美术硕士学位，同时是查菲社区学院的副教授。

执行编辑马克·克尔和高级内容开发人员凯特·沙因曼带来了新的愿景。我感到很幸运能与他们以及圣智学习出版公司（Cengage Learning）的其他专业技能娴

熟的员工一起工作。

最重要的是，我衷心感谢那些对本书进行评论的幼儿教师。他们通过提出自己的想法和建议，为本书的易读性、准确性和实用性做出了贡献。这些专家评论员具有深刻的洞察力、很好的判断力和丰富的经验，促使本书成为更好的、更有用的教科书。

## 贡献

这本书受到了我的父母罗伊·费里斯和伊沃利的启发，我把它献给我的父母。

爸爸罗伊生前没有看到这本书的完成，但他对它的创作充满了兴趣和热情。他成长于经济大萧条时期的一个陷入困境的单亲家庭，并且他是家里最小的孩子。在成年后的大部分时间里，他都在努力学习如何成为一个好父亲，并且让他的孩子们知道他爱他们。当阅读这本书的第一版的初稿时，他的眼睛有点朦胧，他说："你已经在这本书里说了一些重要的事情，我真的为你感到骄傲。"当然，对任何一个孩子来说，都需要知道自己的成长让父母感到骄傲。

当我已故的丈夫汤米·米勒和我抚养我们的女儿时，我们也在努力学习如何成为好父母，让我们的孩子知道自己是被爱的。我们有4个可爱的孙辈——菲奥娜、阿普丽尔、罗莎和奎因。今天，当看着我们的下一代学习和成长时，我感到敬畏。他们的父母也通过体验抚养孩子的快乐、疲惫、恐惧，经历神奇的冒险并逐步学习和成长。

## 关于作者

达拉·费里斯·米勒拥有幼儿教育专业博士学位、得克萨斯州和密西西比州的教师资格证书，以及美国蒙台梭利协会的婴幼儿教师资格证书。她曾是北哈里斯学院的副校长、分管主席和教授。她还曾在儿童保育和发展领域担任过各种职务。她曾经是照护者、幼儿教师、中心主任、教师培训师和顾问，她也曾与年龄跨度从婴儿期至中学阶段的孩子一起工作。米勒博士的作品包括：

Miller, D. F. (2014, Summer). Spiritually responsive education and care: Nurturing infants and toddlers in a changing society. *Montessori Life*, 26(2), 48-52.

Miller, D. F. (2011, Fall).Montessori infant and toddler programs: How our approach meshes with other models. *Montessori Life*, 23(3), 34-39.

Miller, D. F. (2004, Spring). Science for babies. *Montessori Life*, 16(2), 26-29.

Miller, D. F. (2004, Winter). Early crusade planted seeds for NHC infant-and-toddler teacher education initiative. *Montessori Life*, 16(1), 18-22.

Miller, D. F. (1993). *L'éducation des enfants une démarche positive.* (French translation of *Positive Child Guidance*). Ontario, Canada:Institut des Technologies Télématiques.

Miller, D. F. (1990). Room to grow: How to create quality early childhood environments. In L. Ard M. Pitts (Eds.), *Room to grow: How to create quality early childhood environments*. Austin: Texas Association for the Education of Young Children.

Miller, D. F. (1989). *First steps toward cultural difference: Socialization in infant/toddler day care*. Washington, DC: Child Welfare League of America, Inc. (Continuously in print from 1989 to 2005 and was termed a Child Welfare League "classic" book.)

# 目　录

# 第一部分

# 为正面引导做准备

# 第 1 章 为什么引导是重要的

## 全美幼教协会标准

本章涉及以下全美幼教协会标准：

**标准 1 促进儿童的发展和学习**

1b 知道并理解影响早期发展和学习的多重因素

1c 利用有关发展的知识为幼儿营造健康、尊重、支持和具有挑战性的学习环境

**标准 2 与家庭和社区建立关系**

2a 认识和理解多样化的家庭和社区特征

2b 通过尊重的、互惠的关系支持和衔接家庭和社区

**标准 4 使用有效的方法与儿童和家庭联系**

4a 理解积极的关系和支持性互动是与儿童相处的基础

## 目标

在阅读这一章后，你应该能够做到以下方面：

1-1　在儿童引导中找出当前的问题

1-2　讨论儿童引导与发展适宜性教育的相关性

1-3　说明为什么家长和专业培训是儿童引导的关键

1-4　分析儿童引导的目的

1-5　列出儿童引导的短期目标

1-6　列出儿童引导的长期目标

# 1-1　当今世界的儿童养育

在全美，从繁忙的大城市到微小的农村社区，在每个工作日的早晨，母亲和父亲都在努力开始新的工作日。在成千上万的家庭和公寓中，父母忙着给婴儿和幼儿喂食和穿衣。他们没有一分钟是闲着的，他们拿起尿布袋和挎包，把小孩子扣在汽车安全座椅上，或爬上公共汽车，或将婴儿车推入电梯。他们负责安排各种儿童保育项目——从亲属之家到注册的家庭日间托儿所，再到私人、教会和政府资助的儿童保育中心，以及幼儿教育项目和学校。如今的父母和孩子们承受的压力早就开始了。

世界正在发生巨大变化，但是孩子们仍然需要保护、养育、关爱和引导。无论是一名全职的家庭主妇，还是一名在早上 8 点有紧急任务的业务主管，对于一个蹒跚学步、因早餐不想吃燕麦片而“扑通”一声倒在地板上哭泣的孩子来说，并没有什么区别。对任何父母来说，**儿童引导**都是一项艰巨的任务，但是如果父母在家庭之外工作，那么管理孩子的行为可能会更加复杂，他们可能会大量地依靠幼儿教育专业人员来支持其孩子的社会和情感发展（Brazelton，1985；Lederman et al.，2010；Lester & Sparrow，2010）。

引导下一代的实际职责已从父母一方转移到父母双方、社区和幼儿教育工作人员等多个群体的身上。如今，以全职家庭主妇为主的育儿越来越少，而在抚养幼儿的同时忙于工作的精疲力竭的**双职工父母**、**单亲父母**、祖父母、继父母和其他人的数量迅速增加（Williams & Boushey，2010）。

与此同时，**家庭结构**也在发生变化，越来越多的研究浮出水面，这些研究强调早期经验对于孩子的个性、性格、价值观、大脑发育和社交能力的长期发展至关重要（Bernal，2008；Gopnik，2010；Liu，Mroz，& van der Klaauw，2010）。人们从来没有像现在这样敏锐地意识到早期保育人员对年轻生命的影响力，也从来没有像现在这样需要家庭之外的人参与儿童的抚育过程并在其中承担重要职责（Mishel，Bernstein，& Shierholz，2012；Nelson et al.，2007）。

在贫困线以下的母亲一直依靠祖母、其他亲戚和朋友来帮忙抚养孩子，这样她们就可以谋生，以便餐桌上一直有食物。但是对于半个世纪前的大多数家庭来说，“保姆”只是那些几乎不在家庭之外工作的母亲在平时的育儿工作中的一个突破。由家庭成员以外的其他人照顾孩子，通常只会持续很短的时间。人们认为，任何未经训练但理智负责的少年或邻居，都可以为婴儿或幼儿提供足够的照顾。

这位教师给予了一个温暖的早间问候。教师的爱心和关注让家长和孩子感到受欢迎，并减轻了他们彼此分离时的压力感。

但是，现在大多数婴幼儿的父母都在家庭之外有兼职或全职工作。婴幼儿可能与一个或两个在职父母生活在一起。幼儿保育不是儿童养育过程中的短暂中断，而是其中的核心部分。很多婴儿早在出生的第一周就花费了大部分醒着的时间在某种形式的儿童保育上（Forum on Child and Family Statistics，2009；Friedman，Melhuish，& Hill，2009；Mishel，Bernstein，& Shierholz，2012）。

这些变化给父母和幼儿教育专业人员带来了新的压力。在职父母必须面对兼顾家庭和工作之间的压力。父亲们发现，现代生活方式为他们在照顾和管理子女方面的参与度提出了新的要求。幼儿教育专业人士发现，家长和社会对他们的期望越来越高。

此外，三代甚至四代人组成的家庭比以往任何时候都多。成年子女经常待在家里，老人的寿命有所延长，以至于许多家庭需要同时照顾父母和孩子（Galinsky，Aumann，& Bond，2009）。在职父母的时间和经济状况常常很紧张（到了断裂点）。在美国，福利改革给低收入的单身母亲施加了压力，迫使她们就业，虽然她们的收入可能很微薄，但是她们的育儿费用却很高（National Association of Child Care Resource and Referral Agencies，2009）。

即使是全职父母也发现，现代生活方式给孩子的养育带来了新的压力。许多人认为，他们的学步儿和幼儿可以从参加专业运营的幼儿计划（项目）中受益。

父母和幼儿教育专业人士担心纪律问题："我该如何让孩子自己清理一下？""我该如何防止幼儿咬和拉头发？""当学龄前儿童以伤人的名字互称时，我该怎么办？""我太严厉了吗？""我太宽容了吗？""当孩子发脾气时，我该如何处理自己的愤怒和沮丧？"

> 如果美国的生活方式使孩子失败，那将使我们所有人失败。
>
> ——珀尔·巴克（赛珍珠）

自我约束和自我控制不会凭空自动出现。能力强、行为良好的孩子并不是偶然间存在的。父母和早期教育者的奉献和技能可以帮助孩子们发挥其全部潜能。有效的引导可预防儿童的行为问题，支持儿童的健康发展，安全地引导儿童的负面情绪，并为儿童未来的社会参与打下坚实基础。

儿童引导是在儿童中建立和维持负责任的、有成效的和合作的行为时，非常具有挑战性的程序。父母和早期教育者必须投入大量的时间、精力和毅力去帮助孩子成为体贴和自律的社会成员。了解儿童发展的自然阶段是引导儿童完成这一成熟过程的最有力工具。

## 1-2　什么是发展适宜性教育?

本书提供了针对**发展适宜性教育**的理念。有关发展适宜性教育的详细信息，你可以通过**全美幼教协会**的网站获得。

**图 1.1 发展适宜性教育**

随着儿童在自然发展阶段的成熟，他们的社交、身体、情感、智力需求和兴趣都会发生巨大变化。活动、材料和事件是个性化的，并且经过调整以适应儿童的需求。在发展适宜性教育中，教师的方法不仅会随着儿童的年龄和发展阶段的变化而变化，还会根据儿童的个性和兴趣的差异而变化。一个孩子可能会对恐龙抱有极大的兴趣和好奇，而另一个孩子可能会认为恐龙很“讨厌”，他可能会着迷于探索种子和植物，并想要弄清楚可食用植物的生长方式。

当孩子们一起工作和娱乐时，会创建一个充满爱心的学习者共同体。孩子们学会互相帮助，并尊重彼此的需求。

本书中的每一部分都通过支持成人与儿童之间正面的、尊重的和赋权的关系来鼓励发展适宜性教育。参见正面引导焦点 1.1。

**正面引导焦点 1.1　发展适宜性教育的核心**

1. 知识必须为决策提供信息
   - a. 展示儿童发展和学习的知识
   - b. 将每一个儿童作为一个独立的个体去观察与发现
   - c. 了解儿童生活的社会和文化背景
2. 目标必须具有挑战性和可实现性
   - a. 增强家庭参与目标设定的能力
   - b. 选择教学策略来促进个别儿童的进步
   - c. 和家庭交流儿童的进步
3. 教学必须目标明确以获成效
   - a. 创建一个充满爱心的学习者共同体
   - b. 以教学促进发展与学习
   - c. 规划课程以实现重要目标
   - d. 评估儿童的发展和学习
   - e. 与家庭建立互惠关系

资料来源：National Association for the Education of Young Children (NAEYC), Washington, DC.

## 1-3　为什么儿童正面引导的训练对家长、照护者和教师很重要？

> 如果一个人倾其所有为自己的头脑投资，那么没有人可以把他头脑里的东西拿走。对知识的投资永远是获益最大的。
>
> ——本杰明 · 富兰克林

在当今世界，大多数儿童并不是仅仅待在自己的家中度过最初的几年。他们按时起床，他们的日子被安排得井井有条，他们与父母以外的许多成人接触，他们必须学会与小组中的其他孩子相处。现代的父母需要在有效引导和预防儿童行为问题的技能方面得到培训和帮助。成人可能没有时间去处理一个正在发脾气的学步儿、拒绝穿衣服或噘着嘴坚持认为全世界所有人都讨厌他的幼儿。父母需要支持，以便儿童的行为问题不会给因当代生活的压力而变得更加紧张的家庭带来额外的压力（American Psychotherapy Association，2008；Galinsky，Aumann，& Bond，2008；Heckman，2006；McClowry，Snow，Tamis-LeMonda，& Rodriquez，2010；Snow，2009）。参见正面引导焦点 1.2。

**正面引导焦点 1.2　专业的幼儿教育工作岗位正在增加**

预计在 2010 年至 2020 年期间，学前教育和正规幼儿教育项目中的就业率将增长 25%，这个增长速度远快于所有职业的平均水平。由于公众越来越意识到幼儿教育的重要性以及 3—5 岁儿童人数的增长，幼儿教育工作岗位有望实现增长。换句话说，在未来的 10 年中，受过良好训练的幼儿教育专业人员将会获得工作。

资料来源：Bureau of Labor Statistics (2012—2013). Bureau of Labor Statistics, U. S. Department of Labor, 2012—2013 Occupational Outlook Handbook.

幼儿教育专业人士需要学习和实践来发展有效的儿童引导技能。他们将为家庭生活提供重要支持。教师和照护者永远无法取代无微不至的父母。父母对孩子的生活有着不可替代的影响，因为情感联系是家庭生活的一部分。照护者不应与这种特殊的亲子关系进行竞争或对其产生侵犯，同时要为孩子及其家庭提供巨大的支持。父母是孩子拥有的第一任也是最重要的教师。但是，幼儿教育专业人员在当今世界中具有越来越重要的意义。

### 1-3a　谁应该为儿童的福祉和引导负责?

如果所有成人都对儿童的福祉和引导承担责任，那么这将符合世界的最大利益。在过去的几个世纪中，孩子被认为是父母的财产。在一个半世纪前的西欧，婴儿并未被认为是一个真正的人，甚至被认为没有必要去报告他们的死亡（Aries，1962）。但是，在现代的民主制度下，儿童被理解为拥有不可剥夺的人权的人。由于儿童是未来的公民，负责保护儿童福祉的政府机构得以设立。如果

父母越来越意识到他们的孩子在幼儿期发展的重要性。当寻找儿童保育机构时，他们可能会寻求有教师培训和项目认证的机构。

不能满足儿童的早期需求，那么政府将在后期的补习教育、贫困支持以及对被定罪的犯罪分子的起诉和监禁方面花费数百万美元的税收（Belfield & Levin，2007；Lakhanpal & Ram，2008；Muennig，2006；Muennig et al.，2009；Schweinhart，2004）。

商业和工业组织对幼儿的福祉很感兴趣，因为今天的孩子将成为明天的劳动力，在世界市场上的竞争力取决于有能力的、负责任的劳动者。公民团体、教堂、学校以及你和我，也对儿童的福祉负责。良好的公民身份要求我们着眼于人类未来的福祉，而不是仅仅关注我们的个人利益。我们可以与其他人一起了解和推动更好的保育与教育，从而帮助我们的社会建设更美好的未来。

在美国各地，人们日益认识到，为改善儿童的生活而投入努力和资源不仅是人道的，也是非常有成效的。孩子们乐于接受思想和经验。这有可能在他们的生活中带来有意义的改变，并对其价值观和性格特征的长期发展产生真正的影响。作为成人，我们倾向于更加严格地培养我们的习惯和潜能。如果我们要继续享受生活在民主国家中的利益，那么我们应该帮助所有儿童学习个人责任感和对他人的尊重，让他们知道成年后应当如何恰当地工作。参见正面引导焦点 1.3。

### 正面引导焦点 1.3　不幸的是，并非所有家庭都可以获得优质的儿童保育

**1. 贫穷正在加剧。**在过去的 10 年中，生活在贫困线以下家庭的儿童所占的百分比有所增加。

**2. 家庭收入的中位数下降**。有 0—18 岁儿童的家庭的收入的中位数一直在大幅下降。

**3. 就业稳定率下降**。如今的父母比 2001 年时少了稳定的就业机会。

**4. 公费入学的进度停滞不前**。尽管 20 世纪 90 年代取得了坚实的进步，但我们未能维持入学人数增长的模式。2011—2012 学年，美国学前教育计划的公共资金减少了 5 亿美元，这是史无前例的。

资料来源：Land，K. C.（2012），Foundation for Child Development. 2012 Child Well-Being Index（CWI）；New York，NY.

## 1-3b 致力于建立儿童资源团队

父母是儿童的第一任教师，在某种程度上，他们在孩子的整个童年期甚至是成年期都是孩子的教师。父母有重要的机会在孩子的生活中做出巨大的改变。如果我们要实现自己的目标，那么我们必须与最终负责我们所照顾的孩子的人——父母——合作。为了有效地引导儿童，教师和父母必须组成一个合作且团结的团队。母亲、父亲、祖父母、监护人和教师应经常并相互尊重地就儿童的需求进行沟通。

发展适宜性教育要求教师重视每个孩子的独特品质以及家长的特殊作用。

对于建立有效的**家长－教师资源团队**，我们为家长提供交流的机会和强烈的授权意识。父母习惯于管理他们的孩子。他们想知道孩子的活动和进步。一些父母担心如果向教师询问孩子的表现，他们会被认为太过打扰。其他父母（尤其是那些缺乏教育的父母），可能会受到教师的威吓。一些养育有挑战性的孩子的父母可能会避免与教师互动，因为他们担心会因孩子的不当行为而受到指责。

教师可以通过尊重这些家长来打开沟通的渠道。教师可以通过他们所做的每件事情来表达对每位父母的尊重，让每个孩子都有自己的长处和价值。他们可以通过允许父母在孩子的教育中表达有意义的声音来授予父母权利。

教师应与家长合作，建立并保持频繁的双向交流。参见正面引导焦点 1.4。

### 正面引导焦点 1.4　有效建构家园伙伴关系的小贴士

对家长

- 与教师交流
- 每天给孩子读书
- 每天在孩子面前阅读（作为榜样）
- 经常讨论学习如何帮助人们
- 花时间去真正地倾听孩子
- 和孩子一起玩并允许孩子主导游戏活动
- 监控和支持孩子与朋友一起玩
- 给予孩子任务并确保他们可以胜任
- 允许孩子在合理范围内做出选择
- 提前设定界限和期望

对教师

- 使家长相信参与是有价值的
- 制订一个简单的家长参与计划
- 知道宏大的计划会压垮一切
- 为家长准备一份简单的班级通讯录
- 花时间去真正地倾听家长
- 使用带标签的文件夹，便于孩子将自己的作品和教师的便条带回家
- 邀请儿童的父母和祖父母做学校志愿者
- 教家长如何开展简单易学的游戏
- 展示孩子们的作品并邀请家长参观

家长–教师资源团队可以集思广益，收集孩子的环境中需要改变的地方。家长是否需要在家里拔掉电视机的插头，以确保儿童拥有更多有质量的时间？教师是否需要对有挑战性的孩子增加个人关注？团队成员将如何交流儿童的身体和情绪的日常变化？团队如何在特定的区域内培养学习萌芽？团队如何处理一种已经开始形成的消极习惯模式？

**实际应用案例**

## 被宠坏的儿童——迷思还是事实？

这是公园里阳光灿烂的一天。灿烂的阳光散发着足够的温暖，微风吹拂旗子。象征着春天的突如其来的迹象像磁铁般将家长和孩子吸引到户外。坐在大沙箱旁边的草地上，一群成人在谈笑风生，他们看着孩子在沙地里尖叫、奔跑或急切地挖掘。

阿尔和塔玛拉的 4 岁儿子乔尔在追赶 2 岁的弟弟埃迪，乔尔在沙子里发现了一个蠕动的虫子，便发出了欢快的叫声。当母亲恳求乔尔“不要那么野蛮”时，埃迪尖叫着跑到父亲身边去寻求保护。

当乔尔停下来时，他在无意中撞上了一辆载着罗德里格斯家双胞胎的婴儿车。当阿尔护送他的孩子回到水桶和铁锹旁时，塔玛拉与埃琳娜·罗德里格斯弯腰查看，以确保 1 岁的双胞胎安然无恙。

当埃琳娜调整婴儿车中小女孩的位置，并抚平她们有着相同绣花衣领的红色连衣裙时，其他几位家长停止了交谈，并专心地看着她们。

几位母亲惊讶于双胞胎还没有哭。塔玛拉牵着其中的一个小女孩的手，对埃琳娜说：“我们能把她们抱出来，让她们玩一会儿吗？”

埃琳娜说：“哦，不，她们会变得脏脏的。她们知道自己必须待在婴儿车里。”阿尔评论说，他的儿子从来不会这么“好”。他们会拼命地跑出来，然后直接走到泥土中间。

其他几位家长对双胞胎的“好”赞叹不已。埃琳娜回应说：“当和双胞胎在一起时，我知道她们最好不要被宠坏。在我所选择的托育中心里，教师非常严厉，禁止宠坏孩子。他们只会抱起孩子去换衣服和喂养他们。刚开始，孩子们会哭几天，但现在一点问题也没有了。”

有关埃琳娜的双胞胎的讨论不得不结束了，因为其他家长需要分散开去追赶蹒跚学步的孩子，回应孩子们“看着我”“再次把我推到秋千上”和“看看我的沙堡”的呼喊。而当塔玛拉冲向埃迪提醒他不要吃沙子时，她对从未有任何麻烦的埃琳娜和她的“好”孩子感到嫉妒。

案例讨论的问题

1. 当人们给婴儿贴上“被宠坏”或“好”的标签时，他们真正的用意是什么？

2. 在照顾孩子方面，埃琳娜的首要任务和价值观是什么？她的女儿对自己在这个世界上的角色了解多少？为什么这是个问题呢？

3. 为什么埃琳娜选择的托育中心里的工作人员反对抱抱、摇摆和与婴儿嬉戏？频繁地拥抱和依偎是否会营造出一种成人对儿童是温暖的、有教养和富有情感的氛围？为什么这对儿童的发育很重要？

4. 你如何看待阿尔和塔玛拉与他们的孩子之间的关系？

5. 按重要性顺序，列出你最看重和最欣赏的一个人身上的10个特征（例如，善良、幽默、有活力、有智慧、热情等）。这些特征与你期望的照护者在与婴幼儿互动时塑造的特征相同吗？描述一个实际情况，在该情况下展示出你最重视的特征。

6. 列出一个人身上你最不喜欢的10个特征。你是否看到照护者与幼儿互动时表现出了这些特征？描述一个真实的情况，在该情况下展示出你不想让孩子模仿的特征。

7. 阿尔、塔玛拉与埃琳娜拥有不同的文化背景。你认为他们的文化背景会对他们的育儿风格产生影响吗？如果会的话，是如何影响的？

## 1-4 儿童引导的目的是什么？

无论是在家里还是在儿童保育中心里，儿童早期生活的环境都是一个微型社区。在这个社区中，儿童发展和练习他们在上学并最终进入广阔的世界时所需要的基本技能。儿童引导为孩子生活中的一切建立了基础，包括与他人的社会交往、学习和情感发展。究其本质而言，婴儿们来到这个世界时是无助的和以自我为中心的。引导使他们转变为成熟的、有用的社会成员。

### 1-4a 本书在引导方面是否有特别的视角？

本书是专门为那些通过照顾和教育最年幼、最脆弱的儿童来为社会做出宝贵贡献的**成人**编写的。本书旨在作为有效解决问题的基础，并为成人努力满足儿童从婴儿期到幼儿期的发展需求提供指南。每个孩子都有独特的需求。因此，没有一个引导策略会适合所有年龄段的所有儿童。

当使用正面的儿童引导时，教师享受并欣赏每一名儿童的个性品质。

本书论述了儿童经历成长阶段的典型特征和需求。它提供了广泛实用的、有效的和灵活的引导方法，这些方法都基于诚实沟通和自信的原则。本书的重点是尊重婴幼儿的尊严和人权。有效地引导孩子们总是需要付出努力的。但是这里介绍的方法有望使这个过程对成人和儿童来说都减少烦恼并增加满足感。

许多儿童引导方面的作者主要集中在论述行为主义学习理论上，该理论认为学习可以最好地被解释为外部强化（或奖励）行为的结果。以忽略负面行为和奖励适当行为为形式的外部控制被称为行为矫正。如果在某种情况下使用得当，它将非常有用。

然而，对于许多人而言，纪律教育意味着简单地给予奖励和惩罚以控制孩子的外部行为。许多学校完全依靠竞争、成绩、贴纸和暂停来激励和控制孩子。依赖外部控制的一个问题是，儿童只有在知道奖励或惩罚近在咫尺时才能做出反应。他们可能不会只是因为这是正确的事情而学会举止得体。

另外，奖励孩子们一定的行为会引起一些棘手的问题。由于各个年龄段的人都非常复杂，因此用来强化一个孩子的赞美或奖赏可能使另一个孩子感到尴尬、厌烦或疏远。发放特权和奖品可能会使成人成为一个吝啬的送礼者的角色，而不是一个民主的引导者和榜样，并且可能会刺激儿童之间的竞争而不是合作。把注意力和表扬作为强化的手段，可能会带来风险——向孩子们暗示，顺从是产生喜爱的条件，只有“好”孩子才能得到重视。

正面的儿童引导计划不应仅仅依赖外部控制的策略，而应支持儿童自然展现自我控制的动机。成人应该帮助孩子们实现自我引导，较少地依赖他人来管理自己的行为。随着步入青春期和成年期，他们必须开始对该做什么和该如何做做出关键的选择。

由于模仿成人是幼儿学习的重要方式，因此成人如何应对压力和挫败感至关重要。儿童倾向于做成人所做的事情，而不是成人所说的要做的事情。请记住，儿童引导的目的是支持有效的生活技能的发展，并不仅仅是控制烦人的行为。

树立积极、持久的自信比通过责骂、尖叫或打屁股来吓唬孩子服从要花费更多的耐心。这绝对比允许孩子“疯狂奔跑”需要付出更多的深思熟虑的努力。花时间引导孩子们，能够给予他们在学校里和以后的生活中所需要的获得成功的技巧。在当今世界中，所有儿童都应得到专心的、建立自尊的引导。

幼儿教育机构是一个训练场所，在那里非常年幼的人可以练习生活所需的技能。在专制制度或无政府状态中生存所需的特征和能力与在民主国家中生活所需的特征和能力有很大不同。早期的儿童引导始于发展自尊、对他人权利的认识和考虑，以及认识到应尊重所有年龄、肤色和信仰的人。

儿童引导的最终目标是培养儿童的内在责任感、自信和自控力。在成为一个合作的共同体成员的愿望基础上建立内部纪律，对民主国家中的成人非常有用。如果一个民主国家中的公民只是为了获得奖赏或逃避惩罚，那么这个民主国家的运作不会很好。当然，民主对放任自由的无政府状态并没有帮助，在这种状态下，人们为了寻求自我放纵而肆无忌惮地践踏他人的权利。

对于创建一个合作的、相互尊重的儿童和成人共同体，本书概述了实际可行的步骤。行为矫正不是儿童引导的基础，而是正面引导的坚固结构中单块的、精心放置的石头。成熟主义理论不是放弃对儿童行为负责的借口，而是理解和适当应对儿童各阶段行为的有力工具。这种方法是对合作制定的规则自信和尊重地执行以及对个人权利的持续保护。

攻击性、被动性和操纵被认为是正面的儿童引导的障碍。它们在儿童中引发了消极情绪，甚至反叛情绪。成人可能对阻碍成功参与民主社区生活的行为进行了示范。在本书中，成人的角色是这样的：不试图控制儿童，而是有效地引导他们，同时为他们树立一个适当应对和沟通的现实榜样。

在这种模式下，成人保护儿童的福祉和个人权利，并通过建立一个运转良好的儿童 – 成人民主社区来刺激其内部控制的发展。正面的儿童引导包括尽可能稳定地、温和地、始终尊重地引导儿童。

## 1-5 儿童引导的短期目标

儿童引导的**短期目标**看上去好像很简单。我们将帮助儿童遵循合适的和做出负责任行为的基本价值观，而这些价值观适用于生活在民主国家中的所有人。为此，我们可以使用以下准则来确定儿童日常行为的适当性，并帮助他们了解对与错之间的区别。

- 行为不得对自己或他人构成明显的伤害风险。
- 行为不得侵犯他人的权利。
- 行为不得无故地损害环境、动物、物体或环境中的材料。

为了有效地传达这些价值观，并将其转化为幼儿能理解的水平，就必须大大简化它们。通过简化这些规则，我们可以引导幼儿去理解那些在他们看来似乎毫不相干的小规则。通过将规则划分为三个基本类别，可以帮助幼儿理解并记住适当行为的基本原则：保证安全、尊重他人和负责任。在陈述更具体的班级规则之前，应将这些原则作为提醒来说明。这些原则为儿童思考其行为的后果打下了基础。然后，儿童可以通过制定特定的班级规则来指导他们的日常行为。班级规则同样基于成人世界中法律和社会期望背后的原则。

通过教授适当行为的基本原则，我们正在帮助儿童学会自己思考：“我的选择是否保证安全？我的选择是尊重他人的吗？我的选择是负责任的吗？”我们永远无法制定足够的班级规则来涵盖儿童可能遇到的每一种不适当的情况。即使我们可以为每种可能性制定规则列表，我们也无法记住所有规则。相反，我们可以教儿童在行动之前考虑潜在的后果，儿童将会成为他们的儿童社区中负责任的和合作的成员。

儿童将需要许多的日常提醒。

- 保证安全！在吃零食前要洗手。
- 尊重他人！按顺序等待。
- 负责任！把你的垃圾放在垃圾桶里，不要扔在地上。
- 保证安全！这篱笆爬起来不安全。这个堡垒爬起来是安全的。
- 尊重他人！请在滑梯上按顺序等待。
- 负责任！请拿一张纸巾把你溅出来的东西擦干净。

"记住：保证安全——沙子是用来挖的，不是用来扔的。沙子如果进了你的眼睛，你会受伤的。"

正面的每日提醒可以帮助儿童识别适当的行为。例如：

- "谢谢你保证了安全。你选择了有营养的零食。"
- "谢谢你的尊重。我听到你说'对不起'了。"
- "谢谢你的负责。你把积木收起来了。"

当孩子五六岁时，我们可以回顾行为准则，然后邀请孩子共同制定班级规则。

在那个年龄阶段，他们可以帮助编写和发布基本的引导原则，然后制定与这三个主要原则相关的班级规则。例如，孩子们可以想到三个班级规则，这些规则可以帮助同学们记住尊重他人的权利：

- “不要不问一声就去看别人的储物柜。”
- “不要告诉别人，因为她是女孩就不能踢足球。”
- “在等公共汽车的时候不要推挤。”

此外，我们可以帮助孩子们学习如何重新措辞，将他们的规则变成积极的“做”的陈述，而不是消极的“不做”的陈述。例如：

- “在你看别人的储物柜之前要先问问。”
- “要帮助朋友感觉被包容。”
- “如果有人挡了你的路，请说‘对不起，请让一下’。”

记住，制定这些引导方针是基于——保证安全、尊重他人、负责任——教导社区成员的基本价值观的。你可以改写这些陈述，解释它们，用手语表达它们，或者用自己的特殊方式将这些价值观传达给儿童。我们的话应该符合儿童的个人发展水平。

“谢谢你把自己的背包挂得这么好。”

我们应教导儿童保护自己和他人免受伤害，尊重他人的权利，避免对周围环境造成不必要的破坏。我们应引导他们做出保证安全的、尊重他人的和负责任的选择。无论孩子在美国、加拿大、墨西哥、韩国、肯尼亚、法国，还是其他任何地方，这三个原则对于成为社区中的合作成员都很重要。

陈述适当行为的原则很容易。在特定的文化背景下，评估真实儿童的行为可能要困难得多。我们需要思考如何评价。

一个身体协调性良好的 5 岁男孩在坐椅子时翘起了椅子的两条腿。让我们分析一下情况：

**保证安全**

- 他有可能掉下来吗？

**尊重他人**

- 桌子之间供其他孩子通过的走道是否被挡住了？

**负责任**

- 这些椅子有多结实？
- 附近有易碎物品吗？

如果我们还没有制定关于孩子翘椅子的班级规则，那么我们应该制定一个规则吗？孩子们将如何思考行为的后果和制定班级规则？

个人判断力、实践经验以及对孩子及其能力的了解，将决定我们如何回答这些问题，以及如何制定规则并遵守纪律。我希望你能以足够的同理心来回答这些问题，透过孩子们的眼睛看待每种情况，并以足够的勇气忠实于你的公平感和良好的判断力。

## 1–5a 儿童有权利吗？

儿童与民主国家中的其他人拥有一样的权利。有些时候，儿童需要机会来弄清楚如何适当保护自己，以免自己的权利受到侵害。在其他时候，他们需要直接的教育来演示他们应如何恰当地捍卫自己的权利。有时，他们只是需要更大的人来保护他们免受伤害。但是在所有情况下，儿童的权利都值得我们关注。

### 儿童享有安全权

成人应该非常坚定地保护每个孩子不被打、踢、咬或推的权利。永远不可能因为一个孩子踢了别人，然后让他“自食其果”，被别人踢回去。永远不可能对婴儿咬回去，“这样他才能了解被咬的感觉”。一句老生常谈的话碰巧是真的——“负负不能得正”。报仇真正唯一做的事情就是带来更多的伤害行为。成人应仔细地、始终如一地观察儿童，以便发生侵犯时能立即防止或中断侵犯行为。

### 儿童有权避免不必要的不适

孩子们有权平静地吃午餐，没有因周围孩子们的尖叫和叫喊而引起的令人不安的噪声。他们有权听故事，不会被其他争着想要看到图片的人打断。他们有权建造沙堡，不会因兴奋的玩伴们为了好玩把沙子扔向空中而让沙子进入眼睛。

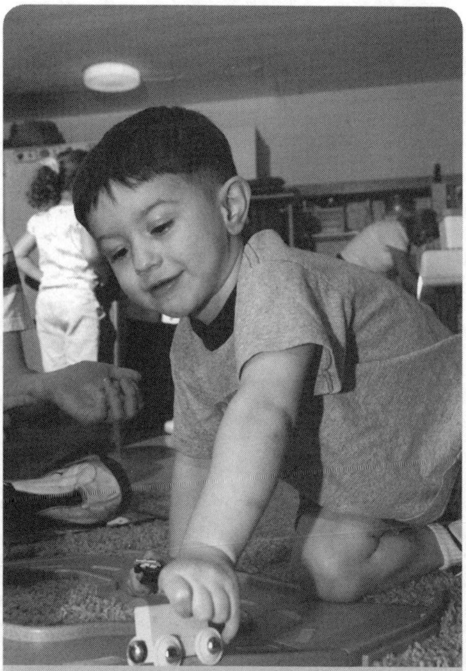

这个小男孩有权利专注于他的想象游戏，不会受到不必要的打扰。其他儿童会问：“我可以和你一起玩吗？”

尽管新生儿的思维方式将其限制在以自我为中心上，但他们逐渐知道别人也会有自己的想法。一个 1 岁的孩子可能会试图将他的安抚奶嘴交给正在哭泣的大一点的孩子，或者一个学龄前儿童可能会跑来告诉教师，他的朋友被甩出了秋千。对儿童的舒适需求始终保持敏感的成人会形成一种情绪基调，在这种基调中儿童更倾向于对彼此敏感。此外，我们应经常与孩子谈论他人可能会有的感受：

- “当你拿莫妮克的蜡笔时，她有什么感觉？”“如果莫妮克拿走了你的蜡笔，你有什么感觉？”
- “我想知道当你推拉维的时候，他有什么感觉？”
- “当你追赶朱尼尔时，他会有什么感觉？他会感到开心还是害怕？”

## 儿童有权拥有自己的财产

成人有时会给孩子灌输非常奇怪的分享观。在成人的世界中，政府提供了与占有和所有权有关的明确法律。法律禁止他人未经允许擅自篡改财产，社会良俗遵循同样的规则。如果我在超市里推了一辆推车并开始购物，另一个购物者因为他想推着推车“转一圈”，就抢走我的推车，并扔掉车里的商品，是非常不礼貌和令人惊讶的。如果此时有一位经理（权威人士）礼貌而果断地进行干预，并让那个冒犯的购物者重新找一辆闲置的购物车，那么我将不胜感激。奇怪的是，当一个学龄前儿童因另一个孩子抢走了三轮车或他正在使用的蜡笔而抱怨时，他常常得不到帮助，反而因“打小报告”或“不分享”被责骂。

> 在我们生命中的每一天里，我们都在孩子们的记忆银行里存款。
>
> ——玛雅·安杰洛

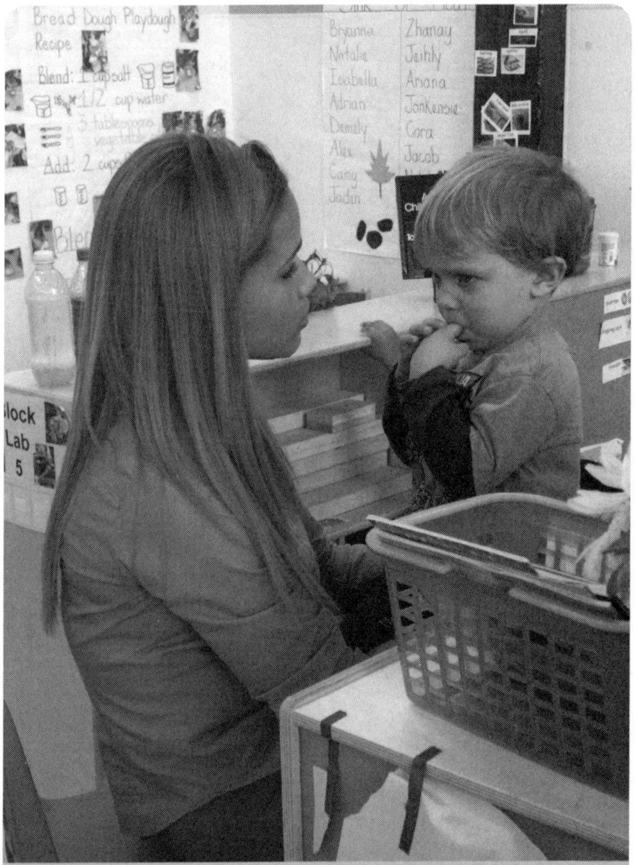


© Cengage Learning 2013

儿童在开始生活时没有任何自制力，因此我们可以通过培养他们对自我控制的掌握来协助他们迈向负责任的成年。

孩子的个人财产是他自己的，其他人不应该在未经询问的情况下抢夺它们，或者至少要让孩子知道。例如：“我准备将你的积木移动到那儿。”可共享使用的物品在任何的给定时间内都属于使用它们的人（当然，直到这种使用侵犯到他人权利为止）。在家庭环境中，如果一个孩子在看电视，那么在没有征求其同意的情况下不应允许另一个孩子介入和更换频道。在小组环境中，猜谜游戏属于那个选择攻克它的孩子，而未经其同意，任何人都不应该被允许接触该谜题。共享只有在自愿的情况下才是真正共享。

### 儿童享有公平的权利

公平是一个概念，在学龄前和小学早期阶段儿童的意识中会慢慢出现。但是，即使在这一概念尚未得到很好发展之前，儿童也应得到公平的对待，他们需要观察正直和公平的榜样。如果允许一个孩子在午睡时拥有一本图画书，那么在没有任何符合逻辑的原因或解释的情况下拒绝给另一个孩子这种特权是不公平的。

当孩子们到了上幼儿园的年龄时，他们有时会听到其他人大声喊叫："嘿，这不公平。"尽管他们的逻辑思维仍然很有限，并且对公平的实际概念可能有些模糊不清，但如果成人或另一个孩子的行为在他们看来明显不平等或没有遵守规则，他们可能会抱怨。有时，如果一个成人对孩子表现出随意的和反复无常的纪律处分，那么孩子会立即开始对其他孩子实施该行为，这么做一方面是为了报仇，另一方面是模仿成人。例如，（因为还没到午餐时间）一位教师生气地呵斥一个孩子，然后猛拉他手中的午餐盒。几分钟后，这个孩子会模仿大人的行为和语调，拽开一个更小的孩子的玩具，怒气冲冲地说："给我，宝贝！"

## 1-5b 我们如何区分执行合理的安全规则与过度保护？

每一个有趣的活动或环境都有一定的风险。想象一下，尝试营造出一个绝对不可能发生任何事故的环境。不幸的是，几乎所有可以叫出名字的设备或材料都有可能引发孩子误用、摔倒、乱扔、噎住或撞到的事故。唯一完全安全的环境可能是一间空荡荡的房间，这个房间里的墙壁和地板都是铺有软垫的，但毫无疑问，有些孩子也会找到在那儿受伤的方法。当然，一个都有软垫保护的房间不会为探索和开发技能提供很多机会。因此，在一个有趣的、充满挑战的环境中，安全始终是一个折中的问题。许多教师和家长面临的困难似乎在于，确定什么是可接受和合理的风险水平，以及什么是不可接受和不合理的风险水平。

当孩子们成功地克服了一项有点风险的困难挑战时，他们会感到一种自豪感和尊严感。从来没有婴儿不跌倒就学会走路，也没有孩子不碰伤或跌倒就学会跳下台阶、爬树、溜冰或骑自行车。一些儿科医生认为，那些经历了儿童期却没有受过伤的儿童（甚至没有折断过手指的儿童）受到了过度保护。必须权衡风险的可接受性和可能结果的严重性。如果可能导致的最糟糕的事情是，孩子从约 60 厘米高的地方摔到厚厚的体操垫上，那么该危险似乎是可以接受的。如果孩子从约 3 米高的地方掉落到砖石人行道上，那么他显然有受伤的危险，并且这种事故可能导致他重伤或有永久性伤害。

成人必须努力为幼儿创造安全的环境，应定期检查并复查环境中的危险设备、有毒植物或物质以及危险但诱人的情况。只有这样，成人才能退后一步，让孩子们在受关注但不受他人控制的情况下自由独立地应对挑战。

## 1-6 儿童引导的长期目标

如果孩子要变得有责任感，那么他们必须学会控制自己的行为和冲动。不幸的是，自我控制不是一件容易教的事。儿童一开始是没有任何自我控制能力的，因此我们最重要的**长期目标**是，通过培养他们的自我控制能力来帮助他们成为负责任的成人。

孩子们不仅仅是照护者塑造的黏土块。他们天生具有个人潜力和个性特征。但是，他们也深受遇到的人、经历和事件的影响，特别是在他们生命的前几年（Bouchard & McGue，2003；Champagne & Mashoodh，2009；Crosnoe et al.，2010）。有趣的是，环境与儿童的影响是相互的。儿童对成人在生活中的行为也会产生巨大影响。孩子们不会被动地被成人塑造，而是会积极参与影响自身发展的体验。成人对不同的孩子表现不同。每个儿童个体的行为和外表会引发成人不同的情感和反应。

Courtesy of the Miller Smith Family

喜爱和关注能够促进儿童潜能的长期发展，使其成为有能力的、自信的、善于合作的人。

孩子天生具有独特的行为方式。这些人格特质的集群称为**气质**。儿童的气质会影响成人如何照顾他。同样，成人提供的护理质量和方式对这种不断发展的气质有很大影响。一个孩子影响着他的照护者，照护者也影响着他，两者都会有所改变，并且都因他们之间的互动而改变（Bradley & Corwyn，2008；Miner & Clarke-Stewart，2008；Park & Rubin，2008；Rubin，Burgess，& Hastings，2002）。这些内部和外部影响都使得没有两个人会完全一样。我们必须帮助孩子们理解他们之间的差异。

即使两个孩子的行为相似，他们的性别、体型或外表也可能引发成人的不同反应。一个瘦小、体弱的女婴可能比声音洪亮、健壮的男婴，引起成人更多的保护和养育行为，后者在护理人员中可能引起更多的玩闹和活跃的嬉戏。在发生同一事件后，表现出挑衅的孩子可能会受到严厉的对待，而出现懊悔情绪的孩子可能会得到宽容的对待。如此一个循环出现了，在这个循环中孩子开始期望与他人进行某种互动，因此他做出相应的行动，而这种行动实际上触发了预期的互动。最初是偶然的行动和反应，最后孩子形成了习惯、态度和个性。当然，归根结底是早期的经历会对儿童的生活产生影响。

我们在塑造儿童的未来生活中扮演着至关重要的角色。我们的长期引导目标是我们最重要的贡献——为孩子们提供快乐的、负责任的和富有成效的成人生活所需的技能和态度。

### 1-6a 养育环境和长期发展

高质量的幼儿环境看起来如此简单，以至于在这里所进行的互动的重要性很容易被低估。适合幼儿的环境是放松的和好玩的。孩子们会随着自己的好奇心去自由、有礼貌地探索环境中的物体、玩具和材料。他们在探索人类的社交互动并学习合理的界限时，会四处走动、和平地交谈、大笑或偶尔争论。希望看到孩子安静而不是听到孩子吵闹的家庭环境，或者学生严格按照教师的指示静静地坐着听教师说话的正式的学校环境，都不是发展适宜性教育环境的示例。

**认识大脑**

**我们可以从神经科学中学到什么？**

温暖和友爱的社会关系可以改善儿童的学习和行为。

1. 催产素是一种激素，能增强共情、信任和“阅读”他人感受的能力（Kosfeld，Heinrichs，Zak，Fischbacher，& Fehr，2005）。

2. 在积极的社会互动中，催产素会在体内高浓度释放（Fischer-Shofty，Levkovitz，& Shamay-Tsoory，2012）。

3. 催产素能增强记忆力并有助于学习（Ferrier，1980；Hurlemann et al.，2010）。

4. 我们对冲突自然产生的“战斗或逃跑”反应会激发我们反击或逃避。催产素使我们平静下来，并引发“照护者和结盟”反应，使我们能够向他人寻求支持和帮助（Fischer-Shofty，Levkovitz，& Shamay-Tsoory，2012；University of Haifa，2013）。

5. 与他人接触可以加强社会联系，并为我们提供一种安全的方式来应对冲突。

在课堂上死记硬背工作簿、抽认卡和工作表，绝对是许多幼儿可以掌握的技能。但是，要使他们持续工作，将需要胁迫、压力、奖励或夸张的赞美。即使这样，他们记住的抽象概念也不过是“官话”。他们的大脑发展得还不够完善，以至于无法知道事实的含义。即使是学步儿也可以记住并重复长篇的经文和押韵诗，尽管他们不太可能了解其含义。如果在死记硬背等有问题的活动中花费太多时间，则会失去原本用于进行健康有益的动手操作、感官学习的时间，最终会干扰幼儿期的基本工作。孩子们将有足够的时间在以后的童年期、青春期和大学时期进行更有意义的记忆。参见正面引导焦点 1.5。

### 正面引导焦点 1.5　成人榜样指南

1. 始终以有尊严和尊重的态度对待每个人。
2. 依靠沟通、毅力和耐心，而不是依靠武力。
3. 以坚定和温和的态度对不当行为做出果断的反应。
4. 使用问题解决策略来确定不当行为的原因。
5. 计划并准备适当的活动、材料和常规。

6. 给予无条件的关爱和肯定。
7. 以诚实、礼貌和直接的方式进行沟通。
8. 保护每个孩子的个人权利。
9. 赞美差异。
10. 认真倾听。

发展适宜性学习环境可以帮助孩子们充分发挥潜能。儿童需要通过全身探索和游戏来发展社会性、情感和身体，以获得全身心的健康成长。早期学习的基础是自我导向的探索、练习、建构、假装和问题解决（Coplan，Rubin，& Findlay，2006；Elkind，2007；Pellegrini，2009）。经验确实是幼儿的最佳教师（Brown & Vaughan，2009；Dewey，1959；Fleer，2009）。

在家庭环境中，父母对自己的孩子有强烈的爱与依恋。在孩子需要关注时，他们会很自然地回应孩子的哭泣和微笑。一名健康的、发育良好的儿童会给出很多信号或提示来暗示他们的需求。一位敏感的、有爱心的家长会使用试误法，以找出能阻止孩子哭泣并让孩子保持快乐和舒适的方法。这种相同的付出和索取可以成为团体照顾的核心。教育工作者可以通过身体接触、眼神交流、语气和表情等来表达温暖。

如果我们将育儿视为无聊的琐事，并通过忽略孩子的哭泣、避免情感依恋将琐事变得容易，那么确保儿童健康发展的自然方式就没有了。那些未能在与儿童打交道的过程中发现乐趣的照护者和教师应考虑更换职业。

## 1-6b 为什么儿童要参与维护和保护他们的环境?

即使是很小的孩子也需要开始学习如何妥善保管他们的衣物、玩具、餐具和其他物品。这是他们的小世界，他们需要尽可能独立地照护着它。年幼的孩子可以学会说“环境”（environment）一词，并且知道这个词一般意味着什么。我记得有一位来自亚拉巴马州的幼儿园教师，她在“环境”一词上有自己的特殊发音。有一天，一个可爱的 3 岁男孩的母亲非常困惑地来到班级里，问教师是否可以看看“varmint”。她告诉这位一头雾水的教师，她的儿子经常谈论起清洁“varmint”，所以她只是想看看他们有什么样的“varmint”。

年幼的孩子可以学会将玩具放回架子，将鞋子和衣服放在正确的位置上，以及分发杯子和餐巾。他们可以承担责任。儿童必须拥有犯小错的自由，他们会发现自己的行为与不良结果之间存在的联系。孩子们可以在打翻一杯牛奶或弄洒油漆后学会清理。在没有感受到指责或惩罚的情况下，孩子们可以将注意力集中在行动的结果上，并学习如何做得更好。污迹斑斑的衣服很快就会被遗忘，但是孩子独立完成事情的成就会被珍惜，独立体验的好处可能会陪伴孩子的一生。

尽管对秩序有一个合理的认识是至关重要的，但请记住，责任感、礼仪和良好的公民意识要求所有人尊重周围的环境。我们共享这个星球上的资源，因此我们有义务明智地、合理地使用它们。早期的儿童引导为儿童成为良好的公民做好了准备。当一个孩子记得一次使用一张纸巾并扔掉时，他正在为成为成人社会中的一员做准备。在成人社会中，如果那些为了制造纸巾而被砍伐的树木被重新种植，工厂用水在被倾倒之前被清理干净，鱼和野味依据合法的限制和季节被捕食，那么每个人都会受益。

在生命的前几年里，孩子们逐渐学会只取所需、小心使用，并在使用完毕后将其归还（把它收起来）。玩具、游戏材料和学习资料应有序排列在儿童可以接触到的矮架子上。如果拼图在架子或拼图架上有固定的位置，那么即使是很小的孩子也可以学会更换拼图。如果一堆沉重的拼图摆满了架子，那么孩子很难或不可能拿到任何一个拼图（除了最上面的那个拼图）。此外，在任何时候可用的学习材料的数量应与孩子们的能力相匹配，不总是越多越好。

请仔细观察孩子们。看他们是否能够轻松地从架子上取走材料，是否可以轻松地将物品归还到正确的位置。如果不能，是因为架子上太过拥挤或混乱，还是因为架子上有太多的材料？要简化架子，并在孩子厌倦旧材料时更换新材料。成人是维护环境的榜样，因此孩子们知道如果总是将材料归还到同一地点，那么材料就更容易被找到。

当儿童的行为对环境造成破坏时，应坚决而友好地阻止儿童。在户外玩耍时，儿童可能会无意地掰断灌木丛中的树枝、砸碎鸟蛋或剥下树皮。向他们讲授有关自然和动植物的价值，有助于他们建立对生物的尊重，并对自己的行为负**责任**。在室内，孩子们可能会嬉戏着将骑马玩具撞击在桌腿上，将纸巾塞进水槽的排水口（只是为了看看会发生什么）。对于这些行动，成人应立即用一种儿童可以理解但实事求是的方式中断。向孩子们展示桌子是如何被打磨光滑并涂上油漆的，或者管道是如何运输水进出房屋的，可能会使孩子们更加恰当地认识和维护环境。

## 1-6c 儿童——我们未来的投资

在某些工作条件紧张、薪水低、培训不足、人员流动性强的育儿环境中，教师和照护者可能无法在家长希望其子女效仿的水平上始终如一地工作（Ackerman，2006）。家长、早期教育者和公共政策制定者们越来越清楚地意识到早期经验对人类长期发展的重要性。在过去的几年中，人们常常认为儿童保育只需要为儿童提供一个亲切但被监护的停留地。有关人类发展的研究中有越来越多的证据表明，生命的前几年可能是儿童情感、身体和智力发展的关键时期（Bongers et al.，2008；Branje et al.，2010；Pagani et al.，2010；Schweinhart，2004）。

不论收入多少，都要确保每个孩子有机会获得优质的早期保育和教育，这并不是奢侈的，而是强化未来劳动力的必要步骤。

托儿所、幼儿园、母亲节外出活动和其他幼儿环境，有助于家长为孩子和整个社会创造更好的未来。为了获得社区资源、支持和期望，必须将儿童保育和教育视为我们的教育体系中不可分割的一部分。不论收入多少，都要确保每个孩子有机会获得优质的早期保育和教育，这并不是奢侈的，而是强化未来劳动力的必要步骤（Clampet-Lundquist et al.，2003；Evans & Schamberg，2009；Findlay，2010；Lipina & Colombo，2009；Meyers & Jordan，2006；O’Donnell，2006；Vandell et al.，2010）。

由于早期经验对儿童的健康发展至关重要，因此家庭以外的儿童保育具有特殊意义。家长在研究儿童保育的替代方案时，首先应该问的问题是：“在这种情况下，成人能否让孩子感受到温暖、有教养和富有情感？”接着，因为在儿童的学习中，学习的主要途径是模仿和获得第一手经验，而不是接受直接的教学，所以父母可能问的另两个关键问题是：“我是否想要我的孩子在这里习得成人的个性特征、沟通方式和解决问题的能力？”“这些成人是否为孩子树立了榜样以展示那些我珍视的并想要孩子模仿的行为？”

## 总结

1. 当代家庭生活给儿童和家庭带来特别的压力和焦虑。

2. 为了有效引导孩子，教师和家长必须组建一个合作、尊重和团结的共同体并开展工作。

3. 教师应将自己视为家庭的支持系统。

4. 本书中提供了与发展适宜性教育相一致的儿童引导策略。

5. 在发展适宜性教育中接受过培训的照护者可以提供养育所需的注意力和互动能力，这些可以帮助婴儿、学步儿和幼儿充分发挥自己的潜力。

6. 正面引导的长期目标是通过培养儿童的自我控制能力来帮助他们成为负责任的成人。

7. 短期目标是保障儿童的福祉，尊重个人权利，并保护和维护周围环境。

## 关键术语[1]

**儿童引导**（child guidance）：用来外部控制和交流的人为方法，以及自然呈现的用来自控和自律的内部机制和动力的发展延伸。

**双职工父母**（dual-earner couples）：双方均获得充分就业的夫妻。

**单亲父母**（single parents）：独自养育儿童的母亲或父亲。

**家庭结构**（family structures）：与孩子以及其他几代亲属一起生活的各种安排。

**发展适宜性教育**（Developmentally Appropriate Practice，DAP）：精心计划的早期教育和照护要切合各个年龄段儿童的不同兴趣、能力和文化需求，并且要在尊重和与家庭合作的情况下进行。

**全美幼教协会**（National Association for the Education of Young Children，NAEYC）：一个面向幼儿教育工作者的专业组织，致力于改善所有幼儿的福祉，尤其关注从出生到8岁的儿童的教育和发展服务质量。

**家长－教师资源团队**（parent-teacher resource team）：教师和家长作为合作的、相互尊重的和团结的伙伴一起工作。

---

[1] 每章的关键术语以在正文中出现的先后为序。——译者注

**成人**（adult）：一个不试图控制孩子而是有效地引导孩子的人，同时为儿童树立适当地应对和主张协商的第一手范例（榜样）。

**短期目标**（objective）：当下的目的和意图。

**长期目标**（goal）：长远的意图和抱负。

**气质**（temperament）：个性和独特行为模式的人格特质群。

**责任**（responsibility）：个人的义务和应做的事。

## 学生活动

1. 在与一个或多个学龄前儿童互动时提醒他们："保证安全，等待轮到你滑下滑梯的时候""尊重他人，只用语言告诉约翰你生气了"或"要负责任，将包装纸丢入垃圾桶"。

 a. 练习到你能够自然地说出这些话。

 b. 学龄前儿童如何回应这些规则？

 c. 你学到了什么？

2. 在与一群 5 岁或更大的孩子坐在一起时，使用本章中讨论的观点来帮助孩子们制定自己的班级规则清单。

 a. 他们是否制定了尊重他人的规则？

 b. 他们是否制定了保证安全的规则？

 c. 他们是否制定了保护环境的规则？

 d. 学前班儿童和学龄儿童如何回应规则？

 e. 你学到了什么？

3. 与一个或多个幼儿一起探索"保证安全、尊重他人、负责任"的原则。

 a. 写下有关自身经历的笔记。

 b. 将你的笔记与其他学生的笔记进行比较。

 c. 幼儿是如何回应规则的？

 d. 你学到了什么？

## 相关读物

Hallowell, R. (2007). *Crazy busy: Overstretched, overbooked, and about to snap! Strategies for handling your fast-paced life.* New York:Ballantine Books.

National Association of Child Care Resource and Referral Agencies. (2012). *Parents and the high price of child care: 2012 update.* Arlington, VA:NACCRRA. Retrieved September 30, 2013.

Seccombe, K. (2011). *Families and their social worlds* (2nd ed.). Upper Saddle River, NJ:Pearson.

# 第 2 章 历史的观点和引导理论

## 全美幼教协会标准

本章涉及以下全美幼教协会标准：

**标准 1　促进儿童的发展和学习**

1b　知道并理解影响早期发展和学习的多重因素

**标准 5　使用内容知识来构建有意义的课程**

5a　了解学科的内容知识和资源

**标准 6　成为专业人士**

6d　整合有关早期教育中内涵丰富的、典型的和批判性的观点

## 目标

在阅读这一章后，你应该能够做到以下方面：

2-1　列举有关儿童教育的历史观点

2-2　描述儿童在当代社会中的角色

2-3　对比主要的引导思想和方法

## 2-1　历史的观点

多年来，儿童保育和引导的做法发生了巨大的变化。对现代父母来说，过去的许多育儿传统似乎很奇怪，甚至是残酷的。例如，用布条或毯子把婴儿紧紧地包裹在襁褓中，是一种古老的习俗，在世界的许多地方已延续了几个世纪。在大多数的现代文化中，许多人认为将婴儿紧紧地包裹在毯子中是非常合适的传统行为。但是，过去这种包裹的做法是为了控制婴儿的运动，并且会一直持续到孩子可以走路为止。

1699年，约翰·洛克（John Locke）描述了在他所处的时代中惯用的儿童保育方法，以及婴儿如何被“束缚”：他被滚来滚去和包裹十次或十几次，然后盖上毯子，披上斗篷；他的小脖子被固定在一个姿势上；他头上戴着的东西比他实际需要的多，他就像一个年轻的伴童一样戴着三层帽子，一层盖着一层；他的腿和手臂好像在阻止我们本应提倡的那种善意的伸展……腿被捆绑在一起，手臂被固定下来；可怜的孩子躺在护士的膝上，像一个可怜的小俘虏（Cunnington & Buck，1965，p. 103）。

在18世纪上半叶的西欧，婴儿不仅在某种程度上被视为不如老年人，而且在某种程度上被认为是可以牺牲的。一位富裕的母亲通常将新生儿交给雇来的奶妈照护，奶妈则需要以母乳喂养新生儿并照顾他们，这通常以牺牲奶妈的孩子的生命为代价。据报道，婴儿死亡率在某些地区高达 80%，因为那些做奶妈的母亲为了确保生计，用生育来刺激母乳的生产，然后将自己的婴儿送往维护不善的育婴院（Weiser，1982）。

直到 18 世纪末，卢梭的著作影响并反映了有关儿童文化观念的变化。他坚持认为“出自造物主之手的东西，都是好的”（Rousseau，1893，p. 1）。他认为，年幼的孩子天生善良和天真，而不是一个需要去除身上罪恶的邪恶生物。他认为，当时严酷的纪律制度旨在让有罪过的和被玷污的孩子得到救赎，而不是让孩子健康、正常地成长。卢梭的儿童照护方法包括：亲生母亲的母乳喂养、新鲜的空气、宽松的衣服以及成人最小的干扰。

20 世纪的某些美洲原住民部落特别重视孩子的身体韧性。为了增强孩子的抵抗力，无论天气如何，新生儿在出生时都会被多次投入冷水中。美洲原住民的看护方式是将婴儿安全地固定在摇篮上，该摇篮方便安装，可以悬挂在小屋内、树枝上、鞍座上或家人聚在一起的任何地方。直到能够走路时，婴儿才从摇篮的束缚中解放出来（Weiser，1982）。

欧洲裔的美国母亲会将婴儿和幼儿交由附近的寡妇或老姑娘进行照护和教育。在这些“妇女学校”中，婴儿可能会在厨房角落的被子上打盹，而大一点的孩子练习阅读（Weiser，1982）。农民和奴隶的孩子被视为免费劳动力的来源。几乎不会走路的幼儿被分配做家务，并被要求对这些事情负责。到 20 世纪初期，促进儿童发展的科学研究和向家长传播有关信息的势头已经开始形成。当时的一些著作预示着思考幼儿问题的趋势。例如，明尼苏达大学儿童福利研究所在 1930 年出版的一本书中，对家长做出了如下警告：

> 那些完全且毫无疑问地服从传统的教育想法、有足够的力量和毅力的父母，很可能培养出的孩子是这样的：在上学时，他使优秀的教师感到苦恼，却使差劲的教师感到高兴，因为他总是按照要求做事，而且总是等待别人告诉他该做些什么。他的整个态度是知道权威者需要什么，然后去遵从。如果保持这种态度，很容易导致他成年后是无能、低效和不快乐的（Faegre & Anderson，1930，p. 45）。

## 2-1a 现代世界如何影响关于儿童引导的思考

在 20 世纪，有关儿童教育的观念受到两次世界大战、经济萧条和繁荣交替时期以及人们对儿童发展的研究兴趣日益浓厚的影响。在第二次世界大战结束时，玛丽亚·蒙台梭利撰写了《和平与教育》(*Peace and Education*，1971)和《教育重建》(*Reconstruction in Education*，1968)等书，表达了她的观点——世界和平的希望有赖于幼儿的新教育。蒙台梭利写道：

> 当然，我们无法通过试图团结所有截然不同的人来实现(和平)，但如果我们和孩子一起开始就可以实现。孩子在出生时没有特殊语言、没有特殊宗教、没有任何国家(民族)或种族偏见。正是这些人获得了所有这些东西(p. 6)。

在20世纪40年代后期到20世纪50年代，研究人员开始揭开一些普遍的谜团，即生命的最初几年的经历对后来的发展无关紧要，然而，解释智力和人格发展的更复杂的理论推翻了这一观点。这些新理论更加注重早期的社会互动和对自然环境的探索(Erikson，1963；Harlow & Zimmerman，1959；Piaget，1952，1962，1963，1968，1970；Skinner，1953)。在20世纪60年代，关于儿童从出生到学龄阶段的学习过程的研究蓬勃发展；在20世纪70年代中期，大约售出了2300万本有关养育子女的书籍(Clarke-Stewart，1978)。自20世纪70年代以来，家长和科学界对儿童成长和发展过程的兴趣如雨后春笋般增长(Champagne & Mashoodh，2009；George et al.，2010；Pagani et al.，2010；Peters et al.，2010；Rao et al.，2010；Vandell et al.，2010)。

Photo courtesy of the Ferris Family

20世纪初期，人们对童年的观念及对孩子的期望发生了变化。

### 约翰·杜威

> 我希望成为一个社区的一员，这个社区的好坏以孩子们获得的幸福来评价，而不是以其机械设备发明的畅通无阻来评价。
>
> ——托马斯·摩尔

约翰·杜威（John Dewey，1859—1952）的教育方法是依赖边做边学，而不是通过刻板的讲课、乏味的记忆和背诵材料来学习，虽然这些都是当时的标准做法。

杜威对教育工作者的重要意义在于几个关键方面。他对思维和反思的创新探索激发了卡尔·罗杰斯（Carl Rogers）等人的持续研究和理论发展。杜威认为教育必须使人参与其中并扩大其经验才能有意义，这一观点对当今的教育理念产生了巨大影响。

此外，他促进了人们对学习环境的发展的认识和关注。在这种学习环境中，学生能够与学习材料进行积极互动，并找到一个具体的框架来继续实践所学习的概念。最重要的是，他对民主的满腔热情促使他倡导建立培养良好公民的学校，以便民主得以蓬勃发展（Caspary，2000）。

### 阿尔弗雷德·阿德勒

阿尔弗雷德·阿德勒（Alfred Adler，1870—1937）基于价值取向心理学，提出了有关人类行为的社会建构主义观点。他认为，人类有能力合作、和平相处、努力自我完善和自我实现，并为社区的共同福祉做出贡献。他认为，人们不是遗传或环境的被动受害者，而是通过社交互动、经验和对世界认识的发展来积极地建构自己的生命。他认为人类一直在努力弥补自卑感。

阿德勒的思想与亚伯拉罕·马斯洛（Abraham Maslow）的思想相似，马斯洛设想个人致力于自我实现，以充分实现其潜力（Maslow，1970）。像西格蒙德·弗洛伊德（Sigmund Freud）一样，阿德勒相信一个人的人格在生命的前 5 年中得到了很大发展。阿德勒关于儿童引导的概念包括以下内容。

- 相互尊重基于一种信念，即平等是所有人的不可剥夺的权利。
- 奖励和惩罚已经过时了，效果不如逻辑后果。
- 在有激烈冲突的情况下，采取行动而不是说话，可以避免争论并更快地解决问题。
- 从挑衅中退出是合适的，但从情感上疏远孩子是不合适的。
- 教学和培训需要花费时间和耐心。

- 成人绝对不应该为孩子做他自己能做的事。
- 认识并理解行为不当儿童的意图是至关重要的。

多年来，教育者、哲学家和科学家影响了我们对儿童引导的看法。

### 卡尔·罗杰斯

卡尔·罗杰斯（Carl Rogers，1902—1987）的人格理论源于他作为临床心理学家的工作，以及对所有人的尊严的深切尊重。他开发的临床方法专门针对人的人性和道德进行治疗。他认为，人类具有潜在的"实现倾向"，这可以激发人们发挥潜能。

自我概念是其理论的核心。他认为，自我是通过与他人互动构建的。儿童的自我概念在很大程度上受到周围人的看法的影响。因此，珍视孩子并以有尊严和尊重的态度对待孩子，将有助于他建立牢固、积极的自我概念。不尊重、羞辱和不人道的对待会损害孩子自尊心的发展。罗杰斯认为，为了充分发挥潜力，人类必须从他人那里获得积极的重视，从而最终促进积极自尊的发展。

### 罗伯特·卡赫夫

罗伯特·卡赫夫（Robert Carkhuff）借鉴了卡尔·罗杰斯的抽象理论，并制定了一套系统的有效人际交往技巧引导方针。他所做的工作影响巨大。许多现有的教导人际交往技能的课程都来源于这个理论。

### 乔治·迈克尔·盖兹达

乔治·迈克尔·盖兹达（George Michael Gazda，1931—）接管了卡赫夫的工作，并对其理论进行了进一步完善，以创建一个有效的系统来解决课堂管理问题，同时鼓励孩子改变不当行为。他的工作重点在于感知和回应有效的策略、无效的沟通方式、非言语行为、对抗和愤怒。盖兹达为教师确立了纠正儿童的行为问题和增强儿童的自我概念和自尊心的策略。

### 让·皮亚杰

让·皮亚杰（Jean Piaget，1896—1980）研究了儿童智力的发展，并提出了一个基于认知发展四阶段的理论。他的研究对心理学和教育学产生了重大影响。皮亚杰的职业生涯中的大部分时间都在倾听孩子、观察孩子，研究其他认知心理学家的研究报告。他得出结论，儿童的学习是他们通过与环境的互动逐步构建的。他认为，儿童最初的思维和解决问题的逻辑与其逐渐长大成人后所使用的逻辑大相径庭。孩子们根本不会像成人那样思考。

皮亚杰相信，孩子们是小科学家，他们不断地创造和检验自己关于世界的理论。孩子们不是被知识填满的空空的容器（正如人们之前所认为的那样），而是自我知识的积极建构者。像杜威和蒙台梭利一样，皮亚杰非常重视孩子的学习。蒙台梭利和杜威着手改革教育，但皮亚杰只是试图理解和解释儿童的思维和学习方式。尽管如此，皮亚杰对全世界的教育产生了深远的影响。

### 列夫·维果茨基

列夫·维果茨基（Lev Vygotsky，1896—1934）之所以被记住，主要是因为他定义了“最近发展区”（zone of proximal educational development，ZDP）。他认为，儿童通过接触难度在其能力范围之外但可能达到的“区域”之内的技能、词汇、概念和任务来获得发展。他认为，成人在帮助孩子掌握这些新知识或新能力的过程中起着重要的引导作用。

#### 认识大脑

#### 我们可以从神经科学中学到什么？

儿童通过观察榜样来发展同理心和学习技能。

1. 研究人员发现，当我们做出一个动作，以及观看他人做出相同的动作时，某些大脑细胞会被激活（University of California-Los Angeles，2010）。

2. 镜像神经元可以帮助我们感觉别人能够感觉到的东西，好像我们站在他们的立场上。

3. 镜像神经元刺激共情的发展。

4. 镜像神经元通过提示孩子观察和模仿他人的行为，使技能代代相传。

5. 有行为问题的幼儿可能会减弱其镜像细胞的反应，从而导致早期的脆弱性（Cell Press，2013；Lockwood et al.，2013）。

6. 示范性环境可以帮助弱势儿童学习同理心并制定有效的学习策略（Lockwood et al.，2013；Rushton，2011）。

维果茨基认为，儿童的成长主要依靠与成人的互动以及与其他儿童的互动。他认为，儿童的学习与人类的历史和文化密不可分。他认为，心理发展是儿童学习如何使用人们在整个历史中发展出的思想和工具（例如语言、数字概念、音乐、艺术等）的过程。他强调，语言是几个世纪以来最重要的认知工具。没有语言，儿童将无法充分发展自我意识。没有自我意识，儿童就无法思考、评估、预测和控制自己的行为。语言成为我们思考、感知、体验和行动的框架（Berk & Winsler，1995）。

维果茨基认为，教育的首要目标是促进和引领发展。他认为，发展是通过社会学习、社会互动和文化内化的过程发生的。他强调了先验知识对于理解新经验和新情况的重要性。一切的教学都必须在孩子已经知道的情况下进行。孩子的文化、家庭背景和当前的技能水平决定了他的课程设置（Luria & Vygotsky，1992；Smagorinsky，2007；Scott，2007；Vygotsky，1978）。

玛丽亚·蒙台梭利

在世界大战期间，玛丽亚·蒙台梭利（Maria Montessori，1870—1952）提出了这样一个思想，即人类只有将注意力和精力转移到发现儿童上，才有希望解决其问题（*The Discovery of the Child*，1986，pp. ix-x）。

蒙台梭利观察到儿童重复从事与其发展和兴趣相匹配的活动的能力。她看到孩子们需要在精心计划的环境中动手学习。她设计了适合儿童大小的小家具，以及简单、有吸引力的感官学习材料，儿童可以独立使用这些材料来发展认知、身体、实际生活和社交技能。她关注的是儿童的独立性和对儿童的尊重（Kramer，1976；Standing，1957）。

蒙台梭利对于幼儿的吸收性心智、内在驱动力、学习敏感期以及教师角色等的重要性的认识，对主流的幼儿教育产生了深远的影响（Lee，2005）。

在一个世纪前，玛丽亚·蒙台梭利开始提倡儿童在精心计划的环境中需要有尊重的引导和动手学习。

蒙台梭利设计了小型儿童家具，并提供了简单、有吸引力的感官学习材料。儿童可以独立使用这些材料来发展认知、身体、实际生活和社交技能。

## 弗里德里希·福禄贝尔

弗里德里希·福禄贝尔（Friedrich Froebel，1782—1852）改变了我们对幼儿教育的看法。福禄贝尔意识到，游戏是自然地推动幼儿学习的引擎。他开始寻找方法来引导儿童天生的游戏欲望，并帮助他们在游戏中找到更多的意义。他为孩子们创造了被称为“恩物”的学习材料——小球、棒和环、木制积木、矩形瓷砖等。他发明了让儿童使用这些材料的游戏，可以帮助儿童发现新的概念（Froebel，1887，1907）。

通过与这些游戏材料的互动来刺激儿童的学习，是福禄贝尔改造幼儿园的重点。他的目的是让这些材料激发儿童的智力、创造力和天生的游戏精神。不久，世界各地的教育工作者都注意到了福禄贝尔的天赋和他所称的恩物。他的想法取得了巨大的成功（Corbett，1988）。

今天，我们期待着发展适宜性教育将木制积木作为必不可少的班级材料。当然，我们如今使用的其他早期教育学习材料是直接或间接地从福禄贝尔的恩物演变而来的。

### 尤里・布朗芬布伦纳

尤里・布朗芬布伦纳（Urie Bronfenbrenner，1917—2005）担心现代家庭生活的不可预测性和不稳定性正在损害孩子们的福祉。他提出了一种生态学模型来解释对学校失败以及儿童行为、社会和情感问题日益加剧的担忧。

根据布朗芬布伦纳的生态学理论，当直系家庭的关系破裂时，孩子们无法开发出他们成长所需的工具，这会影响他们融入社会的其他地方（如学校、社会组织）并从事最终的工作。他认为技术改变了我们的社会，但是我们没有做出回应来弥补其对家庭的负面影响（Henderson，1995）。

他指出，为了发展良好，幼儿需要与细心的、有爱心的成人保持持续、稳定、双向的互动。没有得到这种高质量照护的儿童，最终会在不适当的地方寻求关注。儿童的缺陷在青少年时期表现为反社会行为、叛逆、缺乏自律和主动性。

为了解决所发现的一些问题，他创立了“开端计划”（Head Start）。刚开始，他说服其他共同创始人，“开端计划”不仅应让孩子参与，还应让家庭和社区参与，这样它才会是最有效的。家庭和社区的参与在当时是闻所未闻的，但这现在已成为“开端计划”的基石，并被证明是成功的关键。现在我们知道，发展适宜性教育必须包括家庭的参与（Addison，1992；Bronfenbrenner，1990）。

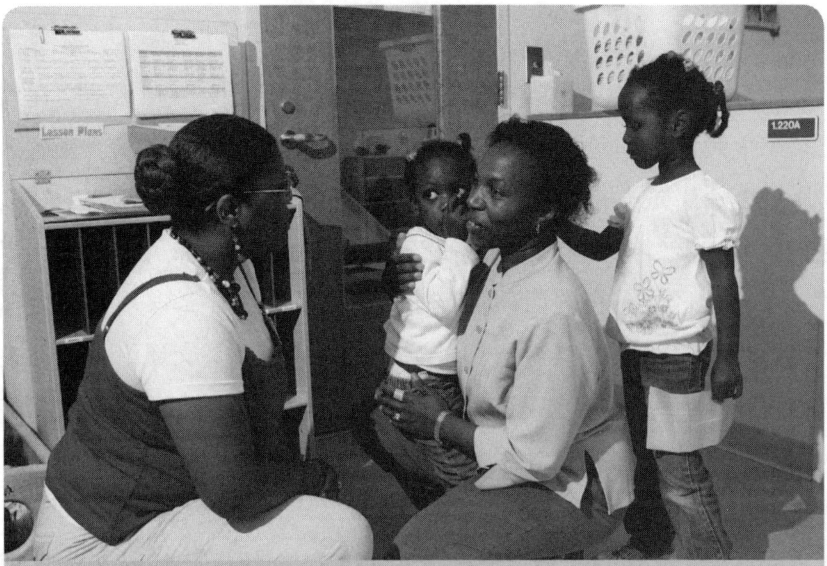

© Cengage Learning 2013

布朗芬布伦纳让共同创始人相信，“开端计划”不仅应让孩子参与，还应让家庭和社区参与，这样它才会是最有效的。现如今，家庭的参与是发展适宜性教育的基本原则。

## 2-2 社会中的儿童

儿童在当代社会中占有非常特殊的地位（Gutek，1997；Hoffman & Manis，1979；Wyness，2006）。他们穿着精美的服装，被拍照留念，有专门为他们制作的无数物品（玩具），被用小玻璃罐喂特殊的食物，并拥有精心设计的坐、荡、滚、吃、爬等设备。与以前的文化相比，如今的孩子受到宠爱和放纵。一个穿着设计师设计的服装的婴儿，有着明亮的双眸，穿着带香味的防漏型一次性尿布，并乘坐最新的婴儿车，将会给超市里的购物者带来惊喜并使其评论道：“哦，这真是太可爱了！看看它（it）的小鞋子和小耳环！”

像这样用非人称代词来指代婴儿（有时是幼儿）的做法透露出很多关于我们对婴儿的看法。使用“它”（it）和“东西”（thing）这样的词来指代儿童，很微妙地表明儿童没有被视为真实的人。在几个世纪前，对儿童的非人格化指代比现在更为普遍。儿童在幼儿时期就被普遍地称为“它”：“在这个年龄段（从出生至 7 岁），它（it）的牙齿还没有很好地排列或牢固地植入，因此不能很好地说话或完美地表达自己的话语”（*Le Grand Proprietaire*，Aries，1962，p. 21）。现在，尽管有人仍然认为婴儿并不完全是人类，但与以往相比，我们更加重视儿童个体生命的价值和重要性。

父母可能会在孩子出生之前将胎儿称为“它”，但是父母几乎不会在孩子出生后用“它”来指代自己的孩子，尤其是在他们了解并喜爱孩子之后。陌生人总是更有可能使用非人称代词来指代儿童。例如，一家报社报道了一起残忍虐待儿童的谋杀案，这名儿童从婴儿早期就因照护者疏忽而被带走，后来被交还给亲生母亲。报道中引述了一名地区检察官的话，向震惊的市民解释为什么谋杀案的受害者是一名2岁的男孩：“最有理智的人……可能会说把它（孩子）交还给母亲的决定是个错误的选择……”（Krupinski & Weikel，1986）。当被问及为何对婴儿使用非人称代词时，人们经常解释说，使用“它”是因为不知道孩子的性别。有趣的是，在讨论年龄大一点的儿童和成人时，即使不知道此人的性别，大家也会认为将此人（售货员、邮递员或青少年）称为“它”是非常不合适的。只有在一个人死后，他的身体才被称为“它”。

## 2-2a　在当今瞬息万变的世界中，孩子的生活有何不同

与早前使用童工相比，当今的儿童不仅受到重视，而且通常被认为应该拥有无忧无虑的生活。在过去的几年中，幼儿通常被允许花费大部分时间来玩耍、四处闲逛、在阳光下嬉戏并通常找到自己的归属（有时在电视机前）。托育服务为许多儿童的生活带来了新的层次结构。在许多儿童照护计划中，这种结构丰富了儿童的生活，有助于他们养成健康、高效的习惯。在其他的儿童保育环境中，儿童花费大量的时间坐着、等待、被骂、站成一排、参加由成人发起和控制的活动，这些活动由成群的儿童同步进行（Findlay，2010；National Association of Child Care Resource and Referral Agencies，2009，2010；U. S. Census Bureau，2010）。

> *如果你不知道为什么一个坐在旋转木马上的孩子每次都会向他的父母挥手，而他的父母也总是会向他挥手，那么你就无法真正理解人性。*
>
> *——威廉·D. 塔默斯*

由于许多富裕的父母生育的孩子越来越少，并且他们都会等到职业生涯稳定后再生育，所以对一些孩子来说，新的压力使他们不能辜负父母对他们的期望。为了争取成为“超级儿童”，许多孩子甚至在上幼儿园之前就会参加体操课、音乐课、舞蹈课、家教课和瑜伽课。他们的生活可能变得如此充实，以至于他们没有时间躺在三叶草上看着云朵飞过，体验奇迹。在这个时代，当父母对创造一个超级孩子感

到有压力时，他们可能会无意间破坏了幼儿期的某些奇迹和魔力。

有时，幼儿在当代社会中的角色接近宠物或财产，而不是应得到尊重和尊严的人。该角色可能不时地意味着被放纵、宠爱、遗忘以及奔忙和推挤。他可能会被期望着变得完美，或者被迫拉小提琴，又或者炫耀其他技巧以打动家人和朋友。

我们对幼儿期的了解和重视程度不断提高，把儿童放在高高在上的位置上。但是，当然，成为受重视的人有明显的弊病，意味着他的一举一动都要被观察、判断和管理。儿童教育专家越来越担心不能让儿童自由地成为儿童（Bodrova & Leong，2010；Elkind，2003；Ladd，1996）。

### 2-2b 参与民主的准备

幼儿所生活、工作和娱乐的环境（无论是在家中，还是在托儿所中）都是他们的小社会。正如前面所讨论的，家庭、学校和看护社区中的互动有助于孩子学习如何在后期参与成人社会的生活。儿童引导是成人帮助儿童学习作为小组成员而工作的适当途径。在**专制**体制中，人们只需要学习盲目服从，就可以正常工作。一个要求服从的独裁者统治着人们。在**无政府状态**下，每个人都遵循自己的欲望和兴趣。混乱之所以盛行，是因为没人管。但是，在**民主**国家中，需要受过教育的、负责任的公民通过积极参与来提供有效的自治。

成人进行的引导实践可以通过发展必要的技巧来帮助儿童学习如何参与民主。参见正面引导焦点 2.1。

**正面引导焦点 2.1　良好公民的关键技能**

1. 公民的概念——合作，公平竞争，尊重他人的权利。

2. 主动性和自主 / 自立——有主见的人、终身学习者、有创造力的问题解决者。

3. 合适的工作习惯——建立完成任务、以成就为荣并对结果承担责任的模式。

4. 在团队中合作的能力——为了团队的利益，愿意放弃自己当下的利益。

© Cengage Learning 2013

通过在具有文化多样性、发展适宜性的学习环境中游戏和学习，孩子们可以发展公民技能和自力更生、负责任的工作习惯以及在团队中的合作能力。

## 2-2c　早期影响如何改变儿童及其对适当行为的学习

在20世纪70年代和80年代，研究人员开始研究幼儿教育项目中的各种方法如何影响儿童的特征、态度和价值观的发展。但是，100多年来，一些教育者一直将个人发展和公民权利作为早期学习和引导的一部分。杜威写了几十本书，把学习描述为日常生活中的一部分。他所创办的举世闻名的学校于1896年开放，其中包括幼儿园和学前班。该学校专门用于培养对民主生活至关重要的品质（Dewey，1966）。

对于那些引导幼儿的家长、照护者和教师来说，至关重要的是要认识到引导不仅是使孩子们当下的举止得体的过程，更是帮助孩子们学习过上愉悦、高效生活的过程。判断引导策略的适宜性不能仅凭目前的权宜之计，还必须考虑策略在培养与现实世界相关的实用生活技能方面的有效性。

纪律策略的目的是控制儿童的行为，通常是使用惩罚。引导策略注重儿童自控和自律的发展。他们依赖真实的经验、逻辑后果和内在的回报。正面引导并不是一味地哄骗或强迫孩子做我们想让他们做的事。

在民主国家中，人民享有权利。虽然我因超速驾驶违反了法律，但我仍然有权利。警察被授权仅使用适当和必要的武力来制止我。他被禁止以伤害、骚扰或侮辱我来惩罚或报复我的所作所为。事实上，许多警察会用礼貌但坚定的态度，耐心地面对不守规章的违法者："先生，我知道你不喜欢被拉过来，但是你超速了。我可以看看你的驾驶证吗？"

如果警察用某些成人对待行为不当的孩子的方式来面对驾驶员，我们会感到震惊。想象一下，一名警察将驾驶员从车上拉下来，一边愤怒地摇晃着他，一边对他大喊大叫，谩骂道："如果再这样做，我会用戒尺打你，你将一周都无法坐下！"我们可能会感到非常生气，并觉得驾驶员被虐待了，孩子们也有同样的感觉。孩子们需要花时间和练习来掌握规则，但是可以通过司法系统所使用的方法来使他们学会成为好公民：持久而一致的引导是必要的，但要尽可能保持尊重。

## 2-2d 改变管教传统下的压力

改变我们对待行为不当的孩子的方式并不容易。在童年时期，我们无意识地吸收了大量关于成人如何与孩子互动的信息。就像我们在大脑中存储了纪律教育的录像带一样，它随时可以重播。当责骂自己所照护的幼儿时，我们会突然听到来自我们童年时代的成人的声音。

> 孩子们迫切需要以他们可以理解和记忆的方式知道，他们受到父母的爱和重视。
>
> ——保罗·斯莫利

之前几代人可以接受的引导方法，对于为将来生活做准备的现在的孩子并没有用。在过去的几代人中，遵循和服从权威对经济繁荣至关重要。在未来，合作、创造力、革新和开放的态度将至关重要，而不是遵从和服从。现如今，我们的引导方法必须教会孩子思考，而不仅仅是服从（Collins & Halverson，2009；Trilling & Fadel，2009）。

世界正在以惊人的速度变化。随着情况的变化，孩子们需要有不同的经历来为未来做好准备。在 100 年前，人们并不期望孩子为科技世界做好准备，在科技世界中有适应性和灵活机动的能力比遵守惯例更有价值。在 100 年前，人们并不期望妇女为自己在商业世界中进行激烈竞争做好准备，也不期望她们为在某个时候成为一家之主和唯一养家糊口的人做好准备。

我们一旦意识到有必要更新引导儿童的策略，就很难改变我们的旧习惯。不幸的是，当引导孩子的方法开始显得合乎逻辑和正确时，成人会感到困惑和有压力，因为这些方法与我们在童年时期的经历和生活方法不匹配。教育信念不能像电灯开关一样打开和关闭，相反，它们必须经过多年的研究和实践。

人类（成人和儿童）都受到生活经历的影响。但是作为人类，我们有能力做出选择，控制我们的生活，甚至在人生旅程中做出意想不到的改变。我们不仅仅是漂浮在生命之流中的叶子。相反，我们是鱼，虽然受到水流和潮汐的强烈影响，但如果我们有力量和动力，就可以自由游、向上游。我们可以选择打破旧习惯并建立新习惯，但这并不容易。这需要耐力、决心和坚持不懈的实践。

Photo courtesy of the Ferris Family

在100年前，人们通常认为一个人谋生所需要的是一个强壮的后背和一个愿意的态度。今天，成功需要一套复杂的技能和态度。

## 2-3　引导的哲学

在塑造家长、教师和照护者关于儿童教育和养育的哲学观方面，文化发挥着重要作用。一个人的哲学观会影响其对孩子的看法——他们如何学习，他们的意图是什么，以及他们为什么如此行事。关于引导孩子的想法似乎是合乎逻辑、适当的，或者听起来很荒谬，被构成一个人哲学观的一系列信念和假设所渗透。

尽管家长、教师或照护者可能认为他们没有特别的哲学观，但他们很可能从未真正地分析过与他人的信念相比自己的信念是怎样的。有些人可能会错误地认为，世界上的每个人都自然地分享他们关于事物应该怎样以及为什么这样的基本信念。就像学习阅读和写作的过程一样，获得适当行为的过程无疑是一个学习的过程。因此，对于我们而言，探索与学习的方式和原因有关的各种哲学至关重要。

实际应用案例

## 把一只小黄蜂带回家

在一个中等规模的社区儿童保育中心里，一群幼儿聚集在他们的教师身边，与她一起唱歌。他们假装从空中抓起小黄蜂，并在唱歌时将它们困在握紧的手中：

**“我要带一只小黄蜂回家。我的妈妈不会为我感到骄傲吗？我要带一只小黄蜂回家——嗡嗡——嗡嗡——嗡嗡。哎呀！（拍）它蜇了我！”**

在镇上的另一个地方，在一个属于低收入住房保障项目的小建筑物中的儿童保育中心里，一群孩子坐在长桌旁的椅子上热情地唱歌：

**“我要带一只小黄蜂回家。我的妈妈不会为我感到惊讶吗？我要带一只小黄蜂回家——嗡嗡——嗡嗡——嗡嗡。哎呀！（拍）它蜇了我！我要压扁这只小黄蜂，现在我浑身都是小黄蜂的血。我擦着小黄蜂的血。现在我的身上没有血了。”**

在镇上的另一个地方，在一所装饰高雅的私立幼儿园里，一群孩子围成圈，盘腿坐在地板上，与他们的教师开心地唱歌：

**“我要带一只小黄蜂回家。我的爸爸不会为我感到骄傲吗？我小心地打开了窗户，这样我的小黄蜂就可以自由地飞走了——嗡嗡——嗡嗡——嗡嗡。再见，小黄蜂。”**（更多信息请参见 Miller，1989）

### 案例讨论的问题

1. 你是否认为家长和教师用来供儿童娱乐的歌曲和游戏会一代一代地传递下去？

2. 你自己的儿童文化观是什么？你是否认为儿童天真无邪，可以免受暴力、恐怖或令人恶心之事的侵害？你是否将孩子视为喜欢用喧闹来发泄好斗情绪的普通人？你是否将孩子视为有时会产生邪恶或残忍冲动的“天生罪人”？

3. 比较你听到的不同版本的歌曲和故事。它们是否反映出你知道的孩子的文化经历？

4. 你认为为什么第三位教师将“妈妈”一词替换为“爸爸”？

5. 你是否认为与其他没有受到贫困所带来的不适和恐惧的更受庇护的儿童相比，在贫民区中成长的孩子可能喜欢不同的歌曲和游戏？

6. 如果上文中描述的互动确实是维果茨基所说的“对话”，那么孩子们从不同歌曲的措辞中会发现什么文化价值？

7. 成人是否曾经故意使用歌曲和故事来向孩子灌输对文化价值的认识？你会想到什么歌曲？

8. 找到与孩子一起使用时你会觉得不舒服的一首歌或一个故事。你将如何更改它？为什么？

每个孩子都是某些家庭、社区、文化或者是文化交融的一部分。他的家庭、社区和文化构成了其感知世界的基础。

## 2-3a 儿童的个性绝大多数是天性和养育的结果吗?

与儿童有关的最古老的争论之一是关于先天与后天的争论。相信自然（先天）影响更大的人们认为，由于遗传、天生的特质和内在动力，孩子们将变得无所不能。相信养育（后天）会产生更大影响的人们认为，由于父母的引导、教学效果、电视以及其他外部因素的影响，孩子们将变得无所不能（Asbury & Plomin，2005；Cohen，1999；Kagan，2004；Somerroff，2010）。

每当成人比较孩子时，他们都会忍不住大胆地发表关于孩子如何变得如此与众不同的观点。有人会说："珍妮弗在出生时有点恐怖！她就像她的父亲一样，永远不会安静一分钟。""拉胡尔无疑将是一位天才音乐家，因为他从父母身上遗传到了音乐才能。"这些人强调孩子的内在本质对其发展的重要性。他们认为，由于遗传或天生的特征，孩子在出生时就具有某些才能和个性特征。

其他人则不同意。他们会说诸如此类的话："当然，李明早就接受了便盆训练。她的教师已经培训了数百名幼儿，他们知道该怎么做。""如果那是我的孩子，他就不会抱怨和吮吸拇指。他的父母一定太放纵他了，否则他不会那样做。"这些人强调在儿童发展中进行外部培养的重要性。他们认为孩子在出生时几乎都是相同的，由于养育方法和教学的不同，他们的差异会不断显现。

过去的文化观念认为，个性和潜力是与生俱来的。有些人甚至担心领养的孩子可能有"不好的种子"。人的本性是如此，成人通常很想将孩子的成就和模范行为归功于自己，但将失败和不可接受的行为归咎于孩子的天性。

近年来，随着对人类学习的研究如雨后春笋般出现，人们逐渐意识到孩子在成长过程中遇到的每个人、每件事的重要性。钟摆已经摆到了极端。曾经人们将孩子的结局归咎于命运，现在人们试图通过在教育过程中的跨越式发展来创造"更好"的儿童，错误地让婴儿、学步儿和幼儿学习那些针对年龄较大儿童的抽象课程。

认知刺激对精神发育的作用就像食物对身体发育的作用一样。如果没有足够的食物，发展将受到阻碍。但是，强加过多的食物（或错误的食物）对孩子也不利。我们应该提供适当数量的、具有发展适宜性的学习经验，并尊重孩子的学习准备。在发展适宜性教育中，学习经历就像《三只熊》(*Three Bears*)中的粥：总是恰到好处。永远不要太多，永远不要太少，永远不要太高级，永远不要太简单，总是要适合孩子的发展水平、文化背景和个人兴趣。

## 2-3b 研究者们如何论述智力和个性的起源?

如果可以将人类思维整齐地分为简单的类别，我们将发现三个主要立场。

- **行为主义者**（也称为经验主义者）认为，行为和学习取决于外部力量（例如强化）。他们专注于外部的引导策略。
- **成熟主义者**认为，行为和学习取决于内部过程（例如成熟和动机）。他们专注于以非介入式方法来支持儿童自然发展的自我控制。
- **建构主义者**认为，行为和学习是内部发展与外部环境之间相互作用的结果。

他们研究孩子的成长，观察孩子并准备一个适合儿童发展的环境。他们积极主动地引导孩子自我控制并尊重他人的内在发展。

## 行为主义者的方法

行为主义者结合了17世纪的约翰·洛克的传统思想——他将新生儿的思想看作一块白板或空的石板。行为主义者、实证主义者和经验主义者相信，人类的学习来自学习者之外。他们认为环境几乎是一个人成长的全部原因。

沃森（Watson，1930）、斯金纳（Skinner，1953，1974）等人都认为，人类实际上是环境的产物。人们之所以成为学者或窃贼，并不是因为他们的遗传构成或选择，而是因为他们所处的环境使他们习惯于这样做。这一观点对父母和教育者有着深远的影响。这意味着可以通过控制环境来塑造或控制人类。这种观点将重点从关注人的意志和倾向上转移开了。

> 十分之九的教育是鼓励。
>
> ——阿纳托尔·法朗士

行为主义者将儿童的适当行为的发展视为成人的责任。成人负责为儿童识别和选择特定的行为目标。然后，成人观察孩子并监控其自发行为，当这些自发行为稍微接近预期的目标行为时，成人通过给予表扬、奖励或**代币**来强化儿童的后续行为，使其更接近预期的目标。成人控制儿童的周围环境以**矫正**（或改变）儿童的特定行为。

这些小女孩充满信心地学习昆虫。根据行为主义者的观点，自然为孩子的潜能打下了基础，但是养育使孩子有可能实现这些潜能。

行为主义者不留任何机会。他们选择目标行为、强化物，甚至计划强化时间表，明确何时、何种频率以及具体在什么情况下给予强化物。行为主义者的思想焦点是：学习是一个外部过程，并作为环境影响的结果发生在儿童的身上。儿童引导被视为成人主导的过程。

### 成熟主义者的方法

从与行为主义者相反的观点来看，成熟主义者借鉴了柏拉图（Plato）的传统思想。这些成熟主义者、内在主义者和先天论者认为，学习是从内部产生的。这些教育者和哲学家在理论上推测，人类生下来就是他要成为的样子。在这种观点中，婴儿就像玫瑰花蕾一样，只要保持健康就会自然而然地绽放出花朵。耶鲁大学的研究人员阿诺德·格塞尔（Arnold Gesell）一直到20世纪20年代和30年代都坚持认为，儿童的外部环境无法控制其发展结果。他声称，儿童自身的遗传和生物学特征决定了他们的智力和个性（Gesell et al.，1940）。

成熟主义者认为，适当行为的发展是自然的过程。他们认为，只要满足基本需求，孩子就会自动发展出所需的社交技能、智力和身体控制能力。他们将成人的角色视为促进者。成人研究儿童，仔细观察和监控他们的行为和能力。当儿童出现问题时，成人会介入，帮助孩子了解在特定情况下发生的事情，并帮助其尽可能独立地解决问题。

行为主义者不留任何机会。他们选择目标行为、强化物，甚至计划强化时间表，明确何时、何种频率以及具体在什么情况下给予强化物。

成熟主义者认为，学习来自孩子的内部。他们认为学习过程不能匆忙。成人将自己视为榜样、向导和顾问。他们相信孩子最终会对自己的行为负责。关于孩子如何学会适当的举止，成熟主义者认为，遗传的个性和成长特征以及孩子的意志力起着重要作用。成熟主义者将适当行为的发展视为儿童主导的过程。

显然，这种观念对于关心孩子的父母和教育者具有广泛的意义。如果早期的经历对以后的发展相对不重要，那么成人只需要在儿童最初的几年中提供安全和健康的基本必需品（即监护）。这种观点意味着成长和学习是根据生理成长的内部规则进行的，并且是个人决策而不是特定的环境条件的结果。

### 建构主义者的方法

在20世纪末，建构主义者进行了大量的研究，使针对人类学习的前两种截然不同的观点（先天与后天）的争论变得复杂起来。建构主义者认为，人类的学习是学习者与其所处环境相互作用的结果。

许多研究已经清楚地表明，环境因素会影响人类的发展（Bloom，1964；Chomsky，1965；Hunt，1976；Kagan，1971；Kagan & Moss，1962；Kagan et al.，1978；Kohlberg & DeVries，1987；Piaget，1952，1962，1963，1970，1983；Swann，2009；Vardin，2003；Warash et al.，2008）。但是研究也证明了个人意愿、学习风格和互动作为过程的一部分的重要性。这些因素已经获得了科学的证实，被认为既不属于成熟主义学习观，也不属于行为主义学习观。

皮亚杰（1952）称自己是建构主义者。他声称，婴儿天生具有某些特定的思想和行为倾向，但他们必须通过与环境互动的过程来创造自己的知识。游戏是我们用来指代这种与环境的早期探索性互动的概念。

维果茨基的社会文化发展理论指出，儿童通过他们所处文化中的社会互动来学习。这种方法与皮亚杰的理论有很大的不同，皮亚杰认为儿童在自己的环境中学习。维果茨基说，孩子们通过“对话”进行互动，并且通过这些社会和文化互动来学习他们所处社会的价值观（Luria & Vygotsky，1992；Vygotsky，1962；Woolfolk，2004）。

孩子们带着潜力来到这个世界上，但潜力并不能保证任何水平的成就。孩子生来就是为了学习，但如果没有环境的适当支持，他们就无法进行学习（Bodrova & Leong，2010）。这种关于儿童教育的思考方式提醒家长和早期教育者提供高质量的早期经验，以便儿童可以获得最佳体验。研究人员表明，婴儿的大脑使用来自感官体验的信息来设计自己的体系结构，这进一步强调了早期环境的重要性。当大脑细胞间的突触（或连接）数在短短几个月内乘以数万亿后，大脑内的映射就以惊人的速度发生了（Fifer et al.，2010；Friedman，Melhuish，& Hill，2009；Hayne，2007；Sai，2005）。

根据建构主义者的观点，孩子们创造了自己的学习。我们只是他们的向导。

**动物行为学家**是指研究自然过程和自然环境中行为的研究人员。他们改进了学习敏感期的概念，即环境刺激可以对学习产生最大的影响。亨特（Hunt，1976）描述了他所说的“匹配”。他说，必须在特定的学习情况下，使孩子的已有水平与实际困难或差异水平相匹配，最佳的学习才会发生（Hess，1972；Lamb，1978，1981；Lorenz，1966；von Frisch，1974）。

如果环境中的互动太困难，儿童就会感到沮丧和灰心；如果太容易了，儿童就会感到无聊。孩子们积极寻求与其能力水平相符的材料和活动。他们可以在困难程度合理的环境中享受和学习。在这种环境中，他们可以自由地选择与其能力水平相匹配的玩具、游戏和互动方式，还可以自由地拒绝看上去太容易或太困难的材料或活动。

在儿童引导方面，建构主义者认为，只有在同时具备内在成熟和适当的外部影响时，儿童才能学会适当行为。成人必须研究儿童并仔细计划，同时必须关注儿童自身的兴趣和能力。儿童引导注重行为主义者所强调的外部控制或成熟主义者所强调的内部发展。孩子真正想改变的无意识习惯可以通过行为主义策略得到快速和有效的干预。长期存在的问题似乎有着根深蒂固的情感原因，有时可以通过成熟主义策略对自然发展过程的支持而最好地解决问题。

建构主义策略整合了内部和外部发展的过程。建构主义者认为，儿童引导不是成人主导或儿童主导的过程，而是二者都可以引导或跟随的互动。它就像跳华尔兹，有邀请和接受，有引导和跟随。成人尊重孩子的兴趣和能力，但也不害怕在必要时控制孩子。孩子可以自由地表达自己的想法，也理解并遵守明确规定的限制。建构主义策略为发展适宜性计划提供了最广泛和有用的教与学的方法。

## 2-3c 我如何了解哪一种哲理是正确的?

在任何照护和教育儿童的人群中，都会有许多成功和富有成效的成人，他们对儿童成长和发展的看法更倾向于成熟主义或行为主义。然而，在早期教育领域中占主导地位的观点是发展适宜性教育，它主要围绕一个基本假设，即早期发展源于儿童的内在能力、动机和外部环境之间的相互作用。

以下是贯穿本书的两个基本假设。

- 通过在自然的、具有发展适宜性的环境中进行互动，孩子们最能够发展技能和观念。
- 儿童在环境中的互动方式是由其特定的发展阶段以及兴趣和动机触发的。

换句话讲，也许有人会说通常发展中的儿童来到世界上就准备好去学习。他们将被激励着用感官去探索周围的环境，寻求人类的社会联系，并且迅速吸收自己所听到的任何语言。如果很容易在环境中获得这些内容，那么相关的互动将以健康和自然的方式促进儿童的发展（Friedman，Melhuish，& Hill，2009；Haith & Benson，2008）。

在进入世界时没有完整的五感、发育迟缓、运动或感觉能力受损的儿童，需要特殊的设备、额外的刺激和熟练的教学才能充分发挥其发展潜力。有能力差异的孩子虽然不像同龄人那样自然地学习，但他们也可以学习。

可悲的是，即使是一个有巨大潜力的健康婴儿，也可能因忽视或无营养的环境而遭受可怕的影响：

- **发育不良综合征**

- 发育迟缓
- 智力残疾
- 死亡

如果剥夺发展适宜性环境的基本要素，那么上述影响中的任何一种都可能折磨着潜在的、正常的健康儿童。这些基本要素提供了培养人际交往的机会、一种被需要和被接受的感觉、与他人分享思想和感情的机会以及通过观看、触摸、品尝、感觉、闻嗅和四处移动来探索有趣事物的机会。

一个聪明、负责任的儿童的发展过程，不是一个无论环境因素怎样都会自动发生的内部过程，也不是一个将柔韧的孩子塑造成家长和教师选择的预定形状的外部过程。这是一个充满生机的给予和接受的过程，在这个过程中，孩子们探索自己的界限和极限。有时他们会满足成人的期望，有时他们会很自然地反抗。

儿童具备个性、喜恶、兴趣和动机。成人的作用是坚定地、尊重地引导。永远不要忘记，即使是最小的孩子也是一个真正的人，是拥有任何属于其他人的权利的人（即使有时有消极和顽固不化的权利）。从建构主义的角度来看，儿童引导的目的是给予儿童有关现实世界的反馈，允许他们在合理的范围内进行选择，并帮助他们应对自己行为的逻辑后果。

Photo courtesy of the Jones family

婴儿在温暖的、充满呵护的环境中茁壮成长。

## 总结

1. 多年来，儿童保育和引导实践发生了巨大的变化。
2. 需要他人帮助抚养孩子的父母，希望确保自己的孩子得到适当的引导。
3. 世界在变化，引导方法必须使孩子们为将来的成功做好准备。
4. 多年来，教育者、哲学家和科学家影响了我们对儿童引导的看法。
5. 成人在改变与孩子打交道的旧模式时可能会遇到困难，但是通过动机和实践，改变是有可能的。

6. 行为主义者认为，行为和学习来自外部力量。

7. 成熟主义者认为，行为和学习来自内部过程。

8. 建构主义者认为，行为和学习来自内部和外部过程之间的相互作用。

## 关键术语

**专制**（autocracy）：由一个具有无限权力的人控制。

**无政府状态**（anarchy）：缺乏任何形式的控制；混乱和动乱。

**民主**（democracy）：在有凝聚力的社区中遵循平等和尊重个人的原则。

**行为主义者**（behaviorists）：那些认为环境是人类行为的主要决定因素、可观察的客观行为组成人的基本心理结构的人。

**成熟主义者**（maturationists）：那些认为内部倾向、生理特征或遗传特征组成人的基本心理结构的人。

**建构主义者**（constructivists）：那些支持皮亚杰和维果茨基的观点的人认为，人类的个性和智力发展来自天生的认知结构和外部经历。

**代币**（tokens）：为执行特定行为而提供给孩子的物品（例如小星星、加分、贴纸），然后在预定的时间兑换这些物品，儿童可以从奖励清单中选择活动或物品（例如玩具、特殊美食、野外旅行）。

**矫正**（modify）：带来改变的过程。在行为矫正中，矫正是通过某种形式的外部强化来更改特定行为的过程。

**动物行为学家**（ethologists）：在正常条件下研究活体生物行为的科学家。动物行为学是研究动物行为的科学（注：民族学是对文化特征的研究）。

**发育不良综合征**（failure to thrive syndrome）：造成孩子身体虚弱。这种情况可能由长期缺乏情感养育以及营养不良所致。受影响的婴儿通常表现为身体和智力发育延迟。

## 学生活动

1. 因为行为主义者认为行为和学习取决于外部力量（例如强化），所以他们专注于管理孩子行为的外部策略。

a. 举例说明管理孩子行为的外部策略。

b. 什么时候外部策略的引导是合适的？

c. 什么时候外部策略的引导是不合适的？

d. 举出三种学习情况的例子。在这些情况下，行为主义者的代币、贴纸或其他奖励是提高儿童的学习效果的理想选择。

2. 因为成熟主义者认为行为和学习取决于内部过程（例如成熟和动机），所以他们专注于以非介入式方法来支持儿童自然发展的自我控制。

a. 举例说明支持引导的非介入式方法。

b. 什么时候非介入式支持适合引导？

c. 什么时候非介入式支持不适合引导？

d. 举出三种学习情况的例子。在这些情况下，离开和不做任何事情是提高儿童的学习效果的理想选择。

3. 因为建构主义者认为行为和学习是内部发展与外部环境之间相互作用的结果，所以他们研究孩子的成长，观察孩子并准备一个适合儿童发展的环境。他们积极主动地引导孩子自我控制并尊重他人的内在发展。

a. 举例说明支持引导的发展适宜性方式。

b. 发展适宜性教育、建构主义方法和权威型引导风格如何相似？

c. 如何使逻辑后果法的应用与建构主义方法的原理相一致？

## 相关读物

Adler, A. (1998). *Understanding human nature.* Center City, MN: Hazelden Information Education.

Stacy, S. (2011). *The unscripted classroom: Emergent curriculum in action*. St. Paul, MN: Redleaf Press.
该书是为学步儿和幼儿教师撰写的，鼓励他们尝试创新的教学策略。

Seldin, T. (2006). *How to raise an amazing child the Montessori way.* New York: DK Publishing.
该书提供了吸引人的照片和家长撰写的易于阅读的文字。它为家长提供了进行有意义的鼓励和教育的想法，并向他们展示了如何建立良好的家庭环境，以激发儿童的学习和积极行为。

Warash, B., R. Curtis, D. Hursh, & V. Tucci. (2008). Skinner meets Piaget on the Reggio playground: Practical synthesis of applied behavior analysis and developmentally appropriate practice orientations. *Journal of Research in Childhood Education*, 22(4), 441-453.

# 第3章 理解儿童的行为

## 全美幼教协会标准

本章涉及以下全美幼教协会标准：

**标准1　促进儿童的发展和学习**

1b　知道并理解影响早期发展和学习的多重因素

1c　利用有关发展的知识为幼儿营造健康、尊重、支持和具有挑战性的学习环境

## 目标

在阅读这一章后，你应该能够做到以下方面：

3-1 回顾从出生到 12 岁的儿童的典型年龄和阶段

3-2 总结婴儿发育的关键特征

3-3 解释学步儿发展的特殊关注点

3-4 分析幼儿发展的关键方面

3-5 考察小学低年级儿童发展的重要特征

3-6 辨别小学高年级儿童发展的重要特征

# 3-1 典型的年龄和阶段

在考虑儿童的典型年龄和阶段时，最重要的是要记住，没有一个孩子是完全典型的，每个孩子都是独一无二的。虽然可以确定典型的或一般的模式，但儿童的个别模式和发展速度也可能是正常的，但不完全处于平均水平。将儿童的发育率与标准发育率进行比较的一个适当理由是，要警惕任何持续的差异，这可能表明需要对儿童进行专业筛查，并可能是需要采取某种干预措施的危险信号。

有时，通过比较儿童的个别行为和典型行为，我们可以更好地了解孩子，认识到他只是在经历一个正常的阶段，并预测他很快就会进入的下一阶段。成人通常感到安慰的是，很多孩子到了一定的年龄，他们的行为举止会像与其打交道的孩子一样。婴儿会在陌生人面前感到害羞，学步儿逐渐变得充满自信，幼儿在任何时候都关心谁是他们最好的朋友、谁不是他们最好的朋友，而学龄儿童会拒绝任何被他们的朋友认为不是很酷的东西。当知道孩子在父母和教师找到解决问题的方法之前，通常会先走出令人担忧的行为阶段时，你可能会感到宽慰，也可能不会。

典型的行为是按顺序聚集在一起的，所以一个特定的孩子的非典型行为可能会在不同年龄段的孩子的身上发现。发育迟缓的 7 岁儿童可能表现出多种典型的幼儿行为。然而，一个已经会阅读的 4 岁儿童可能在某些行为上有点像学龄儿童，但在其他行为上很像幼儿。对每个孩子进行单独评估的价值在于，引导策略要与每个孩子的发展能力和需求相匹配，但绝不要给孩子贴上标签或形成刻板印象。

例如，如果一个学步儿被发现试图将一个物体插入插座，那么成人可能会非常担心地说：“哎呀，那可能会伤害你，来玩你的玩具吧。”但首要的引导策略是改变环境，从而更有效地保护学步儿。应安装专门设计的安全防护罩，以防止儿童接触插座，或将儿童转移到更安全、监管更完善的区域。

当一个 5 岁的孩子被发现试图将一个物体插入插座时，处理方式应该与面对学步儿时大不相同。成人必须确定孩子是好奇、被误导，还是叛逆。当成人知道这种行为发生的原因时，他可能会坚定地和儿童讨论玩插座的危险。然后，他应该通过使用安全的 6 伏电池、电线和小手电筒的灯泡来帮助孩子探索电的特性，从而重新引导孩子的好奇心。通过阅读有关电的书籍，孩子的好奇心可以被引导到一个全新的兴趣和知识领域。他可以被带到外面去看电线，谈论工人们在修理危险的电线时如何保护自己，以及用绳子假装电线并将其连接到游戏室。

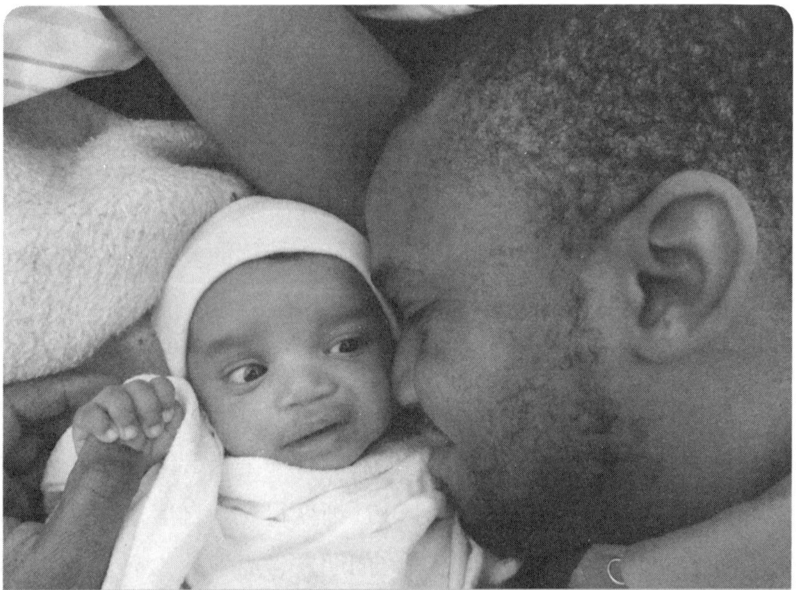
Photo courtesy of the Bertram family

婴儿一出生，他的动作控制就开始和他的感觉相整合。

如果我们了解孩子的发展能力，然后思考他们为什么会做出不恰当的行为，那么我们的引导将是有效的。每个孩子的气质、感受和环境都影响其行为。重要的是要记住，每个孩子都是独一无二的。参见正面引导焦点 3.1 和 3.2。

## 正面引导焦点 3.1 如何改变引导以适应儿童的发展？

### 阶段一：感知运动阶段——从出生到2岁

特点

- 发展在很大程度上是无声的。
- 运动控制与感觉相结合。
- 儿童发展客体永久性的概念和形成心理表征的能力。

适当的引导

- 提供具有回应性的、充满爱的照护。
- 提供一致的、可预测的日程。
- 通过对孩子的需要做出迅速的反应来培养孩子对成人的信任。

### 阶段二：前运算阶段——2—7岁

特点

- 儿童的思想是以自我为中心的——他们很难理解别人的观点。
- 儿童对因果关系的理解越来越细致。
- 儿童的象征性思维和熟练使用语言的能力逐渐发展。
- 儿童学习双向对话的概念。
- 儿童不能抽象地推理，也不能系统地验证假设，但他们可以有逻辑地思考，并能看穿有明显缺陷的思维。
- 儿童开始抽象地推理。
- 思考变得以问题为中心，而不再以自我为中心。
- 儿童可以考虑假设的可能性。
- 儿童开始发展演绎推理，这取决于教育机会和孩子的意愿。

适当的引导

- 以关怀和具有一致性的方式，教授儿童自助的技巧，如独立进食、如厕和穿衣服。
- 让孩子有机会在合理的范围内做出选择。
- 为孩子提供发展适宜性环境来探索和掌握新出现的技能。

- 随着孩子的成长，增加他们的责任心，从而与他们的能力相配。
- 提供创造性活动。
- 给予鼓励和认可，以支持儿童的能力和自尊的发展。
- 利用班级会议来解决问题。
- 教授解决冲突的技能。
- 培养每个孩子，帮助他发现和发展自己的特殊才能和能力。
- 当儿童的身体开始以不同的速度变化和成熟时，为他们发展积极的自我认同感提供支持。
- 为发展强大的同伴关系和友谊提供支持。
- 让孩子承担对家庭、教室或社区真正有贡献的任务。
- 停止任何恃强凌弱的行为，确保儿童经常使用解决冲突的方法。

资料来源：Atherton，2005；Donohue-Colletta，1995；Schaefer & Digeronimo，2000.

## 正面引导焦点 3.2　埃里克森的人格发展阶段理论

### 第一阶段：婴儿（出生—12 个月）

危机：信任对不信任

描述：婴儿在生命早期，依靠他人获得食物、照顾和情感，盲目地相信照护者能够满足他们的需要。

积极的结果：获得一种希望感——如果婴儿的需求得到持续的回应，那么他们不仅会发展出一种安全的依恋，还会学会信任他们所处的环境。

消极的结果：如果婴儿的需求得不到满足，那么他们就不会相信周围的人和事。

### 第二阶段：学步儿（1—2 岁）

危机：独立对怀疑和羞耻

描述：学步儿在这个年龄开始发展自助技能，以及独立进食、如厕、穿衣服等技能。他们在这个阶段的自信取决于他们与照护者就困难的新领域进行的协商。

积极的结果：获得坚强的意志——如果照护者鼓励孩子的主动性，并在其失败时给予鼓励，那么他就会发展出自信。

消极的结果：如果照护者过度保护、消极或不赞成学步儿新获得的独立性，那么他可能会怀疑自己的能力或感到羞耻。

### 第三阶段：幼儿（2—6 岁）

危机：主动对内疚

描述：孩子们发现一种新的力量和自由感，因为他们发展的运动技能和语言技能需要充分融入周围的环境和社会互动。他们发现，自己有了这种力量和自由感，同时有了来自成人的压力——他们需要控制不成熟的冲动和遵守规则。

积极的结果：获得一种目标感——如果父母给予鼓励、积极、一致的引导，那么孩子就能学会接受规则而不感到内疚。

消极的结果：如果没有发展好，那么孩子可能会产生内疚感，可能变得黏人、依赖他人，或者叛逆、抗拒他人。

### 第四阶段：学龄儿童（6—12 岁）

危机：勤奋对自卑

描述：学校是这个阶段中的关键因素。孩子们从家庭世界过渡到社区、学校和同伴的世界。家庭仍然很重要，但在家庭以外取得成功具有新的重要性。

积极的结果：获得一种能力感——如果孩子们知道他们可以成功，并且其他人重视他们的工作，那么他们就会发展一种能力感。

消极的结果：如果没有发展好，那么他们会产生自卑感，可能会开始寻找消极的方式来赢得自己在同伴中的地位。

资料来源：Erikson，1963.

Courtesy of Genevieve De Casero

学龄儿童会想方设法在同龄人中赢得地位。他们开始意识到谁是“受欢迎的”，谁不是“受欢迎的”。

## 3-2　婴儿（出生—12 个月）

婴儿是迷人的。他们的大眼睛和圆圆的脸蛋是专门把成年男人和女人的内心变柔软的（Alley，1981）。婴儿是柔软的、温暖的、让人想抱的，但是当父母第一次有了自己的孩子时，很少有人准备好迎接自己内心强烈的情感。一些父母会感到一种混杂的情感，比如极大的自豪感、强烈的保护欲、对想象中的感情竞争的嫉妒、极度的疲劳、对失败的恐惧，甚至是因为孩子快速成长和成熟而失去婴儿期的悲伤。

为人父母是成人最重要和最具挑战性的冒险之一（通常很少或没有准备）。如果有更多的照护者参与到婴儿的照护中，那么父母可能会减轻一些压力和忧虑，但其他复杂的感觉或紧张可能会出现。许多家长在第一次把孩子留在精心挑选的儿童保育中心时，只能坐在停车场里泪流满面地瘫倒在汽车的方向盘上。

父亲、祖父母，甚至是新生儿的兄弟姐妹，也会担心其他人对新生儿的照顾不周到。珍妮是儿童保育中心里的孩子，她说服教师让她去弟弟（2 个月）所在的婴儿室。在那个地方，在很长的一段时间里，她都会把弟弟的小手从婴儿床的栅栏里拉出来并握着，仔细地观察着成人照护者的一举一动。当她指着弟弟的头时，成人照护者面带微笑地听着，她说："你们不能碰他的头，那里很软。"虽然珍妮只有5 岁，但她会感觉到自己应该保护和关心她的小弟弟。

### 3-2a 婴儿会有意识地通过哭来回应吗?

通常，成人在照顾婴儿时必须应对的第一种令人不安的行为是一次又一次的哭泣。一种典型的情况是成人尝试了所有常见的解决问题的策略——递奶瓶、换尿布或摇动。很快，成人做了他们所知道的一切，但婴儿哭得更疯狂。一些成人认为，婴儿的哭闹是对他们能力和权威的个人批评："这个孩子怎么敢指责我是一个糟糕的父亲（或母亲，或照护者）！"即使是最有耐心、最有奉献精神的成人，在面对一个号叫的婴儿时也会很快感到神经紧张。

对许多人来说，我们倾向于把婴儿哭泣的动机投射到婴儿身上。我们会说这样的话："他哭是因为她知道我是一个容易被说服的人""他总是在我做饭的时候哭，因为他认为他应该是关注的焦点"，或者"他只是在哭，因为他生我的气。他生来就脾气暴躁"。这些合理化的解释可能会让我们觉得自己是正确的，因为当我们试图处理这个号叫的婴儿时，愤怒或怨恨的情绪会涌上我们的心头，但它们是不准确的。婴儿不会故意做很多事情。他们只是自然地、无意识地对环境做出反应。

可悲的是，一些几乎不了解儿童发育过程的成人认为，婴儿哭泣是故意做出"不良"行为的一个典型例子。他们试图惩罚哭泣的婴儿，误以为自己正在帮助孩子学习变得"更好"。儿童保护机构和其他社会组织的人员经常与那些在婴儿出生后的前两年就开始摇晃、击打婴儿的父母打交道，这些是极其危险和不恰当的做法。

在一些文化中，一个长期存在的教育理念是，对婴儿反应迅速、抱着或和他们玩会导致"溺爱"，并使孩子过分要求和依赖。有时照护者会为了方便而把婴儿留在婴儿床或玩耍围栏里，或者给他们安排一个严格进食、换尿布和睡觉的时间表，而不管婴儿的哭泣。

我们现在知道，大量的抱、触摸、交谈和玩耍对婴儿的大脑发展和情绪健康至关重要。在给予婴儿安慰和关心时，不要犹豫。抱、触摸、交谈、玩耍不会"宠坏"婴儿。

### 3-2b 婴儿会故意行为不当吗?

尽管有许多常见的误解，但是在生命的最初几个月，婴儿没有能力有意识地行事。他们无法思考或计划行动来获得预期的结果。直到他们形成**客体永久性**（想象看不见的人、物或事件的心理能力），他们才会“思考”或“知道”（还有待研究）行动会带来预期的结果（Piaget，1968）。他们只能以一种非常无意识的方式对疼痛或饥饿的感觉，以及看到、感受到、听到、尝到或闻到的外部**刺激**做出反应。

### 3-2c 婴儿大脑的发展

一些看似有意的行为实际上是婴儿（甚至是学步儿）基于日常经验之间的联系或关系而产生的**无意识反应**。不相关的物体、事件和感觉都有可能被连接起来。我们可以预料，任何 9 个月大的婴儿都会对亮闪闪的、颜色鲜艳的易拉罐表现出好奇。如果婴儿一看到妈妈手里的饮料罐就会手忙脚乱地抢，那么很明显，他每天无意识的经历使他只要看到饮料罐就会期待能喝上一小口。

### 3-2d 反射性反应和无意识条件反射

在新生儿中，几乎所有的动作都是其无法控制的简单反射。婴儿会眨眼、受惊、抓住掌心里的物体、朝向乳头，不是因为这些行为是他们的选择，而是因为他们的大脑构造会使这些行为自动发生。然而，从出生的那一刻起，婴儿就开始仔细研究他们所处的环境，一开始是通过盯着看，最后是通过运用自己的所有感官。婴儿逐渐超越反射行为，开始意识到把自己看到的、感受到的、听到的、尝到的和闻到的东西与其他有意义的感觉或事件联系起来。当一个饥饿的母乳喂养的婴儿被抱在母亲的乳房附近时，他会变得非常激动。乳房所传递的感觉、气味和视觉印象与母乳的甜味记忆密切相关，这就叫作**无意识条件反射**。

**认识大脑**

**我们可以从神经科学中学到什么?**

相关研究为婴儿的大脑发育提供了新的线索。

1. 在 1 岁前大脑的发育比我们之前认识到的更为迅速和广泛（Meltzoff & Gopnik，2013；Meltzoff，Williamson，& Marshall，2013）。

2. 婴儿的大脑发育比我们之前所知道的更容易受到环境的影响（Dilger & Johnson，2010）。

3. 早期环境对大脑发育的影响是长期的（Gallagher，2005）。

4. 环境不仅影响脑细胞数量和脑细胞之间的连接数量，还影响这些连接的连接方式（Lewis & Carmody，2008）。

5. 越来越多的证据表明，压力、营养不良和感染对婴儿大脑的长期发育有负面影响（Gerhardt，2004；Shonkoff & Phillips，2000）。

### 3-2e 条件反射

对婴儿来说，听到钥匙的叮当声意味着有人要离开，被放在婴儿车里意味着要出去散步，或者听到塑料包装的沙沙声意味着将得到一块饼干。这种学习通常被归类为**经典条件反射**。看到气球本身不会使婴儿哭泣（看到气球是一种无条件的刺激）。然而，巨大的响声确实会使婴儿哭泣（一听到巨大的响声就哭是一种自然发生的刺激 – 反应联系）。如果一个婴儿受到过惊吓，并且在气球爆炸时哭过几次，那么当他看到气球时，他可能会开始哭。这就是联想学习。

研究人员记录了新生儿的经典条件反射（将无条件刺激与自然产生的刺激 – 反应联系配对）。通常被记录的是一种相当粗糙的学习，叫作**伪条件反射**。研究儿童在早期的反应是困难的，因为新生儿的动作很少能真正被称为自愿的（Fifer et al.，2010；Rosenblith & Sims-Knight，1985）。然而，已有研究告诉我们，从孩子出生开始，经典条件反射就是其日常学习的一部分（Domjan，2003）。

### 3-2f 操作性条件反射

**操作性条件反射**不同于经典条件反射。当儿童的自愿行为受到积极刺激（如获得食物、成就感或有趣的感觉等令人愉快的奖励）的强化时，就会发生这种情况。在操作性条件反射中，重点不是积极地强化孩子，而是积极地强化非常具体的行为。

因为这本书叫作《0—12 岁儿童的正面引导——给教师和家长的心理学建议》，

所以你在这里读到的一切都是反对使用消极刺激（惩罚）来对待孩子的。即使是早期的行为主义实验者也承认消极刺激使他们的老鼠感到紧张。积极刺激的强化更有效（Baron，1998）。

值得注意的是，我们并不是唯一强化孩子行为的人。环境中的刺激物也会影响儿童。例如，9个月大的约瑟已经学会了在周围爬来爬去，他知道：如果拉狗的耳朵，狗就会叫；如果咬遥控器，电视里会出现东西；如果爬到咖啡桌的下面，意味着会撞到头。通过操作性条件反射习得的行为，只要得到正强化或负强化，就会一直持续下去。如果没有得到强化，它们通常会消失（Bauer，San Souci，& Pathman，2010；Hayne，2007）。

新生儿会因饥饿的不适而无意识地哭。大一点的婴儿和学步儿学会了呜咽或者发出“假”的哭声来表示他们饿了。在经典条件反射中，婴儿会因为无意识地想起被喂食的感觉而变得兴奋。然而，在操作性条件反射中，饥饿的婴儿会学会重复以前引发喂食的行为。例如，如果一个母乳喂养的婴儿在拉了母亲的上衣后会被喂养，那么这个动作（拉）可能成为无意识的，但是是**习得行为**，每当他饿了都会重复这个行为。

操作性条件反射发生在儿童的自主行为被积极的刺激强化时。这个小女孩选择自己想玩的拼图游戏。每当她把拼图正确地拼在一起，她就会有一种成就感，从而得到积极的强化。

婴儿第一次转向乳头是对无条件觅食反射的反应。然后，随着时间的推移，温牛奶带来的愉悦会刺激婴儿表现出更积极、更有目标的觅食反射。最终，看到乳头、被放在一个被哺乳的位置，或其他感觉线索（牛奶的气味或声音）都会触发婴儿的觅食和吮吸。当一个成人和某个婴儿不熟时，如果他不经意地把孩子抱在怀里，但是不喂养婴儿，就会使婴儿变得沮丧甚至哭泣，因为这个成人抱孩子的方式会使婴儿联想到喂养。

### 3-2g 元认知

婴儿在 1 岁时可能需要多次重复不熟悉的感觉、动作和事件来形成社交技能。但是在步入 2 岁的时候，他们已经通过条件反射学会了期待伴随着不同感觉的特定反应（参考上文）。这种学习是一个无意识的条件反射过程。虽然是无意识的，但条件性学习在人的一生中持续发生。（广告商每天花费数百万美元，试图通过经典和操作性条件反射来控制我们的购买行为——希望我们在无意识中做出购买决定。）婴儿要经过很多年才能发展出有意识地控制行为的能力，这种能力被我们称为**元认知**。

当一个孩子发展了元认知时，他将能够思考自己的思维过程，并制定策略来帮助管理自己的行为。3—6 岁儿童刚刚开始发展元认知。4 岁的詹娜因为担心会弄丢手套，所以在戴手套前，她在手套里放了胶水，这表明她开始使用正在发展的元认知。学龄儿童可以通过发展得更好的技能来规划策略。婴儿和学步儿不具备这些技能，他们只是自发地对周围世界中的积极和消极刺激做出反应。

### 3-2h 婴儿如何发展对行动的控制力？

婴儿能主动控制的第一块肌肉是脸部和头部周围的肌肉。新生儿可以移动他的眼球来追随物体，可以有效地吸吮和转动头部。肌肉的发育顺序是从头部到脚趾，从躯干到四肢，遵循**头尾原则**（由上到下）和**近远原则**（由近到远）。起初，婴儿只能控制少量的嘴、眼和颈部肌肉。

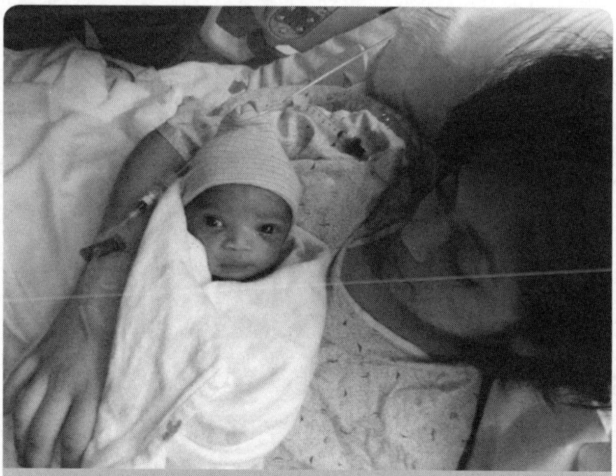


肌肉控制从最靠近身体的地方开始，逐渐从头部到脚趾（即头尾原则），从躯干到指尖和脚趾（即近远原则）。

慢慢地，婴儿将身体的控制向下延伸到躯干（学习翻身），通过手臂向外延伸到手（学习打击物体，然后抓住它们)，最后从腿延伸到脚（学习爬行，然后走路）。手和手指的小肌肉在几年之内都不会完全发育（最终能够用手指来扣扣子、系鞋带、写名字）。

### 3-2i 为什么婴儿会哭?

在出生的第一年，婴儿的行为几乎完全是由内部发展特征和逐渐增加的条件性学习引发的。如果一个婴儿长时间哭泣，那么这种行为不是来自控制欲、恶意或其他有意识的意图，而是来自内在的不适、压力、疲劳，或者来自对外部条件的反应。婴儿不能对他们的行为负责或因此受到责备。如果问题是内在的，那么需要找到婴儿哭闹和不开心的原因；如果问题是外在的，那么需要从改变成人的生活习惯或环境的角度来考虑，这是更为现实的。

成人是通过日常基本护理模式为婴儿建立生活习惯的人。婴儿会**习惯**这些模式，当常规突然被打破时，他们会大声反对。如果一个婴儿习惯与母亲的身体经常接触，那么当他被单独留在一个安静的房间里时，他会可怜地哭泣。如果一个婴儿习惯被放在一个安静的环境中，那么他可能会因被突然安置在一个嘈杂的、熙熙攘攘的托育中心而吓到。

心理学家将**压力**定义为，识别和应对感知到的威胁或危险的过程（Dwiveldi，2000）。多年来，我一直在不同的托育机构中直接与婴儿打交道。有几次，我看到一些婴儿似乎对分离或护理安排的剧变感到特别不安。尽管有细心的照护者，但这些婴儿（2—9 个月）似乎从长时间痛苦、无情的哭闹，进入了一段安静的、只有无力呜咽的抑郁期。

这些婴儿不愿与人接触，不愿与人进行目光交流，食欲不振，拒绝玩耍，睡眠时间过长或过短。过了一段时间后，他们的健康状况明显下降。经过不同的时间（从几天到几个月），每一个婴儿最终都能自行恢复，变得反应敏捷、健壮和顽皮。如今，差不多过去 10 年了，即使是那些受最严重影响的婴儿看上去也完全成了一个聪明、健康、适应能力强的孩子。然而，在与任何年龄段的孩子打交道时，成人都应该考虑到压力，尽可能避免或减轻压力。

精心规划可以持续维护的基本护理和日常护理，将有助于保护孩子免受突然的和令人不安的变化。当必须改变常规时，应仔细计划并逐渐调整——尤其是在护理安排有剧烈的变化前——以免让婴儿承受不必要的压力（Evans & Schamberg，2009；Gallagher，2005；George et al.，2010；Trad，1991）。

### 3-2j 婴儿什么时候开始学习语言?

当婴儿还在母亲的子宫里时，他们就开始听到母亲在说话时发出的低沉声音。他们生来就能注意语言。当慈爱的照护者和婴儿说话时，他们通常使用一种特殊的、轻快的语言模式，它被称为“妈妈语”。研究人员在不同的语言中观察到这种有节奏的、高音调的“妈妈语”，他们认为这对于婴儿习得语言是有必要的（Cutler & Mehler，1993；Murty，Otake，& Cutler，2007）。不要害怕和婴儿说“儿语”。只要记住，当孩子不再是一个婴儿时，停止说“儿语”就行！

> 别忘了，与成人相比，每个婴儿都是天才。想想他们的学习能力吧！几个月大的婴儿拥有朝气、气质和意志！
>
> ——梅·萨顿

### 3-2k 婴儿可以理解身体语言吗?

从出生开始，婴儿就对面部表情、声调和身体动作有反应。早在理解语言之前，他们就会对一些信号（如肢体语言、音调和音量，这些都是成人语言的一部分）做出反应。下文中关于贝蒂·乔和杰里米的故事说明了这一点。

贝蒂·乔是杰里米（5 个月）的母亲，她活泼且年轻。这天，她到日托中心来接儿子。她一边和其他接孩子的家长聊天，一边帮杰里米穿上冬装。杰里米发出令人尴尬的声音，他的脸颊变红了，这时乔明白她得给孩子换尿布了。

在这一点上，站在杰里米的下风向的每个人都很清楚，尿布绝对不只是湿的。当其他家长咯咯地笑着的时候，乔一边开玩笑，一边充满活力地斥责杰里米的无礼，因为她费了那么

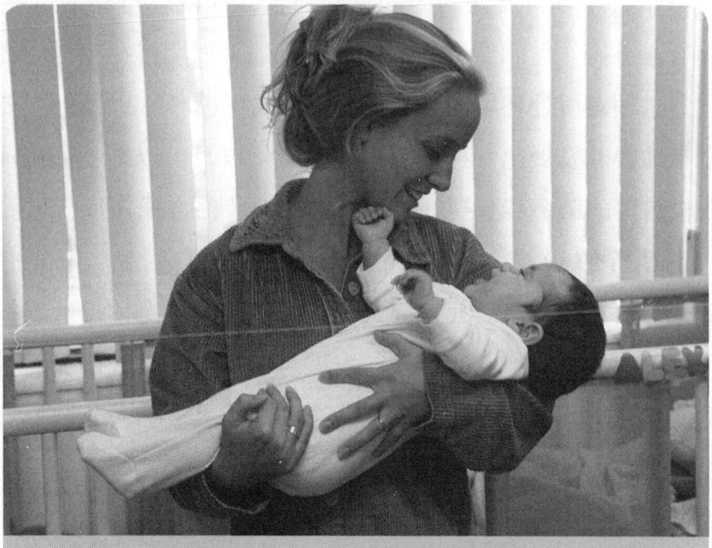


早在婴儿理解语言之前，他就会对面部表情、声调和无声的肢体语言做出反应。

大的劲儿才把杰里米穿戴整齐。

虽然杰里米听不懂妈妈说的所有话，但他准确无误地把她的假怒容和尖利的语气解释为她生他的气了。他把脸从她的身上转开，抽泣起来。乔被他的反应吓了一跳。因为她的孩子不会说话，所以她以为孩子根本不知道她在说什么。

### 3-2l　外伤和慢性压力如何影响婴儿的大脑发展？

持续暴露在有压力的环境中会极大地改变婴儿或幼儿的大脑发展方式，使他们更容易受到情绪干扰，学习能力下降。长期遭受严重压力的儿童可能会出现学习障碍以及情感和行为问题（例如，注意缺陷障碍、焦虑和抑郁）。他们可能更容易受到哮喘、免疫系统功能障碍和心脏病等医学问题的影响（George et al.，2010；Gunnar et al.，2001；Lipina & Colombo，2009；Miner & Clarke-Stewart，2008；Muennig et al.，2009；Pransky，1991；Prothrow-Stith & Quaday，1995；Shore，1997）。

### 3-2m　婴儿如何发展信任？

根据埃里克森（1963）的观点，在婴儿期形成的信任是健康的情感态度的主要基础，这是贯穿一生的需要。基本的护理模式让我们第一次有机会向婴儿证明我们的可靠性。每当婴儿的内心感到痛苦，他就会自动地以哭来回应。随着时间的推移，通过操作性和经典的条件反射，他可以期待在生活中得到成人照护者的可靠反应。这种对所处环境的、具有可预测性的信任，以及对主要照护者反应的信任，可以帮助婴儿发展出一种被重视的感觉，以及可以影响周围环境的感觉，这是其发展积极自尊的第一步。婴儿通过自己被对待的方式知道自己受到了极大的重视。

**适当的触摸**对婴儿和学步儿有强大的镇定和纽带作用（Honig，2005；Mantagu，1986）。婴儿需要大量的身体接触。身体接触不仅能够帮助他们感到平静和有组织，还对他们的成长和发展至关重要。吸吮奶嘴、晃动、摇摆和可爱的玩具能使婴儿平静下来，因为它们能让婴儿产生被哺乳、被抱着、被摇晃的感觉。但它们只是替代品。婴儿最需要的是真正的身体接触——抱、搂、玩、拥抱和摇摆。

## 认识大脑

### 我们可以从神经科学中学到什么？

可依赖的、有回应的护理和情感可以支持婴儿正在发展的大脑。

1. 生命的前 3 年是人类大脑发展特别敏感的时期。

2. 婴儿的大脑发展是一个积极的过程，需要一个支持性环境（Wilson，2002）。

3. 给予婴儿关爱、可靠的照顾和探索安全环境的自由可以促进他们的大脑发展。

4. 创伤和持续的压力会在婴儿体内产生高水平的激素，从而改变他们的大脑发育（Marshall，2011）。

5. “在充满敌意或缺乏照顾的环境中长大的孩子，最终会用一个非常不同的大脑来思考”（Cairns，2002，p. 46）。

6. 对一贯的照护者产生安全依恋的婴儿，在处理偶尔的压力时不会产生大量的激素（Luijk et al.，2010）。

7. 积极的、具有回应性的学习环境能吸引婴儿去探索，从而强化其大脑结构。

### 3-2n 什么是习得性无助?

婴儿在陷入一连串不可预测的、明显超出其控制范围的事件时，可能会发展出一种不幸的反应方式，即**习得性无助**（Comer，2004；Honig，2000；Honig & Wittmer，1997；Seligman，2004，2006）。法国修女在罗马尼亚的孤儿院里进行了令人心碎但很有启发意义的研究，帮助研究人员更充分地了解了习得性无助的破坏性影响。在这个孤儿院里的婴儿有充足的食物和衣物，并保持温暖和干燥，但他们长期待在婴儿床里，只能看到单调的白色护栏和天花板。他们几乎没有玩具，也没有结构化的活动。照护者没有意识到与婴儿直接交谈和互动是必要的。

因为婴儿是按时间表喂养和换尿布的，并且照护者没有积极地回应婴儿的哭声，所以婴儿很快就知道哭是没有用的。实际上，孩子们对自己所处的环境没有任何影响。发生在他们身上的任何事情，既不是他们自发的，也不是他们后天习得的。除了作为环境中的被动对象，他们没有任何其他活动的刺激。事实上，他们的行为很快就变得不活跃了（甚至不比盆栽植物活跃多少）。这些婴儿直到1岁才学会坐起来，直到4岁或5岁才学会走路。到6岁时，他们的智商值约为50，是正常智商值的一半，完全属于严重智力迟钝（Dennis，1973）。

当婴儿在婴儿床上感到无聊和孤独时，照顾婴儿的成人应该躺在地板上笑、说、唱、玩并与婴儿互动，而不是坐在摇椅上与其他成人交谈。有时，成人会为这种不恰当的行为找借口，说："你不应该抱着孩子整天和他们玩，否则他们会变成被宠坏的孩子！他们最好能学会自娱自乐。"

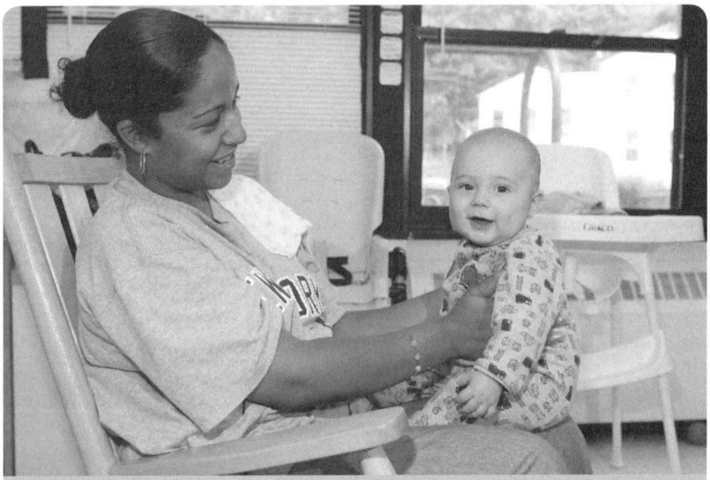



拥抱、触摸、交谈和玩耍对婴儿的大脑发育和情绪健康至关重要，这不会"宠坏"孩子。

## 认识大脑

### 我们可以从神经科学中学到什么？

游戏可以支持儿童的大脑发展。

1. 游戏为大脑的健康发展提供了环境（Fantuzzo & McWayne，2002；Rushton & Larkin，2001；Steglin，2005）。

2. 来自各种社会经济背景和文化背景的婴儿、学步儿和幼儿能够自然地游戏（Trawick-Smith，2006）。

3. 游戏建立了记忆、语言、数学、分析和符号思维的基础（Berk，2009；Corsaro，1988；Kim，1999；Levy，Wolfgang，& Koorland，1992）。

4. 发展适宜性环境能刺激有目的和结构化的游戏（Bergen，2002）。

很明显，婴儿对于能够促进社会、情感、智力和身体发育的照护者的基本需求必须优先于成人的便利。高质量的婴儿照护需要大量的努力和艰苦的工作。虽然过度放纵和过度保护确实会不利于儿童引导，但懒惰或随意的照顾也绝不符合儿童的最佳利益（Bronson，2001）。

## 3–2o 如何回答父母关于婴儿睡眠的问题？

虽然新生儿在夜间醒来让父母感到不安，但这对他们的发育有好处。睡眠研究人员发现，在睡眠这件事情上，婴儿比成人更“聪明”。研究人员认为，婴儿的浅睡眠模式和频繁醒来，有助于婴儿的大脑发展，因为这能让他们的大脑在睡眠期间保持活跃。事实上，在被称为快速眼动睡眠的睡眠阶段，流向婴儿大脑的血液几乎增加了一倍。在睡眠的这个阶段，我们的眼睛实际上是在眼皮下移动的，因为我们的大脑在运动（Sears et al.，2005，2011）。

在快速眼动睡眠期间，婴儿的身体会制造出更多的神经蛋白，而神经蛋白是大脑的基石。学习也被认为发生在这个活跃的睡眠阶段。婴儿的大脑可能会利用这段时间来处理清醒时接收到的信息，储存有用的信息，丢弃无用的信息。一些睡眠研究人员认为，婴儿的快速眼动睡眠会刺激大脑发展，促进其智力发展。我们以前还以为婴儿只是爱挑剔呢！

父母经常询问幼儿专家关于与孩子同床的问题。与新生儿同床共枕有利于母乳喂养，但是必须非常小心。如果父母选择让一个小婴儿睡在他们的床上，那么他们必须确保做到以下几点（Lindsay，2002；Okami et al.，2002；Sears et al.，2011）。

- 婴儿仰卧而睡（除非医生另有说明）。
- 婴儿不接触柔软的表面或松散的覆盖物。
- 床的侧面或边缘不存在婴儿被困住的可能性。
- 婴儿不能和其他兄弟姐妹共用这张床。

● 成人不吸烟或服用酒精和药物等物质。

婴儿无论何时饿了都应该吃，无论何时累了都应该睡。当我们鼓励婴儿在正餐和零食时间吃东西、在睡觉和打盹时间进入梦乡时，就是尊重婴儿的需要。

家长们还会询问是否应该让他们的幼儿和他们一起睡觉，或者晚上和他们一起上床。研究表明，只要父母双方都对这种安排感到满意，没有证据表明合睡会带来长期的负面问题（Donohue Carey，2002；Hauck et al.，2003；Sears，2008；Sears et al.，2011）。

## 3-2p 哪一个是最好的：灵活的自发性，还是可预测的常规？

本章中描述了婴儿照护的两个相反的优先事项。读者可能会在这一点上问："我应该提供一致的、可靠的日常活动，还是对婴儿的暗示做出灵活的和自发的反应？"一方面，**外部环境**（婴儿的物理环境、日常活动和与他人互动的模式）很重要，因为婴儿通过日常经验来塑造未来的期望。另一方面，婴儿的**内部感觉**和需求作为成人反应的基础很重要，因为内部感觉和自然的冲动会刺激孩子开始行动，并探索如何让事情发生。平衡这两种对立的需求是有意义的，但是每个教师都将发展和应用一种个人的教育理念（在第 2 章中有所讨论）。

本书提出了建构主义的观点，描述了外部力量和内部过程之间的交织。在引导幼儿方面，这一过程被称为**正面的儿童引导**，是一种坚定而温和的推动方法。照护者应该对孩子的**提示**（兴趣或需要的暗示）非常敏感和尊重，同时逐渐将孩子引导到适合成人的社交和令成人感到便利的常规上。

一个 6 个月大的婴儿将被鼓励跟随他的内在动力去探索环境所提供的感官刺激（比如通过感觉、挤压、敲打和闻、品、尝食物）。然而，随着时间的推移，他会慢慢地、逐渐地、持续地用更传统的方式对待食物。他将学习使用餐具，并最终掌握餐桌礼仪。

## 3-2q 有哪些互动风格?

在**专制型**的环境中，婴儿在根本不碰食物的情况下被迫进食。在**放任型**的环境中，成人放弃责任，他们会耸耸肩，接受孩子在饮食时的邋遢，并且认为自己不需对此进行干涉。在**权威型**的环境中，成人会根据孩子的需要、兴趣和能力，为他们设定合理但稍具挑战性的期望。成人通过为孩子示范行为、给孩子独立尝试的空间、鼓励孩子第一次笨拙地尝试以掌握技能来帮助孩子学习。参见正面引导焦点 3.3。

### 正面引导焦点 3.3 互动类型

#### 专制型

- “照我说的去做。”
- “我不想再听下去了。”
- “叫你怎么做，你就怎么做！”

专制的成人倾向于用命令来交流。他们的单向沟通不允许孩子表达自己的担忧或观点。专制的成人依赖惩罚。规则是死板的，没有协商的余地。

在这种环境下，孩子们可能会变得郁郁寡欢、孤僻、好斗、好争吵、自我伤害、无法做出负责任的决定。他们的认知和社交技能可能在发展上滞后（Baumrind，1967；Kawamura，Frost，& Harmat，2002；Maccoby，1992）。

#### 放任型

- “哎呀，我希望你不会从两米高的栅栏上掉下来。”
- “我宁愿自己去捡你的衣服，也不愿听你的牢骚。”
- “来，亲爱的，再吃点巧克力吧——除非你更喜欢冰激凌。”

对于孩子，成人可能会采取以孩子为中心的方式来放任自由，也可能会采取疏忽、不参与、以成人为中心的方式来放任自由。两种形式的娇纵都会伤害孩子。当孩子们被放任自由，被允许不受限制地追随冲动，没有被给予任何期望时，他们在学习积极的社会性技能时就会遭遇很大的困难（Johnson et al.，2008；Leung，Lau，& Lam，1998；Maccoby，1992）。

在放纵的环境中，孩子往往会变得以自我为中心、专横和冲动。他们更有可能有低水平的自我控制、自尊和成就。

在疏忽、放任、不参与的互动方式中，儿童往往受到的伤害最大。这些孩子可能会发展出非常具有攻击性或破坏性的行为模式。这些行为模式往往会持续一段时间，导致孩子的学术成就低下和功能失调，出现反社会行为、敌对行为，甚至违法行为（Bullock & Dishion，2003；Dishion & Bullock，2002）。

### 权威型

- “萨曼莎，请停止。”
- “当你摇动仓鼠笼子时，弗拉菲会感到害怕，水会洒出来。”
- “你想不想给弗拉菲喂点水，让它好受点？”

权威型互动的特点是尊重、公平、热情、开放性沟通、推理、一致性和参与性。

成人会为规则给出理由，愿意进行协商，即使在不得不说“不”的时候，他们也不会放弃做出决定的最终责任。孩子们被给予真实和适当的选择，被询问意见，并被真诚地倾听。

孩子所具有的许多积极的性格特征与成人的权威型有关。它们包括独立性、创造力、持久性、成熟的社会技能、乐观主义、学术能力、原创思维、领导能力、成就动机、自我控制和有效的决策技能（Aunola，Stattin，& Nurmi，2000；Baumrind，1967，1978；Kaufmann et al.，2000；Raikes，1996；Steinberg et al.，1994）。

权威型互动的特点是尊重、公平、热情、开放性沟通、推理、一致性和参与性。

## 3-2r 我们所说的对照护者的安全依恋是什么意思？

婴儿对成人照护者的依恋是其社会和情感健康发展的关键部分。早期研究只关注母婴关系，因为这是唯一被认为重要的相互作用关系。弗洛伊德关注的是婴儿对母亲的依恋，并从理论上认为，婴儿之所以把母亲视为“爱的对象”，只是因为他能提供令人愉悦的吮吸和温暖的牛奶。他认为，无论断奶的过程太过严格，还是太过宽松，都会为孩子未来与他人和社会制度的关系奠定情感基调。

埃里克森（1963）对弗洛伊德理论进行了修正和更新。他认为，婴儿在出生后第一年的经历使他们对世界有了一个总体的看法（无论是信任的积极反应，还是不信任的消极反应）。他的理论是，婴儿与母亲的关系不仅影响其人际关系，还影响其学习能力。探索对于技能的发展是至关重要的，但是婴儿只有在有成人作为“安全的基础”时才有信心去探索环境。

康拉德·劳伦兹（Konrad Lorenz，1966）在某些鸟禽（鸭子、鸡等）身上发现了一种依附现象，他称之为**印刻现象**。他研究的鸭子一旦孵出来，就会附着在它们附近移动的东西或人身上。依附在劳伦兹身边的小鸭子（它们将劳伦兹视为爸爸），不仅在它们长大的过程中一直跟着他，而且当它们长大后还试图与他的腿交配。动物行为学家并不认为人类的行为本能和鸭子一样，但他们确实从理论上认为，一些早期的经历或依恋对人类行为有长期的影响。

鲍尔比（Bowlby，1958）和艾斯沃斯（Ainsworth，1973）研究了人类依恋的过程，因为研究人员逐渐意识到生物母亲并不是唯一能与婴儿发展重要情感关系的人。在讨论依恋关系时，研究人员开始使用“父母”而不是“母亲”这个词，以反映父子关系对依恋的影响。渐渐地，“父母”一词被“照护者”代替，因为婴儿可能会对祖父母、哥哥姐姐、家庭外的其他长期照顾者，以及养父母产生多种爱的依恋。

## 3-2s　婴儿为什么会产生依恋?

照护者必须认识到，依恋是婴儿发展的重要组成部分，而不是需要避免的不便。埃莉斯是一位事业有成的母亲。一天下午，她去托儿所接 11 个月大的儿子。小男孩急切地向母亲爬去，抓住她的腿爬了起来。他抓着她的裙子，搂着她的腿，哭叫着要母亲把他抱起来。这时，埃莉斯沮丧地叹了口气，无可奈何地望着婴儿室里的教师，说：“看看他，他就要死死地黏着我，我哪里做错了吗？”

埃莉斯不知道，她的儿子只是表现出正常的与母亲的情感联系迹象，艾斯沃斯称之为**安全型依恋**。当婴儿看到照护者时会高兴起来，他们会在视觉上跟随照护者的动作，用微笑或发声来吸引照护者的注意，伸出手臂让照护者抱起来，或紧紧地抱住照护者，这些都是健康依恋的典型标志。

当照护者离开后返回时，婴儿会转身或爬走，这可能是在表达一种愤怒、被拒绝的感觉，这种感觉伴随着破坏或形成不良的依恋。婴儿交替地依恋或拒绝，或者与照护者之间表现出一种推拉关系，他们可能并没有与照护者建立起真正安全的依恋关系。发展安全的依恋关系是婴儿的正常社交和情感技能成长的重要一步。

正面的儿童引导理念在依恋领域同样适用。照护者不仅可以通过允许和支持依恋和亲密关系来促进婴儿发展健康的社会性和情感，还可以在孩子差不多准备好时，逐渐推动其主动探索环境。刚出生的婴儿（或刚进入新的抚养环境的婴儿）一开始可能需要被抱很长时间，但渐渐地，他会被吸引去花越来越多的时间看或玩有趣的手机、玩具和环境中的其他东西。通过躺在地板上和婴儿玩耍，照护者可以随时成为婴儿的“安全基地”。拥有一个安全的基地，将有助于婴儿在学习翻滚和爬行时，充满自信地、自由地探索环境。

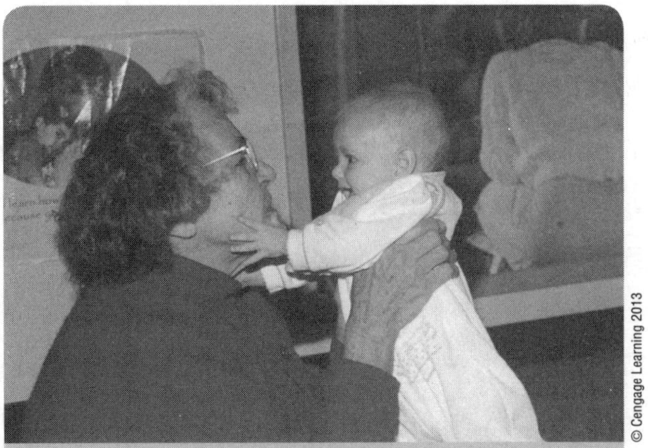


婴儿与他们生命中重要的照护者建立情感纽带。

## 3-2t 分离和陌生人焦虑

对照护者的依恋是物种的一种生存机制，因为一个无助的婴儿的安全依赖与照护者的亲密接触。婴儿不愿与给予舒适和安全的照护者分开，这似乎是合乎逻辑的。在 6 个月到 1 岁之间的某个时候，因为婴儿的认知技能得到了新的发展，所以很多孩子出现分离和陌生人焦虑。巧合的是，许多父母差不多在同一时间开始依赖儿童看护机构。成人能够思考和谈论关于儿童保育的安排。我们可能已经研究了替代照护者的个人资料，或仔细调查了护理中心的许可证，但婴儿无法理解这一切。

当一个婴儿抬头看到他的爸爸不见了时，这种感觉和他突然意识到自己一个人在一家大百货商店里时的感觉是一样的。一开始，一群陌生人在孩子的周围徘徊，试图提供帮助，但这只会让人更害怕。令人惊讶的是，一个普遍的现象是，家长或儿童照护者在听到哭喊时会责备孩子："嘘！你没有理由哭。"如果我乘坐的飞机意外降落，或者我被踢出去、尖叫着、被扔到一个陌生的地方，和不会说同样语言的陌生人在一起，当我看着载着家人的飞机飞走时，我可能也会哭。当父母消失在视线之外时，孩子无法意识到他们并没有永远离开。

婴儿与陌生人接触的积极体验越多，当他与父母分离或遇到陌生人时，他就会越少地感到不舒服。在一段时间后，婴儿就会产生一个具体的认识：陌生人可以依靠，他们可以提供照顾，而且过一段时间，父母又会出现。将婴儿推入可怕的境地是没有帮助的，但完全避免与陌生人相遇也会适得其反。温和地将婴儿推入与其他成人（而不仅仅是与父母）的愉快和信任的关系中，将帮助孩子建立自信和对世界保持开放、积极的态度。

### 3-2u 婴儿如何感知自己和周围的环境?

在婴儿出生的前几个月里，他们还没有在心理上形成自己是独立个体的概念。他们对自身存在的感知仅限于他们的视觉、触觉、味觉、嗅觉和听觉。他们无意识地感知周围的环境，仿佛他们是宇宙的中心，周围的人和物是他们自身存在的延伸。他们不区分自己的身体和自己通过感官感知到的环境。

照护者此时起着非常重要的作用。照顾孩子意味着他们真的成为孩子生活的一部分。成人可以帮助和引导大一点的儿童，这些儿童对彼此和自己的活动的兴趣跟成人一样多（甚至更多）。然而，在生命的第一年，婴儿将大量的兴趣和精力放在与成人照护者的互动上。他们依赖成人的每一个方面，如身体照顾和安全，以及娱乐和感情。他们对同伴的兴趣完全是**自我中心**的。一个 7 个月大的婴儿可能会爬到一个更小的婴儿身上，随意地抓一把头发去感觉和品尝，然后对这个小朋友突然发出的刺耳的噪声感到很困惑。

通过看到成人冲过去救更小的婴儿，并**示范**适当的行为——温柔地抚摩被冒犯的婴儿的头，同时对冒犯的婴儿说“温柔一点，温柔一点，要温柔一点”——婴儿最终会**内化**出更合适的行为方式。因为婴儿与成人照护者的身份非常接近，所以婴儿会自动模仿成人照护者的行为。通过模拟吵闹或粗鲁的互动，反应严厉或咄咄逼人的照护者会强化婴儿的不恰当行为。

## 3-3 学步儿（12 个月—3 岁）

1 岁大的学步儿，都是了不起的人。这是他们有生以来第一次像我们一样直立。同时，他们第一次不再依赖我们为其带来有叮当声或吱吱声的玩具。他们可以穿过、钻过或爬过成人设计的吸引其好奇心的障碍物。虽然一个学步儿有时会像一只可爱的、胆小的兔子，一边吮吸着拇指，一边从一张破旧但很舒适的毯子后面偷看，但在一瞬间，他就可能会非常生气地举起棍子，然后在地板上蜷成一团。

### 3-3a 学步儿能控制他们的感觉和行动吗?

学步儿的情感是完全透明的。他们对周围环境有开放的感情，很容易因受到关注而高兴，对周围环境充满好奇。他们也会变得困惑、沮丧，并为新获得的自由感到不知所措。有一刻，他们似乎准备好面对这个世界，接下来，他们又退回到无助的婴儿阶段。他们的需求很简单：想要食物、舒适、关爱和认可，想要探索这个巨大、繁荣、广阔的世界的每一个角落。作为孩子，他们仍然通过哭泣来回应他们的需要；但是作为成长中的孩子，他们开始通过移动到环境中去得到想要的东西来回应自己的欲望。

> 如果儿童要充满活力和信心地进入下一个发展阶段，那么他们在每个阶段都必须解决该阶段的中心问题。
>
> ——埃里克·H. 埃里克森

学步儿利用他们的感官感受（触觉、视觉、嗅觉、味觉和听觉）来探索他们所处环境的物理属性，并利用大、小肌肉来练习物理技能。他们仍然没有有意识地计划自己的行动，而只是行动。如果学步儿觉得饿了，而购物车里的一盒麦片看起来很美味，那么他可能会把它撕开，然后当父母似乎对他的行为感到震惊时，他会看起来很受伤。学步儿有能力学到很多东西，但是需要大量的重复和练习。

### 3–3b 学步儿对因果关系的意识是如何发展的？

学步儿在记忆事物和操纵心理想法的原始能力方面取得了巨大的飞跃。因果关系成为学步儿学习的焦点。学步儿对电灯开关很着迷，如果允许，他们会多次打开和关闭电灯。他们看着开关和电灯，并在心理上将两者之间的因果关系联系起来。

学步儿会不知疲倦地探索社交互动中的因果关系。他会伸出自己的小食指触摸电源插座（当然，得用塑料保护盖盖住），然后期待地抬头看着爸爸，这时他的爸爸会不厌其烦地耐心重复“请停下，那不能触摸”。到最后，他在摸到插座时就会摇摇头，清醒地重复着：“停下，停下。”他全神贯注于用因果关系将自己的行为与爸爸的话联系起来，而完全忽略了爸爸希望他不要触摸插座的想法。

### 3–3c 学步儿需要探索他们的周围环境

健康、发育良好的学步儿具有无限的好奇心。他们对探索的渴望有时会盖过其他的需求。对于一个完全沉浸在出牙痛苦中的学步儿，当妈妈把他抱到冰箱前，打开冰箱，拿出冷藏的出牙环时，他就会停止哭泣。此刻，他看着冰箱里冒出来的冷风，感受着他从未探索过的陌生环境带来的凉爽时，他就忘记了自己的痛苦。

学步儿学习走路，是因为他们对这种运动形式的着迷超过了对摔倒或受伤的恐惧。他们挪动自己的身体到某个环境中去，远离照护者的保护，因为发现的喜悦使他们不顾一切。如果没有我们所说的好奇心这种强大的激励因素，婴儿可能会永远待在母亲的舒适怀抱里，而好奇心会驱使学步儿进入这个可怕又令人兴奋的世界。雏鸟在巢里能过得很舒适、安全，而且吃得好。然而，出于某种原因，大自然驱使它们不稳定地跳跃到不安全的空中，拍打它们的小翅膀，直到它们弄明白如何飞翔——当然，这不仅是一种让婴儿感到害怕和兴奋的经历，也是一种让成人在观看时感到害怕和兴奋的体验。

## 3-3d　安全是学步儿照护者面临的主要问题

在学步儿时期，儿童的运动发育远远超出了其理解、记忆和遵守规则的能力。因为尚未发展出元认知，所以学步儿不能视情况去思考和预估在某种情况下行为的潜在后果。学步儿在走路、跑步和攀爬时仍然有点不稳定，并且他们被迫品尝、感觉、闻和操作他们遇到的每一个有趣的物体。这些情况叠加在一起，容易导致学步儿发生事故（Centers for Disease Control and Prevention，2008）。

学步儿可以做到独立并安全地活动。这个2岁的孩子得到了一套有安全保障的马克笔，笔的盖子被耐用的胶粘在实木底座上的孔中。她能够拔出马克笔，然后将它们插回匹配的盖子中，在这个过程中没有吞下盖子的风险。

除非学步儿得到经常和细致的监督，否则他们会在不经意间吞下物体和有毒物质，摔倒或撞到东西，触摸他们不能触摸的东西。如果说哭是照护者最担心的第一大问题，那么保护学步儿的安全无疑是第二大问题。

在过去的几年里，父母偶尔会吹嘘说，他们有一个行为非常好的学步儿，他不会去碰放在桌上的最昂贵、最脆弱（甚至是最危险）的小摆件。当孩子试图触碰任何禁止触碰的东西时，成人会拍打孩子的手或严厉地说“不”。这些成人认为，教孩子不要动和触碰任何东西是在帮助其成为一个守规矩和懂礼貌的孩子。

在过去的几十年里，关于认知发展过程的研究改变了这种旧观念。儿童保育工作者很喜欢的一张海报描绘了一个年幼的孩子悲伤地站在婴儿围栏里的场景。海报上的文字是："你说的'不要触摸'是什么意思？触摸是我的学习方式。"为了创造一个可以刺激学步儿发育，又保护其免受不合理伤害的环境，成人必须在学步儿发展运动技能前，确保所有的区域对孩子来说是安全的。

你有没有听过家长或儿童保育工作者说"我不想一辈子都在捡地板上的玩具。我想让他们只有一两个玩具"？婴儿和学步儿仔细地用每个感官去感知每个物体——尝起来怎么样？感觉起来怎么样？听起来怎么样？然后他们就会感到厌倦。他们需要探索物体的不同质地、重量、颜色、声音和其他属性。两三个相同的、塑料的、可以吱吱作响的玩具，根本无法满足儿童大脑的复杂发展需要（Birkbeck，2009；Van Herwegen et al.，2008）。

学步儿的发育时期是儿童社交、智力和运动技能发展的特殊时期。对物理环境的直接感官探索是优化儿童发展的关键要求。让学步儿待在"不动手"、过于整洁、没有安全保护或完全无趣的受限环境中，有可能会让他们失去最宝贵的早期学习机会（Bauer，San Souci，& Pathman，2010；Friedman，Melhuish，& Hill，2009；Haith & Benson，2008；Hayne，2007）。

非常年幼的孩子能够从我们的肢体语言和语调中理解我们的感受，这给予我们一个不用具体的语句就能和他们交流的机会。在儿童掌握**表达性语言**之前，他们已经开始发展自己的**接受性语言**，所以只要我们诚实地、真诚地和孩子说话，我们的肢体语言就会把我们的感受传递给孩子。如果我们为了其他成人的利益与孩子说话，就好像孩子没有真正在场或倾听一样，那么我们可能会错过与孩子交流的重要机会。

> 成为一个出色的榜样，因为你将成为许多孩子看未来的窗口。
>
> ——托马斯·麦克金农

从一开始，成人就应该开始和婴儿说话，就好像他们是（因为他们确实是）同样有价值的人一样。这对引导有两个重要的好处：其一，孩子在生命早期就能够学会关注成人；其二，成人可以从这个时候开始塑造适当的沟通技巧。

用一种和蔼的面部表情和关心的语调，我们可以安慰一个拒绝入睡的学步儿："我知道你很想玩你的玩具，但现在是午休的时候了。要不要我给你摸摸背，帮你放松放松呢？"即使孩子听不懂所有的话，他也会感受到成人的关心态度。他将获得把听到的语言与日常生活中的事物和事件联系起来的机会。

## 3-3e　口头交流是如何开始的?

学步儿的语言似乎会爆炸式增长。在孩子过第一个生日的那天，他可能只知道“妈妈”“爸爸”和“达达”这样的词语。在能开口说一些词语之前，他就理解了很多词语的含义。在几个月内，孩子可能会知道如何说出几十个单词，以及许多短语（由连接在一起的单词组成的短语，就像它们是不可分割的词语一样）。“Gofieys”可能意味着“去快餐店，然后去吃炸薯条”（Go to a fast food restaurant and get French fries.）；“Sousite”的意思可能是“让我们出去玩吧”（Let’s go outside to play.）。

孩子很快就学会了混合和匹配单词或词组，从而创建有两个单词的句子。不久，孩子讲的话开始听起来像是奇怪的信息——在重要的单词中只包含了几个关键字母，并完全省略不重要的词语：“狗很大”[ Doggy bih (big). ]，“不要碰爸爸的眼镜）”[ No touch daddy gwas (glasses). ]。到了 3 岁时，孩子讲的话开始意外地听起来像是我们自己讲的话（我们在说话时有某些怪癖）：“我爸爸去上班了，他有辆卡车。”（My daddy goed to work an he gots a truck.）

在出生时，婴儿的嘴唇和舌头几乎没有肌肉控制力，他们对语言的存在或意义没有任何理解。在短短的 3 年里，他们学会了如何用嘴唇、舌头和声带发出不同的声音，积累了数百个单词，并掌握了母语的基本结构。他们的语言理解很复杂，但不是有意识的，只是在支持性环境中通过自由聆听、练习和互动来自然地、无意识地学习。

## 3-3f　什么样的语言体验对学步儿有好处?

各个年龄段的婴儿和学步儿都需要聆听成人在交流时所使用的抒情词语，以及押韵、歌曲和歌谣中的带韵脚的词语。但是，为了获得最大限度的理解力，孩子应该听与自己的发展水平非常接近的语言。这些语言应该略高于孩子的发展水平。

如果婴儿的语言发展仍局限于很简单的拟声词汇阶段，那么成人可以通过面部表情、语气、肢体语言、模仿婴儿的声音以及引入简单的单词来与婴儿进行有效的交流。如果孩子使用单个词语，那么成人应提供有两个词语的短句［如“全部消失了。”（All gone.），“更多牛奶？”（More milk?）］。

学步儿可能只会听到并理解超出其理解能力的句子中的几个词语。通常，他们会从成人讲话的开始或结束处，捕捉到一些重音或熟悉的单词。学步儿可能会对成人的复杂句子中的某个词语（比如“你一定不要将整个大块糖果都塞进嘴里”中的“你”“糖果”和“嘴”）做出天真的回应。因此，对于成人来说，最好说“请咬一小口”。为了最大限度地提高学步儿对重要交流的理解，请选择关键词，说话要缓慢而清晰，并使用面部表情和身体动作（手势）来强调意思。

我们可能想对学步儿说：“过来，你需要绑好鞋带，不然你就会摔倒。”不幸的是，这时学步儿可能会开始奔跑。如果你需要学步儿立即做出反应，请走到他的身边，弯腰，郑重地抓住他的手，建立目光接触，然后轻拍地板，坚定而友善地表达：“请坐。”当他看起来似乎会听话时，你可以热情地微笑并说“谢谢！”，以加强孩子的合作精神。当他坐下时，你可以尝试解释“我需要系上你的鞋带，以保证你的安全，这样你才不会摔倒”，然后再次温柔地笑着说“谢谢你让我帮你系鞋带”。

© Cengage Learning 2013

为了获得最大限度的理解力，孩子应该听与自己的发展水平非常接近的语言。这些语言应该略高于孩子的发展水平。

## 3-3g 陌生人和分离焦虑症

学步儿会根据自己的经历和性情对陌生人表现出不同的反应。一些孩子会经历一个独特的阶段，在这个阶段中，他们对陌生人感到恐惧。当面对一个陌生人（甚至是一个不太熟悉的照护者）时，许多孩子会紧紧抓住父母或照护者的衣服，遮住脸庞，然后哭泣。其他孩子（尤其是那些从婴儿期开始就与许多友好的成人广泛接触的孩子）可能会对新出现的成人表现出好奇，试图结交朋友，并且从不表现出分离或陌生人焦虑的迹象。陌生人焦虑常伴有分离焦虑。从婴儿期到幼儿期的任何时候，我们都可以看到分离焦虑症，但它通常在2岁儿童的身上表现出来。儿童需要照护者的耐心和情感支持，这样他们才能应对分离焦虑的痛苦（Kronenberg, 2010）。

### 3-3h　如何与害羞的学步儿交朋友?

要与害羞的学步儿建立关系，请尊重孩子的不适。不如先避免目光接触，而不是直接带着灿烂的笑容靠近孩子，并立即尝试与他接触或交谈。

与学步儿周围的其他人平静而愉快地说话，同时一点点地靠近他。如果他站在或坐在地板上，请坐在他的附近并与他的眼睛保持平齐。偶尔短暂地瞥一眼他所在的方向，看看他是否表现出好奇或感到压力。你可以微笑，但要避免直视他的眼睛，直到你确信他对你的到来感到舒适。

在保证学步儿有足够的凝视你的时间后，微笑着向他的方向短暂地瞥几眼，同时尝试自然地触摸一会儿孩子的手。最终，他可能会表明愿意和你结交朋友，并允许目光交流。在此基础上，以游戏或玩具的形式转移他的注意力，可能是巩固刚萌芽的关系的完美方式。如果没有可用的玩具，你可以唱歌、编童谣或谈论他的衣服："看看你的蓝色运动鞋。你可以穿着运动鞋快速奔跑。"这种注意力的分散会吸引他的兴趣，同时不需要他有大量的持续性眼神交流或其他的积极反应。

### 3-3i　为什么学步儿都有占有欲?

很小的学步儿可能会为了得到自己想要的东西，从别人的手里抢玩具，或者因争抢食物而踩到对方。有时候，2岁儿童在早上走进托儿所时会警惕地看着同龄人，紧紧地握住爸爸的手，然后大声地宣布："我的爸爸！"学步儿的行为有时显得不是特别礼貌，因为他们还没有能力将自己置于别人的位置上。学步儿确实能够表现出**同理心**，但是他们表达关心的方式是非常以自我为中心的。例如，一个学步儿可能会尝试将他的奶嘴或泰迪熊拿给一个看起来悲伤的成人。

随着时间的推移，孩子们逐渐发展了认识到其他人也有感觉和权利的能力，并且发展了能够想象到如果以某种方式对待别人会给别人带来什么感觉的能力。这时候，成人就有可能教他们懂礼貌了。在此之前，请树立好榜样，巧妙并坚定地保护儿童的权利。

## 3-3j 为什么有些学步儿对安全毯、奶嘴和其他小玩意儿如此依赖?

学步儿会使用各种各样的东西来帮助自己适应又大、又快、又可怕的世界。一些成人将学步儿的破旧毛毯、破旧动物玩偶、安抚奶嘴或他们依赖的其他东西都称为"安慰物"。儿童心理学家称它们是，为学步儿提供"周期性自我刺激"的物体。有时，照护者会忍不住将其视为烦扰。无论这些物品被如何称呼，一旦它们被弄丢了，就会导致学步儿的情感世界崩溃。尽管儿童对这些安慰物非常依恋，但他们通常在 3 岁时就开始对它们失去兴趣。一些幼儿对这些安慰物的依恋时间会稍长，但对于许多人来说，此时的依恋更多出于习惯，而不是情感需要。

在大多数的原始文化中，儿童在生命的前 3 年中的大部分时间里都与母亲保持身体接触。在现代的工业化社会中，孩子在出生时与母亲分离，被安置在医院的婴儿房里，在单独的婴儿床上（有时在单独的房间里）睡觉，并经常被固定在高脚椅、婴儿车和汽车座椅上。因此，许多婴儿临时寻找"替代照护者"（安慰物）来帮助他们应对这些情况就不足为奇了。乳头状的物体可以被吮吸，柔软、温暖、毛茸茸、光滑的物体可以用来触摸，从而使婴儿平静下来。当这些行为已成为习惯时，孩子对这些物品的情感需求应得到尊重，并且他们可以在慢慢不使用这些物品的过程中摆脱依赖。

成人应该帮助学步儿和 3 岁以上的儿童在不"插入"安抚奶嘴或拇指的情况下，度过一天中的大部分时间。学步儿在嘴巴不动的情况下很难练习语言。但同样重要的是让婴儿充分吸吮，以发育其后期说话时所必需的嘴、唇和舌头肌肉。与母乳喂养相比，奶瓶喂养不需要婴儿通过那么多的肌肉努力和协调来"生产"乳汁，但许多婴儿在情感和身体上都受益于非营养性吸吮。对于牙齿和拇指的发育来说，吸吮奶嘴会使婴儿更健康，并且通常比吸

Photo courtesy of Cynde Miller

学步儿使用各种"安慰物"来帮助自己应对大世界中的各种事。

吮拇指更容易让孩子断奶。

美国儿科学会建议，至少在婴儿的第一年用配方奶配合母乳喂养或奶瓶喂养，并且补充说，对于孩子来说，在4岁或更长的时间里接受母乳喂养或奶瓶喂养是完全正常和健康的（American Academy of Pediatrics Association，2005）。在没有乳房或奶瓶的情况下，学步儿可能会发现安抚奶嘴或拇指可以让自己感到安心。我们可以从祖母那里得到好的建议，她们世代相传的话是："如果在婴儿处于婴儿期时把他当作婴儿来对待，那么你就不用一生都把他当作婴儿来看待。"

## 3-3k　为什么学步儿前一分钟还很固执，下一分钟就开始黏人？

埃里克森（1963）在**社会性发展**和**情绪发展**的八个阶段理论中提出，第二个阶段应主要关注儿童的自主性发展。在婴儿期建立**信任**后，学步儿会陷入**自主**与**羞耻**和**怀疑**的矛盾中。在这个时期，学步儿第一次能做很多成人认为顽皮或具有破坏性的事情。成人第一次开始要求孩子为身体发泄和控制冲动负责。学步儿在顽固地抵抗照护者和需要被照护者爱护之间感到为难。他不得不以新的能力去探索周围的一切，但不断地被刮伤，或者弄得一团糟，并且需要成人的帮助和安慰。

成人可以通过支持学步儿摆脱婴儿期的需求来帮助其度过这段时间。为了培养他们的自主性，我们无须为学步儿做任何其力所能及的事情。当学步儿想吃零食时，他们可以学会自己剥香蕉皮；在成人帮忙套上袜子后，他们可以学着自己拉起袜子并穿上；他们可以洗不会被打碎的碗碟（尽管出于卫生原因，后来有人必须重新洗碗碟）。成人可以给学步儿一个装水的小喷雾瓶和一块布，让他们擦矮小的窗户；可以给他们小海绵来擦拭桌子；可以让他们用小扫帚扫地，或者用其他可以打扫教室的工具。

学步儿对过程感兴趣，而不是结果。他们对获得特定的结果不感兴趣，但是成人对结果而非过程的关注，使他们感到困惑和沮丧。成人通常以最实用的方式做事，以获得想要的结果。学步儿会在浸泡餐具、倾倒和泼溅洗洁精的过程中花费很长时间，但是在真正冲洗和擦干餐具前失去兴趣。

敏感的成人要鼓励孩子参与到过程中，直到他们的年龄增长到自己能够专注于结果的时候。成人应该改变孩子的不可接受的行为，而不要让孩子因为跟随自己的好奇心和试图做他认为是成人所做的事情而感到自己很顽皮。

学步儿对过程感兴趣，而不是结果。他们的重点是面团的触感以及面团能做什么，而不是面团最终的形状。

## 3-3l　学步儿可以意识到自己吗？

当婴儿看镜子时，他们不必认识到那里反射的图像是自己。在学步儿时期的某个时刻，他们最终会发现镜子里的脸是自己的。如果他们在镜中人的鼻子上看到意料之外的污迹，那么他们会摸摸自己的鼻子来确认那到底是什么。一个更小的孩子只会碰碰镜子。根据阿姆斯特丹（Amsterdam，1972）的研究，自我意识的发展过程如下。

- 6—12 个月：镜子中的婴儿被视为其他人。
- 13—24 个月：婴儿对镜子中的图像保持警惕。
- 20—24 个月后：学步儿会清楚地认识到那个图像是自己。

## 3-3m　为什么学步儿在互相模仿时如此兴奋和愉快？

刚开始了解自己的自主权的学步儿往往非常“充满自我”。如果照护者召集 2 岁的孩子来吃零食，会发现孩子们通常可以彼此娱乐。他们互相咯咯地笑，互相戳戳，不可避免的是，一个学步儿将开始“光荣”的自发动作，例如大力摇头，直到头发散乱在头部的四周。瞬间，这种行为蔓延成**群体传染**，使可怜的成人傻乎乎地坐在那里，手里拿着一盘小吃，看着一群学步儿摇头晃脑地、肆无忌惮地大笑（为了更好玩，他们也许还会扭动身体、跺跺脚）。教师应该放慢呼吸、放松，并加入这一欢乐的时刻，然后将孩子们的注意力集中在零食上。

当一个学步儿开始像他看到的人一样认识到自己是一个独立的人时，他开始根据周围成人的反馈来确定自我**概念**（或形象）。有时候，成人会做出非常刺耳的随意评论，例如："你有一点胖，小猪！""为什么你总是调皮？""你没希望了！""你是个白痴！"有时，这些伤人的评论来自学步儿的兄弟姐妹或其他孩子。

学步儿很天真。他们倾向于通过我们对他们的言行举止来内化自我概念。随着年龄较大的学步儿的自我形象开始形成，我们可以通过非常小心地斟酌我们对他说的话（以及我们允许其他孩子对他说的话）来帮助他建立健康而自信的自我观。例如："你可真独立。""每个人都会犯错误。""我真的很喜欢你的笑容。""我不喜欢你打我，但我会一直喜欢你。"学步儿不断发展的自尊心将成为他成长为一个自信、优秀、合作和有能力的人的基础。

如果有持续提供照护和富于回应的照护者，那么健康的婴儿会在3岁时发展出较高的"能力"。有能力的幼儿更有可能在学校和后续的生活中取得成功并适应良好（Friedman，Melhuish，& Hill，2009）。

## 3-4　幼儿（3—5岁）

### 3-4a　幼儿可以制订计划和决策吗?

婴儿可以根据物体实际的触感、外观、味道、气味和声音来认识它们。学步儿可以根据物体所能感知的方面和它们代表的含义来构思对象。婴儿只能将积木看作可以咬、撞、扔或堆放的东西。学步儿可以将积木看作用于堆叠的玩具。当孩子们进入幼儿阶段时，他们既可以将积木看作物理对象，又可以将其假装看作肥皂，用来给洋娃娃洗澡，或者看作假的汽车，可以在地板上开得嗡嗡作响。在他们的想象中，积木可以轻松地成为其他事物的**抽象符号**。

幼儿更加有意识地知道自己的兴趣和意图。他们会查看全部可用的选项并做出有意的选择。尽管学步儿主要是通过冲动来工作的，任何吸引眼球的东西都可以成为他们的玩具，但幼儿更倾向于非常仔细地选择一项活动，同时坚持更长的时间，有时甚至日复一日回到同一个游戏活动中，直到最终对它感到无聊。

年龄较大的幼儿可以口头表达他们想玩什么和怎么玩。例如，他们可能会说："我们这样玩吧，这是我们的房子，你是爸爸，他是婴儿，那个盒子是婴儿床。"如果事情没有按照他们期待的方式发展，那么他们会变得非常沮丧或生气。幼儿经常因他们应该如何玩的矛盾想法而争论：“我不想成为婴儿，我想成为卡车司机！”

在这个阶段，成人可以帮助幼儿将注意力集中到他们行为的后果上。提问的方式要尽量和善。成人可以通过问“如果有人在不看周围环境的情况下跑到街上会发生什么？”“如果你不穿工作服就画画会怎样？”“如果你的朋友从来没有轮到扮演妈妈，她会有什么样的感觉？”等问题，适当地引导儿童产生因果关系的思考。幼儿刚刚开始在脑海中操纵他们的想法。他们可以学会权衡后果，并在采取行动之前做出适当的决定。

## 3-4b 与幼儿讨论敏感问题

由于幼儿对语言的掌握程度越来越高，因此他们可以从谈论已经发生或将要发生的事件中受益。在活动前后，家长和教师应该邀请他们谈论该活动。日常讨论可以面向非常简单具体的话题。

照护者有时会错误地试图通过不与幼儿交谈来保护其免受麻烦问题的影响。儿童对周围的线索非常警觉和敏感。他们通常知道的比成人认为的要多得多。儿童需要成人帮助才能准确地了解他们的世界。

一个 3 岁的孩子经常被她的父母亲切地称为“我们的宝贝女儿”。当姨妈说“我听说你们家要有一个新孩子了”时，她歇斯底里地哭了。她在无意中听到她的父母说，他们认为最好不让她知道会有一个新生儿。在她的认知中，她认为：当他们有了新车时，旧车就消失了；当她有了新鞋时，旧鞋就被毫不客气地扔进了垃圾桶。她只能猜测发生了什么事，她以为自己太顽皮，以至于父母决定换一个“新的”。

一个 4 岁男孩在听到家里人严肃而小声地哭着谈论他的妈妈如何失去了所怀的宝宝后，开始做噩梦和尿床。他的问题行为变得越来越严重，家长直到咨询了一名心理学家，才发现这个小男孩为了找到那个“失散”的孩子，一直在紧张地搜寻壁橱和床底。他知道当丢失某些东西时，可以到这些地方寻找。同时，他很担心他的父母也会失去他！

成人应该以一种简单、诚实、直接的方式在孩子的认知水平上提供适当的信息。有许多涉及痛苦主题（例如死亡、离婚、战争等）的儿童读物都很有帮助，这些主题其实经常触及儿童的生活。

## 3-4c 与幼儿顺利地交流

我们可以通过简单、诚实的方式与幼儿交流，帮助他们理解和处理事情。我们不能仅仅因为某些事情对我们来说显而易见，就觉得对幼儿来说也是显而易见的。有很多关于这个世界的事情，幼儿还不知道。照护者可以使用简单明了的句子，例如："马库斯，你的爸爸刚刚打电话说，他今天要晚一点来接你。因为他的车开不了了，所以他必须把它修好。当他到这儿时可能天都黑了，但是没关系，我会陪在你的身边。我们去拿一些奶酪、饼干和苹果汁，一直玩到他来吧。"有时，成人变得过于关注自己的问题，以至于忘记告诉孩子将会发生什么，从而引起孩子的焦虑或行为不当。

戏剧性游戏可以帮助幼儿表达情感和感受。



成人可以通过戏剧性游戏的模仿来帮助孩子想象预期的事件。通过玩偶来说话是一种没有威胁的方式，可以使观点表达出来，或者模拟适当的语言和行为。帮助幼儿嘲笑玩偶可以消除其对父母迟到、生活在床底下的怪物或听起来真的很吓人的闪电等事物的焦虑感。玩偶对"假装的怪物"发动攻击，可能会帮助幼儿减少无助感和脆弱感。（在另一个更好的日子，我们将教给孩子温柔地对待玩偶的重要性。）

我们可以通过对问题的预测和计划来预防问题的发生，尤其注意不要传达负面的期望。

> 艾莎，你的朋友特蕾西很快就会过来。有时，当她在这里时，你一般不会让她触摸你的玩具。这让特蕾西感到难过。
>
> 当你们一起玩时，请一定要选择好需要使用的玩具。我们会将你们选择的玩具放入这个纸箱中，然后把它带到后院。特蕾西可以玩纸箱中的所有玩具，对吗？

通过引导孩子在潜在的问题发生之前积极思考，他们可能在冲突爆发之前就有意识地以一种避免冲突的方式活动。当孩子生气和沮丧时，他们通常听不懂逻辑，这个时候就晚了。

### 3-4d 教幼儿使用语言来表达他们的感受

可以引导幼儿用语言来表达观点，而不是依靠踢、抓挠和拉扯头发。可以帮助他们练习使用适当的语言，并允许他们通过语言表达强烈的情感，甚至是愤怒。当幼儿跑去和父母或教师告另一个孩子的状时，比起责备孩子，不如鼓励他与另一个孩子对话："你是否告诉科林轮到你了，你希望我和你一起去跟他谈谈吗？"

成人有时会试图压制孩子的消极情绪。为了安抚孩子，我们会说一些诸如"不要哭""不要大惊小怪""他并不是故意要打你"之类的话。也许另一个孩子真的是故意的。一名儿童应该以诚实但尊重他人的方式来表达自己的感受："我感到生气。我不喜欢你把我推出秋千。"幼儿尤其需要被允许表达自己的感受。这样他们可以得知生气是被允许的，并且可以这样表达，同时要让他们知道以伤害他人的方式用言语或肢体攻击他人是不被允许的。

成人可以**重述**幼儿的感受，从而帮助幼儿说出他们的情绪。幼儿可能没有意识到自己脾气暴躁是因为感到热、累、冷或饿。成人可以用语言说出这些感觉，并通过这样的方式帮助幼儿学习识别和表达自己的内心感受："伯尔，我感到冷！看看我胳膊上的小鸡皮疙瘩。你冷吗？让我感受一下你的手有多冷。"

这种感受的示范被称为**积极倾听**。成人要克制自己讲课、责成、命令或说教（有关积极倾听的更多信息，请参阅第 8 章）。取而代之的是，成人要倾听并真诚地回应，或重述自己对于孩子内心想法的理解。在积极倾听（一种对于任何年龄阶段都有用的交流工具）的方式中，成人会这样说话："你听起来好像对索夫罗尼奥感到很生气。""也就是说，你想说的是，你在不能玩的时候感到很受伤和伤心。""当其他孩子假装成怪物时，你好像很害怕。"积极倾听的重点不是解决孩子的问题，而只是让他们知道自己被认真倾听，并有机会谈论、思考和面对自己的感受。

在积极倾听中，成人反映出对孩子感受的理解："你似乎对困惑感到有些沮丧。你能说一下吗？"

## 3-4e　友谊对幼儿很重要

婴儿和学步儿对其他儿童非常好奇，但最关心的是他们生命中的成人。不同的是，幼儿开始对自己与其他孩子的关系感兴趣。在整个未来的童年生活中，他们将越来越多地依赖与同龄人的友谊，而逐渐减少对成人的依恋。在3—5岁，孩子们需要学习如何成为别人的朋友以及如何交朋友，这对于他们在生活中的社会和情感适应是一种非常重要的学习（Corsaro，1981；McClellan Katz，2001；McElwain et al.，2008）。

对于成人来说，这可能是一个非常艰难的阶段。当孩子们受到同龄人的喜欢时，他们会感到兴高采烈；而当他们想到没有其他孩子愿意与自己一起玩耍时，他们会情绪崩溃。尽管有些孩子能够很快找到与其相处融洽的最好的朋友或一群朋友，但另一些孩子仍在努力建立友谊并与以物易物的同伴打交道，每天经历过山车般的情绪，例如："如果你给我一块巧克力蛋糕，我就当你最好的朋友。"

一些幼儿在决定谁是朋友和不是朋友时变得非常挑剔。他们会说："如果你不能像我们这样在头发上戴蝴蝶结，就不能成为我们的朋友。""你不能玩游戏，因为你是女生。""你乱写乱画，所以你不能和我们一起上色。"在尝试决定何时或如何干预这些麻烦和具有伤害性的互动时，成人会感到沮丧。儿童需要引导，这样他们才能以想要的方式对待他人。不要容忍粗暴的行为。参见正面引导焦点 3.4。

## 正面引导焦点 3.4 避免压力和倦怠

完美主义可能成为教育者和家长的压力陷阱。孩子们的日子不好过，成人的日子也不好过。在一个基本上是养育和尊重的环境中，孩子们能学会处理教师和父母偶尔出现的缺点。成人在达到为自己设定的标准时必须学会应对自己的失误。成人不能耸耸肩就放弃，而应承认并接受自己的失败，然后在第二天有意识地采取措施，以便做得更好。成人可以对孩子说："我犯了一个错误，对别人大喊大叫是不好的。我错了。我要试着记住冷静地谈论问题，这样我们才能以正确的方式解决问题。"这样才是有帮助的。

需要控制的地方可能就是压力陷阱。教学是一个互动的过程。在以学习为中心的环境中，应该有所取舍。敏感且反应灵敏的成人，如果发现孩子根本不感兴趣，那么他们就应该放弃计划好的活动。成人应在合理的范围内为孩子们提供多种选择，允许孩子们选择自己的喜好。成人承认自己选择错误并接受孩子在给定的情况中做出的正确选择，并不是失败或无能的表现。能够倾听、提问和大胆表达自己的孩子比从不质疑、盲目听从权威、听话的孩子更适合在如今的社会中生存。

取悦他人是另一个潜在的压力陷阱。场依存型的人过分依赖他人对自己的看法。他们的自我价值感很脆弱，一生都在试图取悦他人。记住，我们不能总是取悦所有人，而应该努力定义和信任自己的哲学和价值观。我们应该努力使用"我的信息"(以"我觉得……"为开头的句子)，向他人表达自己的感受。我们应该记住要好好照顾自己。如果我们允许自己为了取悦别人而变得精疲力尽，那么我们就不能真正地养育孩子。我们必须采取积极的措施，避免身体、心理以及感情上的疲惫。(有关"我的信息"的其他说法，请参阅第 8 章。)

自我怀疑会影响判断力并增加压力。我们可以避免将自己和他人进行比较。设定自己的标准，并每天努力实现这些标准。做一个终身学习者，敞开心扉，并利用书籍和其他资源来扩展自己的技能和信心。学会相信自己的判断力，如果我们犯了错，就在错误中学习并继续前进，我们可以承担合理的风险。当别人称赞我们的成就时，我们可以说"谢谢"，而不要过于害羞。感到自豪是可以的，最重要的是我们要自我感觉良好，而不是被别人注意到或获得别人的认可。

## 3-4f　幼儿如何学会承担责任？

埃里克森（1963）关注 4—5 岁儿童解决主动性与内疚的情感冲突。幼儿正努力变得独立于照护者，并找到自己的极限。尽管如此，他们还是想取悦成人，当令父母和教师失望或生气时，他们会感到内疚。过多的内疚会引起不适。一些孩子通过逃避参与任何有失败风险的情况来减轻焦虑，其他孩子则通过装作坚强的小叛逆者来减轻焦虑。

**实际应用案例**

### “我永远不会邀请你来我的生日聚会！”

5 岁的萨拉和卢皮塔在操场上一棵茂密的木兰树下占领了一个阴凉的角落。这是她们最喜欢玩耍的地方。她们坚决捍卫自己的小领土，以抵御一小群具有掠夺性的玩伴。她们坚持说：“你不能玩。我们先到了这里。这是我们的房子。”

尽管教师不允许幼儿从家里带玩具到教室，但是这些孩子仍然被允许在户外活动时带着他们的玩偶到户外。萨拉有一个装扮得很好但有些破旧的洋娃娃，卢皮塔有一个新的软塑料娃娃，它被包裹在粉红色的毯子里，看起来就像一个刚出生的婴儿。

她们摇着娃娃入睡，然后小心地将它们放在树干旁边。她们四处走动，收集树叶和树枝，勾勒出游戏屋的边界。萨拉发现一根大棍子，并且宣布那是门：“除非他们打开这个门，否则没有人能进来。嘀嗒嘀嗒。现在，门被锁起来了。”

同样是 5 岁的罗比，一直在看和听萨拉说话，他爬上附近的攀爬架，然后跳下来。他无法抗拒萨拉的挑战，说“我也能进去”。他一边绕着树叶和树枝跳舞，一边嘲讽萨拉的游戏屋只有假墙。当他伸出舌头时，他的脚越过棍子，然后跑到她们抓不到的地方，大笑并高呼：“保姆，保姆，嘘，嘘！”

萨拉追着罗比大喊大叫，而卢皮塔疯狂地修补假装的墙壁。罗比逃到攀爬架的顶部，坚持说：“嗯！我可以进去。那不是你的房子。”

卢皮塔坚定地将脚踩在草地上，凝视着罗比，守卫着游戏屋，而萨拉则跑去告发罗比。

当然，罗比对卢皮塔的刻薄表情失去了兴趣。他坐在攀爬架顶部的一个柱子后面，仔细地看着格雷舍姆老师接下来会做什么。

格雷舍姆老师弯腰、单膝跪地，专心地听着萨拉对罗比罪行的咆哮和抱怨。格雷舍姆老师平静地说："当罗比弄坏你的房子时，你告诉他你有什么感觉了吗？你想让我和你一起去跟罗比谈谈吗？"萨拉握住格雷舍姆老师的手，并迅速地带她去"犯罪现场"。同时，罗比蜷缩在攀爬架里，希望没人能看到他。他忘记了格雷舍姆老师足够高，可以与他在攀爬架的最高处进行面对面的交谈。

格雷舍姆老师用温和且令人放心的声音说："罗比，让我们与卢皮塔和萨拉谈谈。我认为她们感到非常生气。"罗比停顿了一下，但格雷舍姆老师伸出手说："没关系，罗比。有时我也会犯错，别人也会生我的气。"罗比从攀爬架上下来，格雷舍姆老师将他抱到地上。她看着他的眼睛，拍拍他说："谢谢，罗比。"然后她变成了公正的裁判，萨拉毫不含糊地告诉罗比："你不要再破坏我们的房子了！"

罗比的嘴唇颤抖，大颗的眼泪开始从他脏兮兮的脸上滑落，他向后挺挺肩膀并宣布："你不是我最好的朋友，我永远不会邀请你来我的生日聚会！"

### 案例讨论的问题

1. 识别 5 岁的卢皮塔、萨拉和罗比的典型特征和行为。

2. 列出你能想到的罗比干扰女孩游戏的所有原因。女孩为什么这么生气？

3. 你是否同意格雷舍姆老师对问题的处理方式？请做出解释。如果是你，你会怎么做？

4. 如果格雷舍姆老师以愤怒的声音和负面的惩罚对罗比做出反应，那么会发生什么？

罗比停顿了一下，但格雷舍姆老师伸出手说："没关系，罗比。有时我也会犯错，别人也会生我的气。"

为了发展幼儿的主动性和避免内疚感，必须鼓励他们与成人保持独立。成人不应为幼儿做事，而应让孩子为自己做事。成人可以简化任务，然后慢慢为孩子示范一些简单的技能，例如：洗手时如何打开和关闭水龙头，如何给沙鼠的水壶里装满水，如何用画夹将纸夹到画架上，以及如何拉上夹克的拉链。

## 3-4g　我如何支持幼儿的独立性?

幼儿很喜欢有机会为自己的环境做主。他们常常会犯错误，并且常常忘记完成他们同意要做的任务。成人只要记住，学习的过程比努力的结果重要得多，这样就能做出最好的反应。一些成人是完成任务的完美主义者，他们会说："我自己做比让孩子尝试着争论去做简单多了。"虽然处理事情的方式简单了，但对于孩子的发展来说就不好了。孩子们需要机会去为自己做一些事。

通过大量的实践、鼓励和耐心的教学（一次一小步），幼儿可以学会负责任地且很好地完成许多任务。他们会为自己的成就感到骄傲，如此一来，他们会越发地表现出应对新任务的主动性，而不必一步一步地被催促，就像一个被负罪感折磨的孩子一样。

## 3-4h　我该如何帮助幼儿遵守规则?

幼儿可以理解简单的指令："注意安全！在大门口停下和大人一起过马路。""请友好一点！耐心等待卡洛斯荡完秋千。""要为自己的行为负责任！请用海绵擦掉滴下的颜料。"幼儿的思维属于**前运算阶段**（在皮亚杰的理论体系中），所以他们以表面的方式感知规则。他们多会通过遵守规则来取悦成人，而不是因为他们充分理解了行为与可能后果之间的长期关系。

幼儿仍然必须受到严密的监督，因为他们并不总是能够始终如一地遵守规则。他们依然需要许多关于班级规则的委婉提醒。在游戏中，他们会心血来潮地设定一些规则，然后在适合时开心地打破规则。

如果你与一个幼儿玩棋盘游戏（如糖果乐园、滑道梯子棋），你会发现儿童对规则的理解并不等同于学龄儿童或成人。儿童的发展水平使他以一种更自我中心的方式看待世界，他的自我约束能力比学步儿时期要强得多，但他的自律能力将继续飞速提高。

幼儿开始凭直觉理解成人的期望，并预测在各种情况下将被允许或不被允许做的事。他们告诉彼此："你这样会遇到麻烦的。"他们开始相互强制对方执行规则："你没有冲厕所，我要告你的状。"成人可以通过帮助幼儿遵守规则，提供充满尊重的帮助，给幼儿树立一个良好的榜样，从而改掉孩子过分强调执行规则的行为。

如果成人的行为是惩罚性和批判性的，并且似乎希望抓住违反规则的人，那么孩子们就会效仿这一点。如果成人以坚定和关怀的态度要求幼儿遵守规则，然后继续跟进，确保孩子们拥有成功遵守规则所需要的一切条件，那么其他孩子会模仿同样温和的坚定态度。

成人可以通过坚持简单的基本规则，并确保孩子了解和遵守规则来维护孩子对规则的兴趣。如果用挑剔的规则压垮幼儿，将使他们疏远和轻视遵守规则的整个想法。如果让孩子积极参与决定违反规则的后果，那么规则将对孩子更有意义。

### 认识大脑

#### 我们可以从神经科学中学到什么？

游戏发展了儿童的大脑功能，使其实现自律。

1. 自我调节——控制行为和抑制冲动的能力——对学业的成功至关重要（Bronson，2000；Ponitz et al.，2008；Rimm-Kaufman & Pianta，2000）。

2. 研究告诉我们，积极的社会关系不仅会刺激儿童的学习，还会影响其大脑的物理结构（Shore，1997）。

3. 在成人支持而不是指导下游戏，儿童能够发展自我调节能力（Berk，Mann，& Ogan，2006）。

4. 如果教室里没有和儿童家庭环境中相似的东西，那么孩子们可能会犹豫是否开展游戏（Heisner，2005）。

当儿童参与引导的过程时，他们对规则重要性的意识就会增强。

- 这是我们的基本原则：保证安全、尊重他人、负责任。
- 让我们列出一些可以做到安全、尊重和负责的方法。
- 我们要绘制一张规则的图表并贴在墙上，让每个人都可以看见。

在团体时间或家庭会议中，成人可以邀请孩子帮助解决一些发生的简单问题（例如，在没有询问的情况下推搡或拿别人的东西）。成人可以通过耐心地谈论设立这种规则的原因来帮助孩子，而非只是说："这是规则，我已经跟你说过了。"理解需要安全、尊重以及负责的原因，可以帮助孩子发展道德价值观（请参阅第 9 章中关于道德发展的内容）。

成人陈述诸如"注意安全，不能攀爬栅栏"之类的规则，然后继续忽略爬在栅栏上的孩子，会使孩子觉得成人的话不是他们话语的真正意思。遵守规则不仅是为了实现安全、尊重和负责，还是为了帮助儿童发展在青少年和成人时期遵守法律的习惯。

教师要以坚定和关怀的态度要求幼儿遵守规则，然后继续跟进，确保孩子们拥有成功遵守规则所需要的一切条件。

## 3-4i 幼儿如何发展积极的自我认知？

尽管孩子的自尊（或缺乏自尊）自出生以来一直在不知不觉中发展，但幼儿已经开始对自己的身份有一个清晰、有意识的认识。自尊和自我概念是两个紧密相关的概念。**自我概念**是一个人对自己的看法或印象。**自尊**意味着一个人的自我形象，包括对价值和有价值的感觉。孩子们关于自己的看法来自周围的其他人，特别是照护者。随着幼儿对语言的熟练程度越来越高，他们越来越容易受到教师、同龄人以及家庭以外的其他人的看法影响（Cotton，1983；Hill & Buss，2006；Mruk，2006）。

幼儿越来越意识到自己在社会中的更大群体中的身份。他们可能第一次意识到自己的种族。自尊心可以从对自己的种族、所在地区和宗教信仰的自豪感中生发出来。可悲的是，偏见破坏了自尊，而且会延续偏见和低自尊的循环。自尊心低下不仅会使孩子不尊重自己，还会使他不尊重别人（Derman-Sparks & Ramsey，2005；Kivel，2002；Musher-Eizenman et al.，2004；Ramsey & Williams，2003；VanAusdale & Feagin，2001）。每个孩子都应该了解到自己是家庭和社区中受人尊重和珍视的成员（请参阅第 5 章中有关尊重多元文化的更多信息）。

3 岁的孩子第一次意识到自己的性别是终身不变的，女孩将成长为女人，男孩将成长为男人。学步儿可能会区分男孩和女孩或妈妈和爸爸，但他们认为只要穿上不同的衣服，性别就可以改变。现在，大多数幼儿都能明确辨认自己的性别，并且可能开始只玩他们心目中的“男孩玩具”或“女孩玩具”。虽然立场正确的父母努力地让孩子玩性别中立的玩具，但是幼儿在这一点上有自己的想法。

其他父母担心他们的精力充沛的女儿可能更喜欢与男孩一起玩粗犷的游戏，或者他们的儿子更喜欢与女孩一起玩洋娃娃。幼儿教师经常感到担心，因为他们希望所有的孩子都能有丰富的课堂经历。每个人都担心，但是孩子们通常会坚持玩满足自己的愿望和兴趣的游戏活动。他们的表现代表了他们想象中的世界，而不是我们强加于他们的世界。但是，如果处于幼儿阶段的男孩看到爸爸享受喂养婴儿和做饭的快乐，那么比起只看到妈妈做这些事情，他们可能会更舒适地玩娃娃家。对于那些看到妈妈在家庭之外的社区中积极活动的女孩来说也可能如此。

## 3-4j 幼儿应该被鼓励竞争吗？

影响幼儿自我概念和自尊心发展的另一个因素是竞争力。幼儿能够在和他人的比较中意识到自己，所以在学龄前阶段，竞争第一次引起了人们的注意（Farver，Kim，& Lee，1995）。成人倾向于说出诸如“在午睡时最安静的人会得到一个特殊待遇”“以最快的速度收拾玩具的人可以第一个去户外活动”“看看你能不能比哥哥穿得更快”之类的话，这是非常诱人的。

这些挑战可能会激励一些孩子按照成人的意愿行事，但是竞争也会引起孩子之间的摩擦，而非合作。除此之外，有胜利者就会有失败者。胜利者可能对继续获胜感到压力和强迫，而失败者可能开始感到不满足（Watson et al.，2003）。

激发期望行为的一个更合适的策略是，鼓励孩子作为团队成员一起完成任务。

这些幼儿是学习者共同体的一部分。他们将自己视为包容性团队中的重要成员，而不是竞争对手。

在理想情况下，班级应该成为学习者共同体，他们可以分享想法、一起谈论和解决问题、互相帮助、像一个团队一样打扫卫生，以便每个人都可以有更多的时间进行下一个活动。在一个真正的**学习者共同体**中，孩子们将自己视为包容性团队中的重要成员。

优于其他人没有什么了不起的，真正了不起的是超越之前的自己。

——印度谚语

在幼儿阶段，竞争应该只是孩子对自己的挑战——“我将独自完成整个猜谜游戏”——绝不是击败或“战胜”同龄人。与幼儿相比，青少年和成人在情感上更容易理解——在一个运动员共同体中，竞争者可以进行激烈的竞争，然后胜利者和失败者应该互相握手，相互尊重。

## 3-5 学龄初期儿童（5—8岁）

5—8岁的孩子与年幼的孩子有很大的不同，这不仅因为他们有露齿的笑容和更高的身体，还因为他们的思维和语言能力有所不同。

### 3-5a 为什么学龄初期儿童要问如此多的问题?

随着学龄儿童对周围世界有更多的了解，对于身边令人费解的事物，他们想要一个简单直接的答案。学龄初期儿童仍会测试令他们困惑的事物，例如：“岩石是否总是沉入水中？”“我的玩具车里有什么？”“秋千可以荡多高？”他们会问：“这是什么？”“那是什么？”学龄初期儿童经常问一些真的很难回答的问题，例如：“为什么我不能在早餐时吃比萨？”“如果重力消失，所有东西都飞出地球了会怎么样？”“为什么事物在远的地方看起来很小？”“为什么奶奶会死？”“是什么使汽车开动？”

学龄初期儿童不像幼儿一样容易受骗。他们很快就会发现成人在行为上的出入：“你说过除非在桌子旁坐下来，否则任何人都不能吃饭或喝东西。你也是人，你正在喝咖啡。”幼儿相信成人告诉他们的任何事情，但学龄初期儿童会带有分析地质疑这些事情。例如，如果你说“你不能吃糖果，因为它对牙齿不好”，那么幼儿可能会抗议并乞求。但是，一个学龄初期儿童会在逻辑上考虑该理由，并用自己的理由应答：“好吧，那我就在吃糖后刷牙。”

在学龄初期儿童不断地问一系列关于“为什么”或“为什么不”的问题后，家长和教师常常会发现自己愤怒地说：“因为我是这么说的！”当然，这句话是我们小时候讨厌听到并承诺长大以后绝对不会说的话。

## 3-5b 为什么他们没赢的话会如此生气？

学龄初期儿童会对周围的一切事物进行观察和判断。但是，由于内心不成熟，他们对世界的判断仅限于简单的、好或坏的、赢或输的看法。自然地，他们开始将自己与他人进行比较。在许多情况下，当孩子想要超过彼此的时候，竞争就会爆发。他们不断地为谁最喜欢谁而争斗。成人有时会通过鼓励竞争来“火上浇油”。例如，教师说：“我会在每一个最好的作品上贴金色的星星，然后将这些作品贴在公告栏上，这样家长就可以看见。”这种策略很诱人，因为学龄初期儿童会相互竞争，成为所有人中的第一或最佳。但是，我们应该找到其他方法来帮助他们学会合作。学会成为**协作**团队中的一员是一项重要的亲社会技巧（Watson et al.，2003）。

## 3-5c 为什么他们直呼对方的名字并说一些伤人的话？

学龄初期儿童已经掌握了用语言表达自我的技巧。他们会大声地表达愤怒、沮丧或嫉妒。幼儿经常推挤或殴打让他们不高兴或咆哮的人：“你真是个傻瓜，我讨厌你。”学龄儿童能更精确地使用语言：“你为什么要表现得那么专横？你又不是我的妈妈。”

在当今家长随性的价值观以及电视和互联网的普遍影响下，学龄初期儿童正在使用不适合他们且前一辈人在小时候闻所未闻的语言。最近，有位教师告诉我，一个漂亮的 5 岁孩子在学校里使用了令人震惊的语言。教师把对这种语言的担忧与其家长联系起来，家长笑着回答："哦，她是从我那儿学到的。我老是说这样的话。"

经常对学龄初期儿童说生气和发怒的话，会给他们带来深深的伤害，因此，重要的是要帮助孩子思考他们的话语会对他人产生什么样的影响。用恰当的语言有效地表达负面情绪，是学习社会技能非常重要的一部分。在早期教育项目中，决不允许使用有伤害性或贬低性的嘲讽、粗俗的语言和文字。通过一种非评判性的方式，我们可以告诉孩子们，在其他情况下有些事情可能可以做，但在学校里就不可以做。虽然我们可能担心家长的判断，但是我们决不能对家长随意判断。

尽管学龄儿童可能倾向于相互竞争，以争夺第一或最佳，但我们可以找到鼓励他们作为协作团队成员一起工作的方法。

**实际应用案例**

## 大男孩以及泥泞的一天

贝尔克太太在附近的一家社区公立学校里教了几年一年级。她决定通过在附近的一所大学里攻读心理学研究生课程来提高自己的技能。她只上了几周的课，但是教授已经讲了关于操作性条件反射的知识。她认为这是一个好主意：忽略消极行为，强化积极行为。

贝尔克太太非常想对她那几个具有挑战性的孩子尝试使用一些新的引导方法。尤其是查德，一个6岁大的孩子，他往往是该小组中不当行为的"领头羊”。尽管他服用了治疗多动症的药物，但他似乎总是处于运动状态。

过去一周的学校生活对贝尔克太太来说特别有压力。查德比平时更加不受控制。雨下得太大了，孩子们都不能出去玩耍。太阳已经出来了，但仍然有大泥坑。在清扫房间时，贝尔克太太问：“你们要不要去外面？”

听到孩子们兴高采烈地喊叫着“要”，贝尔克太太说道：“每个人必须同意待在干燥的地方，我们才能出去。”孩子们热切地同意了。当贝尔克太太走进明亮的阳光下时，她深吸了一口新鲜的空气，从闷热的教室里出来，她感到非常轻松。在几秒钟之内，她看到查德向后跑去接球，然后“啪”的一声踏进了泥坑。贝尔克太太站在那里，双手放在髋骨上，瞪着查德，想着他打破了她刚刚制定的规则，要不要罚他在长凳上坐 10 分钟。

她知道，对于查德来说，静坐 10 分钟是要付出巨大的努力的。贝尔克太太害怕产生一场对抗，并认为她此刻没有精力应付查德。她又想到她的教授所说的话，忽略消极的行为其实是有好处的。此外，她在想，也许查德踏进泥坑确实是一个意外。因此，她转而采用另一种方式，决定不管查德。几秒钟之内，热切的孩子们拉着她的衬衫袖子说：“贝尔克太太，贝尔克太太，你看，查德在泥坑里！”贝尔克太太对他们说：“去玩吧，不要理会查德。”

几分钟之内，查德最喜欢的伙伴埃迪和杰登尖叫起来，因为查德将自己的脚踩在泥泞中，然后把泥溅到他们身上了。当然，他们（紧张地回头确认了贝尔克太太仍在忽略查德）也将自己的脚踩在了泥泞中，从头到脚地溅了查德一身泥。当三个男孩追逐着并在泥泞中滑倒时，全班一半的学生在疯狂地跟贝尔克太太说：“看，看，看！”另一半学生在尖叫大笑。

贝尔克太太意识到她的“忽略”策略是行不通的。她眼神犀利，喊道：“好吧，既然如此，那每个人都在门口排队进入教室。”所有的孩子（查德、埃迪和杰登除外）都赶到门前，并排成一条直线。贝尔克太太愤怒地盯着三个男孩，说：“我在等，不是每一个人都做好了进入教室的准备。”她想：“我不可能去追这三个泥坑中的男孩。”

满身泥泞的男孩们努力地使自己看起来很坚强，好像他们什么都不怕。但是到了此时，他们的鞋子和衣服已经沾满了泥，他们开始感到非常不舒服、焦虑和失控。

操场上一团糟，男孩们也一团糟。这种情况已无法补救。校长打电话给他们受惊的父母来接他们。对于这些男孩来说，没有一个简单的方法来弥补他们的行为，或者弥补他们在朋友、父母和教师面前丢尽的颜面。他们参与了公开的反叛，这对于孩子来说是严重而可怕的一步，对未来的行为来说是一个具有破坏性的先例。

案例讨论的问题

1. 忽略行为与忽略孩子之间有什么区别？
2. 贝尔克太太能做些什么来预防、引导或制止这种不当行为？
3. 你认为这些泥坑中的男孩在整个过程中在想什么？
4. 你认为其他孩子在想什么？他们有什么感觉？
5. 成人在帮助儿童规范其行为方面应该扮演什么角色？在什么时候孩子的行为由成人负责？在什么时候他们的行为由自己负责？

### 3-5d 怎样获得学龄初期儿童的尊重？

学龄初期儿童可能会对成人构成恐吓威胁。行为不佳（踢和尖叫）的儿童可以被带走，离开问题情境。学龄儿童身体发育明显。他们不再被身体的约束控制，我们必须能够依赖孩子的内部控制。

使用打屁股来控制幼儿的父母发现，学龄儿童可能在情感上对父母打人免疫，以至于在这个年龄段，他们只会做出冷漠的反应。他们可能会因为自己被像“婴儿”一样对待而感到生气，以至于试图打他们的屁股可能会引起公然的反抗。教师和照护者偶尔会遇到一个在生活中遭受了很多粗暴的对待，并且变得激进、强硬、愤世嫉俗且很难管理的学龄儿童。

我们突破这个坚硬外壳的最大希望就是坚定地执行规则，同时伴随无条件的关爱以及进行开放、尊重的沟通。摆脱这种情感陷阱的最可靠方法是，成人找到某种方式向每个孩子证明他们受到成人的喜爱和尊重，从而打破这种循环。然后，只有在那时，成人才能获得孩子们的尊重和忠诚。内部控制完全取决于孩子自己想成为协作团队中的一员。如果学龄儿童将成人视为绝对公正、有幽默感、有理性并真正关心其需求和情感的人，那么他们将更愿意遵从成人的意愿。

### 3-5e 为什么学龄初期儿童会拒绝去托管机构?

照护者尤其会被尚未发展出内部控制的学龄儿童恐吓威胁。通常，最年轻和最没有经验的照护者会被安排照顾学龄初期儿童，因为他们仅在工作日的清晨和傍晚，以及夏季和节假日上班。放学后，这些孩子可能会因为长时间坐在硬椅子上而精疲力尽，并且对于满足成人的期望感到压力重重。在夏季和节假日，他们可能会羡慕在家里或外出度假的朋友。他们可能因为不得不去“托儿所”，而怀着不满的心情进入托管机构。他们可能特别沮丧，因为他们被期望在一个充满幼儿园装饰的房间里安静地玩他们已经觉得很幼稚的积木和拼图。

在一个典型的场景中，学龄儿童开始表现得很疯狂。他们可能开始在操场上互相扔沙子，或者将全麦饼干搅入牛奶中，咯咯地笑着，将其做成令人作呕的糊状。没有经验的照护者可能会做出粗鲁而无聊的尝试，以阻止儿童的愚蠢行为。正在认真感受饼干糊的孩子会变得恼火，或者停止一段时间，时长足以让成人退后一小会儿。成人越生气，孩子的顺从性和合作性就会越差。这种情况可能会使成人感到可怕的失控或无助，这种现象对大一点的孩子产生的影响类似于鲨鱼闻到鲜血。即使在困难的情景中，有效率的成人也可以示范内部控制。

学龄初期儿童会和与他们建立关系的教师更有合作性。班级会议为学龄儿童提供一个思考问题和发表自己意见的机会。如果班级会议在孩子们的真正投入下民主地举行，那么孩子们就可以开始将规则视为对所有团体成员的权利和安全的必要保护，而不是成人随意强加的不便。当然，重要的是对课后活动要有周密的计划，也要为课后作业、运动、艺术、音乐、舞蹈和孩子感兴趣的其他活动提供机会。不管教师多么关心他们，无聊的孩子都不太可能表现出自我控制和自律。

### 3-5f 为什么学龄初期儿童对公平感到如此失望?

学龄初期儿童能够看到成人行为的缺陷。“但这不公平”，似乎是他们的集体口号。即使自己偶尔也会违反规则，但在他们看来，当规则执行不一致时，他们可能会大怒：“但是当杰罗德扔书时，你并没有让他回到屋里。”

在这个年龄段，儿童的具体操作视角使他们无法考虑对成人决策者而言情有可原的重要情况。当刚上学的孩子违反规则并被简单地给出解释时，学龄儿童可能认为这不公平，因为被期望知道这些规则的孩子必须为同样的错误行为承担后果。成人必须不断检查自己的偏见，以确定他们对待儿童的方式是否存在不平等的可能。

成人不仅要谨慎对待自己的公平观念，还要谨慎做出公平的表现。如果情况看起来对儿童不公平，那么成人可以通过对所采取的行动进行具体说明来帮助儿童理解："在年幼时，你需要很多机会来记住规则。现在你 7 岁了，你知道扔书是不被允许的。但是杰罗德现在只有 5 岁，当他 7 岁时，如果他忘记了规则，他也会被终止活动。"

## 3-5g　为什么他们坚持穿自己的衣服？

上小学的初期是儿童发展自我身份认知的重要时期。他们通过观察他人对自己的看法来发展个人身份认知。他们对别人批评或嘲笑自己的外表或衣着特别敏感。学龄初期儿童开始担心自己在其他孩子中的地位。他们坚持要穿得和同龄人或榜样一样，以维护他们的自主权。

由于身体发育取决于儿童在环境中攀爬、跳跃、绘画、粘贴等积极的身体参与，因此家长和教师可以鼓励（或要求）儿童穿舒适、好洗且不拘束身体的衣服。在爬攀爬架时，像个淑女穿着短裙是不可能的，穿着沉重、鞋底光滑的牛仔靴也是很危险的。无论成人采取什么方法，都必须记住孩子们多么渴望归属、融入并被朋友们认为是特别的。

学龄儿童有能力思考自己的项目，收集所需的材料，并独立工作。

## 3-5h　怎样帮助学龄初期儿童建立主动性？

埃里克森（1963）将学龄儿童的情感危机确定为**勤奋**与**自卑**之间的冲突。学龄儿童的特征之一是他们的行为更加独立。幼儿需要引导和帮助来做新的事。学龄儿童则有能力思考自己的项目，收集所需的材料，并独立工作。他们会计算失误、造成混乱和错误，但是会在发起活动、计划、建造自己的歪飞机、规划自己的科学项目或者创造自己的艺术品时大放异彩。不幸的是，如果他们受到的是批评，而不是对于他们的努力和成就的鼓励，那么他们可能会感到自卑（“我不够好”“我尝试的每一件事都失败了”“我的想法很愚蠢”），并且可能不会被鼓励去尝试新事物。

成人不应该按照成人标准来比较儿童的工作。一个孩子做的饼干可能是坚硬的、形状奇怪的，但是谁在乎呢？活动的目的是让孩子们从过程中体验和学习。

### 3-5i 应该怎样支持学龄初期儿童的自尊心？

广阔的世界开始对学龄儿童产生巨大影响。一旦他可以阅读，他便打开了全新的信息渠道。他可能会在电视上看牙膏广告，担心自己的牙齿不够白，或者看有关消防安全的广告牌，担心自己晚上会在床上燃烧。学龄儿童做噩梦或产生非理性恐惧的情况并不少见：“我不会吃那碗鸡肉汤面，因为里面有蘑菇，它们是可能使人死亡的有毒物质。”

> 低自尊就像是折断手地生活。
>
> ——麦克斯威尔·马尔茨

我们可以充满尊重地倾听学龄儿童的担忧，并帮助他们利用新的阅读和思考能力来研究与其有关的主题，从而为他们的自尊心提供支持。我们可以帮助他们发现这种情况下的事实，而不是反驳他们对世界的误解。我们不是让他们感觉自己很愚蠢，而是让他们去了解世界。在此过程中，他们会发现自己是有能力的人。

## 3-6 学龄后期儿童（9—12 岁）

### 3-6a 为什么学龄后期儿童经常争吵？

随着学龄初期儿童开始进入**具体运算阶段**（大约 7 岁），他们会花更多的时间来思考世界上的事物和事件。在 8 岁或 9 岁时，学龄儿童通常能够操纵有关整个具体过程的想法。这使他们能够从心理上认真地、具有逻辑地评估一个主题。他们会检测逻辑上的不一致和差距。例如，一个 11 岁的孩子可能会说：“为什么我必须戴上自行车头盔？人们是在开车时发生事故，他们并没有戴头盔。除此之外，如果一辆车穿过我的腹部，无论如何我都会被压扁，头盔也帮不了什么忙。”

大多数人是在青少年或青年时期之后才能够有效地操纵抽象的思想和符号，因此学龄儿童还无法理解复杂的政治、道德或数学问题。尽管 11 岁和 12 岁的孩子看起来长大了，但他们仍需要成人的引导。

学龄后期儿童喜欢互相交谈和倾听。年龄较小的儿童更倾向于以身体活动的方式一起玩耍，他们将语言作为跑步、跳跃、攀爬和玩假装游戏的补充。学龄后期儿童仍然喜欢玩耍，但是他们会坐在树下或打电话，长时间地谈论自己、学校活动和权威人物。

学龄后期儿童已经发现其实根本没有圣诞老人，并且意识到成人不是神，而是会犯错的人。当与可信赖的朋友或同龄人私下交谈时，学龄儿童可能会抱怨父母、教师和兄弟姐妹。

### 3-6b　如何获得学龄后期儿童的信任和尊重?

学龄后期儿童可以成为令人愉快的谈话者。他们会专心地倾听并在引起其注意的对话中做出适当的回应。他们可以和愿意倾听他们并公平和尊重地对待他们的成人建立新的、更成熟的情感纽带。学龄后期儿童对与成人“交谈”尤为敏感。

学校给他们施加了新的压力，期望他们对自己的行为和学业承担更多的责任。他们将特别感谢那些真正以开放、不带偏见的方式倾听其想法和感受的成人。

### 3-6c　为什么学龄后期儿童如此努力地想受欢迎?

学龄儿童强烈渴望加入同龄人群体。他们在组成自己的俱乐部和小团体时，有时会要求一些表面的规则和礼节，甚至是特殊的禁忌或在服装上有特殊的要求。年龄较小的孩子可能愿意穿父母买给他们的任何衣服，学龄儿童通常想穿朋友喜欢的衣服。

学龄后期儿童可能自动偏爱妈妈、爸爸或教师偏爱的风格之外的某种衣服、鞋子或发型。这种参照同龄人穿衣服的愿望逐渐增加，直到青春期时达到顶峰。随着年龄的增长（更加接近青少年的年龄），学龄儿童对自己是否受欢迎的担忧只会增加。

> 未经你的同意，没人能让你自卑。
>
> ——埃莉诺·罗斯福

成人应该帮助孩子感到安全、有价值和被接受。自信和自尊可以帮助孩子抵抗同龄人所带来的尝试酒精、性或毒品的压力，而许多人可能会在这个年龄段开始面对这种压力。成人不仅可以通过尊重儿童对同伴认可的焦虑，还可以通过不强调物品的价值，来帮助儿童用适当的视角看待物质财产。我们可以通过在评价别人时，重视别人的性格，而不是昂贵的衣服或玩物，来强化孩子的性格。

### 3-6d 媒体在学龄后期儿童生活中的角色

如今，许多学龄儿童都拥有自己的手机、电子游戏机和其他小玩意。他们打电话、发短信，并使用社交平台与朋友交谈。这个年龄段的儿童通常会观看大量的电视节目。但是，并非所有媒体都为孩子提供了机会，帮助他们建立为生活做准备所需的各种技能。父母常常很难帮助儿童在媒体与家人、朋友、学校和睡眠之间找到平衡。

哈佛大学公共卫生医学院媒体与儿童健康中心（2008）强烈建议将计算机和电视放在儿童的卧室之外。他们建议儿童观看 Tivo[1] 的节目、DVD[2] 和在线电视，而不是电视机，以免广告过度吸引儿童购买高脂的食品和昂贵的玩具。家长应严格限制儿童看电视的时间，每天最多观看一两小时。长时间待在电视机前，通常会导致肥胖、睡眠不足、学习成绩差和家庭活动时间减少。

照护者应该找出孩子喜欢的艺术性语言，确保其与人们对儿童的期望一致。照护者应该乐于说“不”。

- 明确规则和期望。知道你做什么以及不希望孩子接触的事物，让孩子知道你的期望和规则是什么。
- 在计算机软件上使用密码。为防止儿童看到某些节目或网站，请使用可用的技术来阻止电视或计算机上出现不需要的图像。
- 定期与儿童交谈。当然你也许已经这样做了，但是你可能需要直接询问，准确了解儿童每天看到的、听到的或玩的内容（National Association of Child Care Research and Referral Agencies，2010）。

### 3-6e 青春期

随着儿童挥别童年进入青春期，生活有时会变得更加复杂和压力重重，他们的身体似乎在发生变化，生殖器的发育往往太快或太慢，会使青春期的孩子在适应这

1 是一种数字录像设备，能帮助人们非常方便地录下和筛选电视上播放过的节目。——译者注

2 英文全称为 Digital Versatile Disc，意思为高密度数字视频光盘。——译者注

种困惑和迷失时感到不适。

**青春期**可能比我们预期的更早开始。作为青春期开始的标志，少女的乳房通常在10岁左右开始发育，有些女孩早在8岁开始，有的直到13岁才开始。平均而言，女孩的第一次月经发生在13岁之前。身高、重量和肌肉量增长的高峰期大约发生在青春期开始后的一年。

男孩比女孩晚一年进入青春期。第一个迹象是睾丸增大，通常发生在11岁，但年龄范围是9—14岁。男孩的生长高峰期大概在青春期开始后的两年。

随着儿童挥别童年进入青春期，生活有时会变得更加复杂和压力重重。一本好书和舒适的椅子能让这个小女孩感到放松。

## 3-6f　如何支持学龄后期儿童的自尊心？

我们开始看到孩子越来越像成人的样子，并且在我们的眼前走来走去，而且我们突然希望他们的行为能像大人一样。就像学步儿时期的2岁孩子一样，他们在婴儿期的安全感和童年期的魅力之间饱受折磨，青春期前的孩子可能会对自己是小孩子还是少年的感觉摇摆不定。上一分钟他还坐在路边趴在膝盖上哭，下一分钟他就选择了自己喜欢的唇膏颜色。

在这些年里，成人必须提供大量的支持、爱心和耐心，以保持学龄儿童的自尊心和信心。婴儿、学步儿和幼儿因小巧可爱而得到了很多拥抱。青少年和成人从异性那里得到了浪漫的拥抱。学龄后期儿童处于尴尬的阶段，尤其是男孩，可能完全被排除在表达情感的行列之外。每个人都需要一个适当的（非剥削性的）

拥抱，才能感到自己的价值和特别。除了拥抱以外，还有许多很好的方法来表达情感——比如灿烂的笑容、真诚的认可和倾听，这些能使孩子知道我们在乎他们（Charlesworth，2011；Gronlund，1997；Meece，1997；Steinberg，1995）。

## 总结

1. 儿童有各自的成长模式和发展速度。
2. 绝不能用比较来给孩子贴标签或形成刻板印象。
3. 婴儿期建立的信任是发展健康的情绪态度的主要基础。
4. 溺爱是指过度纵容和过度保护儿童，不让儿童对其行为承担责任，以及奖励不当行为。
5. 学步儿在努力实现自主性。
6. 幼儿在成人的帮助下可以用言语表达强烈的情感，而非用身体来表达情感。
7. 学龄初期儿童发展出在心理上回应事件，从逻辑上评估经历的能力。
8. 学龄后期儿童强烈地渴望加入同龄人群体，并受到朋友的喜爱。
9. 研究人员建议将计算机和电视放在儿童的卧室之外。

## 关键术语

**客体永久性**（object permanence）：知道某种隐藏在视线之外的东西并不是永远消失的，而是当时在另一个地方，而且很可能重新出现。

**刺激**（stimuli）：通过感官摄取的可能激发活动或思想的东西；可能是看到、闻到、听到、感觉到或尝到的东西；对行动的激励。

**无意识反应**（unconscious reactions）：没有计划的、缺乏深入思考的行动。

**无意识条件反射**（unconscious conditioning）：一种通过使用所有感官而产生的反应；把看到、感觉到、听到、尝到和闻到的东西与其他有意义的感觉或事件联系起来。

**经典条件反射**（classical conditioning）：有时被称为巴甫洛夫条件反射，即通过将新刺激与具有生理反射的刺激反复配对，以使新刺激引发新反应。这个术语来源于伊凡・巴甫洛夫（Ivan Pavlov）的一个实验，在这个实验中，他在给一只饥饿的狗提供食物的同时摇响铃铛。很快，不管是否提供食物，狗听到铃声都会流口水，这表明这种联系已经产生了。

**伪条件反射**（pseudoconditioning）：无条件刺激与自然发生的刺激–反应联系的配对。

**操作性条件反射**（operant conditioning）：当一种自发的行为被奖赏强化或被惩罚抑制时，就会产生一种学习。例如，如果老鼠以错误的方式通过迷宫，就会受到电击。如果它们走对了路，就能得到一些奶酪。它们最终将学会每次都走正确的路。

**习得行为**（learned behavior）：动作的重复是因为它产生了一个良好的反应，或者通过另一个强化反应被教导。这在认知成长的早期阶段发展得很快。

**元认知**（metacognition）：对自己的行为或表现进行反思或评价的能力。

**头尾原则**（cephalocaudal）：从头向下、直到脚的发展模式（由头到脚）。

**近远原则**（proximodistal）：从最靠近躯干到远离躯干的方向发展，例如先控制躯干的肌肉，然后是控制手臂的肌肉，最后是控制手部肌肉（由近到远）。

**习惯**（habituated）：习惯于频繁地重复行为模式的过程。

**压力**（stress）：识别和应对威胁或危险的过程。

**适当的触摸**（appropriate touch）：适用于受影响的、无剥削性的、没有隐蔽意图的人和场合；随意、亲切、相互和友好的身体抚摩，但绝不涉及性或控制。

**习得性无助**（learned helplessness）：一个人无法采取行动使他（她）的生活变得更好，这源于一种不受控制的感觉。

**外部环境**（external environment）：儿童周围的影响其成长、发展和学习的自然环境或条件。儿童的外部环境可以被描述为其看到、听到、触摸或经历的一切。

**内部感觉**（internal sensations）：由一个或多个感官受到刺激而产生的生理感觉。一个人的身体所感受到的感觉（如饥饿或恐惧）。

**正面的儿童引导**（positive child guidance）：依靠“发展性互动”的观点来创造的、主要基于外部力量和内部过程相互交织的引导。

**提示**（cues）：兴趣或需要的表示。

**专制型**（authoritarian style）：依赖单向沟通、严格规则和惩罚的互动（或控制）风格——“大锤”。

**放任型**（permissive style）：依赖忽视、推卸责任或过分放纵的互动（或控制）

风格——“受气包”。

**权威型**（authoritative style）：依赖双向沟通、协作制定规则和积极引导的互动（或控制）风格——“引导”。

**印刻现象**（imprinting）：在动物成长过程中形成的一种早期纽带，这种纽带通常使其对同类（尤其是母亲）产生强大的识别能力和社会性吸引。

**安全型依恋**（secure attachment）：与照护者建立的健康的情感联系。典型的表现包括看到照护者时面露喜色，在视觉上跟随照护者的动作，以微笑或发声来吸引照护者的注意，伸出手臂让照护者抱起，或紧紧抱住照护者。婴儿会与其生活中的主要照护者建立情感纽带。

**自我中心**（egocentric）：视自己为宇宙的中心、以自我为中心、自私。这是婴儿和幼儿正常的心理发育特征。

**示范**（modeling）：提供例子，成为榜样。在正面的儿童引导中，成人是主要的榜样。

**内化**（internalize）：吸收经验和学习的过程，然后把它们变成自己的行为或信念的一部分。

**表达性语言**（expressive language）：利用口头的、肢体的或书面的语言与他人进行交流。

**接受性语言**（receptive language）：对他人口头的、肢体的或书面的语言交流的理解。

**同理心**（empathy）：理解和关心他人（而不是自己）的能力，以能够识别和理解别人的处境、感觉和行动为标志。

**社会性发展**（social growth）：学习恰当地理解社会环境，并在社会环境中发挥适当作用，学习如何有效地与他人互动。

**情绪发展**（emotional growth）：发展自我概念和自尊，并学习管理影响行为的情绪。

**信任**（trust）：安全感；相信自己的需求会得到满足。

**自主**（autonomy）：依靠自己、独立和自给自足。一个人做出决定并据此采取行动的能力。

**羞耻**（shame）：尴尬、不值得或耻辱的消极感觉或情绪。

**怀疑**（doubt）：一种疑问、不确定和犹豫的感觉。

**群体传染**（group contagion）：典型的学步儿群体行为，一个孩子的兴奋动作（如跺脚、摇头或尖叫）会很快被整个群体的学步儿模仿。

**概念**（concept）：通过组织来自特定事件和经历的图像或心理图片而形成的想法、理解或信念。

**抽象符号**（abstract symbol）：代表另一个想法或概念的人、地点或事物；一般来说，就是任何代表别的东西的东西。戏剧性游戏可以帮助幼儿表达情感。我们不能仅仅因为某些事情对我们来说似乎很明显，就想当然地认为对儿童来说也是显而易见的。他们还有很多不知道的事情。

**重述**（mirror）：反映别人表达的感受——重新表述你理解到的别人说的话（参见“积极倾听”）。

**积极倾听**（active listening）：一种专注倾听的形式，在过程中专注于演讲者所说的内容，然后将想法反映给演讲者，以表明对演讲者的所感所说的理解。

**前运算阶段**（preoperational）：让・皮亚杰认知发展理论的第二阶段，始于客体永久性的形成。儿童在这个阶段的典型特征是，能够进行富有想象力的游戏、自我中心、无法接受他人的观点，还会认为物体重新排列后数量会发生变化。

**自我概念**（self-concept）：在个人价值、生活和学校成就以及感知社会地位方面对自己的看法。

**自尊**（self-esteem）：将自己视为有价值的个体。

**学习者共同体**（community of learners）：一群人拥有相似的教育原则，朝着共同的目标努力，他们的活动相互联系，并且他们通过协作努力产生了一种同步的能量，使该小组的力量比任何一个人都更强大。对于儿童而言，这是一个能够在儿童和成人之间培养归属感的共同体，儿童在这里学习，所有人都为彼此的学习做出贡献。

**协作**（collaborative）：两个或更多人试图实现共同目标的合作互动。尽管学龄儿童可能倾向于相互竞争以获得第一或最佳，但我们可以找到鼓励他们作为协作团队成员一起工作的方法。

**勤奋**（industry）：一个人为了勤勉和富有成效而建设性地工作的动机。

**自卑**（inferiority）：无能的感觉，有一种普遍的不满足感，并经历一种自我贬低的趋势。

**具体运算阶段**（concrete operational）：让・皮亚杰认知发展理论的第三阶段，

开始于分析具体的想法（而不是抽象的想法）的能力。

**青春期**（puberty）：第二性征开始发育并获得生殖能力的时期。青春期之后是身体快速发育的时期。

## 学生活动

1. 采访婴儿或学步儿的新手父母。
   a. 父母在照护孩子的过程中最惊讶的是什么？
   b. 父母如何分辨孩子什么时候疲倦？什么时候饥饿？什么时候感觉不舒服？
   c. 父母在家庭中为保护儿童的安全做了哪些工作，以便婴儿和学步儿可以安全地进行探索？
2. 采访幼儿的父母。
   a. 幼儿如何与同龄人互动？
   b. 幼儿的就寝时间安排是怎样的？
   c. 父母会使用什么策略帮助孩子平静下来并上床睡觉？
3. 采访学龄初期儿童的父母。
   a. 学龄初期儿童如何处理与同龄人的分歧？
   b. 父母是否对儿童特定的行为问题有担忧？
   c. 父母如何应对儿童的行为问题？
4. 采访学龄后期儿童的父母。
   a. 孩子最感兴趣的是什么？
   b. 孩子如何处理与同龄人的分歧？
   c. 孩子如何处理在学校里遭受的挫折感？
   d. 作业是孩子和父母之间的争论点吗？
5. 采访 5—12 岁儿童的父母。
   a. 孩子通常一天看几分钟 / 小时电视？
   b. 孩子最常看哪种电视节目和电影？
   c. 孩子玩什么电子产品和游戏？

## 相关读物

Sears, W. (2008). *Nighttime parenting: How to get your baby and child to sleep.* New York: Plume and La Leche League International Books.

Sears, W., M. Sears, R. Sears, & J. Sears, & P. Sears(2011). *The portable pediatrician: Everything you need to know about your child's health.* New York: Little, Brown and Co.

Burgess, K., J. Wojslawowicz, K. Rubin, L. Rose-Krasnor, & C. Booth-LaForce. (2006). Social information processing and coping styles of shy/withdrawn and aggressive children: Does friendship matter? *Child Development, 77*, 371-383.

# 第二部分

# 珍视每个儿童的独特性

# 第 4 章　如何观察儿童

## 全美幼教协会标准

本章涉及以下全美幼教协会标准：

**标准 3　观察、记录和评价以支持儿童和家庭**

- 3a　了解评价的目标、好处和用途
- 3b　了解并使用观察、档案和其他适当的评价工具和方法
- 3c　理解和实践负责任的评价，以促进每个孩子取得积极成果
- 3d　了解与家长和专家的评估伙伴关系

## 目标

在阅读这一章后，你应该能够做到以下方面：

4-1 讨论影响引导的个人偏见

4-2 遵循观察的环节和流程

4-3 制定有效的观察策略

# 4-1 识别个人偏见

我们对儿童的看法各不相同，因为我们每个人都不同。我们用自己的感官（眼睛、耳朵等）感知到的所有内容都经过了个人观点和**偏见**的层层过滤。

艾娃是一个聪明、合群、充满活力的孩子。当上幼儿园时，她每天早晨在太阳升起之前就跳下床，因为她喜欢去幼儿园。她的老师科斯塔先生似乎真的很喜欢她。他经常邀请她参与班级劳动，例如喂金鱼或分发吃点心时用的餐巾纸。因为艾娃很快就能学会知识和概念，所以科斯塔鼓励艾娃帮助其他孩子。她非常认真地承担了责任。艾娃喜欢假装自己是一名老师，而年幼的孩子在她不懈的辅导下茁壮成长。每当有人问她长大后想要做什么时，她总会迅速回答："做一个像科斯塔先生一样的老师！"

在进入一年级的第一天，艾娃急切地想吸引新老师雷德温太太的注意，她从座位上站起来，并抢着帮助老师分发试卷。因为艾娃未经允许就离开了座位，所以雷德温太太批评了她，说："请不要再问我问题了，你只要安静坐下听讲就好。"雷德温太太想："哦，不，又是一个极其活跃的孩子，我这样做就够了。"

随着时间的流逝，艾娃变得没有耐心且不快乐。她早上哭了，并告诉父亲她再也不想上学了。雷德温太太也很难过。她对艾娃的行为感到越来越沮丧。这种行为最终变得具有破坏性，有时甚至是挑衅的。当艾娃试图帮助其他遇到麻烦的孩子做作业时，雷德温太太会特别生气。她认为这是一种作弊行为。

有一天，科斯塔先生和雷德温太太坐在教师休息室里喝咖啡。科斯塔先生问道：“艾娃今年过得怎么样？我真的很想她。她是个多好的小女孩啊。”雷德温太太被咖啡呛到了，气急败坏地说道：“艾娃？你一定是在开玩笑！她快把我逼疯了。”

为何两个人对同一个孩子的行为的看法如此不同？科斯塔先生很喜欢艾娃的精力充沛和率性，因为她让他想起了自己年轻的时候。他重视创造力，因此艾娃的聪明头脑令他感到高兴。相反，由于严格的家教，雷德温太太从小就学会了抑制自己的躁动，因此她觉得艾娃的喋喋不休和蹦来蹦去特别烦人。雷德温太太的父母永远不会容忍这种行为。雷德温太太认为这些行为是粗俗和鲁莽的，尽管她记得自己小时候对父母的严厉态度很不满。

## 4-1a 更客观地回应个别儿童

对于成人来说，有些儿童会比其他儿童更具吸引力，这是不可避免的。性别、文化、年龄、经验和气质都会影响我们的偏见并塑造我们的看法。我们的个性和风格不能完全满足每名儿童的需求；但是，无论他们的差异如何，我们至少可以诚实地面对自己对待孩子的偏见和尊重。家长有时会承认，在家里似乎一个孩子更容易理解和应付，而另一个孩子的行为完全令人困惑。在小组活动中，成人可能很难承认他（她）在面对年龄较小（或较大）、男（或女）、黑皮肤（或白皮肤）、有钱（或贫穷）的孩子时会感到更得心应手。

为了更有效地应对儿童的行为，我们必须发现自己产生偏见的地方。我对儿童有什么先入为主的观念？我会因儿童的种族、性别或外表差异而期望他们做出某些行为吗？我如何真正了解一名儿童，而不是受群体或人群类别的刻板印象的影响？我会不会有最喜欢和最不喜欢的儿童？我如何对他们做出不同的反应？我如何变得更加客观？

提高客观性的方法是有意识地将事实与观点分开。我实际上会感觉到什么？根据我的知识、经验和偏见可以直观地解释什么？通过整理自己的思维过程，将事实与观点分开，我们可以更准确地关注儿童的实际行为，并仔细研究对这些行为含义的解释。

如果雷德温太太将事实与她的观点分开，那么她可能会对艾娃有不同的看法。参见正面引导焦点 4.1。

## 正面引导焦点 4.1　客观观察和主观解释

**客观观察**（科斯塔先生和雷德温太太都同意这是准确的事实）：艾娃经常讲话，雷厉风行；在课堂上，总在其他人之前完成作业；运动时活跃又敏捷；对同学的进步表现出兴趣。

科斯塔先生的**主观解释**：艾娃非常擅长言语交流；是一个能干、聪明的学生；对学业充满热情；有领导潜力；非常关心别人。

雷德温太太的主观解释：艾娃忽略了教师和班级关于说话的规定；对待作业不够认真，所以总是仓促完成；过于活跃；担心与自己无关的其他孩子的事务。

当一个人的观点与可观察的事实分开陈述，并且这些观点被清楚地标记为“主观”时，识别和处理个人偏见就会更加容易。如果我们欺骗自己，以为自己的观点是客观事实，那么我们就失去了看到儿童真实面目的机会。我们可以有意识地学会在思考中变得更加客观。

以下观察充满了主观解释：“艾瑞克愤怒地迈着重重的步子走进厨房，想与别人打一架。他嘲笑妹妹，伤害她的感情，只是为了看她哭泣。他希望妹妹能打他，以便他有借口跟妹妹打架。”这些陈述不是客观观察的内容。我们没有理由认为它们是真的。我们无法看透艾瑞克的脑袋，无法弄清他的意图或听到他的想法。

我们真正可以看到和听到的是，艾瑞克迈着重重的步子走进厨房，皱着眉头环顾四周，指着妹妹的三明治说：“呃，你要吃那黏糊糊的东西吗？”他的妹妹开始哭泣，并扬言要打艾瑞克。艾瑞克说：“如果你打我，我会告诉妈妈。”我们可能要解释的是，艾瑞克似乎很烦躁、不开心、情绪消极。

第一种武断的描述会诱使我们惩罚艾瑞克令人讨厌的行为，因为我们认为自己知道他为什么如此行事。第二种报告艾瑞克行为的方式更为客观。它提醒我们，没有人知道艾瑞克的思想和内心正在发生的一切。客观观察鼓励我们在观察时更深入，找出采取行动的原因，并更好地理解令人讨厌的行为。

# 4-2 观察顺序

我们必须成为熟练的观察员，以便有效地与儿童合作。这样我们才能够不断提高所提供的保育和教育的质量。我们持续不断的观察应形成具体的课程计划并切实地改变环境。儿童引导更多的是一门艺术，而不是一门科学。

Courtesy of Montessori Country Day School

照护者邀请这些幼儿看图画书，而他们去铺床。你能看出什么？你从这些孩子的身体姿势和面部表情中推断他们的感受和需求是怎样的？

在面对儿童时没有适用于所有情况、所有个体的技巧，但是通过仔细观察，成人可以收集到做出明智决定所需的信息，并选择适当的方法来防止各种问题或者针对不同问题做出相应的反应。后来，成人可以通过观察，评估所选引导技术在解决问题中的效果。

## 认识大脑

### 我们可以从神经科学中学到什么？

评价有助于我们创造一个有效学习的环境。

1. 形成性评价通过测量心理成长的指标来支持大脑的发展。这有助于我们规划环境，以增强大脑的持续发展（Lmholz & Petrosino，2012；Popham，2008）。

2. 评价可以帮助我们“看到”随着时间的流逝，儿童的大脑是如何发展的。

3. 为了成年后的健康幸福，儿童必须发展出好奇心、坚毅、想象力和自我控制的心理素质（Cooper & Jenson，2009；Duckworth & Seligman，2005）。

4. 评价可以帮助我们记录，并提高民主国家公民所需的心理素质（Popham，2008）。

5. 我们可以改变班级氛围，由竞争转向协作，大家在学习者共同体中通过合作来促进学习（Barnett et al.，2008；Cooper & Jenson，2009；Diamond et al.，2007）。

6. 学习环境应培养儿童的自信心，以便他们应对实际生活中的挑战（Costa & Kallick，2014）。

7. 学习者共同体应帮助孩子学习如何文明礼貌、互相尊重地生活在一起（Costa & allick，2014）。

8. 终身学习者会在解决问题、好奇、惊奇和求知欲中找到乐趣（Duckworth & Seligman，2005）。

### 4-2a 观察如何支持正面引导？

解决行为问题的所有努力的有效性，取决于它是否与孩子的能力、心智和周围环境完全匹配。这个孩子的表现是在发脾气，还是在搞破坏，或者只是觉得无聊、闹着玩？该行为是常见的，还是不常见的？言语提示对孩子有用，还是需要直接的身体动作提示？产生问题的原因是什么？何时、何地以及为什么发生问题？这些都是应该通过仔细观察来回答的问题。

如今，便宜的数码记录技术使教师可以在繁忙的一日生活中记录孩子的行为，以便在其他时间观看和评估。教师可以使用一个小三脚架，把摄像机小心地放置在上面，以特定的角度观看教室里的一个区域。有些教师喜欢在口袋里放一个带有照相、视频录制和语音记录功能的智能手机，以便在某一瞬间拿出来快速记录，就像他们会记录有趣的事情一样。

在家长会中，电子照片特别容易让家长感动。看到自己的孩子参与有意义的学习活动以及与其他孩子快乐互动，哪个父母不会被感动？在向家长汇报时，我们的技术可以让生动的图像替代有关课程和方法的文字。当家长了解得更多时，我们就更有可能成功地将他们吸引到家园共育中。

## 4-2b 开始观察前，我需要准备什么？

有许多好用的发展适宜性检查表和观察（评价）工具，可以帮助专业人员观察幼儿。

但是，对于大多数父母、照护者和教师来说，最有用的记录工具（当然也是最便宜的）是简单的口袋记事本和铅笔。如果发生有趣的事情时纸笔随手可得，那么记录一些东西就容易得多。如果只是为了存档而进行观察记录，那么所有形式的记录保存工具都没有价值。

成人可以在遗忘细节之前用口袋记事本进行逸事记录，将花絮定期添加到一个连续记录的文本中，或者可以保留某种类型的抽样检查表。我们总是认为："我不需要写下来。我确信我会记得。"之后，我们当然会忘了那些原本该记住的事。

## 4-2c 我会如何使用我的观察？

在发展适宜性教育中，我们使用观察的目的很多：

- 与家人沟通
- 描述儿童的发展、学习和进步
- 确定儿童的需求和兴趣
- 改善课程、环境和教学实践
- 规划程序的改进
- 必要时，推荐儿童进行筛查和评估

观察既可以很有趣，也可以起到改进关键程序质量的作用。家长愿意有机会更多地了解自己的孩子。他们会告诉祖父母，学步儿有趣的恶作剧和幼儿的机灵评论。教师可以通过提供照片、趣事和孩子做的纪念品来丰富家长的家庭生活。这些纪念品承载着与孩子的友谊、成就、技能和兴趣相关的细节。

家长会珍藏教师和儿童共同制作或儿童制作的剪贴簿，其中显示了他们的孩子在一年中的变化。剪贴簿是成人支持孩子发展自尊的一种绝妙方式。照片和纪念品提醒孩子，他受到了多少来自家长和教师的重视。一些幼儿教师会使用文件夹或帮助孩子制作彩色的画册来收集全年的趣事、图片和其他物品，供家长在学校的开放日和各种活动中分享和查看。

我们必须进行定期观察，确定适合儿童的活动水平。孩子热衷于拼图、书籍，还是活动？他看起来无聊吗？可能对他来说，这项活动不再具有挑战性。他看起来沮丧吗？相对于他的发展水平，游戏可能太复杂了。这群幼儿在听故事时是否烦躁不安？这个故事可能太长或不够生动，不足以引起这个年纪的孩子的兴趣。

我们应定期观察儿童以确定适合他们的活动水平。每个孩子都渴望参加活动吗？他看起来无聊吗？他看起来沮丧吗？

当孩子行为不当时，观察总会发挥作用。正面的儿童引导是解决问题的方法。成人观察儿童在特定时刻的行为方式，弄清楚他们为什么这样做，并选定支持儿童变得更有责任感和更自律的方法。儿童的正面引导离不开持续有效的儿童观察。培养敏锐的观察技能需要付出大量的努力和实践。

> 我们所有人都是看客——电视的、时钟的、高速公路交通的，但是观察者却很少。每个人都在看，但没有多少人在观察。
>
> ——彼得·莱沙克

解释性观察是从已感知到（看到、听到、触摸、尝到或闻到）的东西中**推断含义**的过程。为了解释所观察到的情况，了解有关儿童发展的一般性知识，以及承认儿童个体发展的独特性是必要的。这种做法还有一个好处：面对问题的儿童会获得第一手经验，其他儿童亦然。这些意味着我们应该把握当下的感觉，并利用过去的所有知识和经验来认真琢磨，对孩子为什么想那样做提出新的想法。

回顾观察笔记，我们可能会受到意想不到的启发。孩子们成长和变化如此之快，以至于我们可能会惊讶地回想起有关小布朗温的笔记。仅仅在 3 个月前，当身边有其他孩子时，她会哭着抱住我们。现在，她满怀信心地接近他人并进行游戏。通过持续观察儿童的成长，我们可以更好地理解儿童现在的行为，并知道他们需要哪些帮助和引导，以使行为更加恰当。

在解释对某名儿童的观察结果时，必须避免个人偏见。观察记录，特别是客观的检查表，可能会提供令人信服的证据，证明我们对某名儿童的直觉假设是错误的。解释性观察使我们有机会从儿童的角度看待事物。我们可能会因为一个孩子打断我们的谈话而对他感到恼火。但是在仔细观察他之后，我们可能会意识到：他应该有更多参与师幼互动的机会，并且只需要被教导如何礼貌地加入对话。

## 4-2d 我的观察如何形成计划?

在发展适宜性教育中，评价方法与适宜的结果性目标保持一致。要制订观察计划，我们应该知道自己正在努力实现什么目标。在医生办公室里，医生观察病人，并将观察结果记录在图表中。然后医生仔细地解释观察结果（进行诊断）：皮疹是什么意思？发烧是什么意思？左脚疼痛是什么意思？然后，最重要的是，医生制订了计划（处方，如卧床休息、使用抗生素），来解决问题并让病人达到更健康的状态。

我们可以观察孩子，并找出我们认为错误的地方。然后，我们制订计划，让他们变得更好。对于拉赫尔——重新定向，让他离开积木区。对于怀奎利亚——就伤害他人情感一事，进行一次通情达理的、将心比心的谈话。对于贾米亚——改变对待他的方式，更多地采用正面的引导，并结合他对直升机的兴趣开展一次活动。

## 4-2e 如果我的计划不起作用怎么办?

制订计划后，下一步就是行动。一些成人对儿童的不当行为采取听天由命的态度。他们认为孩子不会改变，因此除了抱怨以外，不会花时间采取任何行动。幼儿是狂热的学习者。他们比我们更容易学习新习惯。他们只需要时间、精力、鼓励和大量实践。

有时，虽然我们尝试的计划并没有真正奏效，但是仅关注孩子的问题（并给予足够的照顾，以尝试解决问题）就可能会激发孩子对问题的自我感知以及纠正问题的决心。我们的举动会让孩子有安全感：“我关心你。我愿意竭尽全力，帮助你学习使用单词（而不是拳头）来表达你的感受。我不会放弃你。”

只要我们尊重儿童，提供正面的引导，就不必再担心观察计划是否正确。制订计划并执行更重要。完美主义者常常因害怕犯错误而迷失，以至于对任何事情都踌躇不前。孩子们可以从成人处理自己的错误中学到宝贵的经验教训：每个人都经常会犯错误，而不应该对承认错误感到羞耻。我们可以在交流中树立一个好榜样：“乔舒亚，我让你牵着我的手走，是为了帮你记住要在确保安全的人行道上走。我犯了一个错误。我没想到这会让你觉得自己像个婴儿。让我们想一想别的方法来保证你的安全。”

### 4-2f 如何确保我的计划会起作用?

我们正在做的事有效吗？在评价阶段，我们绕了一个完整的圈，然后回到观察。在第一次观察、解释、计划和行动中，我们可以确保达到目标的唯一方法是再次观察，并寻找表明我们的计划有效或无效的迹象。如果有效，我们可以放松一下，继续下一个问题。如果无效，我们将回到起点，通过观察收集更多的信息，并制订经过改进的新行动计划，重复此循环，直到找到可行的计划。

**实际应用案例**

## 关于陀螺的神奇案例

在婴幼儿保育中心里，下午时段的助教费利西娅坐在地板上，拉着“看和说”玩具的绳子。莉萨在笑。费利西娅问：“鱼在哪里？你能看到鱼吗？它们在那儿，有7条鱼。”她笑着挠莉萨的肚子。其他幼儿在与费利西娅玩和互动时会靠近她。他们看着费利西娅的一举一动。

我坐在塑胶软垫铺的过道上，看着费利西娅和莉萨，并做观察笔记。这时18个月大的莉萨离开他们，向我走来。莉萨不小心弄掉了手里拿着的大塑料陀螺。当陀螺撞到附近的木楼梯时，旋转了几秒钟。她惊讶地凝视着它，小心翼翼、全神贯注地捡起它，再次扔到台阶上。但是这次它没有旋转。她蹲在楼梯旁凝视着它，然后一次又一次地将它扔在地毯上。

陀螺没有旋转。她站起来，又一次将陀螺扔在地毯上。它没有旋转！她用力咬陀螺，又将它扔出去两次，但陀螺都没有旋转。她将陀螺留在地毯上，走开了。费利西娅捡起了陀螺，将它送回了原处。

莉萨来到我的身边，看着我写的东西和我的脸。她轻拍我的平板电脑，然后拉扯纸张，非常认真地看着我的眼睛，然后走开了。当她走向水槽时，我听到她的嘀咕声。她突然停下来，看着一个塑料水果，然后把它扔到地板上，很感兴趣地看着它。它没有旋转。

她吮吸手指并开始哭泣。费利西娅抱起她，安慰她，然后走开说："你有点不开心了。你饿了吗？我想想，你是想要下午的加餐牛奶吗？"

案例讨论的问题

1. 如果你观察到这种互动，你将做出哪些主观解释？
2. 当旋转陀螺的尝试不起作用时，莉萨还尝试了什么？
3. 你从幼儿的坚持中学到了什么？
4. 你如何看待莉萨和她的照护者费利西娅之间的关系？

## 4-3 观察策略

在发展适宜性教育中，我们可以通过评价，获得有关儿童在各个领域发展和学习的信息。我们需要了解儿童的认知技能、语言、社会性与情感、自理能力、健康和身体等方面的发展。研究人员使用精心规划的策略来收集客观数据，而实际照顾幼儿的人很少需要这种正式的方法。

我们需要可行的计划，找出儿童行为与学习的内容、时间、地点和原因，以便能够有效、适当地做出反应。下文中描述了一些有用的记录方法。尽管许多小学都有正式的考试，但一些考试可能仅评估儿童的学术技能，而没有涵盖至关重要的社交和情感行为。为了使儿童获得成功，我们要观察其在各个方面的发展（Bentzen，2005；Copple & Bredekamp，2009；McAfee & Leong，2007；Wortham，2008）。

### 4-3a 什么是逸事记录？

**逸事记录**是观察者对特别感兴趣、特别关注的具体事件的详细记录。当发生引起成人注意的特殊事件时，成人应尽快写出描述性叙述，描述事件的真实情况。他可以描述能够回忆起的所有相关细节，例如所见、所闻或以其他方式感知到的感觉。他可以尽可能一字不差地记录，以便在任何可能的时候进一步阐明。任何个人意见或解释都不能掺杂在记录中，而且要用一些词组清楚地标识出观察者的评论，例如“在我看来……”，或者“因此，我的印象是……”。参见正面引导焦点 4.2。

## 正面引导焦点 4.2　使用逸事记录进行评估

以下是一个关于学步儿咬人事件的逸事记录。

**观察记录**

瑞奇在房间里慢慢地徘徊，嘀咕着摇了摇头。大约 5 分钟后，他突然倒在地上开始哭泣；接着，他停止哭泣，坐起来，吮吸拇指，用手绕着一簇头发，并环顾四周；然后他闭上了眼睛，倒回地板上，再次开始抽泣，如此周而复始。

我拿起几本图画书，坐在他旁边的地板上。我说：“瑞奇，你想读书吗？看，这是一本关于凯蒂猫的书。”起初他不理我，但最后他爬到我的大腿上，将头放在我的胸口。他继续吮吸拇指，发出一阵剧烈的哭声，又发出粗重的抽鼻子声。我开始给他讲凯蒂猫的故事。

仅仅几分钟后，凯瑟琳蹒跚地走了过来，摔倒在我的大腿上，几乎躺在瑞奇的上方。在我还不到 1 秒钟的反应之前，瑞奇就抓住了凯瑟琳的脸和头发，咬了凯瑟琳的脸颊。

**评论 / 解释**

因为瑞奇很少离开母亲，所以他可能会感到恐惧和焦虑。他似乎表现出明显的分离焦虑迹象。凯瑟琳的存在也许让他感到威胁，因为他没有姐妹或兄弟，并且可能不习惯与他人分享成人的注意。我一定会非常仔细地观察瑞奇，以便帮助他找到应对情绪的方法。这样我才可以在他要伤害另一个孩子时更好地进行干预。

## 4-3b 什么是连续性记录

在**连续性记录**中，每当特定类型的行为发生时都会被记录下来。担心孩子饮食不当的母亲可能会保持持续的记录，追踪孩子每天的进餐间隔、时间、地点和饮食。几天或几周后，她可以开始查看孩子是否出现特定的饮食方式。孩子会在用餐时挑食，却经常在加餐时食用高热量的垃圾食品吗？孩子是否吃了等量的午餐和午后点心，却经常拒绝吃晚饭？孩子是否在家里什么都吃，却在儿童保育中心里与照护者因吃饭而较劲？参见正面引导焦点 4.3。

### 正面引导焦点 4.3 使用家庭观察进行评估

**家庭观察**

星期一上午 8:00：西莉亚在电视前看动画片时咬指甲。她的面部表情非常紧张。

星期一下午 3:30：西莉亚和最好的朋友乔尔发生了争执。在乔尔说不再和她玩耍之后，她长时间独自坐在台阶上咬指甲。她再次表现得非常紧张。

星期二上午 11:30：西莉亚在等午餐时咬指甲。比起紧张，她看上去更加无聊。

星期二下午 4:30：西莉亚在看动画片的整个过程中都咬指甲。她坐在椅子的边缘，使劲儿向电视机靠近，整个身体显得很紧张。

**评论 / 解释**

紧张（可能还有无聊）似乎会引发西莉亚咬指甲。在涂色、玩洋娃娃或拼拼图时，她没有咬指甲。引导西莉亚参与更活跃的游戏，并阻止她观看动画片可能会有所帮助。

遵循发展适宜性教育的教职工会随身携带必要的材料，以确保他们定期进行必要的观察记录，以追踪儿童的幸福感和实现目标的进度。

## 4-3c　什么是时间取样?

**时间取样**的目的是为特定行为提供周期性的简要说明。在时间取样中，观察者需要选择一个时间间隔：5 分钟、30 分钟、1 小时或其他间隔。然后，观察者根据指定的时间间隔在清单上做好标记，以显示所选行为是否在该时刻发生。例如，可以定期观察一个孩子，以确定他会花更多的时间主动参与游戏，还是被动地看着别人。观察者可以观察整个班级，比较积木区和阅读区的使用频率。该方法可以提供事实证据，支持或驳斥成人对儿童行为的直觉印象。参见正面引导焦点 4.4。

### 正面引导焦点 4.4　使用时间取样进行评估

以下是一个幼儿教师使用的时间取样清单。这张清单能够帮助她研究幼儿的**做事**方式，而不是行为不当、游荡（漫无目的地）或旁观。

| 时间 | 行为不当 | 游荡 | 旁观 |
| --- | --- | --- | --- |
| 上午 8:15 | 詹姆斯、吉尔 | 苏泽特、艾米、泰勒 | 本、安 |
| 上午 8:30 | 詹姆斯 | 艾米 | 苏泽特 |

| | | | |
|---|---|---|---|
| 上午 8:45 | 艾米、苏泽特 | — | — |
| 上午 9:00 | 泰勒 | — | — |
| 上午 9:15 | — | — | — |
| 上午 9:30 | — | 苏泽特 | — |
| 上午 9:45 | 艾米、本 | 吉尔、泰勒 | 苏泽特 |
| 上午 10:00 | 苏泽特、安 | 泰勒 | 吉尔、艾米 |
| 上午 10:15 | 苏泽特 | 安、泰勒、本 | 艾米 |

**评论 / 解释**

这些孩子在上午的开始和结束时难以专注做事。他们最高效的时间为 8:45~9:30。可能需要特别注意苏泽特、艾米、泰勒，帮助其专注于产出性活动。詹姆斯在从事产出性活动后似乎能够避免行为不当。

### 4-3d 什么是事件取样？

**事件取样**的目的是确定特定行为发生的确切次数。观察者可以观察单名儿童做出某种特定行为的情况，或者观察整个群体的情况，并且记录、统计出某种行为（例如攻击性行为）发生的总数。在事件取样中，可以指定一种或多种特定行为进行观察。当发生这种行为时，它会被标记在检查表上，以便成人在指定的时间段后，计算该行为发生的确切次数。参见正面引导焦点 4.5。

**正面引导焦点 4.5　使用事件取样进行评估**

以下是一个事件取样表。保育员用它来确定几名学步儿在如厕训练中的个人日常进度（每次事故发生时记录 X）。

如厕活动

| 姓名 | 周一 | 周二 | 周三 | 周四 | 周五 |
|---|---|---|---|---|---|
| 雷利 | ××× | ××× | ××× | × | |
| 约瑟夫 | ×× | | | | |

| | | | | | |
|---|---|---|---|---|---|
| 玛丽埃塔 | ××× | ×× | × | × | |
| 艾拉 | ×××× | ××××× | ×××× | ×××× | ×××× |
| 普里查特 | | | × | ×× | |
| 贝萨妮 | ×× | | × | | |

**评论 / 解释**

艾拉可能还没做好接受如厕训练的准备。仔细观察玛丽埃塔，以确定她是否在一天中的某个时间或某种情况下有困难，可能会对她有所帮助。雷利在周初遇到困难，但在周四的大部分时间和周五整天都设法避免发生事故。成人应该进一步观察他，看看下周会发生什么。

### 4-3e 哪一种记录观察的方法最有效？

检查表和描述性叙述可以用作许多情况下收集信息的工具。描述性叙述的特殊优势在于用语言提供行为的画面，洞察孩子的行为，远远超出最初记录事件时的预期。

成人可以回顾一些逸事记录，并发现新的、以前被忽略的关系或细节。当然，叙述的最大缺点是非常耗时，而且只能用于记录偶然事件（而不是常规事件）。叙述收集**定性信息**，而检查表收集**定量信息**。

检查表排除了有关行为的细节信息，仅关注事件发生的频率和分布。它们不仅可用于将一个儿童的行为与其他儿童的行为进行比较，还可用于在一天中的其他时间、其他环境或在更早的年龄阶段对儿童自己的行为进行比较。检查表的主要优点是易于使用，主要缺点是没有记录有关行为原因和背景的重要信息。早前提供的检查表示例提供了更多有关孩子的事实信息，而不是逸事记录和连续性记录。你可能会觉得你对瑞奇和西莉亚（在描述性叙述中提到的儿童）的真实情况的了解比你对检查表上列出的任何一名儿童的了解都要多。

## 总结

1. 我们通过感官（眼睛、耳朵等）感知到的所有事物都经过了个人偏见的层层过滤。

2. 提高客观性的一种方法是有意识地将事实与观点分开。

3. 观察有助于我们评估所选引导技术在解决问题中的效果。

## 关键术语

**偏见**（biases）：是根据成长、过去的经验和个人的生活哲学而发展的一个人的信念、价值观、看法和假设；可以包括对某物或某人的不公平偏爱或不喜欢。

**客观观察**（objective observations）：描述发生的事情而不做任何判断；可以通过看、听、闻、尝或触摸等方式进行客观观察。

**主观解释**（subjective interpretations）：结合客观观察来思考和表达对已发生事情的想法、解释和观点。

**推断含义**（inferring meaning）：从感觉到的或通过交流感知的证据中得出结论。

**逸事记录**（anecdotal record）：关于特别令人感兴趣或关注的儿童特定行为事件的简短的描述性叙述。这可以是托育服务提供者观察到的第一手信息，也可以是对家长提供的二手信息的记录。它是定性信息，而不是定量信息。

**连续性记录**（running account）：对事件每次发生时的具体情况进行详细记录。

**时间取样**（time stampling）：观察者以预定的时间间隔进行记录，以确定在个人或整个组中某种行为的发生方式和一般频率。设置并坚持通过特定的时间间隔来记录行为可以减少观察者偏见的影响。

**做事**（on task）：专注于手头的活动；充分参与并关注产出性技能的发展或学习活动。

**事件取样**（event sampling）：一种用于确定在指定时间段内特定行为的发生次数以及发生方式的记录。

**定性信息**（qualitative information）：行为的不可衡量性、描述性特征。

**定量信息**（quantitative information）：可衡量的数值数据和统计计算，可以断定行为发生的频率或程度。

## 学生活动

1. 观察所见所闻，进行逸事记录。
   a. 研究你的观察结果。
   b. 你可以从记录中推断出什么？
   c. 根据你的观察，列出你可能会对孩子采取的三种策略。
2. 观察所见所闻，进行连续性记录。
   a. 研究你的观察结果。
   b. 你可以从记录中推断出什么？
   c. 根据你的观察，列出你可能会对孩子采取的三种策略。
3. 使用时间取样进行观察，追踪你选择的特定行为。
   a. 研究你的观察结果。
   b. 你可以从记录中推断出什么？
   c. 根据你的观察，列出你可能会对孩子采取的三种策略。
4. 使用事件取样进行观察，追踪你选择的特定行为。
   a. 研究你的观察结果。
   b. 你可以从记录中推断出什么？
   c. 根据你的观察，列出你可能会对孩子采取的三种策略。
5. 讨论你的观察结果，并确定你可能更有效地使用了什么策略。哪一种策略最有效？为什么？

## 相关读物

Bentzen, W. R. (2005). *Seeing young children:A guide to observing and recording behavior* (5th ed.). Clifton Park, NY:Delmar Learning.

Engel, B., & G. Gronlund. (2001). *Focused portfolios:A complete assessment for the young child*. New York: RedLeaf Press.

Gronlund, G. , & M. James. M. (2006). *Focused observations: How to observe children for assessment and curriculum planning*. New York:RedLeaf Press.

# 第 5 章 为文化多元的儿童和家庭服务

## 全美幼教协会标准

本章涉及以下全美幼教协会标准：

**标准 2　与家庭和社区建立关系**

2a　认识和理解多样化的家庭和社区特征

2b　通过尊重的、互惠的关系支持和衔接家庭和社区

## 目标

在阅读这一章后，你应该能够做到以下方面：

5-1　解释文化如何赋予我们的生活以意义

5-2　在社区的背景下讨论儿童和家庭

5-3　总结偏见、种族主义和歧视对发展的损害

5-4　描述文化如何塑造儿童引导

5-5　珍视和尊重文化差异

# 5-1　文化赋予我们生活的意义

**文化**一词来自拉丁语词根“colere”（居住、耕种、珍惜），是指生活中赋予我们生命意义和重要性的活动方式。文化赋予我们语言，而语言赋予我们在社区中交流经验和表达需求的能力。这种使用符号表达文化的能力被认为是人类的重要特征。

文化是人类头脑中的东西。我们可以观民间舞蹈，听宗教音乐，品尝节日美食，闻到进香仪式上的香火味和触摸手工制作的陶罐。不过，这些都只是文化的产物，而不是文化本身。

文化在我们的大脑中，看不见、摸不着。文化由从古至今父母传给子女的信仰和传统组成。这些信仰和传统由社会中属于各阶层、宗教、民族或其他有血缘关系的群体成员所继承。我们正处在创造文化的过程中。我们创造新的传统、改变信念或帮助孩子在不同于父辈、祖辈所经历的环境中实现不同的目标。在这个过程中，我们每天都在改变文化。

儿童有能力在不止一种文化环境中学习。通过在早期教育课程中创造无条件地接受不同文化的环境，儿童可以学会接受、尊重不同的文化，举止得体，而不必放弃对自己文化的欣赏和忠诚，我们称其为**文化能力**。

### 5-1a 什么是大众文化?

有些人错误地认为文化只意味着歌剧、文艺复兴时期的绘画和芭蕾舞。当然，这些只是西方社会文化的一部分。除此之外，文化还有很多。文化研究领域的先驱雷蒙德·威廉斯（Raymond Williams，2001）认为文化是大众的。他使得研究人员对文化的看法发生了重要转变。他将“文化”一词从“高级文化”中剥离出来。“高级文化”显然只限于社会中富裕而有权势的成员。他拓宽了“文化”一词的范围，使之涵盖了像你和我这样的普通人的日常生活经历。

### 5-1b 每个人都有文化吗?

人类生活的某些特征是通过遗传途径传播的，例如，婴儿对食物的渴望是由遗传编码中的生理因素触发的。但是，我特别想吃玉米饼以及午餐要加沙拉却无法从基因上解释，这是对饥饿的习得性文化反应。儿童在家庭、学校、社区甚至电视中学习文化，不论我们是否打算让他们从那些特定的地方学习文化。这是文化的基本特征——每个人、每个地方都会接触文化。所有参与社会交往的人都有文化。

儿童接受了一些文化课程，并终身保留；拒绝了另一些文化课程，并以新的方式代替。家长和教师并不总是能控制哪些文化课程将被保留，哪些将最终被拒绝。众所周知，儿童在童年时期越受到父母和教师的重视和尊重，就越有可能遵循父母和教师的规矩，并随着成长而保持他们的价值观（Garces，Thomas，& Currie，2002）。

文化从一代传给下一代的过程被称为**文化涵化**。这是通过观察、模仿、实践和教导来学习文化的过程。文化涵化教会儿童公认的规范和价值观，以及成为社会成员所需的语言和技能。

儿童对**肢体语言**（人们用来言语交流或代替言语交流的手势、面部表情和身体姿势）的学习也是文化学习的一部分。肢体语言就像口头语言一样，在不同的文化中可能有不同的含义。例如，眨眼以表明共享一个秘密是北美的肢体语言，但是这种表情在每个国家或社会中并不意味着相同的事情。例如：在日本，眨眼没有任何意义；但是在印度，眨眼被看作粗俗的性表达。

肢体语言是文化的一部分，博大精深，会随着时间的流逝而变化。肢体语言的差异会引起混乱、沟通不畅和尴尬。最好的应对方式是意识到他人的不适并提出问题。例如：“当我眨眼时，你看起来很惊讶。我希望我没有冒犯你。在我的文化背景下，眨眼意味着你和我都知道一个秘密。在你的文化背景下，眨眼有不同的意义吗？通过与我分享我不知道的有关你的文化的信息，会给我提供很多帮助。”

我们需要特别注意幼儿对外来文化的应对能力。与成人和青少年相比，幼儿倾向于更快、更轻松地适应未知的环境，并且更容易学习外语。但是，他们仍然会遭受**文化冲击**（在初次沉浸于新文化的过程中会感到困惑、疏离和沮丧）。通常，在熟悉和适应新文化之前，儿童都会想家。

如果儿童正在学习一种新的语言，那么他们可能会难以沟通，并且经常犯令人尴尬和羞耻的言语错误。这通常会伴随着忧郁、恐惧和沮丧的情绪。这些感觉可能使儿童产生情绪压力。但是，只要新环境是温暖的和具有支持性的，随着儿童对周围环境的熟悉，文化冲击通常会得到迅速缓解。我们需要特别注意，确保来自不同文化背景的孩子受到欢迎和鼓励。

## 5-1c　文化如何影响儿童的社会性和情感发展?

如果仔细观察，你会注意到：通常，来自不同文化背景的儿童在发育方面具有一般相似性，但也存在一些微妙的（有时是明显的）社会性和情感差异。当然，要记住每个孩子都是独一无二的——都是特殊的、有价值的人。

举个例子，与澳大利亚、加拿大和意大利的学步儿相比，你可能会发现在新的、有压力的情况下（例如刚进入幼儿园时），中国和韩国的学步儿倾向于表现出更多的恐惧和焦虑反应。中国的幼儿可能比北美的幼儿拥有更多的内部控制力（或自我调节能力）（Chen et al.，1998，2003；Gartstein et al.，2006；Rubin et al.，2006；Sabbagh et al.，2006）。当照护者要求做某事或不做某事时，来自西非的喀麦隆的学步儿可能比哥斯达黎加的学步儿表现出更多的自我调节能力。哥斯达黎加的学步儿可能比希腊的学步儿表现出更多的自制力（Chen，2009；Keller et al.，2004）。

我们认为，来自不同文化背景的儿童会有不同的发展，因为不同文化下的父母对待儿童的方式和期望都有所不同。研究人员发现：加拿大父母经常对他们的孩子表现出失望和不赞成；中国父母倾向于提供呵护并接纳他们的孩子；与欧美父母相比，中国父母和韩国父母更可能密切地控制自己的孩子（Chen，2009；Keller et al.，2004）。

此外，土著或乡村文化与更加富有科技性的文化之间也存在差异。喀麦隆的母亲比哥斯达黎加的母亲更有可能在大部分时间将婴儿和学步儿抱在胳膊和身体上，而哥斯达黎加的母亲比希腊（中产阶级）的母亲更有可能这么做。他们的养育方式涉及大量的身体接触和身体刺激，似乎加速了儿童的顺从性和自我控制的发展（Chen et al.，1998，2009）。

游戏是儿童学习的方式，来自不同文化背景的儿童的游戏方式不同。跨文化的一种重要的游戏类型是戏剧游戏，西方儿童比其他文化中的儿童更倾向于做出戏剧化（假装）的行为。与英裔美籍儿童相比，韩裔美籍儿童表现出较少的社交和假装游戏。当韩裔儿童进行假装游戏时，他们很可能扮演日常角色和家庭角色，而不是西方玩伴扮演的幻想角色和童话人物（Farver，Kim，& Lee，1995）。巴西乡村地区的儿童的假装游戏比城市儿童少（Gosso et al.，2007）。

在大家庭、世代相处的传统文化中长大的儿童比在大城市中长大的、通常远离亲戚的儿童更倾向于表现出亲社会（合作）行为（Edwards，2000）。在大城市中，竞争和成功可能是比社区和谐更高的文化目标。这可能导致父母允许他们的孩子比在农村长大的孩子更具强迫性和攻击性。

在更重视社区和谐的环境中，父母能够把孩子培养成亲社会的人。研究人员发现，与中国、韩国、日本、泰国、澳大利亚、瑞典和荷兰的儿童相比，北美儿童表现出更强的侵略性（Bergeron & Schneider，2009；Russell et al.，2003；Weisz et al.，1988；Zahn-Waxler et al.，1966）。

实际上，文化涉及儿童社会性和情感发展的所有方面。文化价值观影响儿童表达情感的方式，以及与朋友互动的方式。最强大的早期文化影响来自父母和照护者，但是后来的影响将来自朋友以及电视、学校和社区。

即便是很年幼的儿童也会对其他儿

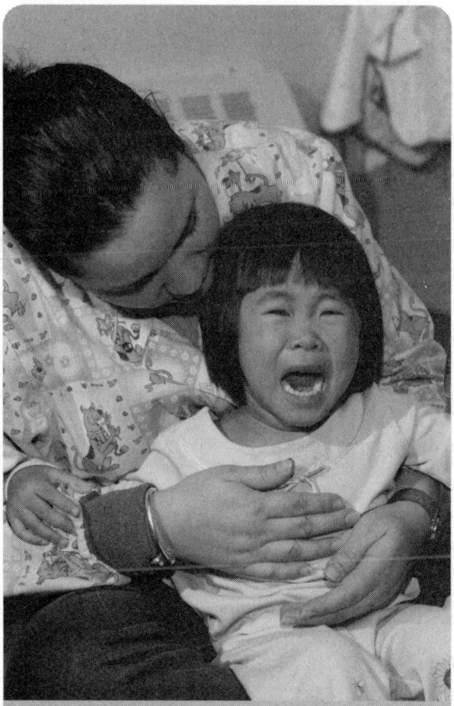



来自不同文化背景的学步儿已经内化了微妙的（有时不是那么微妙的）文化差异。根据背景，一个特别的小家伙在新的情况下可能更害怕或更大胆。

童的社会性和情感信号做出反应。在游戏过程中，儿童会根据内在的文化信念体系来无意识地评估和回应其他儿童的社会性和情感特征。儿童甚至不知道自己在这样做，他们通常会接受看起来像自己的儿童，而拒绝看起来不同的儿童。幼儿需要照护者的引导，从而帮助他们认识、珍惜这些差异，并学习在不同的文化环境中举止得体。

## 5-2 结合社区背景理解儿童及其家庭

布朗芬布伦纳是国家开端计划（National Head Start program）的联合创始人，也是发展心理学和儿童养育方面的学者。他创立了一个新的跨学科领域，叫作**人类生态学**。布朗芬布伦纳（1979，1988，1993）和莫里斯（Morris，1998）告诉我们，最好在家庭和社区的**文化背景**下理解儿童的发展。

在当今全球竞争激烈的工业化世界中，我们对促进发展、培养能力和个性所需的条件了解得越多，就越能看到这些条件正在受到破坏。如今有太多的婴儿和幼儿的父母被紧迫的时间和工作所带来的压力搞得精疲力尽。现在的家长比以往任何时候都更需要幼儿专家的帮助和支持。

### 5-2a 布朗芬布伦纳建议我们将孩子的内在自我可视化

布朗芬布伦纳（1979）和莫恩（Moen et al.，1995）建议，从事有关儿童和家庭工作的专业人士从生态角度考虑问题。布朗芬布伦纳开创性地将社会学和发展心理学相结合，创造了一种应对和支持儿童及家庭的新方法。他意识到人类和他们的社区之间的关系是“相互影响”的。他把个人的互动体验描述为“一套**嵌套结构**，每一个都在另一个里面，就像俄罗斯套娃”（Bronfenbrenner，1979，p. 22）。要想真正理解孩子或父母的内在本质，我们必须从内部、外部、横向、纵向观察这些复杂的嵌套结构。我们必须看到家长、他们的工作场所、社区、社会、学校甚至经济如何相互影响和影响儿童。

想象一下，我用布朗芬布伦纳的俄罗斯套娃理论来与新生的母亲卡阮建立联系。当我和她交谈、了解她、观察她在不同情况下的表现时，我开始构想卡阮的形象：表面上，她是坚强、自信的女商人；在内心深处，她是一位信心很容易动摇，但想为孩子做到最好的母亲。另外，我注意到她是一位慷慨大方、擅长鼓舞人心的邻居。她为社区中的许多成员做翻译，并给他们提供帮助。非常重要的是，我从她的身上看到了几十年前在恐怖的战争中失去双亲的孩子的印记。

当然，卡阮远比我简单的想象要复杂得多，我可能完全错了。但通过这些观察，我花时间去了解她，从她的角度去想象她的生活。我开始对卡阮感同身受。同理心能够创造温暖，帮助我们扩大信任，并产生进一步的沟通。我现在可以看到卡阮是一个复杂的人，她的身份是多方面的。重要的是，一旦一个人真正被认为是一个复杂的人，那么这个人就不能再被简单地划入单维度的刻板印象。

## 5-2b 无条件接受

有关儿童家庭和社区的文化知识特别有助于儿童引导。为了长期有效地引导孩子，我们需要了解和理解这个孩子。本书中所描述的引导策略，当然可以在必要时用来帮助一个你完全不认识或不太了解的孩子。但是要真正改变一个孩子的生活，你需要和这个孩子建立一种关系。这个孩子需要你的**无条件接受**。这个孩子必须知道你无条件地接受他是一个有价值的人。布朗芬布伦纳（1994，pp. 118–119）有一段话说得非常好：

> 一定有人为那个孩子疯狂，反之亦然！但是“疯狂”是什么意思呢？
>
> 这意味着成人毫不犹豫地认为那个孩子是特别的——特别奇妙，特别珍贵——尽管，成人很可能知道在客观上事实并非如此。

如果你根本不认识一个人，那么你就不可能无条件地接受他。通过了解儿童家庭的文化经历和期望，你可以迈出与家长开放交流的第一步。你不需要记住每个种族、民族、能力、性别或其他人类已知的、潜在的、基于文化群体的典型行为。你只需要具备作为一名好的倾听者的技巧、一颗开放的心、一种开放的思想，并愿意花时间去了解一个人。

大多数人愿意告诉你关于他们的事情。大多数人对真诚的兴趣和尊重有良好的反应。记住家长的名字并经常使用。在提问之前，试着友好地问候家长。记住要有**个人互动**。把每一位家长都当成你乐于见到的有价值的人。家庭、社区和学校都是相互联系的，都对孩子的成长有巨大的影响。我们不能忽视这个三角关系中的任何一部分。

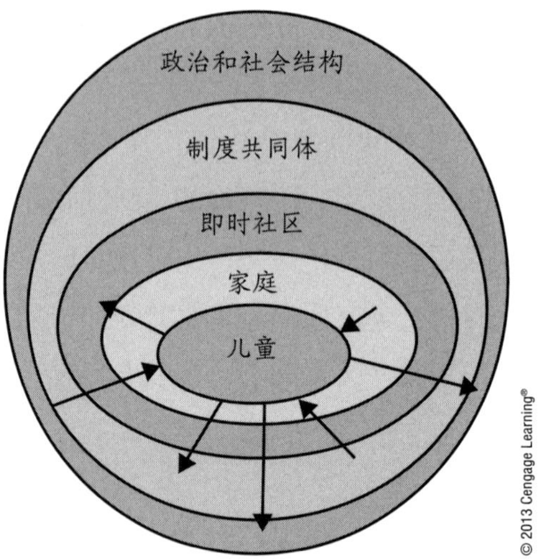


**图 5.1　文化研究**

要了解一个孩子，我们必须眺望、环视、审视由一种文化背景下的社区、家庭和个体构成的嵌套结构。

## 5-3　偏见、种族主义和歧视

在发展适宜性教育项目中，教职工通过平等、尊重地对待所有儿童来对抗可能存在的偏见和歧视。他们创造可以建立积极的自我认同的活动和环境，并主动教授幼儿有关个人差异的价值。由于我们生活在一个民主国家中，因此早期教育课程和学校要提供不因种族、肤色、宗教、国籍、性别、年龄或残疾而遭受骚扰和恐吓的环境。

骚扰或恐吓是不合法的。大多数机构尽最大努力防止歧视，因为这是正确的事情，是有效和专业的业务实践，是发展适宜性教育的一部分。如果不能防止歧视，可能会导致具有毁灭性的诉讼、名誉的丧失和生意的失败。歧视会损害儿童的自尊，损害他们在多元化社会中发挥作用的能力。

掌握文化知识有助于提高我们的敏感度，并确保我们使孩子的经验支持其发展中的自我形象。即使一个孩子生活在充满爱和支持的家庭里，生活在稳固、健康的社区里，他也会受到来自更大范围的社会或学校的**偏见**的影响。**种族主义**、**性别偏见**、**负面的刻板印象**和**歧视**会从身体、情感、社会性和智力上对儿童造成伤害。孩子获得全面的发展和进步需要家庭、学校和其他人把他当作一个有价值的人来对待。

如果儿童有机会在不同的儿童和成人面前玩耍和学习，那么他们就会接受文化和种族差异是世界中丰富多彩的一部分。这些照片中的孩子正在探索头发的差异，并把它作为玩耍中舒适而自然的一部分。

## 5–3a 偏见来自哪里？

像偏见这样的破坏性文化行为不是凭空而来的。它们不仅仅是一群想要在这个世界上制造伤害的恶棍一天想出来的。在汽车、电话和飞机出现之前，作为一种原始的**文化适应**，它们在几百年里缓慢进化。文化是帮助人类社会在全球各地——从冰冻的荒原到炽热的沙漠，从热带森林到高山和平原——生存的关键因素。

然而，文化适应有时在早期祖先进化的环境中起作用，却不一定会在环境变化之后起作用。也许某个古老而原始的小部落认为自己的生存依赖每个人都团结在一起、远离其他部落，于是产生了第一个负面的刻板印象和偏见。也许在几千年前，在充满敌意的环境中，当遇到任何看起来不同或生病的人时，躲避和战斗是合乎逻辑的。那时的生存可能相当复杂。

但是，在当今的全球文化环境中，诸如偏见等缓慢进化的文化适应可能会产生严重失调的行为影响。偏见会伤害儿童和家庭，与全球社会的经济利益背道而驰。我们必须消除偏见。

## 5–3b 歧视是何时开始的？

大约在 4 岁的时候，儿童开始告诉其他儿童，他们不能玩，因为“你没有合适的球鞋”“你是个女孩”，或者“你不像我们一样戴着灰姑娘的戒指”。幼儿并不知道更多的内涵，但这很伤人，是一种原始的歧视。那也就是我们需要使用薇薇安·佩利（Vivian Paley，1992）的班级规则的时候了——“不可以说‘你不能玩’”。这条规则符合我们之前提出的基本规则，即“尊重他人”。歧视可能基于偏见，也可能不基于偏见。当儿童在没有成人监督的情况下互动时，歧视有时会升级为偏见。研究表明，偏见会导致仇恨。

事实上，研究发现，偏见和歧视是相互依存、相互促进的（Frederickson & Knobel，1980）。奥尔波特（Allport，1954）和米尔纳（Milner，1983）陈述了持有偏见的人所特有的消极和不合理的态度。奥尔波特认为这些态度是“错误的和不灵活的”，米尔纳把它们描述为“非理性的”。这种不灵活导致有偏见的人拒绝改变他们的偏见，即使面对矛盾的信息也拒绝改变。当他人仅仅因为与某个特定群体有联系而受到伤害时，歧视就发生了。当我们遵循发展适宜性教育原则与儿童一起工作时，我们的学习方法将帮助儿童发展灵活的思维策略。孩子们将具备像成人一样有逻辑地思考问题的能力，并做出理性的选择。

## 5-3c　偏见的早期迹象是什么?

需要我们注意和制止的偏见的早期迹象是，儿童因为某些不同的身体特征或服饰而**被污名化**（被贴上标签或被排除在外），比如穿着矫形鞋、个子高、戴着圆顶小帽（犹太人的传统）。

直接教学可以帮助儿童学习和接受差异。利用关于多元文化的书籍来了解其他有着广泛差异的人，对于培养儿童的同理心是至关重要的。你可以找到大量的令人愉快的儿童书籍，它们是帮助孩子学会尊重差异的理想选择。

有时，儿童把其他儿童作为欺负和侮辱的目标，仅仅是因为他们在**寻找替罪羊**。缺乏安全感的孩子试图证明自己的失败是合理的，或者试图给他的社会群体留下深刻印象，就可能会设法找一个比自己弱的孩子做替罪羊，以提高自己在同龄人中的社会地位。但是卡茨（Katz，1981）的研究表明，儿童试图污名化的对象变换无常。这种不确定性常常导致儿童有消极或积极的夸张反应。被夸大的负面反应可能被表达为憎恨。当看到幼儿有如此残忍的负面情绪时，我们会感到不安。

为了避免对儿童引导产生螺旋式的负面影响，我们必须立即停止污名化和寻找替罪羊的行为。教师必须帮助缺乏安全感、试图污名化别人、寻找替罪羊的孩子找到合适的社交方式来打动他的朋友，让他变得更加自信。研究表明，自我接纳能力强的孩子不太可能对他人产生偏见。带有偏见的个体往往自我接受程度较低

（Fishbein，2002；Taylor，2000）。

帮助孩子们在一个多样化的群体中和睦相处是很重要的。幼儿偏见和歧视的发展损害了**群体认同**和**自我认同**的发展。心理学文献表明，儿童在 3—4 岁时意识到群体身份，这种意识在之后的几年里不断增强。

仅仅把不同种族的孩子放在同一间教室里，并不一定能帮助他们学会和睦相处，尤其是当孩子们总是为了学习、午餐和娱乐而分成不同的种族或民族小团体时。孩子们需要直接的教导，这样他们就能学会识别和重视那些外表和行为都不同的玩伴的积极方面。研究有力地证明，不同儿童群体之间积极、合作、成功的社会和学习互动将减少他们在整个生命历程中的偏见（Fishbein，2002；Taylor，2000）。

## 5-3d 我们如何教儿童抵制偏见？

在 2—5 岁，孩子们开始笼统地意识到他们的身份、性别，以及与别人相同和不同的一些方面。根据他们所处的环境，到 5 岁的时候，他们可能已经强烈地意识到或只是模糊地意识到自己的文化身份。

这是他们生命中特别容易受到周围人的积极和消极态度以及偏见影响的时期。这是帮助儿童形成坚强、积极的自我形象，学会与不同于自己的人相处并尊重他人的关键时刻。如果我们想让儿童自我感觉良好并尊重他人，那么我们必须学会帮助他们抵制在社会中仍然非常普遍的偏见。

小孩子们总是在错误的时间天真地问一些尴尬的问题："为什么我不能像那个人那样坐在有轮子的大椅子上？""为什么那个穿粉红色衣服的男孩鼻子上有小斑点？""那位女士为什么那么胖？""为什么那个小女孩没有嘴唇？"作为文化涵化过程的一部分，我们必须帮助儿童学会不要盯着别人看，记住每个人都有情感体验。即使他们看起来不同，也应该得到尊重。

当然，我们应该诚实地回答孩子关于他人差异的问题。我们不想给被指出的人带来尴尬。但我们应该想办法，用适合儿童年龄的方式诚实地回答他们的问题，这样就不会有神秘感。我们知道指出别人身体上的缺陷并不可爱也不好笑，所以我们必须立即停止成人或年龄稍大儿童的任何嘲笑或怂恿。我们的目标是帮助孩子们把看起来不同的人看作真正的人，他们的内心和我们一样有感情。参见正面引导焦点 5.1。

## 正面引导焦点 5.1 我们如何帮助儿童抵制偏见？

1. 研究有偏见的自我意识。

2. 使用不带任何偏见的语言（例如，使用“邮递员”“消防员”，而不是“送信的”“救火的”）。

3. 偏见是存在的。我们必须抵制它，否则就要通过沉默来支持它。

4. 以包容和尊重的方式回应每个孩子和家庭。

5. 每天与所有孩子进行个人层面的互动——这样有助于确保他感到被重视。

6. 立即停止所有的污名化、排斥或欺凌。

7. 投放展示男性和女性扮演非传统角色的材料。

8. 投放在熟悉的活动中人们表现出能力差异的材料。

9. 投放能够吸引具有不同文化背景的孩子的材料。

10. 开展尊重和重视不同文化传统的活动。

11. 帮助儿童区分不恰当的优越感、适当的自尊感以及对传统文化的自豪感。

12. 给儿童提供机会，让他们与那些在种族、经济、文化和能力上与自己不同的儿童进行互动。

13. 尊重地倾听和回答儿童提出的关于自己和他人的问题。不要忽视、改变话题，或者以任何方式让孩子认为他不适合问这样的问题。

14. 教儿童如何质疑加诸自身的偏见，教他们对抗那些对其有偏见之人的方法。

15. 使用准确和公正的形象与刻板印象形成对比，并鼓励孩子们谈论这些差异。帮助他们批判性地思考在书、电影、贺卡、漫画和电视上看到的内容。

16. 让儿童知道不公平的事情是可以改变的。鼓励儿童挑战偏见，在生活中遇到类似问题时行动起来。

17. 建立健康的自我认同是贯穿人类一生的过程。通过教育儿童抵制偏见，重视人与人之间的差异和相似之处，帮助他们领先一步。

## 5-3e 反偏见课程

反偏见课程不应作为一个学科领域，而应作为始终存在的线索贯穿所有课程领域、贯穿每一天。反偏见课程的领导者路易斯·德曼 – 斯帕克斯（Louise Derman-Sparks & A. B. C. Task Force，1989，p. 2）说：

> 儿童不仅通过学习材料和活动学会重视多样性，还通过周围成人每天的行为、语言和肢体语言对其展现的态度进行学习。认识到这一点，成人必须仔细思考自己的行为，以及整个教室环境。

德曼 – 斯帕克斯认为，现在的课堂中打造的多元文化教育是"观光式"的。在节日和特殊场合中，他们象征性地努力承认社区或世界上有各种各样的文化群体。儿童在感恩节的时候会把罐头食品送到流浪者收容所，在每年的一月份阅读马丁·路德·金（Martin Luther King）的事迹，在五月五日节[1]那天做玉米饼。但他们总是在第二天回归正常生活，就像在异国他乡度假后的游客一样。他们学到的内容是：这才是我们的现实生活，而其他文化是外来的。这不是我们想教的课（Derman-Sparks & Olsen Edwards，2010；Derman-Sparks & Ramsey，2006）。

反偏见课程应与生活相结合，儿童可以将其融入日常的身体、社会、情感和智力互动中。当教师们了解到机构中不同儿童的家庭文化习俗时，可以选择其中的一部分融入儿童的日常活动。

如果你的机构提供食物，你们只会提供普通的面包吗？墨西哥面点或玉米饼怎么样？中东地区的皮塔饼呢？印度馕呢？无酵面包呢？印第安炸面包呢？当然，经济性和便利性也会影响你的决定，但是你可以考虑一下所有的选择。食品商店和供给服务业逐渐意识到不同人群的口味在发生变化。

早上你怎么跟儿童打招呼，怎么跟他们说再见？儿童在家里打招呼和告别的方式有哪些？如果儿童在学校里学会用不同的方式说"你好"和"再见"呢？这对你们班级中的儿童有意义吗？儿童学习用不同的方式（如手语、西班牙语、越南语）说"对不起"怎么样？

在教室里展示文化多样性的重要途径之一就是借助于环境中的图片。代表儿童或家庭成员的书籍、图片和其他物品应该突出不同种族、性别和年龄的特色。教师

---

[1] 墨西哥传统节日。——译者注

应该挑选一些音乐、艺术和文学作品来反映民族和文化的多样性，反映能力不同儿童的生活以及一些英勇而激动人心的女性角色。儿童应该听来自世界各地的歌曲，亲身体验其他文化中的特色食物、衣服和玩具。文化必须贯穿整个课程，融入日常活动和课堂材料，而不仅仅是浅尝辄止的“旅游风格”（Derman-Sparks & Ramsey, 2006）。

## 5-3f　我如何发现偏见、刻板印象和谣言?

在当今社会中，无论我们如何努力，幼儿都不可避免地会接触一些种族主义和性别歧视的态度。然而，如果这些态度普遍存在，那么它们就会扭曲儿童的认知，直到有关弱势群体的刻板印象和谣言取代现实。参见正面引导焦点 5.2。

### 正面引导焦点 5.2　我的学校如何多元化?

**家庭**

1. 我们对家长的文化了解并保持敏感吗?

2. 我们是否将儿童的家庭、家庭语言和文化联系在一起，并作为儿童学习的基础?

3. 我们是否认同并专注于与家长的共同目标?

4. 我们是否找到具有支持性的、尊重文化的方式来协调或解决与家长之间的问题?

**课程**

1. 课堂教学是否体现了对不同学习风格的理解?

2. 教材是否准确地反映了不同文化、能力、性别群体的生活经历和贡献?

3. 我们能否做到不区别对待不同性别、能力或文化的儿童，鼓励他们基于已有水平，参与所有类型的学习体验?

**尊重**

1. 教师和儿童是否重视和尊重文化差异?

2. 我们对待儿童公平吗？我们是否认识到每个儿童的宝贵品质，并能够识别来自不同文化、能力群体和性别的儿童的宝贵贡献？

例如，如果能通过图画书帮助一个孩子在适宜的发展水平上思考种族主义、性别歧视和偏见等问题，那么他就能把这种技能迁移到实际生活中。

我们总是想让儿童置身于最公平的环境中。所以当儿童在四五岁左右开始发展逻辑思维能力时，我们要帮助他们学习如何识别偏见。例如，如果能通过图画书帮助一个孩子在适宜的发展水平上思考种族主义、性别歧视和偏见等问题，那么他就能把这种技能迁移到实际生活中。

我们可以提高儿童的意识，例如，让班里的儿童帮你查看书籍，判断它们是否准确地反映了儿童的、周围社区的、更大社区的文化。阅读下文的引导方针，并使用它来分析学校的书籍和其他**媒介**。引导儿童做出建设性改变。（儿童能积极参与募捐活动吗？）不是每件事都要在一夜之间改变，而是要设定具体的目标。只有下定决心才能带来改变。

## 5-3g 什么是道德责任？

当承担起照顾和教育孩子的责任时，我们毫无保留地承诺：我们将遵循职业**道德**，眼光不局限在孩子流鼻涕、头发凌乱、能力差异或原籍国上，而是把他们视为充满希望和奇迹的珍贵创造物。只有那些能够敞开心扉接近所有儿童的人——不管这些家庭的信仰或肤色如何，都愿意无条件接纳他们的人——才能从事这个重要的职业。

仅仅无条件地接纳孩子是不够的，我们还必须无条件地接纳孩子的家庭。无条件接纳并不意味着我们认为某人是完美的。有的家长可能会有问题，甚至可能是很难相处的人。问题是：我们能否超越这些感觉，无条件地接纳对方，认为他是一个有价值的人？如果我们找不到一种尊重家长的方式，那么我们就不能完全有效地与这些家长一起合作并引导他们的孩子。参见正面引导焦点 5.3。

### 正面引导焦点 5.3 学习发现书籍和其他媒介中偏见的引导方针

路易斯·德曼－斯帕克斯在反偏见教育博客中提供了一份最新的反偏见儿童书籍选择指南（2013）。以下是总结的内容。

- 寻找刻板印象——弱势群体是否被描绘成真实的个体？弱势群体扮演的都是顺从和被动的角色，而不是领导和主动的角色吗？男性是积极的实干家，而女性是消极的观察者吗？
- 寻找象征主义——通常在一本书中只会看到一个群体的代表，这会向幼儿暗示哪个群体更重要，哪个更不重要。象征主义的例子包括：在一本书中，在许多白人儿童中只有一个非裔美籍儿童，或者在所有的书中只有一本关于残疾儿童的书。
- 寻找看不见的东西——儿童在书中看不到的东西也会向他们暗示，在社会中谁重要，谁不重要。以下这些人在儿童读物中通常是找不到的：
  - 来自乡郊地区的家庭
  - 低收入工人
  - 音乐家、艺术家和作家
  - 有两个爸爸或两个妈妈的儿童
  - 阿拉伯血统的人
  - 信仰基督教以外宗教的家庭
  - 父母被监禁的家庭
  - 单身母亲或父亲
  - 无家可归的人
  - 变性的成人和儿童
- 检查一下故事情节和人们之间的关系——故事中的白人角色是否都拥有权力，能够领导他人并做出重要决定？而有色人种、残疾人和女性主要起辅助作用？

- 看看关于不同生活方式的信息——消极的价值判断是否针对与主流文化不同的生活方式？书籍中的文化群体是否表现出多样性——不同的家庭结构、生活环境、社会经济条件、工作类型和家庭中的性别角色？
- 考虑对孩子自我形象的影响——你所选的书是否暗示了某些人由于肤色、性别、家庭收入、体格或家庭结构类型而低人一等或高人一筹？是否所有的孩子都能在书中看到他们及其家庭的生活方式？
- 考虑作者或插画师的背景——如果一个故事涉及多元文化主题，那么作者或插画师是否有驾驭这个主题的资质呢？
- 看看作者或插画师的视角——如果一本书不是关于与作者或插画师背景相似的人物或事件，那么他有什么资格创作？作者和插画师对故事人物的态度是否尊重？教室里的书籍是否反映了不同的作者和插画师的文化背景？
- 注意词汇的含义——当一个词带有侮辱性的意味时，它就是“负载”的。负载（通常是种族主义或性别歧视）的词语的例子有：懒惰、纵容、迷信、原始、野蛮和落后。寻找同时指代男性和女性的男性代词，尽管在过去这些代词是可接受的，但现在它们被认为是带有性别歧视的。反偏见语言的例子如下：祖先（ancestors）而不是祖先（fore fathers），警察（police officer）而不是警察（policeman），消防员（firefighter）而不是消防员（fireman），邮递员（mail carrier）而不是邮递员（mailman）。
- 看看版权日期——多年来，我们这个多种族社会的现实状况和对弱势群体的担忧已经发生了变化。因此，版权日期可能表明这本书存在偏见的可能性有多大，尽管最近的版权日期并不能保证一本书的相关性或敏感性。

教师应该尊重每一位爱孩子的家长，正视他们。如果家长不称职、滥用职权或疏忽大意，那么教师就应该联系相关部门进行干预。如果班上孩子的父母因虐待和忽视而接受干预，你可以试着找到一种方法来对这些家长的处境表示理解和同情。他们在儿童时期是否受到虐待和（或）忽视？他们是否在经济和（或）情感上承受着压力？他们是否在对抗药物成瘾？他们是否遭遇家暴？有时候看起来好端端的人有很严重的问题。试着在你所面对的家长身上找到一些积极的东西。让相关部门集中精力治理虐待和忽视的现象。即使真的无法尊重某类家长，我们的职业也要求我们建立一条以儿童教育为中心的开放交流的纽带。

可以通过简单的图画书来帮助儿童思考棘手的话题。他们可以学习如何公平对待他人，不管别人长得如何，也不管他们来自哪里。

我们当中有些人很难对某些父母表现出温暖和尊重，比如，因为这些父母的行为方式对我们来说是陌生的，他们的生活方式是我们不赞同的，或者他们的个人卫生、衣着风格对我们而言没有吸引力。然而，如果找不到方法来尊重一位既不虐待也不忽视孩子的家长，那么必须想想是否是偏见影响了我们接纳这个成人是一个有价值的人。我们必须仔细尝试从家长的角度来看待这种情况。按照布朗芬布伦纳的建议，你可以试着把家长看作由许多复杂层次组成的人，把你自己放在他的位置上，试着思考这些文化和经验层次的东西是怎样的。那位家长是用自己的方式爱孩子吗？为什么我不能接受他？我的问题是什么？自我反省可以保证我们走在正确的轨道上，能够尊重家长在儿童教育中扮演的重要角色。见正面引导焦点 5.4 和 5.5。

## 正面引导焦点 5.4 我们如何给多元文化背景下的儿童赋权？

1. 重视儿童和家庭的福祉，避免不尊重、有辱人格、危险、剥削、恐吓或伤害儿童和家长身体的行为。

2. 尊重儿童和成人的权利和尊严，无论他们是否存在种族、性别、宗教、民族、国籍、性取向或能力差异。

3. 在履行早期教育的责任时，努力保持客观性、完整性和敏感性。

4. 不断提升知识和技能，以更新和促进对影响儿童和家庭问题的理解。

5. 采取行动来报告任何危害儿童精神或身体健康的行为或情况，以便其适当地解决。

6. 尊重所有儿童和家庭的隐私。

## 正面引导焦点 5.5 全美幼教协会职业道德承诺声明

作为一名从事幼儿教育工作的人，我致力于推动幼儿教育的价值观，因为它在全美幼教协会道德行为准则的理想和原则中有所体现。我会尽我所能：

- 从不伤害儿童
- 确保幼儿教育项目以当前儿童发展和幼儿教育的知识和研究为基础
- 尊重和支持家长养育儿童的任务
- 尊重幼儿护理和教育领域的同事，支持他们维护全美幼教协会的道德行为准则
- 在社区和社会中担任儿童、家长和教师的支持者
- 随时了解并保持高水准的专业操守
- 不断自我反省，意识到个人特征、偏见和信仰会对儿童和家庭产生影响
- 接受新的想法，愿意从别人的建议中学习
- 作为一名专业人士，继续学习、成长并做出贡献

◆ 尊重全美幼教协会道德行为准则的理想和原则

姓名：

日期：

注：这一承诺声明并不是全美幼教协会道德行为准则的一部分，而是一种愿意接受幼儿护理和教育领域独特的价值观和道德义务的个人承诺。正是对道德义务的认识使个人成为专业群体的一部分。[更多信息见 Feeney, S., & Freeman, N. (1999). *Ethics and the early childhood educator: Using the NAEYC code.* Washington, DC: NAEYC.]

在美国，遭遇偏见的核心途径对我们来说都是熟悉的——充斥着仇恨的种族偏见、宗教上的不宽容、对同性恋的抨击、为残疾人设置的无障碍设施不足，以及阻止女性实现抱负的性别成见。来自其他国家——从歧视程度最低的国家到以“种族清洗”的名义进行可怕的大屠杀的国家——的人也面对着不同程度的偏见。

相较于其他与偏见相关的词，我们对**民族中心主义**这个术语并不熟悉。民族中心主义通常是一种无意识的假设，认为自己的文化优于其他文化。这是一种没有经过慎重考虑的检验，也没有经过真正的逻辑思考的信念。这只是一种无意识的假设，并体现在持有者的日常态度中。在通常情况下，民族中心主义者会避开绝对的偏见，但当他们对其他文化表现出优越感时，细微的歧视就会不经意地流露。

民族中心主义者常常声称自己思想开放，但他们可能会认为其他文化的特征毫无意义，在道德上是错误的、滑稽的或者是奇怪的。

民族中心主义者可能会拿一个移民者的发音错误开玩笑，或随意模仿这种失误，而不会考虑到成年后再学第二语言并在陌生的国家里讨生活是什么感觉。我们都要小心提防民族中心主义。它潜伏在每个人身上。如果我们没有坚持不断地重新审视文化假设，那么它就会跳出来。我们要经常设身处地地考虑别人的感受。

## 5-4　文化如何影响引导？

有些北美人对儿童天性的看法与世界不同地区和不同时期的人所持的观点大相径庭。其他北美人（有些可能是第一代移民）持有截然不同的观点。通过仔细审视对儿童的每一个信念和假设，我们可以意识到并正确看待可能会干扰儿童引导的最终目标的偏见和沟通错误。

随着时间的推移，不同的经济群体在儿童保育方面有着显著的差异。备受呵护的童年，在很大程度上是中高收入人群的奢侈品。关于儿童教育的观念随着文化和家庭财富水平的变化而改变（Bremner，1974；Cole，1950；Glubok，1969；McGraw，1941；Neidell，2004；Osborn，1980；Reyes，2007；Rousseau，1893；Ulich，1954）。

来自不同文化和经济背景的人对于什么是适当的儿童保育常常持有迥然不同的观点。一个社区里的家庭通常使用的照顾和教育幼儿的方法可能使另一个社区里的家庭感到震惊和排斥，反之亦然。一种文化背景下的母亲可能会惊讶于另一种文化背景下的母亲仍然允许 2 岁孩子喝奶；而后者可能会惊讶于前者允许 2 岁孩子吃糖和喝苏打水。在某些情况下，人们希望婴儿与父母如影随形，因为这对婴儿有好处；在其他情况下，人们认为让婴儿在保姆的陪伴下安全地待在婴儿床里更好。

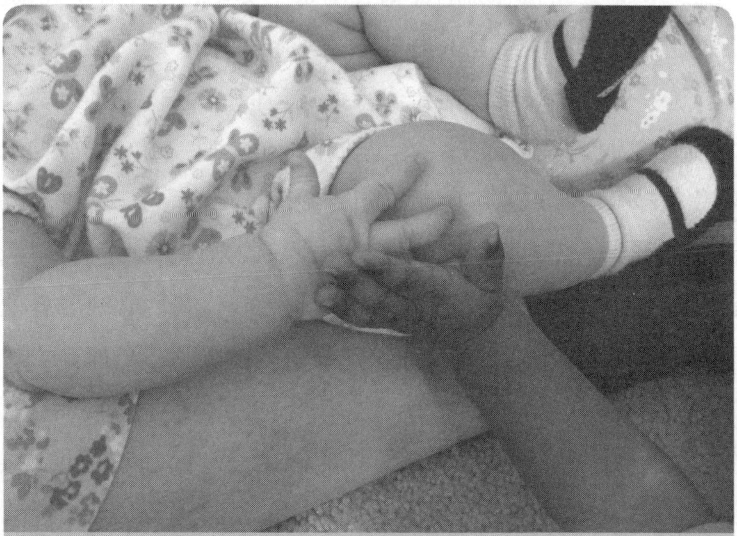


文化在定义父母如何照顾孩子方面起着关键作用。

一些早期教育者所认为的必需的或健康的引导策略，对另一些人来说是愚蠢的或操纵性强的。一些家长真诚地认为，行为不当的儿童打一顿就好了。一些照护者认为，应该让行为不当的儿童在椅子上罚坐。许多幼儿专家对这两种观点都不赞同。对于那些非常关心幼儿的成人来说，他们的信念可能会有很大的差异。

一些人认为可以通过向婴儿展示字母和数字的抽认卡来加快其学习的速度，另一些人则认为任何年龄的孩子都不应该使用抽认卡。社会工作者、早期教育工作者和幼儿护理专业人员常常感受到这些对立观点之间的紧张关系。专业人员有时会不知不觉地受到自身僵化的文化偏见的阻碍。

对于理想的和适宜的儿童照护的看法，反映了一个人在特定历史时期和特定地点的文化信念。新一代人的社会化反映了与其父辈相关的特定社会和经济环境的目标、理念和价值观。换句话说，文化在定义可接受的与儿童打交道的方法上起着关键作用。

**文化偏见**是不可避免的。然而，要创造一个**多元文化**的示范课堂环境的话，必须理解、接受、重视和尊重文化差异。我们生活在一个文化不再孤立的世界里。代表着不同文化的人们每天都在世界各地流动。

即时通信几乎让世界上的每个人都可以通过手机和计算机进行交流，没有不容忍文化多样性的余地。个体有权利保留特有的文化根源和独特性。每个人都有权利庆祝自己的传统。但是，当强有力的证据表明基于文化的传统对实现预期目标有害或无效时，我们必须做出妥协（Tomasello et al.，1993）。

人们过去认为，过滤血液可以治愈许多疾病。但又发现在大多数情况下过滤血液是有害的，所以要取消这种传统。在世界上的许多地方，人们相信吃狮子的心脏、磨碎的象鼻和犀牛角等东西可以缓解阳痿和治疗疾病。

很明显，没有研究能证明野生动物在治疗疾病或阳痿方面的有效性。然而，大量的研究告诉我们，世界上濒临灭绝的动物所剩无几。我们必须容忍他人的选择，但当我们想要共同努力实现同一个目标时，“妥协”就成了一个神奇的词。

> 我们让自己的无知占据了上风，使我们认为自己可以独自生存，独自在小块土地上生存，独自在群体中生存，独自在种族中生存，甚至独自在性别中生存。
>
> ——玛雅·安吉罗

当一个致力于发展野生动物医疗产品的国家，却面临着保护现存的濒危野生动物的压力时，一位富有创造力的动物园管理员想出了一个折中的办法。他通过出售大象的尿液、蛇蜕、狮子的毛发、老虎和熊的粪便，以及其他食肉动物留下的任何东西来为动物园筹集资金。这些动物没有受到伤害，而购买者从食物链顶端的食肉动物那里获得了重要的物质。每个人都妥协了，每个人都赢了。

**实际应用案例**

## “波巴熊”和“咸绿纸”

英英开始上幼儿园的时候只有 3 岁，他感到非常害怕。他一句英语也不懂。他要在一家讲英语的医院里做心脏直视手术，而他的医生迫切地想让他在手术前去幼儿园里学点英语。但是可怜的英英不喜欢医生，不喜欢医院，也不喜欢幼儿园，所以他哭了——哦，他几乎没完没了地号叫。

在科学区、积木区，甚至食物准备区，教师们都耐心地尝试用柔软的白色兔子吸引他的兴趣，但他只是伤心地啜泣着。他不想被拥抱，不想被触碰。他只是哭泣。

几天后，轮到玛莉卡带领大家唱儿歌了。玛莉卡是个了不起的非裔美籍孩子，美丽、自信，喜欢聚光灯。当然，她选择了自己最喜欢的儿歌——活泼押韵的《三只熊》(The Three Bears)。她迈着玛莉卡式的舞步，大步流星地走到人群的最前面，带着不受拘束的魅力、活力和才华（更不用说激情洋溢了），领唱着：

从前在一个小木屋里，
住着三只熊——恰恰，恰恰，恰恰。
一个是爸爸，一个是妈妈，
一个是小熊——恰恰，恰恰，恰恰。
一天，他们在凉爽的树林里散步，边走边谈。
这时来了一个女孩，一个长头发的女孩。
她的名字叫金发姑娘，她在门口敲门，
可是那儿一个人也没有；没有，没有人在那里。
她径直走了进来，给自己找了把椅子，
因为她不在乎，那个长头发的女孩。
然后，三只熊回家了。
有人坐过我的椅子，熊爸爸说。
有人坐过我的椅子，熊妈妈说。
嘿，波巴熊，小熊说，

有人把我的椅子撞坏了！

然后金发姑娘醒了，她破坏了聚会；

她把它们赶了出来，她把它们赶了出来。

这就是三只小熊的故事，

波巴，波巴，波巴，啦——啦——啦！

当然，全班同学都在兴高采烈地响应着，心连着心，整间教室都沉浸在爵士的旋律里。英英的抽泣完全被喧闹声淹没了。当歌声结束时，大家发现英英不哭了。他站在那里，看上去很惊讶，实际上还咧着嘴笑。玛莉卡喊道："嘿，英英喜欢这首歌。他不哭了。让我们再来一次。"

显然，有着中国文化背景的英英从身体到心理上都没有准备好面对满屋子的儿童，兴高采烈地跳着爵士乐版的《三只熊》。玛莉卡再次领唱了这首儿歌。这一次英英笑得身体都在颤动。他笑得眼泪都流出来了。孩子们用全身的力气一遍又一遍地、热情地唱着"波巴，波巴"。就在那时，英英喜欢上了玛莉卡。

玛莉卡保护着英英，英英跟她如影随形。很快，他就掌握了她自信的走路姿势，学会了说英语，确保自己的发音带有非裔美籍人的特点，就像玛莉卡一样。他是她最好的朋友。

有一天，英英的母亲宋太太来学校接他，当时他就在玛莉卡的身边。宋太太打开包，给了英英一小块长方形的皱皱的海苔。英英立刻迫不及待地把它塞进嘴里。

玛莉卡尖叫起来："老师！老师！英英妈妈给他吃绿色的纸！"教师和宋太太交谈后说道："玛莉卡，在英英的家乡，这对孩子们来说是一种很好吃的食物。它是用海菜做的，尝起来很咸。你想尝尝吗？"

在玛莉卡的文化背景中，没有吃皱巴巴的海苔的习惯。教师、宋太太和英英、玛莉卡聊了一会儿，决定打包一些海苔（可食用的干海菜）给玛莉卡，让她带回家给她的父母看。

那天晚上在家里，玛莉卡的父母很支持她尝试吃海苔的主意。他们甚至也尝了尝海苔。玛莉卡非常喜欢海苔的味道，所以她认为宋太太可以带更多的海苔给幼儿园里的所有孩子，让他们尝尝"绿纸"的味道。

玛莉卡和英英来自完全不同的文化背景，但在支持他们的教师和家长的帮助下，他们学会了欣赏、尊重和重视彼此的文化背景。

案例讨论的问题

1. 如果教师坚持让孩子们冷静下来，盘腿坐着，用“内在的”声音唱出“好听的”歌声，会发生什么呢？

2. 如果玛莉卡因为在圆圈时间里大喊大叫而被赶出去，会发生什么？

3. 当一项令人兴奋的、愉快的集体活动突然变成过度兴奋和失控的活动时，教师应采取哪一种更有效的应对方式？

a. 告诉儿童他们的行为出了什么问题，以及为什么是不恰当的。

b. 开展一项更加活跃的活动，比如随着快节奏的音乐跳舞。

c. 结束活动，带孩子们到户外去。

4. 如果玛莉卡把英英当作一名宝宝，并告诉他不要打扰她，不要总是跟着她，会发生什么呢？

文化困境在儿童照护中心里经常存在。例如，教师可能会说：“基罗加夫人，我发现当我提到孩子们（无论男女）都尽量穿 T 恤、牛仔裤、运动鞋和其他类似的运动服到幼儿园时，你似乎很惊讶。你对此有什么意见吗？”基罗加夫人的文化背景可能使她特别重视孩子们的穿着打扮。她希望女儿每天都穿一件熨得整整齐齐的褶边连衣裙到幼儿园。对基罗加夫人来说，女儿卢皮塔在照片中的模样——穿着一件被油漆弄脏的 T 恤和一条沾满灰尘的牛仔裤，头发上还沾着沙子——让人联想起现实生活中穷人的形象，而不是发展适宜性教育中完美无瑕的形象。

研究告诉我们，游戏对儿童的社会性和情感发展、成长和学习极其重要（Bodrova & Leong，2010；Brown & Vaughan，2009；Elkind，2003；Emde et al.，2003；Favez，2006；McClelland et al.，2000；Raver，2002；Raver & Zigler，1997；Warren et al.，2000）。教师要通过沟通来帮助基罗加夫人理解为什么她的女儿穿适合活动的服装会更好，画画、玩沙子、在地板上爬行、使用胶水等物品，都会弄脏衣服，但孩子会玩得很开心。这种讨论可能会得出几种不同类型的结论。

如果教师们尊重基罗加夫人对卢皮塔穿裙子的偏爱，那么卢皮塔就会错过许多重要的活动，或者有可能毁了她的裙子。如果基罗加夫人同意让卢皮塔穿得随意，那么她可能会觉得自己不受尊重。如果作为家长 – 教师资源团队中的成员，他们一起决定卢皮塔可以带一套玩耍时穿的衣服到幼儿园，就能在实现目标的同时让基罗加夫人感到有力量，因为她的需求得到了尊重。她也会了解到，对卢皮塔来说，进行脏乱的绘画和游戏对她的学习和发展有重要影响。

当然，基罗加夫人有可能感到不理解，并且不想改变她的文化观念。她可能想让卢皮塔每天穿着干净、硬挺的褶边连衣裙，然后在一天结束时仍一尘不染。但这对发展适宜性教育的学习环境来说是不可能完成的任务。在这种情况下，我们作为幼儿教育专业人员的任务是继续以关心、尊重和诚实的态度与家长沟通发展适宜性教育是什么，以及我们在一天中想要完成什么。耐心、坚持和妥协是克服障碍的最佳方式。

珍妮特·冈萨雷斯 – 米纳（Janet Gonzalez-Mena，2008）描述了家长和儿童护理专家在托育中心里达成的奇妙妥协。非裔美籍家长发现孩子在回家时脑袋上经常沾满沙子，他们对此感到非常头疼。如果孩子的头发又细又直，家长们在洗掉沙子时就会很轻松；如果孩子有一头浓密的卷发（尤其是需要某种护发产品才能打理的时候），那么每天晚上把沙子弄出来就很困难。

许多非裔美籍父母抱怨说，因为沙子，他们得剪掉孩子的头发。这些家长知道在沙坑中玩耍很重要，但他们也希望孩子干净、得体。在一家托育中心里，这个长期存在的问题通过一个富有智慧的处理方案得到了解决。当儿童在操场上玩耍时，家长们可以给孩子准备浴帽。这种帽子非常受欢迎，甚至其他文化背景下的孩子也坚持戴这种帽子！

在家长和幼儿教育专家之间建立有效的关系，意味着要确定共同的目标，并做出每个人都能接受的妥协（Bruns & Corso，2001；Christian，2006；Dinnebeil & Rule，1994；Kalyanpur & Harry，1999；Kochanek & Buka，1998；Lynch & Hanson，1998）。家长更有可能与他们信任的专业人士建立有效的工作关系（Dinnebeil & Rule，1994）。当然，当教育者努力向家长提供积极的引导时，信任对于他们之间的合作和有效协作来说必不可少（Grant & Ray，2010）。

## 认识大脑

### 我们可以从神经科学中学到什么？

健康的大脑发展需要社会互动和环境经验的滋养。

1. 许多家长必须做一份、两份或更多的工作来维持生计，并被迫将孩子留给那些可能无法或不愿提供发展适宜性照护的人（Evans et al.，2005；Evans & English，2002；Farah et al.，2006；Feldman & Eidelman，2009；Luby et al.，2012）。

2. 婴儿健康的大脑发展需要对注意力的培养，以及与照护者之间大量的社会互动（National Scientific Council on the Developing Child，2004；Rushton & Larkin，2001；Thompson，2001）。

3. 家庭压力会导致幼儿的大脑发展遭遇破坏性变化（Bachman，Coley，& Carrano，2011；Evans & Wachs，2010；Hsuch & Yoshikawa，2007；Jyoti，Frongillo，& Jones，2005；Kochanska，Kim，& Koenignor，2012；National Scientific Council on the Developing Child，2005）。

4. 弱势儿童在上学时往往没有发展必要的技能（Cook & Wellman，2004；Hawkins et al.，2008；Lawhon & Cobb，2002）。

5. 消极结果可能导致严重的发展迟滞，影响儿童在学校、职业和生活中取得成功的能力（Noble，McCandliss，& Farah，2007；Paulussen-Hoogeboom et al.，2007）。

6. 弱势儿童的成就差距早在他们上学前就已经存在，而且在上学后很难缩小（National Scientific Council on the Developing Child，2004；Sroufe，2005；Twardosz，2012）。

7. 儿童的认知能力不是固定的，而是可以在适宜的支持下改变的（Gilkerson，2001；Kumanyika & Grier，2006；Pascual-Leone et al.，2005；Ramey & Ramey，2004；WCCF，2013）。

8. 在生命的前几年里接受发展适宜性照护，可以防止儿童产生成绩差距，有利于他们提高学业成就，有更好的长期发展（Center on the Developing Child at Harvard University，2011；Decety & Michalska，2010；Heckman，Pinto，& Savelyev，2013；Thompson，2001）。

文化敏感性不包括喜欢和不喜欢不同群体的刻板印象。一个文化群体内部的人之间的差异可能与文化群体之间的差异一样大（Lynch & Hanson，1998）。每个人都应该被视为独一无二的个体。一些人期望与早期教育专业人员建立正式的关系（Schwartz & Ros，1995），其他人期望建立一种非正式的、友好的关系（Gonzalez-Alvarez，1998）。参见正面引导焦点 5.6。

### 正面引导焦点 5.6 幼儿如何了解到他们在这个世界中的角色？

从出生到学龄期，儿童形成了关于世界如何运转、他们如何在世界中生活的基本概念。儿童会得到不同的想法，这取决于我们对待他们的方式。下面是一些典型的案例，说明成人如何看待家里的孩子和早期教育项目。你可以对照所在社区的文化习俗或传统，找到相应的例子。如何使发展适宜性教育和文化更紧密地联系在一起？开展家长教育，进行妥协，还是重新思考教学安排？你会怎么做？

**非发展适宜性教育：**如果儿童所处的环境是僵化的，他们整天都被赶着走，没有机会进行个人选择，那么他们就会认为这个世界是严肃的，甚至是严酷的，个人的需求、兴趣和想法并不重要。这种学习环境可以让儿童乖乖地扫地，也可以让他们日后在工厂的传送带旁耐心地站几小时，但无法让他们在医学、科学探究、创造性发明和学术发现等方面做好准备，承担自我导向的工作。

**案例：**儿童都被要求耐心而安静地坐在一张长桌旁。无论花多长时间，都要一直等到所有人都完成任务。教师设计了预成的圣诞树美术活动，向儿童展示了预先剪好的纸片，并教他们如何将纸片贴在纸盘上。如果一个孩子做的和成人想的不一样，那么成人会让孩子再做一次或自己做，然后写上孩子的名字。

**发展适宜性教育：** 如果环境是灵活的，适合个人需求、选择和责任，那么儿童就会知道世界是合作的，只要坚持和努力，就能影响周围的世界。

**案例：** 美工区应提供一些工艺材料，如纸盘、胶水、亮片、棉花球和少量的彩色图画纸。教师不会让儿童复制成人设计好的模板，而是鼓励他们用自己的想象力来创造各种节日或其他季节性装饰品。在完成以后，儿童负责清理材料。成品的独特差异得到认可和尊重，并以令儿童感到自豪的方式展示出来。

**非发展适宜性教育：** 如果早期教育中的权威人物与儿童疏远，并通过频繁发出命令（“安静”“坐直”“站成一排”“不要说话”）来控制他们，那么儿童会将权威人物视为需要无条件服从的、无所不能的力量，是要反抗的敌人、要害怕的食人魔、要避免的障碍，或者要忽视的不相干的烦扰。

**案例：** 为了完全掌控班级，成人让儿童一起做所有事——他们必须被动地坐着等，而成人让儿童一个个地走到教室前面，指出字母表中的字母或说数字。儿童必须同时排队洗手和上厕所。即使食物已经冷得像石头一样，在得到“一起开始”的信号之前，儿童是不被允许吃午饭的。儿童甚至可能被要求在操场上站成一排，通过做健美操来锻炼（而不是自由地跑步和玩耍）。成人认为，如果不是由他负责，并且让儿童安静、听话、专心，那么就不会有学习。

**发展适宜性教育：** 如果照护者热情、积极、自信，那么儿童就会认为权威人物是可靠的、足智多谋的盟友，并且会保护和帮助他们。

**案例：** 成人构建环境和时间表，鼓励儿童独立、自主地活动，并成为有凝聚力的团体中的一部分。儿童从学习中心里选择学习材料，在大量的、不间断的时间里按照自己的节奏学习。他们通常根据自己的身体需要，而不是根据集体惯例来使用洗手间。从一个活动到下一个活动的转换是灵活的，而不是突然的。如果一个孩子比别人早吃完午餐，那么他可以扔掉垃圾、擦干净桌子并离开，然后蜷缩起来看图画书，直到该午睡的时候。

**非发展适宜性教育：** 如果成人把儿童当作没有什么权利的下属，在照顾儿童时粗心大意、随意侮辱或带有威胁性，那么儿童就会学会用粗鲁和冒犯的态度对待他人，而无法培养自尊。

**案例：**成人经常互相交谈，就好像儿童不在场，有时甚至嘲笑或取笑个别儿童。成人对儿童呼来喝去，不说“请”或“谢谢”。惩罚是根据成人的情绪和一时冲动来决定的，而不是基于公平和一致的规则。成人表现得好像不受规则约束。成人坐在桌子上、架子上，边走、边吃、边喝；即使他们告诉儿童在房间里大喊大叫是被禁止的，他们还是会这样做。

**发展适宜性教育：**如果成人从婴儿期就把儿童当作有价值的个体来对待，那么儿童将学会尊重自己和他人。

**案例：**成人会及时回应儿童的需求，帮助他们学会信任。成人会蹲下来平视儿童，认真倾听儿童说的话，让他们知道自己所说的值得倾听。成人不会采取羞辱、贬低或体罚等形式来管教儿童。儿童通过一种坚定、果断、建设自尊的方式习得自律。所有的纪律都建立在公平、一致的规则的基础上，成人也要尊重班级规则。如果不允许儿童吃东西，那么成人就不可以在他们面前一边走来走去，一边喝咖啡、吃甜甜圈。如果成人必须站在椅子上换灯泡，那么应解释为什么他要打破“不能站在家具上”的班级规则。

**非发展适宜性教育：**如果早期照护者根据性别、种族或其他特征对儿童形成刻板印象，那么儿童就会内化一种“我能力有限”的想法。

**案例：**成人只选择男孩来扮演小品中消防队长的角色，完全忽视了那些举手的女孩。投放的图画书只展示了一个民族、文化、地区或经济背景。成人想当然地认为所有的儿童都庆祝某种节日。一个特别高的3岁小孩被期望比一个特别矮的4岁小孩表现得更负责任。成人根据长相、穿着或家长的职业来区别对待儿童。

**发展适宜性教育：**如果早期照护者把所有儿童都看作在帮助下可以挖掘自身特殊潜能的独一无二的个体，那么儿童就会对自己有很高的期望，也会有足够的自尊来应对他们为自己设定的挑战。

**案例：**儿童都被视为独特而有价值的个体。书籍、木偶和玩偶融合多元文化。儿童在美食、音乐和不同文化风俗的沉浸式体验下，欣赏不同的文化，接触不同的视角。成人尊重并帮助儿童了解同学们的家庭文化差异。成人期望女孩和男孩都能充分参与所有的活动，特别鼓励女孩成为有能力、自信的人。

**非发展适宜性教育：**如果早期环境过于以成人为中心、受到成人的控制，那么儿童就会产生一种无助感。

**案例：**成人站在儿童的旁边，确切地告诉他们该做什么、每个动作会产生什么结果。在成人看来，课间的自由玩耍很有趣，但浪费了宝贵的时间。成人认为，儿童没有学习的能力或兴趣，因此必须通过成人控制的课程来接受直接的教育。

**发展适宜性教育：**如果早期课程是个性化的、以发现为导向的，那么儿童就会把学习看作积极的追求，把知识看作可创造的东西。他们的学习动力是内在的好奇心，而不是来自父母和教师的压力。

**案例：**幼儿教育专家使用有吸引力的材料来调动孩子的感官，邀请孩子舞动肢体，通过有趣的活动来学习。他们会创造一个情境，吸引幼儿探索、发现并试着爱上学习。

**非发展适宜性教育：**如果早期的行为榜样在口头交流时主要局限于批评和命令，那么处于语言发展关键期的儿童可能会在词汇、语法和表达能力的发展上受到阻碍，而这些都是其未来学业成功所必需的。

**案例：**成人使用陈词滥调、讽刺的话语和无意义的威胁，例如："快跑，你真的马上就会成功！""闭嘴，坐下！""嘘，我不想听到你的声音！""大家都不许动。""你最好挺直腰板，好好表现。"这些专横的命令不需要任何批判性思维或语言表达的回应，只需要盲目的服从。

**发展适宜性教育：**如果早期的行为榜样在口头交流时冷静、清晰、准确、富有表现力，或者积极响应并支持儿童尝试表达自我，那么儿童就可以在交流技能的发展中茁壮成长，为以后的学业学习奠定基础。

**案例：**成人使用有意义的因果陈述，描述实际事件或结果，以及表达诚实的情感。成人的话与实际情况相关，例如："如果你站在滑梯的顶端，那么你可能会摔倒。""如果你伤害了吉纳维芙，那么下次她可能就不想和你玩了。""我们上完厕所后要洗手，从而防止细菌的传播。""你必须在图书馆里慢慢地、安静地走，因为其他人正在读书。""当我看到书页全被撕掉的时候，我感到很难过。"儿童被期望思考、理解、预测和评价行动与反应。儿童通过成人的表情来接触具有描述性的和详尽的词汇。

如果早期教育者主导互动，那么家长可能会感到不舒服，不愿意谈论他们的需要和关注（Dennis & Giangreco，1996；Gudykunst et al.，1996）。霸道的教师作风可能会冒犯传统的西班牙裔、美国原住民和亚洲家庭（Bruns & Corso，2001；Gonzalez-Alvarez，1998；Joe & Malach，1998；Schwarz & Ross，1995）。随机应变地利用社区资源和使用翻译的技能对早期教育专业人员来说变得越来越重要。通常，教师需要社区志愿者、家庭成员、计算机技术人员或精通家庭主要语言的专业人员来回答和解决问题，才能与不同的家长顺利沟通（Ohtake，Santos，& Fowler，2000）。我们要做一个感情细腻的、有礼貌的倾听者，打开心门，理解来自其他文化的人的需求和期望。

## 5-5　尊重文化差异

接受文化差异需要承认和**尊重**。虽然很少有人公开承认自己有偏见，但大多数人在某种程度上都自觉或不自觉地对人群进行某种程度的归类：男孩好斗、法国人浪漫、肥胖的人快乐且善良。有些归纳显然是毫无根据的，而另一些则由真实情况衍生而来——但在某种程度上，每一个结论都是错误的。在这个世界上，有温柔而不好斗的男孩，有土里土气的法国情人，有暴躁而刻薄的胖子。

每个人都希望有人能够欣赏我们内在的特殊品质和我们所代表的一切可能性。

尊重意味着能被看作一个独特的个体，而不是成为某个更大群体的刻板印象的现实写照。在所有的文化和身体差异的表象之下，我们都只是人。我们都想要食物、舒适、安全和满足；最重要的是，我们还想要被重视和尊重所带来的归属感。

我们可以敦促孩子们养成良好的行为习惯，同时让他们清楚地知道，我们接受并尊重他们本来的样子。有时成人会给儿童贴标签："瓦妮萨，你太糟糕了，看看杰里米有多棒。”这为那些外表或行为不同的人树立了同一个刻板的榜样。我们可以说：“瓦妮萨，打人会伤害别人。请用言语代替小手。”通过这种方式，我们可以帮助瓦妮萨区分不可接受的行为，还不必把她归为“坏孩子”。

### 芭芭拉的特别礼物

在密苏里州圣路易斯市，一位名叫芭芭拉·汤姆森（Barbara Thomson，1989）的幼儿园教师创设了一个奇妙的活动，帮助儿童学习不要过早下结论。在圆圈时间，她向全班同学展示了两件礼物：一件礼物很大、包装精美，上面装饰了一个华丽的蝴蝶结；另一件礼物又小、又丑、又脏。

芭芭拉让儿童选择想要的礼物。当然，他们都想要那个又大又漂亮的盒子。让他们吃惊的是，漂亮的盒子里装着肮脏的香蕉皮、旧汤罐和苹果核——全是垃圾，一点也不好吃！又小又丑的盒子里装着为全班同学特制的美味佳肴。当他们吃着美味的自制曲奇时，芭芭拉向儿童提问关于这次经历的问题。她谈到，就像盒子里藏的东西一样，人们也有“包装”。她问道：“如果一个真正善良的人被又丑又坏的衣服‘包裹’了呢？那他还是一个很好的人吗？”

## 认识大脑

### 我们可以从神经科学中学到什么？

贫困常常会破坏儿童发展中的大脑。

1. 家长和其他照护者是婴儿所处环境中的精髓。他们的保护、培养和刺激塑造了婴儿大脑的发育（Marshall，2011；Paulussen-Hoogeboom，Stams，Hermanns，& Peetsma，2007）。

2. 近 90% 的大脑发育发生在 5 岁之前（Marshall，2011；Twardosz，2012）。

3. 与环境中的人和物互动让婴儿的大脑产生连接。重复互动可以加强和改善连接（Marshall，2011）。

4. 婴儿天生就有一种不可抗拒的探索和学习的冲动（Fischer-Shofty，Levkovitz，& Shamay-Tsoory，2012）。

5. 大脑发育的能力既能让生命的最初几年丰富多彩，也能使儿童更容易受到伤害（Marshall，2011；Sroufe，2005）。

6. 儿童在所处社会和物质环境中所经历的事情，会增强或抑制其与生俱来的潜能的发挥（Thompson，2001）。

7. 长期的压力、不适当的护理和剥夺会对幼儿神经感觉系统的发育造成永久性损害（National Scientific Council on the Developing Child，2005；Sroufe，2005）。

8. 与所处环境安全、富足的儿童相比，在充斥着贫困、不安全食品和社区暴力压力的家庭中长大的儿童，词汇量通常更有限，注意力、毅力、冲动控制和合作精神方面也不发达（Hammack et al.，2004；Isaacs et al.，2008）。

9. 许多儿童所处的环境不能充分促进其大脑发育。这会限制大脑的容量，并可能对知识和技能的发展产生终身的负面影响（Fischer-Shofty，Levkovitz，& Shamay-Tsoory，2012；Hawkins et al.，2008）。

10. 投资早期教育可以预防或解决阻碍儿童发展不平等的现象（Poplin & Soto-Hinman，2006）。

11. 发展适宜性教育有助于儿童形成关键的社会技能和思维习惯，为其在学校和生活中的成功奠定基础（Thompson，2001）。

12. 关于成长中的大脑如何学习的新研究证实了 NAEYC 的建构主义方法的价值，即环境的设计是为了获得学习者的注意，与其先前理解的内容之间形成有意义的联系，并通过积极解决问题来强化记忆（Schiller，2001；Rushton & Larkin，2001；Ramey & Ramey，2004）。

成人也应该考虑文化接触的其他方面。例如，家里的电视上有许多不宜儿童观看的内容，所以要密切关注电视。幼儿不应该接触电视，除非删除所有的商业广告，并根据本章前面提出的反偏见检查表来预览和筛选内容。

幼儿应该学习像警察（police officer）、邮递员（mail carrier）和修理工（repair person）这样的用语。教师、医生、护士和秘书都应该被称为“他”（he）或“她”（she），而不是形成所有的医生都是男人，所有的秘书都是女人的刻板印象。儿童可以学习西班牙语或斯瓦希里语的童谣和歌曲，也可以学习英语的童谣和歌曲。提供的食物应能够让儿童感知不同国家和区域的菜肴、各种烹饪食物的方法以及与食物有关的传统和仪式。

有些人明显地偏爱女孩或男孩。我们无意识地让女孩和男孩对立。我们会说“男生可以先走，因为女生想做的就是聊天、聊天、聊天”，或者“男生去玩，女生不像你们会到处惹麻烦”。请记住，我们并不是在假期里游览多元文化之地，然后回家后又一切如常的旅客。为了有效的儿童引导，我们必须把教室变成文化多元主义的天堂。我们正在创建一个小小的民主社区，在这里，所有的人每天都被尊重，每天都有尊严！

到 3 岁时，儿童就可以识别和区分不同的肤色（Aboud，2008；Bigler & Liben，2007；Katz，1981，2003；Landreth & Johnson，1953；Morland，1972）。婴儿和幼儿对细微的肢体语言、声调、面部表情以及人与人之间的差异非常敏感。成人可能会无意识地对有着相似种族和宗教背景的人做出更热情的回应，而冷落那些有着不同背景的人。有时，当我们处理日常事务时，不同文化背景的人就会被我们忽视。也许我们正好路过那个坐在轮椅上的办公室经理，或者那个我们一直认为是护士的非裔美籍女医生。参见正面引导焦点 5.7。

### 正面引导焦点 5.7　评判他人时三思而后行

**思考什么**

1. 你是否发现自己对某个孩子或家长抱有负面的想法或感受？

2. 家长是否有与你不同的价值观、期望或沟通方式？孩子的穿着、语言或行为举止是否让你觉得陌生或冒犯？

3. 你是否已经采取措施，对项目的文化敏感性进行评估？不同背景的儿童是否有适应的困难？

**做什么**

1. 尊重每个家庭系统的独特性。重视每一个孩子和家长。

2. 请记住，一个家庭的文化差异可能与他们的种族、民族、宗教、国籍、地域性传统、年龄、贫富、能力、性别或其他文化差异有关。

3. 不要告诉家长他们的观点有什么问题，要积极倾听，让家长参与到项目中，并始终尊重他们。要承认他们的价值观、先前的经验和文化知识。了解家长的长处并给予其机会，让他们发挥自己的长处，从而获得认同和领导力。

儿童要亲身体验真实的发展适宜性教育学习活动。儿童无法通过被告知信息来好好学习。每个孩子都需要相关的多元文化体验。这种体验可以使班级在多样的学校环境中实现真正的**文化多元主义**。

## 5-5a　我应该知道什么才能更体贴有不同文化背景的人们?

最好有一个辅助记忆的简洁的文化待办和禁止事项清单，这样你就不会冒犯到有不同文化背景的家长或同事。不幸的是，生活并没有那么简单。

尽你所能地了解其他群体的文化方式当然很好，然而，个体是独特的，文化中存在着巨大的多样性。总是给特定的文化群体归纳共同特征，往往会产生刻板印象——我们当然不需要更多的刻板印象。

部分具有相似文化背景的家庭会有一些相似的倾向或文化特征，但不是所有的家庭都这样。例如，非裔美籍人和印第安人家庭往往高度重视亲属关系的文化价值。他们在很大程度上依靠家族成员和朋友来照顾孩子，依靠他们提供经济援助、建议和情感支持（American Psychological Association，2003；Dykeman et al.，1996；Lum，1992；Tower，1996）。在通常情况下，姑母、祖父母、朋友，甚至是哥哥姐姐都会为儿童提供基本的照顾。

拉美裔家庭经常通过拥抱和亲吻来表达社交热情，还可能会把其他文化的冷淡误解为拒绝（Benitez，2007）。拉丁美洲、亚洲和太平洋岛国家庭也非常依赖家族。亚洲、太平洋岛国和美洲土著家庭在做决定时，可能依靠严格的家庭等级制度。拉丁美洲家庭内的决定可能主要由父亲做出，因为他所处的文化给予其家庭地位和相应的责任。

宗教对于许多文化中的成员来说都很重要。南部非裔美籍家庭尤其指望教会社区提供精神食粮。拉丁美洲的主要宗教——天主教，是支持和安慰的深层来源（Benitez，2007；Rose & Meezan，1996）。印第安人对自然有强烈的精神感受，并且坚信他们必须与地球和谐相处。亚洲人和太平洋岛民的宗教信仰差异很大，但通常有一个共同的信念，即命由天定。

印第安人非常尊敬祖父母。亚洲的祖父母有时在养育儿童方面拥有最终的决定权（Tower，1996）。有些印第安儿童认为，在成长的过程中必须抑制自己的情绪（Lum，1992；Mcmaster & Trafzer，2008）。让儿童感到羞愧是亚洲家庭管教孩子时使用的传统策略（Tower，1996）。

来自各种文化背景的家长和教师都可以试着礼貌地交谈，也许还可以一起交流、了解更有效地达成儿童引导目标的方法。

## 5-5b 我会如何与来自不同文化的家长相处？

以下是给教师的文化建议，旨在引导他们表现得彬彬有礼，并避免尴尬的情况。无论如何，你都可以试试这些建议。没有人会不喜欢礼貌的人。但是请记住，你在现实生活中遇到的是复杂的人，这些建议可能适用，也可能不适用。你仍然要了解所遇到的独特个体，了解他们的文化期望和真实需求。

（1）越南人与人打招呼的手势是伸出胳膊、手指朝下并摆动手指。

不同文化之间的肢体语言差异很大。使用错误的手势，就会导致误解和尴尬。例如，拇指与食指圈起来的手势在美国表示“可以”，在墨西哥被认为是粗俗的，但在日本是表示金钱的手势。美国人用来招呼人的手势（手掌向上，手指移动）被越南人认为是粗鲁的。因为在他们的文化中，这种手势只用于招呼动物。为了安全起见，我们最好不要经常用手掌向上的手势招呼来自另一种文化的人，也不要用食指指指点点。在世界上的许多地方，这些手势并不礼貌，因此人们会选择其他的手势，比如手掌朝下、轻点下巴或摆动手掌等方式来打招呼。

（2）当和拉丁裔家长讨论孩子的负面行为时，不要用手指着孩子。

我们本来就不应该在孩子面前讨论引导问题，但如果你必须这样做，那么在讨论过程中不要对家长（尤其是拉丁裔家长）指手画脚，否则你可能会冒犯他们。

（3）在一些非裔美籍人的文化中，当儿童受到训斥时，他们应低下头，避开视线。

当然，要求任何一个孩子在你纠正他（她）的时候看着你的眼睛，绝对不是正面的引导。但是，如果一名非裔美籍儿童的文化要求，即使在积极的互动中，也不能直视成人的眼睛，那么逐步地、积极地鼓励儿童朝这个方向发展，可能会让他在多元文化的环境中变得更舒适、更成功。

（4）即使教师不是出于侮辱的目的，但当许多非裔美籍家长看到教师抚摩幼儿或大一点的孩子时也会感到不安。

由来已久的歧视历史可能使非裔美籍人变得十分敏感，甚至有点不信任他人。在走进学校时，看到成人把手放在孩子的身上，会让许多非裔美籍家长感到不快。他们的注意力集中在孩子的身上，心中响起了警铃。

发展适宜性教育包括幼儿和教师之间温暖、深情的互动。有了尊重、耐心、努力和时间，教师和家长之间就会建立起牢固的信任关系。在看到教师用适当的方式触摸孩子时，这种信任会让非裔美籍家长更容易适应。

（5）在世界上的许多地方，例如亚洲、东欧、中东和泰国，向别人展示脚底或鞋子被认为是不礼貌的。

在文化混杂的环境中，你应该避免跷二郎腿、让别人看到鞋底。这是一件小事，但可能会产生很大的影响。我们要确保儿童每天把衣帽间里的鞋子放好，永远不要让儿童互相扔鞋。

（6）从亚洲人手里拿东西或把东西递给亚洲人时，要用两只手；用一只手是对其不尊重的表现。许多亚洲人也会用双手握手。

当亚洲家长自豪地给你一张名片时，你应该用双手优雅地接过来；如果你有名片，也把你的名片给他们。在亚洲的许多地方，名片能够代表一个人，应该受到尊重，不要只是把它扔在你的桌子上。

也许不是收到名片，在面对尿布袋时，你也应该用双手接过，以示礼貌和尊重。为什么不用两只手而用一只手来展示孩子的作品呢？

（7）当你和来自另一种文化的人建立关系时，不要着急。中国有句古谚说："三思而后行。"

美国人往往不太重视建立关系，而是注重速度和效率。这可能会让一些人感到困惑和不安，因为他们的文化更强调礼貌，而不是为了尽快完成任务而匆匆忙忙地完成工作。幼儿教育者可以稍微放缓脚步，使与家长之间的互动更具个人化。

（8）在许多文化中，年长者在家庭中更受尊敬、更具领导力。

记住，孩子与父母会非常尊敬家庭中的祖父母和曾祖父母。我们不能因为老人没有积极参与交流就忽视他们。如果可能的话，请在需要时带一个翻译。但最重要的是，我们要对长者表示承认和尊重。

（9）美国原住民家庭可能对感恩节的庆祝活动持消极态度。

一些美国原住民家庭不喜欢感恩节的庆祝活动，因为感恩节是纪念欧洲人来到北美的节日。美国原住民并不一定希望庆祝那些导致他们的同胞被杀害、文化被摧毁的事情。

每个家庭的独特的宗教和文化观点都应得到尊重。有些文化禁止食用其他文化中常见的食物。有些宗教禁止庆祝生日。

通常美国原住民都有宗教信仰，包括对人与自然的关系的精神崇拜。例如，有的观点认为动物只有在出现的季节才应该被提及，在它们冬眠或迁徙的时候说起它们是失礼的。

（10）中东的许多文化认为左手是不干净的。

阿拉伯文化中的人更喜欢用右手。此外，他们避免用左手打手势。在阿拉伯社区，人们会站得离谈话对象很近。竖起大拇指在美国是“干得好”的意思，但在整个阿拉伯国家，这是一种带有冒犯性的手势，所以一定不要用。

（11）许多中东宗教禁止男性与女性握手。

简单的点头和“嗨，你好吗？”，或者“谢谢，很高兴见到你”就可以替代握手。如果中东男性愿意握手，那么他们会主动伸出手。

今天的多元化教室为学生们提供了接触当地和世界各地文化的机会。开放的思想和心态有助于教师掌握远近文化的细微差别。

## 5–5c 这些技巧可以帮助我避免在文化上冒犯他人吗?

不幸的是，不可以。世界是一个非常非常大的地方，现今的城市设计让文化背景可以无限组合在一起。你可能需要一个百科全书般的列表来记住所有可能的方法，才能避免在文化上冒犯或混淆来自另一个背景的人。

除了面对不同于自己的语言和民族文化，你还可能会遇到聋人，遇到有能力、宗教、社会经济、家庭结构差异的家长和子女，遇到男同性恋、女同性恋、双性恋、变性父母和收养家庭，遇到世界上不同地区独特的生育习俗（De'Melendez & Beck，2010；Sparks & Edwards，2010）。

唯一真正可靠的工具不是一堆死记硬背的“窍门”，而是诚实、直率的关心——非常细心地确保家长们感到舒适。我们可以以一种真诚的、没有威胁的方式对家长说一些话，例如：“我不熟悉你们的文化，但我想确保在照顾和教导你的孩子时尊重你们的文化。”“请告诉我们一些需要注意的有关孩子的特殊事宜，从而帮助我们把工作做得更好。”“我们通常是这样吃午饭的，你觉得这样舒服吗？”“我们怎样才能更支持你和你的孩子呢？”

我们必须仔细倾听和观察家长的肢体语言，深思熟虑，判断家长是否感到不适、冒犯、震惊。我们必须敏感地察觉这些感受，并努力地寻找它们，同时与家长展开积极的交谈。人们在表达感情时往往会犹豫，尤其是当这些感情与文化差异相关时。我们应处理好这些感受，这样潜在的问题就可以以可接受的方式得到解决。

## 5–5d 尊重家庭的宗教信仰和习俗

除非已告知家长某个项目是宗教性的，否则教师应在不教授任何宗教观点或教义的宽容和尊重的环境中，重点支持多元文化学习。然而，教师应该允许儿童表达自己的信仰和传统，不能指望儿童来学校时会把他们的精神世界抛在门外。

儿童自由表达自己的精神情感和信仰与教师在未经家长事先知情和同意的情况下引导儿童形成信仰之间有着明显的区别。例如：允许孩子有祷告的自由，是非常恰当的；在未经家长事先知情或同意的情况下，教导儿童如何祈祷是不恰当的，是对信仰不同的家庭的歧视或不尊重。

发展适宜性教育倡导尊重个人信仰和习俗。每个家庭都是独特的，就发展适宜性教育项目而言，每个家庭的信仰和习俗对这个家庭来说都是特殊的。通过内化对他人的接受和尊重，儿童能够学会一种重要的生活技能——从别人的角度看问题。

这是一个重要的社会性发展和认知发展的里程碑。

近年来，万圣节成为幼儿教育专家争论的焦点。家长们对万圣节的看法很强烈，原因有很多。他们可能喜欢万圣节，也可能出于种种原因，反对万圣节。例如：出于宗教方面的原因，把可怕的服装看作冒犯，害怕恶作剧带来的危险，或者干脆不喜欢针对儿童的商业行为。

教师们担心的是，教室里挤满了专注于糖果和服装的儿童，而教师们要管理他们的行为。教师们也可能担心，有时面具、服装会吓坏学步儿和幼儿。许多小家伙还无法区分戴着面具或化着妆的人是人类还是怪物。

发展适宜性教育项目以同样尊重的态度，考虑到了所有的儿童和家庭。因此，可以为学校的庆祝活动提供中立的选择，并确保其与所有的文化相关。例如，举办秋季服装活动或丰收节，既能够适应儿童认知和社会技能发展的需要，还可以取代传统的派对。

> 每个人都背负对穷人或富人、聪明人或迟钝的人、瘦骨嶙峋的人或肥胖的人的偏见。产生偏见是很自然的，超越偏见却是高尚的。
>
> ——作者不详

教师可以引导儿童用杂货袋、彩色美术纸、胶带、胶水和记号笔制作服装，以支持他们的创造性表达。发育成熟的儿童可以做面具和进行脸部彩绘。通过这种方式，教师可以邀请儿童在预定范围内表达个人的文化思想和传统。

只要有可能，教师可以将适当的材料和活动带进教室，并帮助儿童探索文化传统。在未经家长事先知情和同意的情况下，发展适宜性教育项目绝不支持或教授与宗教信仰相关的传统。教师相信家长能够决定什么样的宗教信仰对他们的孩子来说是正确的。教师关注的应该是基于民主核心价值观的基本规则：①保证安全，不要无故地伤害自己或他人；②尊重他人，尊重他人的权利、信仰和财产；③负责任，不要无故地损害共有财产或自然环境。

## 5-5e 如何帮助儿童克服文化过渡?

无论年龄如何，文化差异都会导致困难的适应和误解。儿童会感到压力、恐惧、尴尬和失败。如果儿童不能与周围人交流，那么这种感觉会愈演愈烈。他们拼命地想要融入学校环境，但是很难适应新的价值观和行为方式。参见正面引导焦点 5.8。

### 正面引导焦点5.8 给教师的文化过渡应对技巧

布朗芬布伦纳（1979，1995）认为，如果我们确保做到以下几点，那么每个人都能更轻松地应对文化过渡。

- 文化敏感性
- 与家长合作
- 人际沟通
- 对成功过渡的共同承诺
- 协作规划
- 家庭和学校共同决策
- 各方同意的明确目标
- 为孩子的过渡做准备
- 孩子首先是与他认识和信任的人一起完成过渡
- 家庭和学校之间持续的开放交流

风俗、气候和食物的变化也会令人困惑。如果一个孩子刚成为难民，那么他可能要在情感上挣扎着应对战争、创伤和死亡对其家庭的影响。他可能会困惑于关于守时、隐私和适宜的公共行为等文化观念的差异。他的父母可能会对美国的教师直呼儿童的名字感到震惊。他可能完全搞不清楚对男孩和女孩的期望是什么，以及他自己所期盼的与教师之间的关系类型是什么。他的教师抚摩他、拥抱他，又意味着什么？他可能没有相应的文化背景来理解玩伴的社交暗示。

幼儿护理人员可以通过采取一些重要的步骤，来帮助这个孩子和像他这样的儿童在幼儿教育项目中感到受欢迎和在家里一般的舒适自在。在任何文化中，儿童的名字都是其身份的一部分，所以学会正确地念名字很重要。如果孩子是聋人，那么教师就应该学会正确地写出孩子的名字。

询问家长你是否需要知道一些正确使用孩子名字的特殊要求。例如，在越南的文化中，姓在前，其后是中名，名在最后。如果读某个名字很有挑战性，你可以将家长的读法录下来，然后自己播放，直到能正确地复述这个名字。记住，我们的耳朵在婴儿时期没听过的声音，我们的大脑现在几乎不可能察觉到。所以我们必须非常努力地完成这项任务，像婴儿一样——一遍又一遍地听那个声音。

教师不应该为了让孩子的名字更容易发音就把它们英语化。我们不应该给儿童起外号。儿童及其家人的名字可能是他们来到这个国家后唯一保留的真正的文化财产。他们会感激所有尊重其名字的努力。你可以把确保班上的所有儿童（包括学步儿）都能互相记住名字作为目标之一。许多游戏和歌曲可以帮助儿童记住名字。我们可以在儿童的视线水平上张贴署名的艺术品，说出儿童的名字来邀请他们选择活动，讲一些包含儿童名字的故事。除此之外，教师还可以通过几百种方法在教室里提高儿童的姓名意识。参见正面引导焦点 5.9。

### 正面引导焦点 5.9 欢迎以英语为第二语言或其他语言的儿童

1. 带着新来的孩子到处转转，亲自把他介绍给其他儿童，或者让指定的儿童做这件事。

2. 赋予新来的孩子以特别的班级责任，让他觉得自己是班级的一部分。

3. 树立一个良好的文化接纳和尊重的榜样。

4. 提供情境化的、真实的学习。

5. 如果新来的孩子在一开始参与时感到不适应，让他先安静地观察。

6. 给新来的孩子找一个合适的学习伙伴。

7. 不要强迫一个新来的孩子说话；当他说话时，不要矫枉过正。

8. 学习新来孩子的母语中的一些单词和短语；对新来的孩子使用这些单词和短语，也把这些单词和短语教给其他孩子。

9. 根据需要来简化你的英语，用清晰、正常的语调慢慢地说。

10. 重复性的故事、歌曲和押韵可以让新来的孩子在学习新词汇时练习表达的节奏和模式。

11. 邀请新来的孩子参与角色扮演，探索逼真的情境，这样他就可以有乐趣地练习对话所需的语言结构。他可以在杂货店或医生办公室里进行角色扮演，也可以假装打电话给消防队。

12. 教新来的孩子参加集体活动或活动场所所需的词汇和技能。

13. 记住，“感觉自己的文化被学校和更大的社区重视和理解的孩子往往比那些感觉自己的文化被拒绝的孩子在学校里表现得更好”（Ashworth，1992，p. 14）。

教师可能会遇到一种尴尬局面：孩子的名字不能被很好地翻译成英语。例如，一个孩子的名字用他的语言读起来很好听，但与英语中亵渎或淫秽的词太相似。当遇到这种情况时，教师可能需要与家长交谈，了解他们能否考虑给孩子取一个昵称。在这种情况下，家长应该选择一个具有文化适宜性的昵称。如果家长珍惜孩子的名字，想要保留它，那么也很好。这样教师的责任就是确保在学校里其他孩子不会取笑他的名字。当然，教师也应想尽一切办法让孩子对他那美妙、光荣的名字感到自豪。这样他就会知道如何应对将来在校外可能发生的戏弄。

## 5-5f 文化如何影响成人的互动方式？

我们的互动方式（有时被称为控制方式）——权威的、专制的、放任的——由我们的文化背景决定。我们倾向于遵循父母或童年榜样的引导风格。然而，我们可以学习和有意识地选择更有效的引导风格。为了做出改变，我们必须相信心、思想和灵魂，相信新方法适合我们的文化信仰。

大多数人不会仅仅因为别人要求接受新思想就接受它。我们必须相信，基于自身的生活经历和世界观所选择的新做事方式有意义。所以，我们必须真正理解不同的引导方法如何帮助儿童。我们想知道不同的方法是否会让人感觉真实，增强家庭的力量，强化我们的课堂。努力改变根深蒂固的习惯值得吗？

本书阐述了为什么权威的、尊重的引导能培养儿童的胜任力、抗压力，使其准备好应付当今多元文化和全球经济的变化过程，以及如何实施正面的引导。你能决定什么适合或不适合你的文化视角。你能决定哪些是或不是你的教学风格的一部分。你和我承担了一个艰巨的任务，那就是必须致力于改变生活中不再需要的习惯模式。

也许我的母亲和祖母认为，棍棒教育能让我举止得体。我可以重新考量我所继承的文化遗产在今天的世界里是否有意义。长期的研究表明，严厉的纪律教育通常会适得其反，导致儿童做出更坏的行为，而不是更好的行为。

小时候，当我不小心洒了牛奶时，父亲会不假思索地吼我、骂我。也许这是因为他失业了，被生活压得喘不过气来，所以才会失控、脾气暴躁。我应该记住并尊重成长过程中的积极面，并决定放弃那些内化的、对儿童的发展没有帮助的模式。研究告诉我们，当将孩子视为有价值的人并与之对话时，他们会学会自我尊重。

一些文化传统从庆祝生活中的欢乐发展而来，另一些来自人们努力应对生活中的不幸。人类有足够的智慧来决定应该珍惜或抛弃哪些传统。有时候，我们只是需要停下来思考、反思和考虑其他的观点。

当你学习本书并努力改善对儿童的引导时，我希望你能努力保持开放的心态。你遇到的家长也许会对如何引导儿童持有不同的看法。如果家长要求在儿童调皮捣蛋时“打他屁股”，我们不应该表现出震惊或批判的样子。我们应该实事求是地解释发展适宜性教育的准则，使用不带偏见的语言，比如：“我可以向你展示一些我们在学校里帮助孩子遵守规则的做法吗？”

## 5-5g 文化如何影响一个人的学习路径？

不同文化背景的人的学习方法不同。有些文化背景的人对教育和教育者有一种崇敬之情。学习和知识是你虚心接受的东西。如果你想获得知识，那么你应该咨询教授、教师、家长或社区里明智的长者。我们不能预设学习者会创造知识。正如我们所知，纵观历史，许多知识都是由明智的长辈传给年轻一代的。

有些文化对待学习的方式截然不同。仅仅因为某些东西在传统上被认为是正确的，并不能使这些文化背景下的人们相信它们确实是正确的。如果他们想知道一些事情，那么他们可以组成一个焦点小组或智囊团。他们不会只问明智的长者，而应做调研。他们总是喜欢自己确认事情，相信学习是任何人都可以构建的。以这个世界的信息变化速度来看，我想我们的曾孙可能不再需要有“保质期”的教科书（当然是电子版的），就像一盒酸奶一样——最好在 2036 年 5 月 30 日前食用。

成长于这个多样化、快速发展的技术世界中的儿童，必须学会建构知识，否则就会陷入困境。如果你有幸与那些尊重教育和教育者的家庭交流，那么我希望你会珍惜这段经历。我永远不会忘记多年前教过的一名来自中东国家的 2 岁男孩。我被邀请到他家吃饭。令我惊讶的是，他的父母把我的相片像神龛一样放在了孩子的床头柜上。我的丈夫是一名新闻学教授。当收到一名国际学生偶尔发来的电子邮件时，他会特别开心。邮件总是以“尊敬的先生”开头。如果我们都尊崇教育、支持发展适宜性教育的教育方法，那该有多好啊。

## 5-5h 文化如何影响对社会角色的期望？

一个经常被忽视的且特别有趣的文化差异是个体对社会角色的期望差异（见图 5.2）。有些文化中的成员注重**凝聚性互动**。他们的文化背景使其能够考虑到亲属关系。他们倾向于实现集体或团队导向的目标。在强调凝聚性互动的文化环境中长大的儿童往往会承担起照顾家里其他儿童的责任。在成长的过程中，他们有一种强烈的感觉，即可以依靠亲属群体来满足情感和身体需求，所以他们往往非常依恋自己出身的群体。

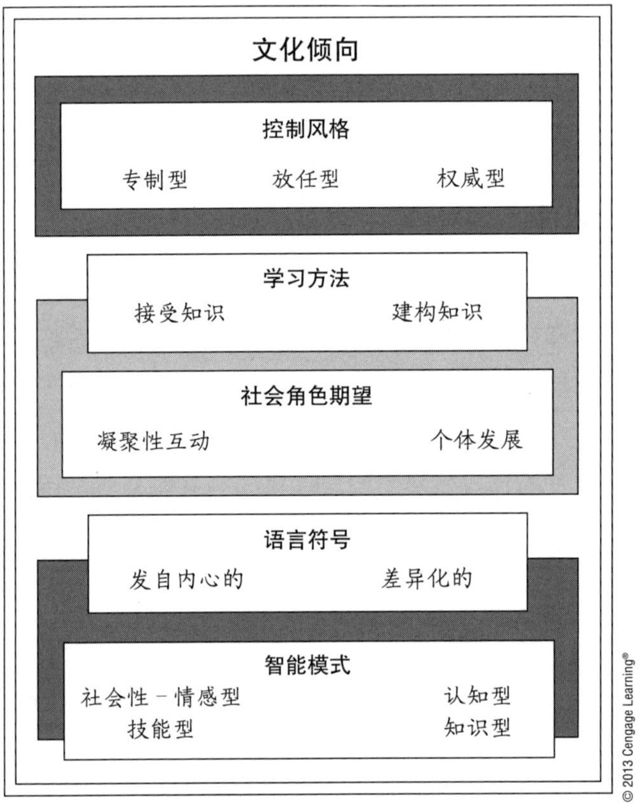


**图 5.2　文化倾向**

与收入较低的美国人相比，收入较高的美国人在花钱方面不那么慷慨，而前者却出奇地慷慨（Piff et al.，2010）。在社会角色期望趋向于**个体发展**和**实现**的文化环境中长大的儿童，往往不熟悉强烈的社区亲属关系。在这种文化中，强大的核心家庭纽带比广泛的亲属纽带更为普遍。家庭更倾向于依靠自身，不太可能向别人寻求帮助，也不太可能给予核心家庭外的其他人帮助。尽管家庭成员会做志愿服务工作或给慈善机构捐款，但他们很少了解邻居的需要或可提供给他们的帮助。儿童更多地参与个人的、有利于自我实现的工作和玩耍，没有照顾兄弟姐妹的责任。

在幼儿园里，一名有凝聚性互动背景的孩子可能会寻找一群孩子来积极参与游戏，有个体发展背景的孩子则可能对拼图感兴趣，会独自或与另一个孩子一起试图把它们拼起来。幼儿教育工作者面临的一个文化挑战是，帮助每一名儿童学习他人的一些文化技能，同时不损害任何一个孩子的独特能力。

在研究“迈向文化差异的第一步”（1989）的过程中，我观察到一些非常年幼的儿童会表现出惊人的关爱行为。我看到：来自低收入家庭的非裔美籍幼儿（大多数是女孩，但偶尔会有男孩）会从玩耍中抬起头，注意到一名学步儿的需要，然后马上放下自己正在做的事情来帮助学步儿。我在那些享有特权的、以白人为主的孩子身上没有看到同样的行为。

我们的目标是帮助那些适应紧密关系的儿童在学校里找到并建立强大的紧密关系，然后逐渐学会偶尔抽离并体验个人成就感。对于那些适应个体实现的儿童，我们的教学目标不仅要支持这个过程，还要帮助其学习如何在团队中发挥良好的作用。我们希望儿童能够体验自身需求让步于团队需求的情况，并获得成功。身处多元文化的环境中，将有助于这两种孩子找到他们需要的榜样，以获得更好的平衡文化和跨文化运作的能力。

身处多元文化环境会给予每名儿童以文化榜样，这样他们长大后就能在更广阔的文化圈中成功地发挥作用。

## 5–5i 文化如何塑造我们所使用的语言？

语言是文化的关键因素。显然，不同的文化群体使用不同的语言，即使不同的文化群体使用同一种语言，其使用方式可能也会有所区别。换句话说，你和你的父母可能都说英语，但是文化可能使你们用非常不同的方式来表达自己。众所周知，不同的地区有当地的口音和方言。除此之外，文化还塑造了语言背后的思维，以及这些语言如何构成有意义的交流。

为了关注重要的文化语言差异，我将语言的用法差异分为两组。我把它们称为**发自内心的**（直觉的）用法和**差异化的**（分类化的）用法。如果你听过我的演讲，你可以发现其中的差异（Miller，1989）。例如，如果你看到两个3岁的孩子在花园里挖土，你可能会听到下面的对话。

乔茜："嘿，我有鱼饵了！你找到鱼饵了吗？"

蒂姆："那是蚯蚓。我用蚯蚓喂我的乌龟，但它也吃青蛙和昆虫。"

乔茜："这是我的鱼饵……不要去喂你的乌龟。我要去钓鱼，我要钓一条鲸鱼，它会吃掉你的乌龟。"

如果你认为孩子们的对话很傻，那么你就会错过一些关于乔茜和蒂姆的非常重要的见解，以及文化涵化如何建构他们对于语言的使用。两名儿童在发现蚯蚓时都很高兴，但他们的用词却不相同。

乔茜在看到蚯蚓时，本能地感到开心，并记起与祖父一起钓鱼的感受。她直觉地知道湿乎乎和蠕动的蚯蚓的感觉、祖父钓到的鱼的气味、水溅到岸上的声音，以及她探索蚯蚓、看到鱼从水里冒出并被祖父的钓鱼竿上的长线拖到岸边的惊奇。

乔茜的家里没有人花很多时间专门为她了解到的对象命名或贴标签，所以她也不会想到为蚯蚓命名。她脑海中浮现的是她在钓鱼的过程中接触蚯蚓时听到的"鱼饵"一词。"鱼饵"不是与干巴巴的、死记硬背的记忆心理相联系的，乔茜是在丰富的社会和情感经历中学会的。

蒂姆肯定知道鱼饵是什么，但他的思维方式倾向于分类化的。他立刻想到蚯蚓是他的乌龟吃的一种食物（蚯蚓、青蛙和昆虫）。如果你让蒂姆说出三种不同的蠕虫，他可能会想到蚯蚓、粘虫糖和《海绵宝宝》里的卡通蠕虫。

乔茜可能对蒂姆将她手里的蚯蚓和糖果、卡通人物组合在一起的联系感到很困惑。她的大脑在文化上与蒂姆不一致。当然，蒂姆的大脑在文化上也与乔茜不一致。乔茜精力充沛，戏剧性地排演了一次想象的钓鱼之旅。在这次旅行中，她捉到了一条吃了蒂姆的乌龟的巨大鲸鱼。蒂姆哭了，乔茜却觉得很困惑。

蒂姆的大脑已经准备好通过婴幼儿时期语言的文化涵化来无意识地、自动地区分类别。他的父母经常给他指出物体，说出名字，指出它们之间的联系："看……大象有长长的鼻子，而长颈鹿有长长的脖子，它们都生活在丛林里。那么牛和鸡生活在哪里呢？"

蒂姆的文化背景使他成为一个特别能干的应试者。在传统上，测试是由具有蒂姆这种文化背景的人编写和制作的，这种方式对他有益。乔茜的文化背景使她特别有能力基于生活经历表达自己的情感。如果他们在童年积累了跨文化经验，那么他们的能力都会得到提高。

## 5-5j 文化如何塑造我们的智能取向?

不幸的是，一些教师和家长可能会错误地认为蒂姆比乔茜聪明。他们可能没有意识到的是，智力有很多种，乔茜和蒂姆有不同的能力和潜力。乔茜决不应该被认为比蒂姆差。这个世界需要各种各样的、有独特技能和能力的人。

霍华德·加德纳（Howard Gardner，1983）解释说，个人智力的一个重要组成部分是**社会情绪智力**（参见第 11 章）。帕姆·席勒（Pam Schiller，2010）将情商描述为七种相关的情感和社交技能。她阐述了这些技能如何为生活中的成功和幸福打下基础。

列夫·维果茨基是一位苏联心理学家，强调了假装游戏作为儿童学习方式的重要性。他非常关注社会学习。他所描述的内容现在通常被称为**真实性学习**（发生在真实的生活环境中的学习）。维果茨基认为，所有的高级认知功能都起源于社会交往。如我们所知，从孩童时期开始，学校就经常反对学生之间的社交互动（"停止说话，看看自己的作业"），有时甚至反对学生与现实世界的互动（"不要往窗外看！你的眼睛应该盯着黑板"）。

现在的教学方法通过各种改进——如操作感官学习材料、合作学习、个性化学习、更灵活的时间表和同伴辅导——已经带来了新的成功。例如，同伴辅导使儿童有机会发挥领导力，并在社会交往中分享学习经验（Spielberger，2004）。在课堂上使用发展适宜性教育的方法，对于来自不同文化背景、学习风格迥异的儿童来说，学习会更有意义。

如前文所述，提高自我意识、发展良好的人际交往能力有助于个人减少偏见，加强不同文化之间的合作。通过帮助多样化的儿童群体学会一起协同工作和游戏，我们能让世界变得更美好。

## 总结

1. 文化是父母传递给孩子的信仰和行为模式。

2. 最好结合家庭和社区的社会和文化背景来理解儿童的发展。

3. 无条件地接纳儿童及其家人是走向开放交流的第一步。

4. 幼儿教育专家基于种族、性别、宗教、经济地位、价值观、国籍或能力差异的歧视是不道德的。

5. 民族中心主义者常常声称自己思想开放，但他们可能会认为其他文化的特征毫无意义，在道德上是错误的、滑稽的或者是奇怪的。

6. 多元文化教育不是一个学科领域，而是一条始终贯穿于所有课程领域和日常生活的线索。

7. 偏见会伤害儿童，损害他们的发展。

8. 无论年龄如何，文化差异都会导致困难的适应和误解。

## 关键术语

**文化**（culture）：在一个社会中，父母传递给孩子的传统观念和行为方式；特定一群人的信念、习俗、做法和社会行为，这些人共有的信念和做法可以确定他们所属的特定国家、宗教、性别、种族或群体。

**文化能力**（cultural competence）：了解不同的文化、日常生活、文化价值、规范和传统；无论人种、种族、宗教、能力、原籍国、经济状况等如何，愿意以适当的尊重对待他人。

**文化涵化**（enculturation）：文化教给儿童其规范和价值观的方式，以便儿童成为该文化所承认的成员。将文化传授给儿童的过程不仅需要通过直接的引导，还需要通过儿童自幼年起每天的文化观察和体验来实现。

**肢体语言**（body language）：人们用来言语交流或代替言语交流的手势、面部表情和身体姿势。

**文化冲击**（culture shock）：一种困惑、疏远和沮丧的感觉，可能由人们最初沉浸在新文化中产生的心理压力而引起。

**人类生态学**（human ecology）：这个理论认为人的发展不是孤立的，而是与其家庭、家族、学校、社区和社会相关。每一个不断变化的多层次环境，以及这些环境之间的相互作用，是人类发展的关键。

**文化背景**（cultural context）：特定文化事件、行动、行为或形象存在的情况或环境。行为、事件和行动可以有不同的含义。这取决于它们的文化背景。

**嵌套结构**（nested structures）：个体的互动体验——家长及他们的工作场所、社区、社会、学校和经济如何相互作用和影响儿童。

**无条件接受**（unconditional acceptance）：接受某人为有价值的人的过程；没有任何附加条件的认可和欣赏。

**个人互动**（personal interaction）：一种互惠的社会活动，个体应该对另一个个体表达真正的兴趣和尊重。

**偏见**（prejudice）：顾名思义，偏见是对某人产生预先判断的过程。种族偏见包括对一个种族群体的消极态度、看法和刻板印象。尽管存在相互矛盾的证据，但这种偏见却难以改变。

**种族主义**（racism）：种族偏见和歧视的结合。种族主义者固执地认为，个体差异由生理因素决定，因此是不可改变的。种族主义不是存在于真空中的，而是通过社会、文化和制度实践来实施和加强的。这些实践认可了一个群体对另一个群体的控制权。

**性别偏见**（sexism）：从历史上看，性别歧视一直被男性主导，并伴随着一种男尊女卑的想法。

**负面的刻板印象**（nagative stereotyping）：根据一种过于简化、标准化的形象或观念（通常是种族主义或性别偏见）对一个群体中的个体进行分类，却忽视个体的独特特征。

**歧视**（discrimination）：由于他人是某一特定群体的成员而做出对他人有害的行为；消极偏见的行为表现。

**文化适应**（cultural adaptation）：人类社会为更好地适应全球多样化环境而进行文化变革的过程。在快速变化的文化环境中，缓慢进化的适应可能不会产生影响或产生不良影响。

**被污名化**（stigmatized）：基于某些特定的特征而被贴上不受社会欢迎的标签；这样的标签会损害被污名化的人的自尊，并使他（她）在社会上被排斥。

**寻找替罪羊**（scapegoating）：想对他人造成伤害或不愿对自己的行为负责，将责任推给他人。

**群体认同**（group identity）：幼儿主要通过内化其家庭成员在界定谁“像我们”时强调的重要特征来构建群体认同。如果他们碰巧处于一个已经被整个社会贬低或侮辱的文化群体中，那么对幼儿来说，创建一个强大、积极的群体身份就至关重要。

**自我认同**（self-identity）：个体认为属于自己的一套特征，并构成他（她）的个性。

**媒介**（media）：传达信息和文化表达的材料。媒介可以通过纸张（书籍、杂志）、电影（视频）、计算机（云存储、互联网、播客、CD[1]、DVD或蓝光光碟）、电子线路或无线电波（电视、广播）等方式传递数据。

**道德**（ethics）：职业责任的理想和共同概念反映了一群从业人员的愿望，并确认了他们对所在领域核心价值的肯定，是旨在引导他们的行为和帮助他们解决在领域内所遇困境的基本原则。

**民族中心主义**（ethnocentrism）：一种根深蒂固的信仰（可能是无意识的），认为自己的文化比其他文化优越。固守自己的生活方式，对其他文化态度傲慢、不宽容。在通常情况下，外来的文化习俗被认为是不同的，而且是愚蠢、怪异、邪恶或不自然的。

**文化偏见**（cultural bias）：基于文化对某物或某人不公平的偏爱或讨厌。

**多元文化**（pluralistic culture）：（见文化多元主义。）文化多元主义促进每个群体不受干扰或偏见地保护和实行文化传统的权利。

**尊重**（respect）：尊重他人的权利和需要的过程，以礼貌的方式表达对他人的关心。

**文化多元主义**（cultural pluralism）：一个社区或社会内不同的种族、宗教和（或）文化群体和平共处。

**凝聚性互动**（cohesive interaction）：相互协作；团结一致，开展组织严密的集体活动。

**个体发展**（individual development）：一个与群体中的其他人不同的特定的人，通过改变、进步或改进，实现更高级的状态。

---

[1] 英文全称为Compact Disk，意思为激光唱片。——译者注

**实现**（fulfillment）：完全发展自己的能力和兴趣；一种从生活中得到想要的东西后获得的愉悦感。

**发自内心的**（visceral）：更多地出于本能而不是逻辑思维，以情感为特征的或表达情感的。

**差异化的**（differentiated）：两种或两种以上事物之间明显的和分类上的区别。

**社会情绪智力**（social-emotional intelligence quotient，EQ）：一个人的自我意识、情绪管理、自我激励、同理心和对内心感受的理解程度。

**真实性学习**（authentic learning）：从学习者之间的关系和特定环境的特性来解释认知的一系列研究工作。真实性学习（或“情境认知”）研究的重点是在现实环境中研究复杂的学习、问题解决和思考。

## 学生活动

1. 随机收集 12 本儿童图书，并回答以下问题：

 a. 翻翻书，数数书中出现的面孔。列出所有你认为不同的种族。你的书中出现的种族比例是否得当？

 b. 翻翻书，看看是否出现了有能力差异的人。你找到了吗？

 c. 书中有任何扮演非传统角色的女性吗？

2. 列举出 3 种安全但具高感知度的物体或活动，你可以把它们带入幼儿园的教室里，帮助儿童理解和欣赏不同的文化。例如，在课堂上做玉米饼是一种文化活动，可以刺激味觉、嗅觉、触觉和视觉。你会如何向幼儿展示这些物品或开展这些活动？

3. 弗雷德是一年级的新生，今天他从另一所学校转到你们班。他是一名有着不同文化背景的、害羞的、俊俏的孩子，但碰巧他的面部有一个很大的、几乎覆盖了半张脸的胎记。你怎样才能让弗雷德成功地融入班级的学习者共同体，并防止他受到歧视呢？

## 相关读物

Sparks, L., &J. Edwards. (2010). *Anti-bias education for young children ourselves.* Washington,

DC:National Association for the Education of Young Children.

Vazquez, C. I. (2005). *Parenting with pride Latino style:How to help your child cherish your cultural values and succeed in today's world*. New York:HarperCollins. (Also available in Spanish. )

Wright, M. (2000). *I'm chocolate, you're vanilla:Raising healthy black and biracial children in a race-conscious world*. San Francisco, CA:Jossey-Bass.

# 第6章 理解有能力差异的儿童

## 全美幼教协会标准

本章涉及以下全美幼教协会标准：

**标准 1　促进儿童的发展和学习**

1a　认识和理解儿童的特征和需求

1b　知道并理解影响早期发展和学习的多重因素

1c　利用有关发展的知识为幼儿营造健康、尊重、支持和具有挑战性的学习环境

**标准 2　与家庭和社区建立关系**

2a　认识和理解多样化的家庭和社区特征

2b　通过尊重的、互惠的关系支持和衔接家庭和社区

2c　让家庭和社区参与儿童的发展和学习

## 目标

在阅读这一章后，你应该能够做到以下方面：

6-1　确定引导有能力差异儿童的有效策略

6-2　介绍对有能力差异的儿童提供照护和教育的至关重要的法律和项目

6-3　列出各种健康状况的特征，并描述它们如何影响儿童的行为

# 6-1　如何引导有能力差异的儿童？

本章涉及有**能力差异**和**残疾**的儿童。为了有效地引导这些儿童及其同伴，我们需要了解能力差异如何影响儿童和课堂。通常，当理解孩子的问题基于身体、精神或情感而不是孩子的过错时，我们应对孩子的不当行为的能力会大大提高。孩子的野蛮、反抗或固执不是因为他们自己想成为那样。当理解孩子的诊断并有专业的信息来引导我们满足孩子的需求时才能对症下药。我们需要知道如何培养有能力差异的孩子（我们可能只能想象其中一些人面临的身体挑战）；必须学习如何与家长进行理性的交谈，并在讨论儿童的能力差异时避免犯令人反感或尴尬的错误；必须帮助正常发展的儿童变得敏锐，并对能力差异儿童保持开放的态度。

当我们认为儿童的行为方式可能存在某些未知的原因时，就应及时采取行动。我们要学习如何识别可能需要进行专业筛查的儿童，以确保他们的发育步入正轨；必须学会识别可能遭受虐待或忽视的儿童，以便适当的专业人员进行检查。

## 6-1a　有能力差异的儿童需要什么？

有能力差异的儿童与普通儿童一样有许多独特的需求。本章稍后将解决其中一些特别的需求。参见正面引导焦点 6.1。

### 正面引导焦点 6.1 培养有学习能力差异的儿童

1. 无条件地接纳。
2. 积极关注孩子可以做什么。
3. 与孩子合作设定有现实意义的目标，让孩子尽可能多地参与进来。
4. 支持孩子处理卫生、辅助设备以及其他可能产生的问题。
5. 帮助孩子应对由能力差异引起的情绪波动。
6. 认识到即使是能力差异较大的儿童表现得不好也需要面对后果。
7. 学会诚实和关怀地对待孩子的愤怒和恐惧，但在行为上设定合理的限度。
8. 注意面部表情、肢体语言、口语或手语，并让孩子知道你关心他的感受。
9. 请记住，尽可能像对待普通儿童一样对待有能力差异的儿童。
10. 与家长保持密切联系；请家长提出建议，以解决一些实际问题；和家长一起庆祝取得的进展。
11. 保留关于观察和儿童进步的书面记录。

有能力差异的儿童通常需要特殊的**包容性环境**，以帮助他们与普通儿童尽可能自然地互动、学习和玩耍。包容性环境非常重要，例如，提供特殊的设备或在环境和日程安排上有所变化，可以帮助有能力差异的儿童与同伴一起更好地生活。包容性环境可以简单到为发育迟缓的幼儿设计特殊形状的勺子，也可以复杂到帮助有**学习障碍**的三年级学生设计“发声”的计算机。

包容性环境使残障儿童有更好的机会适应并成功完成同龄人所做的事情。专业人士可以根据有能力差异儿童的特定需要专门设计包容性环境。有时，教师和护理人员也会运用常识来创造有用的包容性环境条件，以帮助儿童更好地应对周围的环境。

## 6-1b 我们为什么应该接纳有能力差异的孩子？

当我们遇到一名能力差异巨大的孩子时，大多数人都想当然地认为，在其他“特别”的地方值得我们特别处理这名孩子的不同需求。我们可能会感到准备不足或沮丧，因为这名孩子的需求比其他正常发育的孩子更多。为什么我们必须努力满足明显有能力差异儿童的需求？其实，我们提供包容性护理和教育有很多重要的原因。首先，在法律和道德上，我们有责任为残疾人提供服务。其次，我们可以通过帮助儿童在不同的情境中开展合作性学习和工作，为其提供最佳的学习环境。最后，接纳有能力差异的儿童会给他们一种归属感和被接纳感。通过包容和接纳，他们有机会向正常发育的同学学习适合其年龄的行为和技能。他们有机会练习适龄的社交技能，并与不同的同龄人建立友谊。

他们不仅有机会发展自尊，而且有机会发展对其他差异者的积极态度。援助应该是可得的。甚至私立的儿童保育中心和学校也可以帮助家庭找到公共资助的测试、治疗师、顾问、社会工作者或其他资源。尽管各个国家的资源和规定差异很大，但所有地方的社区都有义务向残障儿童提供支持，以确保他们获得均等的受教育机会。有能力差异的儿童需要家长和教师的支持，以获得潜在的服务。

## 6-1c 有能力差异的儿童需要发展适宜性教育吗?

与其他儿童一样，有能力差异的儿童也需要发展适宜性教育（Filler & Xu, 2006）。参见正面引导焦点 6.2 和 6.3。

### 正面引导焦点 6.2 支持有能力差异的儿童所遵循的发展适宜性教育

1. 每个孩子都因其存在而获得内在价值，应获得真诚的文化尊重。
2. 创设平静、和平、有序且最大限度地减少注意力分散的环境。
3. 定期精心设计满足孩子个性化需求的计划。
4. 细心观察和保持记录。
5. 提供合理但具有挑战性的期望。
6. 通过使用实物进行适合年龄的、真实的、多感官的活动，开发孩子的技能。
7. 让儿童按照自己的节奏形成个性化互动方式。
8. 清晰、简单地陈述期望的结果。
9. 给予积极、坚定的引导。
10. 持续跟进引导。

11. 支持健康的生活方式——减少压力、提供良好的营养、鼓励体育锻炼和保持充足的睡眠。

## 正面引导焦点 6.3 为什么包容性很重要？

包容性可以帮助有能力差异的儿童做到以下方面（Halvorsen & Neary, 2009）。

1. 体验多样化的社交互动。
2. 更好地理解对同龄人的期望。
3. 模仿正常发育的同伴，培养适龄的技能。
4. 与同龄人一起练习，提高社交技能和语言能力。
5. 体验包容而非排斥，发展自尊感。

包容性可以帮助正常发育的儿童做到以下方面。

1. 学会尊重人与人之间的差异。
2. 向有能力差异的儿童学习如何在逆境中有毅力和勇气。
3. 认识自己的优点和缺点。
4. 了解有特殊需求的儿童与其他儿童的相似之处。
5. 尊重在某些方面可能有所不同但在许多方面相同的其他人。

包容性可以帮助有能力差异的儿童的家庭做到以下方面。

1. 扩展关于儿童正常发育的知识。
2. 观察相应年龄儿童的技能和社交活动。
3. 获得更好地了解儿童的长处和短处的视角。
4. 减少孤独感，获得被包容感。

在特定情况下，治疗师可能会为某些儿童提供非常具有结构化的教学和引导建议，似乎与发展适宜性教育背道而驰。这些策略以每个孩子的认知、社交或情感方面的局限性为基础。任何能够以尊重的方式执行的策略都在发展适宜性教育中“满足每个孩子的个性化需求”的范围之内。任何侮辱、贬低或不尊重儿童的方法都不符合全美幼教协会或发展适宜性教育的伦理基础。

有时这些策略包括“强迫”具有一定能力差异的儿童执行任务，而不是让他们按照自己的步调前进。对于正常儿童，我们认为这在发展上是不合适的。我们相信孩子就像玫瑰花蕾，给他一些时间和一个养育的环境，他就会自然地“开放”。不幸的是，能力不足的境遇使一些玫瑰花蕾在没有“哄劝”的条件下无法绽放。如果没有持续不断的有力推动，那么一些有能力差异的儿童就不会进步。

## 认识大脑

### 我们可以从神经科学中学到什么？

支持有特殊需求的儿童的大脑发展。

1. 较小的日常压力是正常的，甚至是健康的。严重或长时间的压力会损害婴儿和幼儿的大脑发展（Sprenger，2002）。

2. 有能力差异的学生经常会因为以下原因而承受“有毒”的压力，因为他们：

- 感觉有所不同；
- 感到被社会排斥、侮辱或欺负（Tomlinson & Kalbfleisch，1998）；
- 应对能力受损（Davis & Gunnar，2000）；
- 被期望做他们实际上无法做的事情（Given，2000，2002）；
- 由于无法评估和计划适当的行动而经常与他人发生冲突（Sprenger，2002）。

3. 当有学习差异的儿童感到压力和困扰时，他们的大脑功能会降级到生存模式。在这种模式下，大脑无法积极地思考或学习。儿童可能会说或做他们知道是错误的但可避免面对压力情景的事情，也可能会拒绝合作（Caine，2000；Caulfield，Kidd，& Kocher，2000）。

4. 当一个孩子感到安全、得到支持和重视时，大脑就会发挥最佳功能（Jensen，1998）。

5. 当一个孩子感到不安全、不受支持或欢迎时，学习会被中断（Sprenger，2002）。

6. 大脑异常会影响孩子的组织、专注于任务、关注细节、保持警惕和控制情绪的能力（Brown，2007）。

### 6-1d 帮助孩子尊重有能力差异的人

儿童或者说人类，害怕未知。几年前，我在休斯敦自然科学博物馆里观察到一群家长带着孩子参观逼真的恐龙展览。展览的设计目的是让你感觉自己仿佛在黎明时分走进雾蒙蒙的原始湖泊，看到一堆巨大的恐龙聚集在一起寻找食物和水。孩子的身高只到这些牙齿如匕首般的怪物的脚踝，画面十分具有戏剧性！

当家长带着孩子参观展览时，我会关注孩子们的反应。那些不知道恐龙真假的孩子最让我感兴趣。许多学步儿哭着抱住家长，但是一些幼儿立即变得具有攻击性。那些有攻击性的幼儿（通常是男孩，也有一些女孩）通常会靠近恐龙，凶狠地将拳头伸向恐龙，发出他（她）最恐怖的咆哮和号叫，甚至有些孩子会吐口水。有几个孩子将手上拿的东西扔向恐龙，孩子们的反应让家长感到诧异。实际上，这些孩子不是在干坏事，只是在攻击焦虑源，应对自己的恐惧。

儿童变成另一个样子基本上都是出于相同的原因。不成熟的大脑告诉他们，这个人是不对的，没有按照人们期望的样子做。他们天生的**战斗或逃跑反应**使他们准备逃跑或试图用某种方式伤害他人。

我们可以通过知识和宽容替代这种恐惧，帮助儿童摆脱对异于常人者的恐惧。我们是教师，知道该怎么教。我们可以进行实地考察，使儿童接触有差异的人；提供有关能力差异设备的操作体验；让儿童阅读与能力差异相关的书籍。永远不要低估**阅读疗法**的力量。你可以发现许多发人深省、提高敏感性且令人放心的儿童读物。我们可以按能力差异、年龄水平和兴趣领域对这些书做好分类。参见正面引导焦点 6.4。

### 正面引导焦点 6.4 选择支持多种能力儿童的书籍

根据伊斯特尔·西尔斯·威斯康辛（Easter Seals Wisconsin，2008）的说法，书籍应做到以下几个方面。

1. 促进对有能力差异者的尊重和同理心。
2. 使用儿童的母语。
3. 促进理解和接受。
4. 将有能力差异者描述为一个完整的人，具有与同龄人相同的优点和缺点。
5. 提供有关能力差异的准确信息。
6. 关注有能力差异者与正常发育的同龄人之间的相似性。
7. 向有能力差异者展示其在社区中能够扮演的积极角色。
8. 描述全纳学校、工作场所和社区。
9. 描述不同种族、背景以及不同年龄的有能力差异者。

另外，书中不应该有以下表现。

1. 总是关注有能力差异者不能做什么，而不是能做什么。
2. 将有能力差异者描述为受害者或仅是好奇和怜悯的对象。
3. 将有能力差异者完成的普通动作和成就描述为“英勇的”。
4. 将有能力差异者描述为无助的或总是依赖他人在世界上发挥作用。
5. 使用让人难以接受的、与能力差异有关的语言。
6. 将有能力差异者描述为在学校或社区中没有积极作用的被动观察者。
7. 未能向人们展示有能力差异者参与适龄的活动。

## 6-1e 不同的外貌会影响孩子的生活吗?

有些能力差异是很隐蔽的，只能由医学专家来识别。有些能力差异非常明显，即使是在婴儿期或学步儿期也能让人立即意识到。外貌不同的儿童会面临非常特殊的挑战。

前段时间，我去孙女（3岁）的幼儿园看望她。当时，我的手臂上有手术支架。当我和她打招呼并和她拥抱的时候，我问她要不要向她的朋友介绍我，她原本灿烂的表情突然变得阴郁，说：“好吧，但是首先我得告诉他们你不是坏人。”我惊讶地说："亲爱的，为什么你的朋友会认为我是坏人？" 她低下头说："你知道，因为这个。" 她拍了拍我手臂上的支架。

我开始担心那些看起来跟常人不太一样的婴儿、学步儿和幼儿。从婴儿期开始，大脑就不断地感觉、感知和存储来自外界的信息。新生儿在出生后数小时内开始识别母亲的脸部（Sai，2005；Slater & Quinn，2001）。如果婴儿、学步儿或幼儿看到的人不符合自己所建立的预期形象，那么他可能会根据自己的年龄、性情和生活经历，表现出不同的好奇、恐惧、反感或厌恶。

一旦婴儿、学步儿或幼儿对人们应该长什么样子有固定的想法，那么当看到意想不到的面孔（例如小丑的脸）时，他就会尖叫和哭泣。甚至是戴着帽子或太阳镜的人也可能引起婴儿的不适。逐渐地，儿童认识到有不同外表的人不一定就是坏人，有不同外表的人也可以是好人。尽管许多幼儿（如果不是大多数的话）对穿着迪士尼服装的成人感到恐惧，但大多数年龄较大的幼儿和初入小学的儿童在看到迪士尼公主、米老鼠、唐老鸭和其他角色时会非常高兴。

在用轮椅推着我的妈妈去公共场所时，我会特别注意观察婴儿、学步儿和幼儿停下来盯着坐在轮椅上的人的现象。有趣的是，我看到婴儿车中的一个孩子盯着我的妈妈，试图理解自己的婴儿车和她的轮椅之间的联系。幸运的是，幼儿越来越多地看到坐在轮椅上的人，就越来越能将这种图像纳入平常的、可接受的事物的心理类别中。

全纳型早期教育项目的价值不仅在于让有能力差异的儿童生活在"现实世界"的环境中，为他们提出挑战，还在于让正常发育的儿童在成长的过程中知道，有能力差异的儿童也是有感觉的、需要被友善对待的真正的人。我们的任务应该是帮助儿童知道有能力差异的人可以成为我们的朋友。

外貌吸引力在社会中的作用已得到了充分的证明。研究表明，有外貌吸引力的个体在就业环境中具有优势，而且更有可能被判无罪（Rhode，2010）。这种美的偏见对幼儿的影响也很明显。研究告诉我们，不太了解相貌差异儿童的成人会更严厉地对待孩子，并认为孩子的能力不强（Langlois et al.，2000）。

外貌没有吸引力的儿童不会优先地被其他孩子当作玩伴，而他们的同伴和教师则认为他们不太友善。此外，教师认为外貌有吸引力的儿童比没有吸引力的儿童更聪明、表现更好（Hamermesh & Parker，2005；Langlois et al.，2000；Vannatta et al.，2009）。研究表明，婴儿、学步儿和幼儿认为脸部对称、有标志性的特征且没有什么与众不同的脸就是有吸引力的。

许多看起来对幼儿来说“最没有吸引力的”，实际上是那些有健康问题和有能力差异的人，而我们必须保护这些人免受歧视。每一个有与幼儿相处经验的成人都知道，他们对那些有异常的身体外观（例如，有严重的烧伤疤痕、面部异常或严重肥胖）的人是十分敏感的（Latner & Stunkard，2003；Lawrence et al.，2006）。

在儿童童真无邪的世界里，他们会公开表达对不寻常身体特征的反感。在对有明显异常（例如有面部烧伤疤痕）的儿童进行的采访中，大多数儿童说他们遭受了侮辱、欺凌和骚扰（Lawrence et al.，2011）。

无论我们的长相奇怪还是正常，肥胖还是瘦弱，有大鼻子还是卷头发（甚至是唱歌跑调），如果我们对婴幼儿友善，那么他们就会天真地、无条件地爱我们。但是儿童每天都受到电视、广播、杂志、电影、朋友和家人的信息轰炸。这些信息会暗示哪些是好的外表，哪些是不如意的外表。每一代人都在调整看待美好事物的眼光。莉莲·拉塞尔（Lillian Russell）是19世纪著名的“重磅炸弹”美女，体重达91公斤。但是现在这个重量却会使她被好莱坞拒之门外（Brown，1903）。

儿童从成人的信息中了解到，如果想看起来不错或受欢迎，那么就得身材苗条，皮肤白皙，五官对称，头发顺滑且有光泽。女孩不能太高，男孩不能太矮。他们从媒体中了解到英雄一般是高个子，并且有发达的肌肉；反派人物一般丑陋、皮肤黝黑且粗糙、有疤痕。

但事实是，有些外表美丽之人的内心根本不美丽，而有些外表肥胖、有疤痕和不对称的人更有聪明

Courtesy of Genevieve De Casero

儿童不能选择外貌。但是父母、教师、照护者和其他儿童对他们认为外貌更有吸引力的儿童更加友好和支持。相反，外貌没有吸引力的儿童没有得到很好的对待，还可能会被取笑、欺负、侮辱或排斥。我们应该超越表面的样貌，宽容地看待他人，这样我们才能由衷地赞美每个孩子的内心世界。

才智和爱心；有很多个子矮的人的内心和个子高的同龄人没有什么不同。

恐怖电影中拿着斧头的凶手的脸上常常有烧伤的疤痕或粉刺；愚蠢的人一般比较肥胖；聪明的英雄人物则是瘦的、健康的，皮肤也是白皙无瑕的。我们可以帮助儿童克服这些有害的刻板印象。为了防止歧视，儿童需要了解到，英俊的人并不总是很完美，有外貌缺陷的人可能真的很值得认识。真正了解他人的方法是看他们的内心，而不是外观。每个人都应该被视作独一无二的人。

> 你心中的假设是通往世界的窗口。要隔一段时间擦洗一次，否则光无法进入。
>
> ——艾萨克·阿西莫夫

## 6-1f 我应该如何处理戏弄和欺凌行为？

**戏弄**是童年期间不可避免会发生的事。一些戏弄是玩乐性质的，并且在儿童之间共享。兄弟姐妹之间可能会互相寻开心和纠缠，而父母对此感到忍无可忍。被戏弄的人可能感到非常烦恼，但有时它只是为了引起成人的注意，是“给予和接受”游戏的一部分。

但是戏弄会越界，变成具有伤害性的、卑鄙的和极具破坏性的**欺凌**。能力严重异常的儿童经常在社交上被排斥、侮辱和欺负。肥胖儿童可能会受到不同的对待。专业人员必须树立榜样，尊重所有的儿童。一名儿童的肥胖的原因很复杂，涉及生理、社会和环境因素等。责备孩子或家庭是残酷且徒劳的。

男孩和女孩之间的欺凌看起来可能大不相同。年龄大一点的女孩间的欺凌往往很微妙。一群受欢迎且有吸引力的女孩很可能仅仅从一个肥胖的同学旁边经过并发出戏谑的声音，就可以对肥胖的同学造成伤害，然后她们虚情假意、天真无邪地眨着睫毛应付教师说：“只是开个玩笑。”在其他时候，女孩们可能会不说一句话，但却完全不理她们想要排斥的人，这也是一种欺凌的方式。

男孩往往更直接。年龄大一点的男孩可能会把动作慢的男孩的背包放在他够不到的储物柜上。他们还会大笑。这些男孩还会在夏天的游泳课上把超重男孩的衣服藏起来。

> 生活中唯一的残疾是态度不好。
>
> ——斯科特·汉密尔顿

男孩和女孩都倾向于用有伤害性的绰号。随意起绰号是教师必须专门解决的一个问题。我们要告诉孩子，可以诚实地表达自己的感情（例如，“我很生气”），但是不能给别人起有伤害性的名字。通常这些绰号针对某些孩子的身体特征，比如化疗引起的秃头、助听器、小腿矫正器、烧伤疤痕、胎记、女孩过高的身高、男孩过矮的身高、男孩身上的女性特征、女孩身上的肌肉特征等，而且这些特征都是孩子们无法控制的。参见正面引导焦点 6.5。

## 正面引导焦点 6.5　欺凌会伤害儿童

必须解决欺凌问题，因为它可能导致受伤害的儿童遇到以下问题。

1. 厌学。
2. 遭遇学习困难。
3. 抱怨胃痛或头痛。
4. 经常哭泣。
5. 变得被动或退缩。
6. 受到伤害（如无法言说的挫伤）。
7. 消极地形容自己。

当你意识到发生了欺凌行为时，请像下面这样做。

1. 立即进行干预（知道欺凌但无动于衷的家长也是施加欺凌的家长）。
2. 认真监督，因为大多数的欺凌行为都是在成人看不到的时候发生的。
3. 给被欺凌的孩子私下谈论自己的感受的机会。
4. 帮助被欺凌的孩子思考解决问题的方法，为他们赋能。
5. 避免刻板印象或取笑别人的外表，为孩子做正面的示范。
6. 教导被欺凌的孩子要态度坚定并进行眼神交流。
7. 鼓励被欺凌的孩子练习适当的态度、坚定的语言，例如："你把我的鞋子扔进垃圾桶是不公平的，这使我很生气，请立即停止！"
8. 当孩子面对欺凌者时，跟着他并和他保持较近的距离。
9. 如果问题仍然存在，请考虑进一步引导或筛查难以被治愈的欺凌儿童。

资料来源：Beane，2000；Beaudoin & Taylor，2009；Nickerson，Mele，& Princiotta，2008.

自尊水平低的孩子在面对那些他认为比自己更逊色的人时，会被迫表现出挑衅、欺负、歧视、侮辱或轻视。除非我们解决引发自尊不足的问题，否则不能成功地化解孩子的不当行为。这有点像试图从下沉的船上排水，必须先修补船上的孔，才能解决问题。我们需要解决孩子的自尊问题，使他能够尊重自己，然后学会尊重他人。

儿童可能会有错误的目标，这是导致其行为不当的核心原因。孩子是否感到需要更多的关注？孩子是否感到很受伤，以至于想要回击？孩子是否想要违逆权威？孩子是否在不断退缩到自己的世界中？有关回应错误目标的信息，以及防止欺凌的更多想法，请参见第 11 章。

## 6–1g 我如何支持有能力差异的孩子？

向有能力差异的孩子敞开你的内心。无论你是否意识到这一点，你都可以为很多处于患病状态的、有能力差异的儿童提供支持。参见正面引导焦点 6.6。

### 正面引导焦点 6.6 支持有能力差异的儿童

1. 尽可能多地了解儿童能力差异方面的信息。

2. 在他们以自己的方式解决能力差异问题时，尊重孩子及其家庭。

3. 避免过度保护。

4. 切勿为孩子做任何其力所能及的事情。

5. 在引导孩子的行为时，不要过度小心。

6. 请记住，与其他正常发育的孩子一样，有能力差异的孩子也需要冷静、坚定的正面引导。

7. 乐观但在引导时抱有现实的期望。

8. 欣赏每个孩子的独特性。

9. 切勿比较孩子。

10. 关注每个孩子的长处。

11. 识别每个孩子的积极特征和价值。

12. 对每个孩子表现出无条件的关爱。

13. 在眼神交流时，使用孩子的名字和适当的抚摩以示尊重。

14. 教导孩子要正视差异，表现出同情，表达关心。

15. 防止欺凌和侮辱。

16. 要有幽默感。

## 6-1h 如何支持有能力差异儿童的家长?

家长在得知他们的孩子患有严重的疾病或有能力差异时会感到震惊和痛苦。所有的家长都需要沟通和支持，但是患有疾病和有能力差异儿童的家长有特殊的需求且更脆弱。耐心、理解和鼓励对于这些家长尤其重要。参见正面引导焦点 6.7。

### 正面引导焦点 6.7 了解有能力差异儿童的家长

有能力差异儿童的家长经常会经历很强烈的过山车般的情绪。

- 震惊或否定。家长可能会否认孩子存在任何疾病或能力差异，或者沉迷于“这怎么可能发生在我的身上？”“为什么会发生在我的身上？”“我做了什么要承受这些？”等想法。
- 愤怒。家长可能会因为“造成”孩子的疾病或能力差异而对自己感到愤怒，或者将怒气发泄到其他地方（医务人员、配偶、教师、学校，甚至可能会对孩子产生无意识的愤怒）。
- 内疚。家长几乎都会经历一段觉得自己原本可以且应该做些事情来预防孩子的疾病或能力差异的时期。
- 拒绝。有些家长会经历一段对孩子的疾病或能力差异非常讨厌的时期，以至于他们无法阻止自己在一段时间内变得很情绪化。有些家长甚至希望孩子从未出生。
- 困惑。家长在孩子被诊断出疾病或能力差异后几乎都会感到困惑，会听到来自各方的观点。不同的专家有时会给出相互矛盾的意见，而庸医的治疗方法却有让人难以抵挡的诱惑。
- 害怕。家长担心孩子遭受最坏的影响，担心当自己去世或年纪太大而无法照顾他时，没有人能照顾一个严重无行为能力的孩子。

- 隔离。与有严重疾病或有能力差异的孩子相处可能会使家长感到非常孤立。外出就餐、拜访朋友、度过轻松的假期或与配偶一起度过浪漫的时光会变得很困难，以至于他们觉得一切都不太值得。
- 嫉妒。受到严重影响的孩子的家长在看到其他儿童的成就时，会不禁感到嫉妒、怨恨、烦恼和痛苦。
- 宽慰。有能力差异儿童的家长（特别是那些由于孩子有无法诊断的疾病或能力差异而长时间挣扎的家长）经常说他们很乐意知道孩子的疾病的名称。如果孩子的问题不是想象中的严重疾病，也不是因不良养育而引起的，那么家长会感到宽慰（Owens & Bassity，2007，p. 26）。

家长可能会对自己的孩子抱有想象，会拒绝承认自己的孩子不完美，会拒绝关注孩子身体欠佳的部分以及长处。他们可能需要一些时间，理解有特殊需求或“缺陷”并不用感到羞耻。处理现实情况并采取措施来帮助孩子发挥自己的长处是有益的。

许多潜在的致残性疾病，如果在婴儿期或幼儿期被发现并治疗就可以被预防或缓解，因此，筛查早期的发育问题具有特别重要的意义。参见图 6.1。

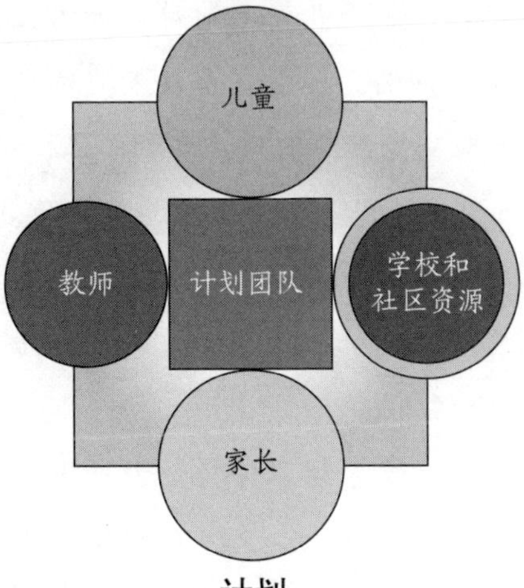


图 6.1 成功计划

我们需要一个成功计划，将团队成员召集在一起，识别孩子的需求、设定目标、计划策略并跟踪进度。

## 6-2 有关能力差异儿童的法律和项目

家长和教育者应了解有严重疾病和有能力差异儿童的法律权利，以及与他们相处的教育专业人员的法律责任。《**残疾人教育法**》（Individuals with Disabilities Education Act，IDEA）要求向学生提供**免费且适宜的公共教育**（free appropriate public education，FAPE），为他们进一步的教育、就业和独立生活做准备。特殊教育必须提供**最小限制性环境**（least restrictive environment，LRE），即最类似于正常发育儿童的环境。在该环境中，残疾儿童可以成功。

州政府被要求使用“**儿童查找**”程序定位、评估并确定3岁及以上的残障儿童。无论能力差异儿童的严重程度如何，他们都必须被找到，包括就读于私立学校和托儿所的儿童、流动性较高的儿童（如移民和无家可归的儿童）以及已升学但被怀疑有残疾的儿童。残疾包括自闭症、情绪障碍、听力障碍和耳聋、视觉障碍和失明、智力障碍、肢体障碍、健康损害、特定学习障碍、言语或语言障碍、脑外伤、发育迟缓、注意缺陷/多动障碍和对立违抗性障碍。

**实际应用案例**

### “真是太感谢萨拉了”

萨拉在家里教育和照顾一小群儿童。她对自己的工作有坚定的使命感，并相信她对儿童的生活产生了影响。她为自己以专业负责的方式实施自己的家庭育儿项目而感到自豪。她对“保姆”的叫法感到不满，并称自己为“教师”，她认为这就是她在照顾婴儿、学步儿和幼儿时承担的角色。

罗伯特是一个3岁的小孩。萨拉照顾了他几个月，并非常关注他的行为。他似乎总是与其他儿童发生冲突，并经常咬人、打人和踢人。罗伯特几乎没有用言语表达过需求。

萨拉想知道是否有某些问题导致罗伯特行为不当。她仔细地观察他，记录他何时、何地以及为何总是陷入麻烦。她注意到他有语言延迟。她开始怀疑罗伯特可能不能正常地听到声音。她注意到其他儿童在听到垃圾车的声音时会跑到窗户边，但是罗伯特却没有反应。有一天，萨拉安静地站在罗伯特的后面，轻声说道：“罗伯特，午饭时间到了。”尽管其他儿童很快做出了反应，但罗伯特却没有抬起头来。

萨拉曾数次询问罗伯特的父母，表达她的担忧，给他们看了她的观察笔记。她说："我当然不是听力专家，但我想知道罗伯特是否会出现听力问题。他的儿科医生是否检查过他的听力？"罗伯特的父亲说："这太荒谬了。他能听到他想听的一切，只是他在大多数的时候选择无视大人。"罗伯特的母亲说："医生从未提过这样的问题，而且我认为没有任何理由怀疑这一点。"

萨拉继续照顾罗伯特并与他一起工作，但她仍然感到不安，觉得他的举止与一个从许多方面看起来非常聪明的孩子并不能相提并论。她注意到罗伯特与父母的关系已经恶化，而且他经常与大人或其他孩子发生冲突。罗伯特的行为变得更糟了。其他的家长开始抱怨罗伯特咬伤自己的孩子。最后，萨拉安排了一次见面，与罗伯特的父母再次交谈。

萨拉以善良和尊重的态度说道："我对罗伯特非常关注。他非常聪慧，充满创造力。但是，在很多时候，他的举止是不合适的。我感觉自己照顾和教育他的工作是不成功的。我不是专家，但我担心他可能听不到声音。如果不进行筛查，以排除听力问题，那么我在照顾他的过程中会感到难受。我尊重你们做任何你们认为对罗伯特来说正确的事情，但是我必须做我认为对我和其他儿童来说正确的事情。

罗伯特的父亲脱口而出："好！我们会找其他人来照顾他。我们不会像寻找野鹅一样去寻找不存在的问题。"萨拉回应："我明白。你认为这样做对你的孩子最好。如果是我，我也会这样。我非常关心罗伯特，也很想让他和我在一起，但是我愿意接受你的决定。我将竭尽所能，帮助你把罗伯特转到其他的托儿所。"

罗伯特的母亲并不急于为罗伯特寻找新的托儿所。她真的很喜欢萨拉照顾儿童的方式，称萨拉为孩子的医生。于是罗伯特的母亲与丈夫讨论了很长时间，最后终于说服丈夫带罗伯特去一家专门对幼儿进行听力测试的诊所。

几周后，罗伯特的父亲与萨拉交谈："你知道，我之前真的非常确定罗伯特的听力没有问题，我的确对你坚持做听力测试感到不满。我简直不敢相信，医生说他的一只耳朵有严重的听力缺陷，另一只耳朵也明显有这样的迹象，而我却对此一无所知。"

萨拉回答："我可能会做对，也可能会做错。我不是听力专家，但我非常高兴能了解到更多有关罗伯特行为问题的原因，能够知道什么是困扰罗伯特的事情真是太好了。我认为我们可以共同努力，帮助罗伯特从现在开始学习一些新技能。"

当罗伯特的父亲转身离开时，他拍了一下罗伯特的头，轻声说："真是太感谢萨拉了。"

案例讨论的问题

1. 萨拉采取的行动是她作为照护者的职责吗？
2. 萨拉坚持罗伯特做听力方面的检查是否太过分了？
3. 如果罗伯特的听力没有任何问题，你如何看待这个事件呢？
4. 萨拉具体说或做什么使罗伯特的父母接受她的坚持？
5. 你如何看待幼儿因行为问题而被托儿所或幼儿园"开除"？

《残疾人教育法》保证了3—22岁的、与其定义的"残疾"相符的、有能力差异的人，拥有最适合他们需求的教育计划。为了确保该计划的正常实施，他们会获得**个性化教育计划**或**个性化家庭服务计划**。每个个性化教育计划和个性化家庭服务计划都必须单独设计，以满足孩子的特定需求。这两个计划都需要有效的团队合作。

### 6-2a　个性化教育计划和个性化家庭服务计划的流程是什么？

个性化教育计划要求家长、教师、学校工作人员以及年龄足够大的儿童一起收集有关孩子独特需求的信息，然后合作设计一个支持计划，以帮助孩子成功。

《残疾人教育法》规定了接受公共资助的、进行个性化教育计划的公立学校、特许学校以及一些私立学校和儿童保育中心。

《残疾人教育法》规定，各州为3岁以下的残疾和发育迟缓的儿童提供早期干预服务。为了向婴幼儿提供计划和服务，需要个性化家庭服务计划。个性化教育计划和个性化家庭服务计划的流程均基于满足孩子的个人需求。除此之外，个性化家庭服务计划还提供了深入的家庭支持服务、营养服务和案例管理服务。

## 6-2b 如果我的教育机构或学校没有被要求提供个性化教育计划怎么办?

即使不需要正式的个性化教育计划，按照常识来讲，教育机构或学校也应该制订计划。无论法律是否有要求，每个有显著能力差异的孩子，都应该拥有为自己制订的有效的个性化教育计划。在任何的发展适宜性教育计划中，都应该有一个计划，将有特殊需求儿童的家长与教师或照护者以及其他相关的资源整合在一起，以确定儿童的需求、设定相应的目标，设计成功的策略并跟踪进度。

与家长见面可以是非正式的小型亲密活动，也可以非常正式、有配备丰富资源的环境，一步步严格遵循个性化教育计划或家庭服务计划的每个步骤。重要的是，家长、教师、儿童（在适当的时候）和相关人员（社区志愿者、社会工作者、治疗师等）之间的沟通要有质量和深度。这种交流可能会产生能够解决问题的创造性方法，释放被压抑的情绪，为各方提供温暖和支持，并将儿童的首要需求牢记于心。

此外，家长不能因为孩子在私立学校或托儿所里，就放弃了获得免费服务的权利。如果孩子的能力差异状况符合《残疾人教育法》的“残疾”定义，那么他就可以在私立学校和托儿所里接受免费的特殊教育支持服务，例如言语治疗或社交互动治疗。每个州和城市在提供什么服务以及如何提供服务等方面差异很大。家长应充分探索可能获得的服务，并充分利用这一宝贵的资源。

作为专业人员，我们必须尽一切努力与家庭和社区资源合作。也许我们可以帮助年轻的家长更轻松地获得《残疾人教育法》对孩子的帮助。家长们经常在《残疾人教育法》的配套系统中苦苦挣扎，因为该系统受政府法规和相关工作文件的约束。

刚刚被诊断出患有严重疾病或能力差异的婴幼儿的家长可能会在情绪上紧张到极点。与遵循既定程序的社会工作者和治疗师合作，对于陷入痛苦、悲伤和愤怒中的家长来说，似乎是无法忍受的。当家长的需求如此真切时，他们可能会因可得的服务有限制而感到非常失望。在与有疾病或能力差异儿童的家庭互动时，我们应更凸显同情心和耐心。

## 6-2c 如果我的教育机构或学校不接受能力差异儿童怎么办?

一些私立的学校和托儿所中的教师认为，他们没有实力照护有能力差异的儿童。但是，他们会惊讶地发现，如果因孩子的残疾状况而拒绝接收孩子，那么他们可能要承担法律责任。每个人都有责任为有能力差异的儿童打开方便之门。

为了使有能力差异的儿童获得成功，就必须有一个有效的计划。个性化教育计划或家庭服务计划的部分功能包括为陪伴有广泛需求的儿童的助手或治疗师提供公共资金。每个孩子都不一样，每个社区都有不同的资源和引导方针，每种可能性都有所不同。

## 6-3　儿童的各种健康状况如何影响行为？

儿童的行为问题可能源于应激性和不适，因此，任何的身体疾病或状况都可能导致行为改变。肌肉差异可能会影响孩子执行任务的能力，发育迟缓可能会使孩子无法达到表现预期。家长、教师和照护者可以通过观察并持续记录儿童在日常生活中可能的问题行为，帮助专业筛查人员评估行为困难的孩子。

所有的儿童都会有行为出现问题的时候，无论他们看起来发展得多好，或平常多么具有合作性、能力和自信。但是，有些儿童的问题行为的发生频率已经多到让人担心的地步。尽管问题行为的根本原因通常很简单，但我们应该考虑到儿童的身体原因会导致严重的、持续的问题行为。各种线索或迹象就是出现问题的危险信号。家长、教师和照护者切勿尝试诊断儿童的身体疾病或发育迟缓。但是，他们应该仔细观察是否有表明儿童需要专家评估才能排除或确认的身体或心理问题的迹象。

### 6-3a　我最有可能遇到什么类型的能力差异？

在3—21岁的人群中，大约有13%的人接受了特殊教育服务（Aud et al.，2013）。儿童的行为问题使家长和教师感到困扰，也是将儿童转送给专家进行评估和支持的常见原因。福克斯（Fox，2008）报告说，正常发展的儿童中有10% ~ 15%的儿童有轻度到中度的行为问题，其中来自低收入社区的儿童的比率通常是这个数字的两倍或三倍。福克斯等人的研究表明，如果不解决这些行为问题，可能会给学校和家庭中的儿童造成更严重的麻烦（Briggs-Gowan et al.，2001；Fox，2008；Zeanah，2000）。参见正面引导焦点6.8。

**正面引导焦点 6.8 干扰学习的麻烦问题**

家长和教师尤其苦恼于以下五类可能严重损害儿童教育成就的问题（Dobbs，Doctoroff，Fisher，& Arnold，2006；Kataoka，Zhang，& Wells，2002；McGoey，Eckert，& Dupaul，2002；Warner & Pottick，2006）：

- 行为问题
- 注意问题
- 焦虑问题
- 情绪问题
- 社会性问题

许多疾病和生理状况可能导致儿童行为不当。这里无法列出所有的可能性，但是在本章中，我将介绍在一般情况下典型的、让人担忧的课堂问题的原因。

## 6–3b 听力障碍和耳聋

加劳德特研究所（Gallaudet Research Institute，2010）估计：在美国，每千名儿童中就有两至三人患有耳聋或听力障碍，每十名耳聋新生儿中就有九名新生儿的父母不耳聋。**听力障碍**（包括耳聋和听力困难）是近期发现的最常见的感官能力差异类型。

研究表明，在婴儿学习说话的时期诊断其听力是否受损，会比在之后的其他时期诊断更容易、更全面。除此之外，从出生开始就耳聋或有听力障碍的儿童，如果能够得到早期干预，就能获得更有效的发展和学习。因为早期发现和早期干预是防止儿童发育延迟的关键，因此有些州会在婴儿出生后就要求对其做听力测试。参见正面引导焦点 6.9。

**正面引导焦点 6.9 引导耳聋或耳背儿童**

1. 在对孩子说话之前，要先引起他的注意（比如轻拍他的肩膀）。
2. 以正常的音量自然说话。

3. 在树立可见的榜样的过程中，成为孩子的搭档或让其与一名有交往意愿的同龄小伙伴在一起。

4. 在圆圈时间中，给孩子优先安排座位，以确保他可以看到你的脸。

5. 在任何规模的小组活动中，都尽可能使用圆形或半圆形的座位安排，使有听力障碍的孩子能够看到别人的脸。

6. 确保光线充足且无眩光（因为有听力障碍的孩子主要依靠视力）。

7. 减少多余的装饰、限制移动设备并清除杂物，减少视觉干扰。

8. 如果孩子有助听器，那么他可能对声音（例如，水族馆泵、计算机、空调、加热器、开门或开窗户的声音）非常敏感，要尝试消除或最小化此类噪声。

9. 找出孩子是否有"优势耳"，以便你和其他人可以在那一侧与孩子说话。

## 6-3c 感觉处理障碍

**感觉处理障碍**是一种大脑不能有效处理感官信息的疾病。感觉处理障碍与自闭症、脑瘫、多动障碍及其他神经系统疾病有关，也可能独立存在（Kranowitz，2010；Ostovar，2010）。参见正面引导焦点6.10。

### 正面引导焦点6.10 引导患有感觉处理障碍的儿童

1. 将椅子调节至适合儿童的高度，使他们的脚平放在地板上。

2. 如果儿童将拳头撑在下巴上，请调整桌面的高度，使其位于孩子肘部的下方。

3. 让儿童通过动手操作感官材料来开展和强化学习，以增进理解和记忆。

4. 尽量减少不必要的视觉和听觉干扰。

5. 给孩子一张简单的图画表（供年幼的孩子使用）或笔记本（供年长的孩子使用），帮助孩子在需要执行特定任务时控制行为、步入正轨。

6. 为无法握铅笔和蜡笔的儿童提供笔夹。

7. 在幼儿绘画或书写时，用胶带固定纸张。

8. 向年龄较大的儿童展示在绘画或书写时如何用另一只手压住纸。

9. 为可能会用力按压铅笔和蜡笔的儿童提供厚纸，以防纸张撕裂，同时提供粗蜡笔，以防蜡笔断裂。

（注意：尽管听起来很矛盾，但患有感觉处理障碍的孩子可能对外部刺激过于敏感。在孩子能够保持镇定并管控自己的行为之前，他们可能需要先用手、口和身体去感受事物。）

对于对刺激过度敏感的儿童，你可以执行以下操作。

1. 从正面靠近孩子，这样你的触摸就不会使他感到惊讶。

2. 当你需要触摸孩子时，请用力按压，因为轻柔的意外触摸可能会困扰他。

3. 帮助孩子找到一个能避免教室中人来人往的干扰的工作空间，以帮助他预测其他儿童的行动。

4. 在阅读中心里摆放柔软的枕头或豆袋椅，以免儿童受到过多刺激。

5. 帮助孩子在拥挤的环境中（例如排队或圆圈时间）找到一个舒适的空间，这样他就可以避免其他儿童的意外推挤。

6. 请注意，闻到的气味（香水、油漆、清洁用品）可能会导致儿童不适。

7. 请注意衣服的“摩擦”，孩子可能无法忍受衣服上的吊牌，或者接触身体的任何让他感到不舒服的材质、纹理。

对于需要加强感官刺激来组织行为的孩子，你可以执行以下操作。

1. 了解坐立不安、吸吮衣角、跺脚、摇晃和做出其他随机动作，只是孩子应对感官刺激的方式。

2. 定期将孩子带到室外，跑步或爬山 5 分钟。

3. 在教室里放个摇椅，并经常邀请孩子坐上去摇晃。

4. 引导孩子参与以运动为导向的学习活动。

5. 帮助孩子找到在身体上有挑战性的活动，例如搬运沉重的沙箱、推载着朋友的三轮车或擦洗桌子。

6. 选择一个合适的物体或儿童可用的挤压球，调整孩子坐立不安的状态。

7. 与家长协调，选择适合儿童携带的咀嚼物（找到应对坐立不安的咀嚼物）。

8. 让孩子坐在充气垫上，以便他在工作时可以摇晃。

## 6-3d 唐氏综合征

**唐氏综合征**会导致儿童有一定程度的认知和发育迟缓（这个程度的范围比较广）。患有唐氏综合征的儿童往往很讨人喜欢，很亲切，但是他们迫切需要持续的、充满爱心的和扎实的引导，否则会变得失控和无礼。参见正面引导焦点 6.11。

### 正面引导焦点 6.11 引导患有唐氏综合征的儿童

1. 在儿童的能力范围内设定限制，坚定而温柔地监督他们遵守。尽管唐氏综合征儿童通常被认为温柔、脾气温和，但是他们有发展出重大的问题行为的风险。

2. 支持儿童发展自我胜任感、自尊和自主决定能力，这能够让他感到社交和情绪幸福感。

3. 支持儿童的健康饮食和积极运动，避免肥胖。

4. 警惕儿童出现听力问题的可能性。

5. 提供亲密关系、依恋和个人互动。

6. 协助儿童与同伴发展友谊。

多余染色体的存在导致了唐氏综合征。唐氏综合征患儿的典型特征是：头部较小，面部平坦而宽阔，斜视眼，鼻子短；舌头倾向于伸出；耳朵在头部偏低的位置，而且可能很小；双手短而宽，每只手掌都有一条明显的折痕（Hanson，1996）。

患有唐氏综合征的婴儿不爱活动，有点肌肉无力。唐氏综合征儿童的智商有所不同，与智商值平均为 100 的正常发育儿童相比，他们智商的平均值只有 50。比起听觉技能，唐氏综合征儿童拥有更好的视觉技能（如绘画）。因此，他们的语言能力通常发展得非常缓慢。教育和其他支持性服务的早期干预会极大地提高唐氏综合征儿童的官能（Pueschel，2000）。

尽管年龄在 35 岁以上的母亲生下唐氏综合征儿童的可能性更大，但是任何具有不同人种或种族背景的家庭都可能存在患有唐氏综合征的孩子。患有唐氏综合征的儿童特别容易患感冒、中耳炎和肺炎。他们通常有心脏缺陷和一系列其他潜在的健康问题，这些将导致他们的预期寿命比较短（Stray-Gundersen，1995）。

## 6-3e 胎儿酒精谱系障碍

**胎儿酒精谱系障碍**涵盖了一系列独立的**综合征**，每种综合征都是由孕妇在怀孕期间饮酒引起的。胎儿酒精谱系障碍包括胎儿酒精综合征、轻度胎儿酒精综合征、酒精相关的神经发育障碍、酒精相关的先天缺陷和胎儿酒精效应。其中，患有胎儿酒精综合征的儿童受影响最严重。那些患有胎儿酒精效应的儿童受到的影响最小，但通常会有严重的行为和学习问题（National Task Force on Fetal Alcohol Syndrome and Fetal Alcohol Effect[1]，2004）。

孕妇在怀孕期间饮酒是可预防的导致儿童产生身体、认知和行为问题的做法。十分之一的美国孕妇在怀孕时喝酒（Gmel & Rehm，2003；Jones et al.，2010；Sood et al.，2001）。

孕妇没有酒精安全量（Sood et al.，2001）。可悲的是，孕妇在怀孕的前三个月中，即使每周喝一杯酒也会引起婴儿在出生时体重过轻、早产、发育迟缓或不平衡，出现行为问题和学习障碍的风险会增加。大量嗜酒者的婴儿可能遭受各种破坏性的、终生的身体、行为和智力损伤（Gunzerath et al.，2004；Jacobson & Jacobson，2002；Jones et al.，2010）。

研究认为，孕妇吸烟和儿童的行为问题有关系。在孕期抽烟的孕妇的孩子更有可能表现出社交反抗和冲动性攻击（Huizink & Mulder，2006；Kahn et al.，2003；Wakschlag et al.，2002，2006；Weitzman et al.，2002）。作为儿童的保护者，我们可以提高准父母的健康意识。

## 6-3f 注意缺陷 / 多动障碍

**注意缺陷 / 多动障碍**是最常见的行为障碍之一。它以注意力涣散、冲动或极活跃的身体活动为特征。在过去的几年中，多动障碍的名称有所变化。以前患有这种疾病的儿童被称为多动症和过动症儿童，但是这些术语已经被认为不恰当、不准确（Bramer，2006）。

多动障碍通常表现为在不适当的时间进行过多的身体活动。显然，患有多动障碍的儿童需要特殊的支持，才能发挥其最大的潜能。这些儿童经常需要咀嚼安全的东西或是手里转动一个东西。他们的小身体似乎一直在运动。参见正面引导

[1] 国家胎儿酒精综合征和胎儿酒精效应工作组。——译者注

焦点6.12。

## 正面引导焦点6.12 多动障碍儿童面临的特殊挑战

尽管多动障碍儿童可能会非常有能力，但他们通常会遇到以下问题。

1. 在大部分时间中都难以集中注意力。
2. 对自己想做的事极端专注且十分固执。
3. 在全神贯注时听不到任何人或任何东西的声音。
4. 有严重的注意力涣散和健忘。
5. 如果不是全神贯注，那么只能保持短暂的兴趣。
6. 不断地烦躁、弹跳和蠕动。
7. 冲动，缺乏自我控制力，决策能力差。
8. 过度或不受控制地说话。
9. 不会转弯。
10. 与同伴相处困难。
11. 有进食或睡眠不规律的问题。

患有注意缺陷/多动障碍的儿童需要在学习过程中保持身体活跃。这些儿童在发现自己感兴趣或擅长的领域时，往往能极端地全神贯注。

家长或教师可能会对注意缺陷 / 多动障碍的诊断进行质疑。一名非常聪明的孩子怎么能无法集中注意力上课，而只能专注于他非常感兴趣的事情呢？这不是意志力的问题。布拉默（Bramer，2006）解释说，大脑的执行系统控制着孩子的注意力。注意缺陷 / 多动障碍会导致大脑**执行系统**功能失调，虽然儿童可以完成更轻松的任务，但是这种失调会阻碍他面对挑战性任务。因此，注意缺陷 / 多动障碍会极大地破坏儿童在日常生活中的认知、行为、社交和教育等方方面面。参见正面引导焦点 6.13。

### 正面引导焦点 6.13 引导注意缺陷 / 多动障碍儿童

1. 在潜在问题出现之前暂停一下，谈论将要发生的事情以及孩子的需要。
2. 通过角色扮演来练习处理困难情况。
3. 帮助孩子学习谈论和思考即将发生的活动之间的因果关系。
4. 为孩子的行为提供更多的即时和高频反馈。
5. 避免将孩子从其行为的后果中解脱出来（有关逻辑后果的更多信息，请参见第 11 章）。
6. 定期将孩了的注意力集中在其行为的后果上。

关于注意缺陷 / 多动障碍的未解之谜比比皆是。注意缺陷 / 多动障碍是一种复杂的疾病；父母养育不良，教师数量不足，看过多电视，食物过敏或糖分摄入过多，虽然都不会引起注意缺陷 / 多动障碍，但肯定会加剧其症状。大量的国际研究表明，注意缺陷 / 多动障碍的发生与文化和父母养育无关。尽管如此，父母和教师的反应都能够帮助孩子镇定和快乐。儿童需要在童年、青少年乃至成年期间获得支持，以使各项官能发展到最好（Sherman et al.，2006）。

对于患有注意缺陷 / 多动障碍的儿童来说，生活充满挑战。他们会和成人搞得不愉快，和朋友吵架，一次又一次陷入挫败感。学龄儿童花了很多时间，苦苦挣扎于家庭作业，才能在第二天早晨将其带到学校。

患有注意缺陷 / 多动障碍的孩子的兄弟姐妹和同学也面临挑战。当他们的父母或教师尝试和患有注意缺陷 / 多动障碍的孩子互动时，他们可能会被忽视。他们可能会讨厌自己的兄弟姐妹或同班同学，因为注意缺陷 / 多动障碍儿童非常活跃，总是搞得乱七八糟，还会发脾气、不听话。他们可能特别怨恨为什么患有注意缺陷/多动障碍的孩子即使行为不当也能获得成人那么多的时间和精力。

一些患有注意缺陷/多动障碍的孩子会发脾气，表现出攻击性或破坏性，从而释放出被压抑的烦恼和挫败感。还有一些患儿会忍住这种感觉，但是会造成胃痛、头痛或其他身体症状（Bramer，2006；Sherman et al.，2006）。

患有注意缺陷/多动障碍的孩子经常与成人产生矛盾，因此他们容易变得自卑。成人应该找到大量与孩子互动的方式。幼儿教育专家必须打破与孩子的消极互动，并找到一种建立相互尊重和关怀的方法。尊重和关爱是建立自尊的基础。

成人也很艰难，可能会感到无助和沮丧。引导技术似乎无效。成人可能会倾向于使用消极的引导技术，但是对于有能力差异的孩子来说，对他们使用这些技术（甚至比对其他儿童）更加困难和无效。儿童需要更多的镇静和更少的压力，最重要的是，他们需要关怀、持续、坚定的正面引导。

注意缺陷/多动障碍的处方药会增加无法正常工作的那部分大脑的活动。这些药物不是镇静剂或安眠药，不会使人上瘾（Bauermeister，2003；Manassis，2007；MTA Cooperative Group，2004）。父母和医生会选择他们认为适合儿童的疗法。虽然许多人对待治疗的方式大不相同，但是所有方法（药物、饮食和非药物疗法）的目标都是帮助患有注意缺陷/多动障碍的孩子更加快乐，更能与环境、他人的期望和谐相处。

幼儿教育专家的作用是提供和解释孩子课堂行为的客观观察结果，以关怀的方式支持家长，并提供相关的资源和信息。如果我们发表以下评论，就会超越专业的界限："我不认为父母应该让孩子吃药。""我认为你无法使用这种疗法。你为什么不让他继续服用注意缺陷/多动障碍药物呢？"

注意缺陷/多动障碍儿童的父母有很多需要处理的事情，以至于没有精力去抵制那些有个人医疗见解的亲戚、朋友和邻居，有时甚至是陌生人的不合理建议。与我们合作的家长会赞赏我们的专业精神，因为我们会认真听取意见并保持客观。

## 6-3g　智力障碍

"智力迟钝"这个传统术语是令人反感的社会污名。由于传统术语存在这种负面含义，医生、卫生保健从业人员和教育工作者现在使用的术语是**"智力障碍"**（AAIDD，2011）。因为这种转变是最近才出现的，所以大家有时会同时使用"智力障碍”和“智力迟钝”以作澄清（Byrne，2000）。

智力障碍不是特定的诸如水痘或糖尿病等的生理性疾病，也不是诸如抑郁症或强迫症等的心理健康疾病。智力障碍可能是由特定的医学病症或疾病引起的，但它本身仅仅代表个人能力与全纳型社区对成员的日常要求的能力不匹配。

如果一个人在管理日常生活中的基本活动方面的能力有很大的不足，那么他就是一名智力障碍者。基本的日常活动包括交流、自我照顾和卫生保健、参与社区生活、做决定、解决问题、执行任务和遵守安全规则。患有这种疾病的儿童在整个学习过程中需要大量的专业支持和引导，从而为获得最大的独立性做好准备（Bogdan et al.，1982；Bouras，1994，1999；Byrne，2000；Koskentausta，2006）。参见正面引导焦点 6.14。

### 正面引导焦点 6.14　引导智力障碍儿童

1. 着眼于儿童个体，而不是专注于残疾。
2. 做好调整，以适应孩子的独特需求和能力。
3. 使用直白简短的句子。
4. 重复说明或指示，并询问孩子是否理解。
5. 使用书面语言，避免使用孩子不能理解的表达方式。
6. 要有耐心！示范和实践应对策略。
7. 尽量不要分心，减少过渡环节。
8. 强调一致性。
9. 强化积极的行为。
10. 最大限度地提高孩子与同伴的融合度，并帮助他结交朋友。
11. 将技能分为小步，每次缓慢地演示和练习一个步骤，可以进行多次重复。
12. 专门展示和练习组织技能。
13. 提供具有鼓励性、支持性的学习环境，帮助孩子获得成功及自尊。
14. 改变环境和材料，确保对孩子有挑战性，并且他能够获得成功。
15. 调整教学策略和评估方法，与孩子的能力相匹配。

16. 避免为孩子做任何其力所能及的事情。

17. 鼓励独立。

## 6-3h　广泛性发育障碍

> 残疾是感知的问题。哪怕你只能做好一件事情，都会有人需要你。
>
> ——玛蒂娜·纳芙拉蒂洛娃

**广泛性发育障碍**是一系列影响脑部发育的疾病，其表现在于社交和沟通技能发展的延迟。自闭症是最典型、研究最深入的广泛性发育障碍。其他类型的发育障碍包括脆性X染色体综合征、雷特综合征和阿斯伯格综合征。目前，医学界正在重新定义对阿斯伯格综合征的诊断。美国精神病学协会（2010）建议消除阿斯伯格综合征的诊断，并以自闭症谱系障碍的诊断来代替。

父母有时会在孩子的婴儿期就注意到广泛性发育障碍症状，但通常这些疾病的诊断年龄约为3岁。患有广泛性发育障碍的儿童在使用和理解语言方面有轻度到重度的困难，与他人社交困难，不能正常玩玩具和其他物品，难以适应一日生活安排、家庭环境、重复的身体运动或行为方式的变化（Gupta，2004；Schaefer & Mendelsohn，2008）。

**自闭症**有时被称为**脑盲**，是一种大脑疾病，会影响一个人的自我意识。自闭症患者异常注重细节。许多患有这种疾病的儿童都聪明且善于分析，但很难感知他人的情绪。他们无法将自己和外界区分，并且难以掌握语言。他们经常避免目光接触，有时甚至避免身体接触。参见正面引导焦点6.15。

### 正面引导焦点6.15　引导自闭症儿童

1. 不要坚持眼神接触。

2. 无论孩子是否有刻板的、重复的、延迟的语言发育或完全没有发展语言，都要有耐心和支持性。

3. 帮助高度敏感的孩子避免产生不快的感觉，如不得不面对刺眼的灯光、吓人的声音、粗糙的质地和难闻的气味。

4. 意识到有时孩子即使听力正常也可能对声音没有反应。

5. 不要指着孩子，因为这样做可能无法帮助他理解你的意思或你希望他理解的意思。

6. 不要依偎、抚摩或拥抱孩子，除非他真的邀请你这样做。

7. 理解孩子很难表达自己的需求，并且可能会使用负面行为来引起你的注意。

8. 认识到孩子缺乏开展自主游戏和假想游戏的能力。

9. 请注意，孩子不知道你的面部表情和肢体语言是什么意思。

10. 请记住，孩子不确定你对他感到满意还是不满。

11. 请仔细引导孩子，帮助他学会与其他孩子进行适当的互动。

12. 帮助其他孩子了解自闭症儿童有时会与他们的行为和说话方式不同。

13. 尽管孩子可能兴趣领域有限，但通过介绍相关的物品或主题可以稍微扩大他的兴趣领域。

14. 理解孩子无法控制对旋转或排列物体的迷恋与需求。

15. 意识到孩子的大脑会不自主地遵循严格的常规或习惯，如拍打、摇晃或轻弹手指，这些动作对我们而言可能没有任何意义。

16. 计划好孩子在活动或环境之间过渡的难度。

17. 尽可能减少环境、常规或时间表的变化，帮助孩子为这些变化做准备。

18. 当孩子压力太大时，准备好应对其时常发脾气或精神崩溃。

即使在很小的时候，儿童也可以被诊断出患有自闭症并接受治疗。实际上，儿童的疾病被识别得越早，治疗结果越好（American Psychiatric Association，2004）。我们很容易理解为什么这些儿童情感脆弱，因为他们冒着行为不当的风险来抚慰自己，例如挥舞手臂、撞头或跑来跑去。

如果你与自闭症儿童长时间保持视线接触，他们可能会感到烦躁，虽然这是大部分正常儿童所喜欢的。尽管如此，患有自闭症的儿童仍然需要成人的照顾。这个世界令人恐惧，具有压倒性和刺激性。

如果孩子固定与一名工作人员保持稳定的联系，可能会有一定的帮助。当问题发生的时候花几分钟时间和这名工作人员安静地待在一起，可能会缓解孩子每天遇到的一些压力。一旦减轻压力并让孩子更加放松，他就更会回应引导建议，并能够解决问题。

在通常情况下，如果孩子的生活是可预测的，那么他们的行为就是可控的。有自闭症的孩子通常会难以处理环境、常规或时间表的变化。干扰会使他变得不愿意合作、无法控制。我们要规划、讨论并小心地进行必要的更改。参见正面引导焦点 6.16。

### 正面引导焦点 6.16　引导自闭症儿童

1. 坚持每天的常规活动。

2. 确保孩子了解每天活动的常规。

3. 在毛毡板上呈现当天的预设活动。

4. 全天频繁地对照日程安排。

5. 在进行任何活动调整和改变一日计划之前，用 5 分钟时间来提前提醒患儿。

6. 教授、实践和示范适当的社交行为和社交技能（例如轮流和保持社交距离）。

7. 故意让孩子与其他儿童一起参加活动 / 项目。

8. 帮助孩子学习如何成为别人的朋友和交朋友（练习、示范、阅读疗法）。

9. 使用简短的句子，确保儿童理解。

10. 使用书面的、准确的语言，不要开玩笑（孩子不能理解“我们能吃一匹马”的饥饿感）。

11. 直接叫孩子的名字（他可能没有意识到对他以及全班同学的指示）。

12. 采用多种学习方式，并强调感官学习。

13. 付出额外的努力，保护孩子免于取笑和欺凌。

许多自闭症儿童有**超敏反应**。这些孩子可能对他们无法理解的气味、食物质地、声音或其他感官刺激反应过度（Bogdashina，2003；Bonnice，2004）。简单的改变，例如切换到夏令时、更改环境（光线不足），可能使他们感到极度痛苦。午餐时牛奶意外滴到皮肤上的感觉可能会引起他们的“崩溃”，他们可能通过发脾气或其他不恰当的行为来表达痛苦。

自闭症儿童也有被称为**听觉图基功能障碍**的症状。他们可能会听到高速公路上远处的警笛声、隔壁房间的歌唱声、仓鼠在笼子里的抓挠声。它们的音量与教师直接对儿童说话的音量相同。大多数人会屏蔽其他背景声并只注意说话者的声音，而自闭症儿童却没有能力执行此行为，对于他们来说，额外的声音会让人分心，是无法忍受的。

自闭症儿童的情绪极为脆弱。他们倾向于做出重复性行为（如拍打手臂），以帮助自己舒缓下来。与其他孩子一样，这个孩子需要学习和感知自身价值的机会。

**仿说现象**是一种言语障碍，儿童会不自主地重复他人说出的话或在电视和广播中听到的单词。在大多数情况下，仿说现象是周期性的自我刺激（如拍打或晃动），而不是为了和别人交流。出现仿说现象的孩子虽然无法组织语言来表达自己的想法，但是能够重述自己听过并记住的语言。偶尔的仿说现象传递出儿童的交流意愿。

例如，当一名患有自闭症的一年级学生需要我帮他系鞋带时，他可能会告诉我："我会系好你的鞋带。"他无法组织需要说的话，但记住了"我会系好你的鞋带"这几个字。因为这是绑鞋带时，他会听到的声音（Frith，2003）。

与同龄人相比，自闭症儿童的行为通常会有很大差异。可帮助我们与正常发展中的孩子建立社会联系的技术，可能会使患自闭症或阿斯伯格综合征等有广泛性发育障碍的孩子感到沮丧和恐惧。实际上，在儿童的水平视线上与其进行眼神交流、说话、微笑、触摸和提供有趣的物体，都可能会使他们感到极度困扰而非安全。

## 6–3i 图雷特综合征

**图雷特综合征**患儿可能会存在多种**运动性抽动**和**声带抽动**。这些抽动会在一天内发生很多次，并可能因压力而加剧。图雷特综合征通常伴有注意缺陷 / 多动障碍或强迫症。图雷特综合征患儿经常会遭受低自尊的困扰。抽动症可能会令他们非常尴尬。一些患有图雷特综合征的儿童或许能够在短时间内抑制抽动，但是这样做会消耗他们全部的专注力和大量的精力，并给他们带来压力。参见正面引导焦点 6.17。

## 正面引导焦点 6.17 患有图雷特综合征的儿童

患有图雷特综合征的儿童经常会遇到以下问题。

1. 简单的声带抽动——无法控制的重复声音

- 咳嗽、清嗓
- 吹口哨
- 发出咕咕声
- 发出嘶嘶声
- 号叫

2. 复杂的声带抽动——无法控制、不自主、反复的复杂言语

- 重复诸如“哇”“是的”“但是……”之类的陈词滥调

3. 简单的运动性抽动——无法控制的重复动作

- 颈部扭曲
- 过度眨眼
- 拍手
- 跳动
- 猛击手臂
- 咬住嘴唇
- 撞头（以及其他的对儿童有害的抽动）

4. 复杂的运动性抽动——无法控制、不自主、反复的复杂动作

- 不自主地整理和排列物品
- 一次又一次地书写字母，直到纸被划破

当小组中有图雷特综合征儿童时，必须在幼儿园、教室或小组活动中严密监控他们。其他儿童的嘲笑、欺凌或侮辱对他们来说是残酷的，而且损害其社交和情感发展，并可能留下终身烙印（Lin et al.，2007；Waltz，2001）。参见正面引导焦点 6.18。

**正面引导焦点 6.18 引导患有图雷特综合征的儿童**

1. 给予儿童无条件的接纳。
2. 关注孩子，而不是他的抽动。
3. 从容应对抽动。
4. 给孩子腾出短暂的个人休息时间，以便让他放松并释放抽搐。
5. 请记住，孩子并不想抽动，还可能会对此感到非常尴尬。
6. 为儿童和教职工收集信息和恰当的书籍。
7. 帮助所有人了解抽动症。
8. 防止或停止嘲笑和戏弄。
9. 保护他人的隐私和安全（抽动可能会引起不必要的触摸）。
10. 帮助孩子找到解决问题的方法。

**秽语症**和**秽亵症**不常见，但有些图雷特综合征患者会有类似的进攻性爆发。这些言语或行动并非出于愤怒。失控爆发的孩子总是会感到尴尬和沮丧。似乎大脑中抑制干扰或不恰当思想的机制，反而迫使他们大喊大叫或表现出来。尽管在公众意识中，这些爆发与图雷特综合征密切相关，但绝大多数图雷特综合征患者从未经历过这两种病症的爆发（Singer，2009）。

## 6-3j 双相情感障碍

**双相情感障碍**（也称为躁狂抑郁症或躁郁症）会导致躁狂和抑郁症接连发作。研究表明，始于儿童时期的双相情感障碍可能比青少年和成人时期的更为严重（Carlson et al.，1998；Geller & Luby，1997）。有时情绪低落，有时情绪极端暴躁、持续不振、极度烦躁和分心的孩子应进行医学评估。参见正面引导焦点 6.19。

### 正面引导焦点 6.19　患有躁郁症的儿童

患有躁郁症的儿童通常会经历以下情况。

1. 情绪发生明显变化——烦躁、愤怒，有极端的混乱感或强烈的愉悦感。
2. 自我感觉过分夸张。
3. 失眠，在短暂的睡眠后就会醒来。
4. 话语增多，不让别人说话。
5. 注意力集中时间极短。
6. 精力充沛，身体活动不间断。
7. 躁动，忽视风险。
8. 出现抑郁症状。
9. 无理由的不适感。
10. 失调的愤怒和挫败感。

儿童的双相情感障碍与成人不同，儿童通常会持续出现包括**躁狂**和**抑郁**的情绪紊乱。躁狂的高涨和抑郁的低落情绪之间的快速剧烈转换，使儿童在成长的各个阶段中几乎没有健康期。躁狂症会让焦虑的各种感觉交织和混合，如对自身能力过分信任、有想要战胜情绪的想法、缺乏判断力、出现烦躁和愤怒情绪等。患有这种疾病的儿童通常会接受药物治疗和心理咨询，后者不仅针对儿童，还针对儿童的父母（Frye，2011；Mackin & Young，2004）。

对双相情感障碍的早期识别、诊断和治疗，将帮助儿童发挥全部潜能。但是，患有双相情感障碍的儿童患焦虑症或注意缺陷 / 多动障碍的风险更大。这些疾病通常会导致儿童的双相情感障碍被误诊或缺乏诊断。参见正面引导焦点 6.20。

### 正面引导焦点 6.20　引导双相情感障碍儿童

1. 请记住，双相情感障碍是一种医学疾病。

2. 经常与孩子的父母沟通。因为他们了解自己的孩子，也许能够告诉你如何让孩子保持冷静。

3. 提供结构合理且可预测的教室环境。

4. 尽可能提前设计并讨论环境、常规、时间表或过渡环节中的所有变动。

5. 保持可调节的期望。

6. 将任务分解成小步，让孩子有足够的时间完成。

7. 减少孩子遭受压力的可能性，例如疲劳、不适、遭遇意外变化和无聊。

8. 减少教室中不必要的干扰。

9. 使用榜样示范来帮助孩子练习社交技巧并演练实际情况。

10. 避免主导权斗争，切勿威胁或下达“最后通牒”。

11. 与生气或反抗的孩子打交道时，请考虑“安全第一”。

12. 提供一个私人区域，让孩子在需要镇静时在成人的监控下冷静下来。

13. 与孩子认真交谈，表明他在伤害自己，并告诉孩子的父母 / 监护人采用此类谈话方式。

## 6-3k 对立违抗性障碍和间歇性爆发性障碍

**对立违抗性障碍**会干扰孩子的日常活动。乍一看，似乎很难分辨出特别固执的孩子和对立违抗性障碍儿童之间的区别。但是，他们其实有很大的不同。患有对立违抗性障碍的儿童是不服从的、敌对的和反抗的，而且其程度是在正常发育的孩子身上不可能出现的。参见正面引导焦点 6.21。

### 正面引导焦点 6.21 患有对立违抗性障碍的儿童

患有对立违抗性障碍的儿童通常会经历以下情况。

1. 经常脾气暴躁。

2. 不能容忍挫败感。

3. 好争辩，易愤怒和易怨恨。

4. 充满恶意和报复性。

5. 无法或不愿意遵循管理或规则。

6. 埋怨他人。

大多数孩子在学步儿期都会发脾气。但是到幼儿期，大多数孩子都发展出了不经常发脾气、处理令人沮丧的情况的社交技能和**自律**能力。患有对立违抗性障碍的孩子无法发展基本的自我调节能力，这背后的原因仍无从得知。这些儿童经常无法控制情绪，被迫违抗权威。患有对立违抗性障碍的儿童显然对家庭、社区和学校的环境是具有破坏性的。对立违抗性障碍儿童常伴有其他行为或精神健康问题（例如注意缺陷/多动障碍、焦虑症和抑郁症）。这些孩子需要教育、医学和治疗干预措施的支持，以应对这一具有挑战性的疾病（Greene et al.，2008；Keenan & Wakschlag，2000）。

**间歇性爆发性障碍**是一种行为性疾病，其特征是有突然的极端愤怒的表达，常常表现为无法控制的狂怒。这些爆发与环境中的刺激完全不成比例，有时还伴随着身体攻击的爆发（Franz，2004）。参见正面引导焦点6.22。

### 正面引导焦点6.22 患有对立违抗性障碍和间歇性爆发性障碍的儿童

患有对立违抗性障碍和间歇性爆发性障碍的儿童通常需要以下条件。

1. 平静、支持的环境。
2. 明确的界限。
3. 冷静、稳定的引导。
4. 快速打断且坚定地要求改正不当行为。
5. 修正的机会。
6. 帮助儿童发展感知能力。
7. 帮助儿童学习如何用语言表达感受。

因为患有对立违抗性障碍或间歇性爆发性障碍的孩子，对他人来说可能是好辩的、有反抗性的、消极的和让人恼火的，所以他们会将自己从人群中孤立出来，会感到被排斥和不被关爱。孩子的大部分时间都花在与家庭、学校和托儿所中的人的冲突中（Greene et al.，2008；Lavigne et al.，2001；Loeber et al.，2000）。成人必须表现出无条件的关怀，才能够养育陷入困境的孩子。这并非是轻而易举的事，特别是当孩子的消极行为方式已经成为根深蒂固的习惯时。参见正面引导焦点6.23。

**正面引导焦点 6.23 引导对立违抗性障碍和间歇性爆发性障碍儿童**

1. 选择最可能成功的时间与孩子进行一对一互动。
2. 将预期的任务分成小步，并一次完成一个步骤。
3. 给予肯定而不是表扬。
4. 制定课堂策略，以缓解压力和焦虑。
5. 避免争夺主导权。
6. 保护其他孩子和自己的安全。

## 6-31 品行障碍

**品行障碍**是一种严重的问题，如果不解决，可能会在儿童成年后造成反社会人格障碍。品行障碍是儿童和青少年的严重的行为和情感问题的复杂集群。患有这种疾病的儿童无法掌握社交友好行为。品行障碍儿童通常表现出对人和动物的攻击性、破坏物品、欺骗、撒谎、偷窃和蔑视权威。一些年龄为 11—12 岁的品行障碍儿童可能会被卷入暴力团伙（Allen et al.，2005；Frick & Dickens，2006）。

成人、教师和正常发育儿童可能会将品行障碍儿童视为青少年犯罪者，而不是有能力差异、情绪紊乱、精神有问题且值得同情的儿童。许多因素都可能导致儿童出现品行障碍问题。参见正面引导焦点 6.24。

**正面引导焦点 6.24 品行障碍儿童**

品行障碍儿童可能会有以下经历。

1. 创伤、暴力的生活经历。
2. 虐待或忽视。
3. 社会排斥、污名化（由于种族、文化差异和外表等）。
4. 潜在的精神障碍治疗不足。
5. 胎儿酒精谱系障碍。
6. 出生前或幼年时接触铅或其他污染物。

7. 脑损伤。

8. 具有遗传易感性，有品行障碍或精神疾病的家族史。

患有对立违抗性障碍的儿童会给自己、学校和社区带来麻烦和困扰。这些孩子需要教育、医学和治疗干预措施的支持，以应对这一具有挑战性的疾病。现在是时候拯救他们的未来了。

许多患有品行障碍的儿童在早期都经历过对立违抗性障碍或注意缺陷 / 多动障碍。有时我们可能永远不知道为什么这种情况会在某个孩子的身上发生（Boxer et al.，2005；Dupere et al.，2007）。但可信的是，当我们以坚定的正面引导、适当的资源、咨询、药物或非药物治疗，以及任何儿童需要的方式进行干预时，儿童的年龄越小，那么他长大并享受富有成效的成年生活的机会就越大（Boxer et al.，2005；Dupéré et al.，2007）。体罚或排斥患有品行障碍的孩子会使他进一步陷入障碍。我们应该找到接受和包容孩子的方式，并尽可能开启与孩子的沟通（Green，1998；Hutchings & Lane，2005）。

如果品行障碍儿童没有得到早期干预和大量的支持，那么他们的前途往往非常严峻。始终如一的、有教养的和结构化的家庭环境是品行障碍儿童的最佳保护。虐待和忽视是引发儿童品行障碍的危险因素。我们要帮助患有注意缺陷 / 多动障碍、品行障碍、学习障碍或在学校里遭遇一般困难的儿童，以免这些问题升级。在问题首次出现时就解决，有助于防止儿童产生挫败感和自卑感。这些挫败感和自卑感可能会导致儿童未来的行为紊乱。参见正面引导焦点 6.25。

## 正面引导焦点 6.25 品行障碍儿童的通常表现

1. 持续且严重的攻击性
   - 欺凌、威胁和威吓
   - 打架
   - 使用物体伤害他人或动物
   - 虐待动物

2. 破坏财产
   - 纵火
   - 破坏公物

3. 欺诈
   - 偷东西
   - 说谎，以满足欲望或逃避责任
   - 闯入落锁的房屋

4. 违抗权威
   - 违抗父母，在外面过夜
   - 逃学
   - 离家出走

可通过以下方式引导品行障碍儿童。

1. 利用所有可用的专业人员和社区资源。
2. 保持坚定性和一致性。
3. 设定切实可行的目标。
4. 对孩子保持希望。
5. 保持镇定——向孩子示范你期望他拥有的自我控制能力。
6. 原谅和忘记——忘记昨天，每天以崭新的面貌和焕然一新的状态开始。
7. 你需要休息——确保自己有规律的、远离孩子的休息时间。

## 总结

1. 有能力差异的儿童有时需要包容性环境。

2. 能力差异儿童需要有示范性的发展适宜性教育和正面的引导。

3. 行为障碍是儿童被转介给专家的最常见原因。

4. 家长在得知自己的孩子患有严重的疾病或有能力差异时，会经历震惊、痛苦等各个阶段。

5. 尽可能了解孩子的能力差异。

6. 在孩子和家长以他们的方式应对疾病或能力差异的过程中，对他们表示尊重。

7. 避免过度保护。切勿为孩子做任何其力所能及的事情。

8. 能力差异儿童和正常发育的孩子一样，需要镇定、坚定、正面的引导。

9. 乐观是很好的，但是对引导要有现实的期望。要欣赏每个孩子的独特性。千万不要比较孩子。

10. 专注于每个孩子的长处。每个孩子都有积极的特质。

11. 对每个孩子表现出无条件的关爱。

12. 教所有的孩子如何正确看待能力差异，表现出同情心和表达关爱。

13. 防止欺凌和侮辱。

14. 有幽默感。确保环境能够充满趣味。

15. 只要符合《残疾人教育法》中的“残疾”定义，3—22岁的能力差异者都应接受适宜的教育。

16. 在发展适宜性计划中，要制订计划，使家长和教师聚集在一起设定目标，规划成功策略并跟踪进度。

17. 每个人都有责任确保对能力差异儿童始终开放教育之门。

## 关键术语

**能力差异**（ability differences）：基于医学、身体、认知、心理或其他特征，在一种或多种基本生活活动中所表现出来的功能异常。许多人认为“残疾人”一词侧重于能力不足，而“能力差异者”一词更有赋权感且更恰当。

**残疾**（disabilities）：当前在诊断、临床和法律环境中使用的词汇，用于描述因医学、身体、认知、心理或其他特征影响一种或多种基本生活活动而被定义为需要和有资格获得服务的个人。

**包容性环境**（accommodations）：为有能力差异的人提供的特殊帮助，使他们能够融入活动和环境。便利设施包括轮椅坡道、降低的水槽、特殊的门把手、盲文标志、手语翻译或其他改变，以帮助有能力差异的人与正常发育的同龄人平等地生活。

**学习障碍**（learning disability）：大脑接收、处理、分析或存储信息能力的障碍。

**战斗或逃跑反应**（fight or flight response）：身体对感知到的威胁或危险的反应。我们的身体将肾上腺素和皮质醇等激素释放到血液中来对威胁做出反应，使我们拥有爆发力、战斗力或逃避力。当感知到的威胁消失后，身体系统会放松下来，恢复到正常水平。但是，如果孩子不断受到压力，那么就会损害其放松能力，并可能损害其身体健康，如产生睡眠、进食以及社交和情感问题。

**阅读疗法**（bibliotherapy）：儿童或成人通过阅读特定的资料来解决特定的问题（例如，抑郁、焦虑、压力和沮丧等）。许多的图书馆都列出了按关注点（例如，离婚、死亡和垂死、新生儿、继父母等）分类的清单。

**戏弄**（teasing）：惹恼、纠缠、激怒、攻击、取笑或调侃。

**欺凌**（bullying）：通过威胁、殴打、推搡、辱骂、讽刺、占有等行为在身体上、口头上或心理上实施折磨。

**《残疾人教育法》**（Individuals with Disabilities Education Act，IDEA）：一项确保符合条件的有能力差异的儿童获得早期干预、特殊教育及相关服务的法律。它要求为学生提供免费且适宜的公共教育，为他们继续接受教育、就业和独立生活做好准备。特殊教育必须提供最小限制性环境（least restrictive environment，LRE）。这是一个使特殊儿童最接近正常发育儿童的环境。在这之中，有能力差异的孩子可以取得成功。

**免费且适宜的公共教育**（free appropriate public education，FAPE）：一项要求学区为能力差异儿童提供通识教育和专业教育服务，以满足其特殊需求的指令。它要求能力差异儿童获得免费支持，该支持与为无能力差异儿童提供的支持相同。

**最小限制性环境**（least restrictive environment，LRE）：《残疾人教育法》要求能力差异儿童在最大程度上接受与正常发育的同龄人相同的教育，并且不得将特殊儿童从正常班级中开除。但现在，即使有补充援助和服务，特殊儿童在正常的班级中接受教育也无法令人满意地实现。

**儿童查找**（Child Find）：《残疾人教育法》的一个组成部分，要求州机构定位、评估和识别需要早期干预或特殊教育服务的3—21岁儿童。

**个性化教育计划**（Individualized Education Program，IEP）：准确描述教师、家长、学校管理人员、相关服务人员和3—22岁特殊儿童将如何共同努力提高教育成果的书面计划。

**个性化家庭服务计划**（Individualized Family Service Plan，IFSP）：旨在帮助家长和专业人士共同努力满足0—3岁特殊儿童的发展要求的书面计划。

**听力障碍**（hearing impairment）："听力受损"是对有听力障碍或丧失听力的人的医学性描述。然而，许多耳聋、耳背的人不喜欢被称为"障碍者"。大多数人在需要确认听力状况时，接受被称为"耳聋者"或"听力障碍者"，但许多人会对平常被用这些词语来描述感到不满。近10%的人有一定程度的听力损失。

**感觉处理障碍**（sensory processing disorder）：一种难以对身体从周围环境中获得的感觉信息进行适当的接收、处理和反应的神经系统疾病。

**唐氏综合征**（Down syndrome）：一种和21号染色体有关的先天性疾病，会导致智力障碍和明显的身体差异（如宽大的面部轮廓和矮小的身材）。

**胎儿酒精谱系障碍**（fetal alcohol spectrum disorders，FASDs）：母亲在怀孕期间饮酒导致胎儿产生的永久性先天缺陷。

**综合征**（syndromes）：具有不止一种特征或症状的疾病或障碍。

**注意缺陷/多动障碍**（attention deficit/hyperactivity disorder，ADHD）：一种常见的发育障碍，出现在儿童时期，其特征是注意力持续不集中和健忘、冲动、控制能力差以及注意力涣散。

**执行系统**（executive system）：控制和组织其他心理过程的大脑推理系统。它涉及管理计划、抽象思考、规范学习、过滤不相关的感官信息和抑制不当行为等过程，也称为执行功能或执行中央。

**智力障碍**（intellectual disability，ID）：个人在沟通、处理自我保健和卫生需求、参与社区生活、做出适当决定、解决问题、执行任务、遵守安全规则等方面的能力与日常生活需求的能力不匹配。

**广泛性发育障碍**（pervasive developmental disorders，PDDs）：一系列以社交和

沟通技巧发展严重延迟为特征的神经发育障碍。

**自闭症**（autism）：一种发育性脑部疾病，其特征是社交互动和沟通技巧受损、不能直视他人的目光，以及活动和兴趣范围有限。

**脑盲**（mind blindness）：一种因为无法注意手势、面部表情和语调变化而无法“读心”（理解他人的想法）的脑部疾病。

**超敏反应**（hypersensitivity）：对来自一种感官的感觉输入（例如，视觉、听觉、味觉、嗅觉、触觉）反应过度。

**听觉图基功能障碍**（auditory figure-ground dysfunction）：无法区分环境中的声音级别，无法专注于重要的声音并排除不相关的声音。这是广泛性发育障碍和学习障碍的共同特征。

**仿说现象**（echolalia）：导致不自主地重复别人所说的话的言语障碍。在大多数情况下，它是一种周期性自我刺激的形式，并非用于交流；但在某些情况下，它可能是孩子临时尝试交流的唯一可用的工具。

**图雷特综合征**（Tourette’s syndrome）：一种以多发性运动性抽动和声带抽动为特征的疾病。

**运动性抽动**（motortic）：突然不自主的肌肉收缩，通常是面部、肩部或颈部肌肉。复杂的运动性抽动包括独特的、过度重复的、复杂的动作或行为，例如旋转、跳跃或不自主地将物体排成直线。当一个人处于压力之下时，抽动往往会变得更加明显。

**声带抽动**（vocal tic）：突然不自觉地发声，如吹口哨、发出咕噜声或咳嗽声。复杂的声带抽动是独特的，非自主地重复短语、词语或别人所说的话，例如重复其他人所说的一切。

**秽语症**（coprolalia）：“copro”在希腊语中的意思是“粪便”，“lalia”在希腊语中的意思是“咿呀学语，没有含义的谈话”，二者结合起来的字面意思是“粪便语”。患有秽语症的人会突然、出乎意料地说出不恰当的词或短语。

**秽亵症**（copropraxia）：“praxia”在希腊语中的意思是“行动或活动”，与“copro”结合，字面意思为“粪便行为”。患有秽亵症的人会不由自主地、突然地做出淫秽、冒犯或令人震惊的手势或动作。

**双相情感障碍**（bipolar disorder）：一种抑郁与躁狂交替出现的疾病。

**躁狂**（mania）：一种以异常高涨的情绪、过剩的精力和奇怪的思维模式为特征的精神状态。

**抑郁**（depression）：一种以悲观、无力感、沮丧和嗜睡为特征的精神状态。

**对立违抗性障碍**（oppositional defiant disorder，ODD）：持续地不服从、敌对和挑衅权威人物，并且远远超出正常儿童的行为范围。

**自律**（self-regulation）：一个关键的发展过程，自律的人可以在没有外部控制的情况下独立且恰当地处理问题。

**间歇性爆发性障碍**（intermittent explosive disorder，IED）：一种精神障碍，其特点是突发的、对他人或物体的暴力和攻击性行为。

**品行障碍**（conduct disorder）：一种精神障碍，其特点是持续表现出反社会行为。典型症状包括有强烈的攻击性行为、欺凌，具有残忍性和破坏性。

## 学生活动

1. 参与社区中为能力差异儿童组织的志愿者服务活动（“特殊儿童运动会”“唐氏综合征伙伴徒步会”、当地医院的救助计划等）。

2. 采访能力差异儿童的父母。

   a. 父母如何第一时间发现孩子的能力差异？

   b. 父母在照顾孩子和满足孩子的需求方面最困难的是什么？

   c. 父母发现最有价值的是什么？

   d. 父母认为孩子最大的优点是什么？

   e. 父母认为孩子最大的弱点是什么？

   f. 父母有可以利用的社区资源吗？如果有，对他们有帮助吗？

## 相关读物

Bertin, M. (2011). *The family ADHD solution: A scientific approach to maximizing your child's attention and minimizing parental stress*. New York: Palgrave Macmillan.

对于患有注意缺陷 / 多动障碍的孩子的父母来说，这个指南无疑可以帮助他们掌握残疾的本质以及切实可行的应对方法。作者以温暖和理解以及基于该内容的研究性知识来阐述这个话题。

Twachtman-Cullen, D., & J. Twachtman-Bassett. (2011). *The IEP from A to Z: How to create meaningful and measurable goals and objectives*. San Francisco, CA: Jossey-Bass.

这个指南向教师和家长展示了如何为患有注意缺陷 / 多动障碍、自闭症 / 阿斯伯格综合征、情绪 / 品行障碍和其他情况的儿童制订教育计划。它为特殊教育过程提供了简明扼要的解释，以及个性化教育项目示例。它说明了教育工作者和家长在个性化教育项目的开发过程中需要牢记的概念。

# 第三部分

# 预防行为问题

# 第7章 营造内外兼顾的发展适宜性环境

## 全美幼教协会标准

本章涉及以下全美幼教协会标准：

**标准 5　使用内容知识来构建有意义的课程**

5a　了解学科的内容知识和资源

5b　了解和使用领域或学科的核心概念、探究工具和框架结构

5c　使用知识、适当的早期学习标准和其他资源，为每个儿童设计、实施和评估有意义、有挑战性的课程

## 目标

在阅读这一章后，你应该能够做到以下方面：

7-1 说明环境如何塑造恰当的行为

7-2 设计适合的室内环境

7-3 创建一个平静、和平的教室环境

7-4 设计发展适宜性教育的户外环境

7-5 营造良好的社会环境

7-6 示范养育行为

# 7-1 环境如何塑造恰当的行为？

婴儿不能完全理解他人的感受和需求。他们不太可能为了完成一个共同的目标而延迟满足。儿童并不是天生就具备能够与朋友慷慨分享玩具的**亲社会行为**（Warneken & Tomasello，2009）。

儿童只有在亲社会**环境**的支持下，经过大量的经历和实践后，才会产生亲社会行为（Holmes-Lonergan，2003）。环境中的所有内容共同创造出儿童的早期体验。孩子看到、听到、接触、闻到和尝到的一切都是环境的一部分。我们也是儿童环境的重要组成部分。为了塑造儿童的恰当行为，我们必须做好自身、室内和室外的良好准备，以创造一个支持亲社会行为产生的环境。

## 7-1a 亲社会行为的三个关键要素

亲社会行为有益于他人，并且是个体具备社会良知的体现。**反社会**行为会伤害他人，并表现出个体无视他人的权利和需要。参见正面引导焦点 7.1。

**正面引导焦点 7.1 亲社会行为由积极的社会关系组成**

1. 合作——无私地与他人合作，并且朝着共同的目标努力。
2. 同理心——善于感同身受，理解他人的思想和行为。
3. 利他主义——一种有益于他人而对自己没有明显益处的行为。

人类的成长和发展模式告诉我们，儿童在早期阶段总是**自我中心**，只专注于自己的感觉，所以亲社会行为不是天生的，而是一种通过逐渐学习而形成的行为方式。亲社会行为有助于儿童获得与家庭、托儿所、邻居、游戏小组或学校的关联感。

如果儿童在校期间没有获得参与感，只是被动地接收信息，那么他与学校就没有关联感。但如果每个儿童都积极地做出贡献，并且都可以发挥作用，那么儿童就会组成一个**学习者共同体**。

儿童学习合作和做出贡献不是为了逃避惩罚或获得奖励，而仅仅是因为慷慨是个体必备的品行，就像在家里儿童会学习摆碗筷是因为这是他的责任，而不是为了钱或为了避免惩罚。他认识到他的朋友和家人需要他，并且会对他的行为表示欣慰。

## 7-1b 游戏在儿童期的重要作用

美国儿科学会的一份报告指出，游戏对儿童的发展来说至关重要。联合国已将游戏作为儿童的基本人权之一（Ginsburg，2007）。游戏对儿童来说十分有趣，也给成人一个机会与儿童进行愉快的互动。同时，游戏有助于学习目标的实现。它有助于儿童的认知发展、体育锻炼、社会交往和情绪健康（Ginsburg & Jablow，2006）。

游戏能够使儿童在想象的过程中发展创造力。在游戏过程中，儿童自由活动，锻炼身体的灵活性。游戏具有社交性，会磨炼儿童的情感和社交技能。发展适宜性教育环境支持趣味性学习。游戏可以让儿童虚构、创造和探索一个他们可以控制的世界。他们可以扮演成人角色，并且创设出让他们感到害怕、困惑或担心的情境。这种角色扮演可以帮助儿童克服来自现实世界中的恐惧。在游戏中，儿童能够发展新技能、自信心和灵活应对未来挑战的能力（Ginsburg，2007；Mcwayne，

Fantuzzo，& Mcdermott，2004）。

以儿童为导向的游戏有助于儿童发展分享、谈判和维护自身权利的技能。自由游戏能够让儿童激发兴趣和才能。充满欢乐的、积极的游戏行为可以培育儿童健康的身体。游戏对于学习环境的创设至关重要。它能够使学校环境满足儿童的身体、社交、情感以及智力需求。研究表明，当儿童有时间进行积极的自由游戏行为和社交互动时，他们在学校里的学业成绩会更好（Elias & Arnold，2006；Ginsburg，2007；Gurian & Stevens，2005；Zarrett & Lerner，2008）。

游戏对于儿童的发展至关重要，联合国已将其视为每个儿童的基本人权。

# 7-2 如何设计发展适宜性教育的室内环境？

环境创设中潜藏着儿童教育的微妙信息。我们可以认真规划、了解儿童的发展需求，将他们的需求与周围环境完美地匹配，以达到预防问题行为的目的。

家长需要创设一个有安全感的、有防护措施的、能够适合不同年龄段儿童的家庭环境。随着孩子不断成长，家长必须定期检查孩子的卧室、游戏室和游戏场地，以确保这些空间能够与孩子不断增长的技能和兴趣相匹配。在适宜的环境下，儿童能够更加负责、更加可靠地使用和整理各种材料。

成人为儿童进行空间规划，是一项具有挑战性的任务。精心策划的儿童环境应该是有序但不死板的，干净但不枯燥的，有趣但不刺激的。换句话说，它经过了认真的衡量。衡量的唯一方法是仔细观察在那里生活、玩耍和工作的孩子，看看周围环境会不会显得有压迫感、很无聊、很消沉，还是恰到好处（有关有效的观察策略，请参阅第 4 章）。

精心策划的儿童环境应该是有序但不死板的，干净但不枯燥的，有趣但不刺激的。

## 7-2a 教室环境对引导有什么影响？

某些教室环境创设的风格似乎介于节日活动和跳蚤市场之间。几乎所有的墙壁上都贴有图片、海报、标牌、工艺品和标识。从天花板上垂下的东西像一群蝴蝶一样，地板上的家具和玩具形成了一面面障碍物似的墙。墙壁和家具涂有亮眼的黄色、鲜艳的红色和荧光绿色。地毯上也带有所谓的刺激学习的目标，充斥着令人眼花缭乱的字母、数字和游戏。

这种环境容易引发吵闹、混乱、放纵似的活动。在这样的房间里，儿童更适合跑来跑去、大喊大叫，成人很难让儿童安静地进行拼图游戏、读书或轻声讲话。

如果在家具周围有开放式或循环式的通道，那么这些"**交通模式**"可能会导致儿童相互追逐大闹，而不是专注于学习材料。如果儿童在穿过教室时必须经过学习中心，那么这可能会干扰正在学习的孩子。在长长的开放式通道中，儿童很容易奔跑。而循环式的圆形通道对儿童有天生的吸引力，他们会重复跑圈，并且对每次回到同一个地方感到惊讶。（这对学步儿来说具有学习价值，因此需要选择恰当的时间和地点来安全地安排这项活动。）

儿童最初可能在这种环境中玩得很开心，但久而久之他们会感到无聊、疲倦和无所事事。因为成人可能难以把握儿童的强度水平，所以成人也有可能变得烦躁、束手无策，并由此陷入与儿童的消极且无意义的斗争中。

还有一些教室环境与牙医的候诊室一样。它们是纯白色的，没有其他颜色作为装饰，稀疏的家具看起来令人毛骨悚然。整间教室看起来好像从未有人进入。成人担心孩子们会弄乱里面的东西。绘画、玩水、使用颜料和黏土在这里可能不被允许，或者这些游戏完全由成人控制。教室里播放着平缓的背景音乐，玩具或书籍似乎都只供展览，而不是倾向于被实际使用（它们可能被放置在儿童无法触及的地方）。儿童的活动可能仅限于整个班级一起进行的大型团体活动。

这样的环境很少允许儿童自由地进行探索。儿童成为被动的接受者，被迫保持坐姿、保持安静，未经允许不得触摸任何东西。起初，儿童可能会被制服、被约束，甚至被吓倒，但久而久之他们会变得无聊、躁动不安，并最终走向两个极端——变得非常叛逆或逆来顺受。

## 7-2b　发展适宜性教育对儿童引导有什么影响？

发展适宜性教育中的环境就像《三只熊》故事中小熊的粥一样，需要恰到好处，不能太多，也不能太少。环境中需要有适量的颜色和刺激，但不能太多。环境是有序和可预测的，但是没有到达具有压迫感的程度。

在这样的环境中，儿童具有挑战性，他们的需求能够得到满足，所以出现行为问题的可能性被最小化。他们为自己的成就忙碌而兴奋。起初，成人通常需要简化环境，以便儿童能够独立、成功地应对环境中的挑战。随着儿童的新技能逐渐发展，成人需要逐渐增加新材料，提高环境的复杂性，给儿童形成新的挑战。

成人要为儿童提供与其技能相匹配的材料，既不能因过于简单而令人感到厌烦，也不能因过于复杂而令人难以应付。允许儿童自主选择单独或小组活动，而不是强制他们步调一致地在同一时间进行相同的活动。

在发展适宜性教育环境中的儿童会将大部分时间花在探索性学习上，而不会把自己的时间花在听成人说教或机械记忆上。幼儿的大型活动仅限于短时间的分享活动、唱歌和讲故事。成人不用特意为婴儿和学步儿组织小组活动，但是，成人可以坐在地板上阅读、唱歌，进行手指游戏，儿童自愿选择是否参与其中。

在发展适宜性教育中，教师一直在寻找提高儿童的独立性和环境质量的方法。例如，他们可以教幼儿如何在没有帮助的情况下自己穿外套：首先在地板上将外套摊开，然后站在衣领或帽子处，将手伸入袖口，最后将外套翻过头顶。教师可以使用颜色编码来帮助孩子们了解物品的来历。例如：黄色容器中的所有物品都属于艺术中心，用黄色胶带做标记；红色容器中的所有物品都属于科学中心，用红色胶带做标记。参见正面引导焦点 7.2。

## 正面引导焦点 7.2　正面行为计划清单

1. 用家具合理地区分不同的活动区域。

2. 合理规划儿童的交通模式，以免不同区域中的儿童互相干扰。

3. 确保教师可以无障碍地观察教室中的每个部分。

4. 选择具有吸引力的、支持活动的并能适合不同生活经验的学习材料。

5. 先提供简单的材料，随着儿童开始理解安全、尊重和负责等基本规则后，再添加复杂的材料。

6. 考虑不同能力水平儿童的特殊需求并为其做好准备。

7. 在摆放材料时应注意材料的视觉吸引力，并使其高度方便儿童自主取用。

8. 将材料隔开，不要混放。

9. 将不同的学习材料分门别类地进行收纳，以方便儿童整理。

10. 使用颜色代码、标签或图片来标记材料，以便孩子们自主整理学习材料。

11. 将安静的区域和嘈杂的区域隔开（例如，将阅读区和拼图区安排在一侧，将积木区和家政中心安排在另一侧）。

12. 按照区域的性质来合理地分配资源（例如水源、垃圾桶、晾衣架）。

13. 强调变化，而不是简要地重复提供材料（仅重复提供一些极受欢迎的材料，如一两支标记笔、三轮车、娃娃等）。

14. 定期对环境进行改造，以适应儿童不断变化的兴趣和能力水平。

在某些区域中，教师可以用胶带将玩具和游戏材料的图片粘贴在架子上，以提醒儿童物品存放的位置。只要儿童学会负责，知道在游戏后将所有物品收起来，就可以允许他们重新布置游戏场地，并使用家政中心内的任何餐具和玩具。要让儿童知道环境是属于他们的，并由此产生自豪感和自信心。要让儿童知道成人是他们的盟友，而不是他们的敌人。

## 7-3 创建一个平静、和平的教室环境

杜威（1959）认为，学校教育的最重要目的是使儿童成长为负责任的公民。他认为，儿童需要学习社交技能、同理心、观点采择和解决问题的能力，才能成为有能力的成人。杜威提出了一个很好、很重要的观点，而且儿童需要胜任这些技能，才能营造一个平静、和平的教室环境，以便更好地学习（Berkowitz & Bier，2005；Cohen，Jonathan，& Pickeral，2009；Cohen，Shapiro，& Fisher，2006）。参见正面引导焦点7.3。

**正面引导焦点 7.3 民主社会中公民的技能**

基本技能：

- 交流
- 倾听
- 协作
- 灵活的问题解决 / 决策

基本素质：

- 尊重
- 有责任感
- 利他
- 能够理解其他观点（Cohen，Pickeral，& Levine，2010）

有时，我们一味地忙于达成为儿童制定的学业目标，以至于忘记了社会交往和情感氛围的重要性。但是，在儿童上学的过程中，他们也在获取周围环境中的社会信息。一名幼儿可能错误地将教师的肢体语言和面部表情（疲劳、压力、头痛、

肌肉紧张）理解为生气，由此他有可能会做出不当的行为。四年级学生可能会将他人的表情或手势错误地理解为敌对，并错误地进行回应（Blum，2005；Cohen，2006a）。

研究表明，如果儿童没有积极地学习社交–情感技能，那么他们倾向于看到学习阶段中消极的一面。儿童越将周围世界视为有敌意的，就越有可能做出攻击性反应。已经接受过社交–情感技能培训的儿童将学会如何独立解决问题、换位思考、进行谈判并适时做出让步。

最终，当确实发生冲突时，具备积极的社交–情感技能的儿童除了打架或放弃以外，他们还可以有其他选择。他们可以自信地进行谈判，并且以负责和受人尊重的方式获得所需要的东西（Cohen，2006b；Cohen，Pickeral，& Levine，2010；Devine & Cohen，2007）。

这些技能必须以积极、专注的方式来进行教授，而不是在问题发生后儿童情绪比较激烈的瞬间来进行教授。儿童在冷静时可以练习使用这些技能。然后，当确实发生问题时，教师可以支持孩子将这些技能付诸实践（Schwartz，2007）（有关儿童冲突解决能力的更多信息，请参见第 8 章）。

积极行为是儿童在独立地以正确的方式组织材料的过程中产生的。

## 7–3a 发展适宜性活动、材料和常规

当儿童无聊时，他们很容易变得易怒，并且非常调皮。当被要求做一些超过自身能力限制、机械记忆或乏味烦琐的工作时，他们可能会变得矛盾和叛逆。更有甚者可能会表现出反社会行为。当成人对儿童抱有不切实际的期望时，儿童的紧张甚

蒙台梭利认为，儿童喜欢有挑战性的学习。

至生气的情绪就会爆发。这种摩擦具有传染性，很快，儿童同伴之间的互动也会产生摩擦。这显然不是适合儿童学习和练习亲社会行为的情境。

营造一种相互合作、关怀和慷慨氛围的秘诀在于，满足儿童在社交、情感、身体和智力等方面的基本需求。其中儿童对吸引人、真实且具有挑战性的活动的需求最为迫切。杜威、蒙台梭利、皮亚杰等教育家的研究表明，儿童是热爱学习的。他们发现，儿童可以通过自发或被引导的游戏轻松地进行学习。在发展适宜性活动中儿童能找到快乐和满足感（Harms，Clifford，& Cryer，2005；Hatch，2005；Helm，2004；Rimm-Kaufman et al.，2005；Sanders，2002；Worth & Grollman，2003；Zigler et al.，2004，2005）。

## 7-3b　为什么一致性很重要？

教师、家长和儿童保育者通常会陷入过于强调第一次经验的困境中。当儿童最终理解并记住恰当的行为时，他们自然而然地就会改变自己的行为。如果照护者决定让幼儿在午餐后学习自己倒掉盘子里的残渣，那么当幼儿直接把餐具扔掉时，照护者就会感到很生气。

幼儿教师在第一次向 5 岁幼儿介绍手指画时，可能会对幼儿在身上乱涂乱画的行为束手无策。但是任何与学步儿打过交道的成人都应该知道，1 岁的孩子无法理解为什么不能把木棍和树叶放在嘴里。

当我们能够前后一致、持之以恒、不再随意生气或表现得不耐烦时，孩子们会学习到与他人互动的积极方式。如果我们能够认识到儿童需要花费时间来学习新的技能和习惯，那么我们就可以避免很多无谓的烦恼。我们的任务是构建一个具有一致性且可预测的环境，让儿童有足够的时间慢慢地发展新技能。

## 7–3c 发展适宜性教育的环境有什么特别之处？

发展适宜性教育的早期儿童环境是温暖且温馨的。其中可能包含着儿童的特殊兴趣点、节日装饰或有装饰性的接触材料，但它们并不是铺天盖地的。儿童自己制作的艺术品和其他展示品不应在成人的视线水平上，而应位于儿童可以看到和触摸的地方。天花板、墙壁和地板应采用柔和的中性色，这样儿童可以首先注意到学习材料和自己制作的艺术品。儿童的眼睛会自动地关注我们希望其学习的对象，而不是混乱的“大杂烩”。儿童应该从视觉上被积木、拼图、装扮、木偶、书籍、配对游戏、植物和艺术品吸引（Harms，Clifford，& Cryer，2005）。

学习材料并不是越多越好。儿童几乎不会注意到墙上的数百个纸标牌，它们的学习价值很小，并且会影响整体的环境构造。当儿童被允许自由探索时，一个可以提供丰富且有趣的感官感受（纹理、颜色、气味）的真实物体才具有真切的学习价值。

发展适宜性环境中应该有很多窗户，确保光线充足。吸音的天花板或其他材料会使声音变柔和。家具和设备能够将地面空间划分出有明确功能的学习中心，以防止儿童乱跑乱跳，鼓励他们集中注意力于书本、拼图和积木等学习材料，并方便照护者进行观察和监督（Harms，Clifford，& Cryer，2005）。参见正面引导焦点 7.4。

### 正面引导焦点 7.4 分析儿童在教室里的运动轨迹

1. 在忙碌的时间里，儿童如何在教室里四处走动？
2. 儿童通常聚集在哪个位置？
3. 是否有任何特定的存在问题的区域？
4. 如何更改儿童的运动路径，以阻止他们奔跑？
5. 如何将儿童吸引到未得到充分利用的学习中心？

要定期给 2 岁及以上儿童提供一些可能容易造成脏乱场面的活动（如准备食物、制作黏土、开展沙水活动和绘画等），这些活动应该经过精心组织，以使儿童能够成功且独立地开展活动（Harms，Clifford ，& Cryer，2005）。参见正面引导焦点 7.5。

**正面引导焦点7.5 使用图片来演示行为步骤**

当幼儿想要进行手指画活动时，他能够轻松地按照图片所指示的步骤来操作。

1. 穿上围裙。
2. 用夹子夹住纸。
3. 在手指上涂颜料，进行画画。
4. 用海绵清洁和打扫区域。
5. 洗手。
6. 将手擦干。
7. 将围裙挂回原处。
8. 将画好的画平铺在干燥架上。

儿童不仅喜欢创造性表达，还在学习用符号去思考、按照特定的顺序完成一系列任务，以及对自己负责。如果儿童要在学校和生活中取得成功，那么他们应该逐渐掌握这些重要的技能。儿童不可能每次都按照同样的顺序去完成所有的事情，但是他们会慢慢地习得抽象符号、指示和责任意识等。

如果儿童在画手指画的过程中遇到麻烦并弄得一团糟，那么他可能会向其他儿童或成人寻求帮助。成人的角色是支持并引导儿童解决问题："让我们看看，你认为你应该先做什么？""在地板上的围裙呢？它应该放在哪里？""应该用海绵擦桌子吗？""如何把海绵弄湿呢？"

在具有发展适宜性的班级中，可以给儿童准备充足的绘画纸张，用夹子将其固定在适合儿童高度的画架上。在容器中放30毫升的颜料，再加上几个短而粗的画笔，这些对于一个想要画画的儿童来说，几乎是没有任何问题的。可以在一旁放置适合儿童高度的晾衣绳或晾衣架，用来将作品晾干。

可以通过限制数量来引导适当的行为。将颜料、胶水和黏土放在其本来的容器中可能很方便，但这通常是不恰当的。玛丽亚·蒙台梭利提出了一个有助于防止不当行为的概念，她称之为**错误控制**（Montessori Funt，1989）。蒙台梭利观察到，儿童更愿意自己纠正自己的错误，而不愿意让别人指出他们的错误。蒙台梭利认为，犯错是学习的重要组成部分，培养儿童的自我纠正能力有助于其自信心和决策能力的发展。她建议，儿童的学习材料应该被设计成儿童在犯错时能够自己觉察到的样子。

如果将大瓶的胶水放在架子上，儿童可能会非常浪费，很快就将整瓶胶水用光。儿童更注重过程，而不是最终的结果。儿童可能不会注意到胶水从桌子的边缘滴下来，并滴落到他的鞋子上。他只被眼前的事物、气味，以及挤压瓶子、透明的胶水从瓶尖涌出的过程吸引。如果成人直接进行干预，儿童一定会因自己的活动乐趣被打断而感到失望，而保育者会因为儿童用胶水弄脏鞋子和地板而生气。

如果将 30 毫升的胶水分别放入一组细小的胶水瓶中，然后一次只放两瓶到架子上，那么就可以进行错误控制了。如果儿童一次性使用过多的胶水，那么他就会很快把胶水用完。不需要成人介入，告诉他他犯了一个错误——他没有犯错。他可以简单地向成人报告胶水已用完，他还需要更多的胶水。按照同样的道理，一次只给儿童提供 10 张纸，而不是 100 张纸，当儿童需要更多的纸张时，他会向教师报告。

当练习错误控制时，成人将不得不频繁地将牛奶、水或果汁装进一个个小罐里，但这是有好处的。如果儿童将小罐里的东西洒了，造成的损失会很小，并且儿童有能力自己进行清理。当儿童自己制作零食时，请确保只放少量的材料，如果材料不够，儿童会向教师报告。

提供易于处理的小型颜料和胶水容器，以使不必要的浪费降至最低。

班级里的宠物能让儿童参与到现实的喂养活动中。成人应该安排专人值班喂养，这样就不会出现重复、超量喂养的现象。任何活动的开展都是为了提高儿童的能力水平和独立性。例如，为学步儿准备的食物可能包括容易去皮的切成一段一段的香蕉、去皮的橘子或洗好的苹果。

为婴儿、学步儿、幼儿和学龄儿童设计的发展适宜性环境应考虑儿童个体的发展水平和兴趣。学步儿不适合使用有挑战性的家具和玩具，即使它们可能非常适合幼儿。婴儿与学步儿适合使用非结构化的玩具和材料，进行感官探索以及一些安全的运动技能练习。

如果将学龄儿童放在一个装有适合幼儿使用的积木、图画书和玩偶的房间里，那么他们就会感到无聊和生气。他们需要一个适合其个人需求和兴趣的空间。在课后托管环境中，儿童需要在“俱乐部”里玩耍和听音乐，需要在学习区安静地学习。参见正面引导焦点 7.6。

**正面引导焦点 7.6　如何促进亲社会行为？**

1. 教授亲社会行为的技巧。阅读有关儿童亲社会行为的书籍，并设计符合儿童年龄特点的社会情感学习活动。例如，用木偶进行角色扮演，学习在特定的社交场合中表现出适当的行为。

2. 利用发展适宜性教育活动和材料，培养个人责任意识。在幼年时，儿童可以通过对自己的行为负责、做出决策和解决问题来获得成就感。

3. 分配简单的任务。让孩子承担与其年龄相称的责任，将任务分解为小步骤，避免过分唠叨。

4. 塑造亲社会行为的范例（树立榜样）。利用儿童的自然模仿倾向，为他们提供合作、换位思考和慷慨大度的榜样。

5. 让儿童看到自身行为的影响。帮助儿童意识到自身行为产生的结果。即他的行为如何影响其他人？

6. 学会妥协。成人可以帮助儿童学会冷静地分析可能的妥协和替代方案。

## 7–3d　计划表如何支持积极行为？

制定计划表对于发展适宜性教育环境来说至关重要。儿童不喜欢匆忙，也几乎不能忍受等待，他们有自己的节奏。成人应认真对待婴幼儿的步调。你可能会想：“在家里带自己的孩子时，我能够很灵活地按照他的时间表做事。但是在学校里，我有太多的儿童需要照顾，我怎么可能适应每名儿童的全部需求？有的孩子做事的速度非常快，而有的孩子却像蜗牛一样，对每个细节都不放过。”

**儿童自发的**活动是发展适宜性教育计划中的重要组成部分。不同的孩子肯定有不同的步调，应留给儿童充足的开展自发活动的时间，由此他们可以按照自己的步调进行工作和娱乐。一个孩子可能只需要 3 秒就可以将火鸡画成令自己满意的样子；另一个孩子可能想按照自己的方式，花 20 分钟完成这幅画；还有三分之一的孩子可能根本不想画画。儿童喜欢有专注于自身节奏的时间。定期安排的儿童自发活动能够为他们提供稳定的、可预测的时间表，同时留出足够的时间来满足其个性化需求。

> 教育不是为生活做准备，教育就是生活本身。
>
> ——杜威

如果儿童被迫参加固定的小组活动，那么动作较快的儿童会在等待他人的过程中感到无聊，并很容易开始顽皮捣蛋。动作较慢的儿童在还未体会到学习价值时就会被迫停止活动，他可能会因为无法完成自己关心的项目而感到沮丧和恼怒。个性化的、自定步调的、面向儿童的学习是发展适宜性教育实践，它能支持真实的学习、增强儿童的自尊心，并为儿童提供积极的引导。

家长应合理安排家庭活动的时间，给予儿童正面的引导。举个例子，在下午的晚些时候带孩子逛街，他可能会很容易感到疲倦和烦躁，但如果将外出时间定在上午，那么他感到疲倦的可能性就会降低。如果允许学龄儿童看电视节目，但是一会儿就制止他，说“是时候睡觉了”，那么这表明家长计划不周。

为了让家庭生活更幸福，比尔和艾琳不得不重新安排晚上的活动，以确保自己和孩子们都能够得到足够的休息。他们还必须尽早叫醒孩子们，这样孩子们在醒来后才会有充足的时间吃饭和穿衣。一个昏昏欲睡的孩子肯定会难以管理。

比尔和艾琳都要上班，他们讨厌早上叫三个孩子起床。因为孩子们经常玩耍到晚上 9:30 或 10:00 都不上床睡觉。必然地，当大清早叫孩子们起床时，孩子们会因睡眠不足而脾气暴躁。比尔和艾琳直到最后一刻才能把孩子们叫起来，然后疯狂地催促他们穿衣服、吃饭，在这一过程中他俩几乎总会与孩子发生冲突。

## 全日制幼儿园服务时间表

以下是遵循发展适宜性教育原则的幼儿园的典型时间表，其中留有大量的时间，方便儿童灵活地选择他们感兴趣的材料，并按照自己的节奏开展活动。

6:30—9:30　早餐和学习活动中心时间

儿童到达幼儿园，并进入自己的班级。学习活动中心供儿童玩耍，早餐供应时间至 9:00。

9:30—9:45　圆圈时间

儿童和教师一起唱歌、跳舞、玩游戏，一起活动、读书、讲故事、讨论事件，或者选拔负责给班级宠物喂食、给班级植物浇水等事务的人员。

9:45—10:45　学习活动中心时间

活动主要是由儿童发起的，但有时需要教师协助。在这一区域中，既鼓励小组合作，也鼓励个人活动。学习活动中心包括家政、戏剧、音乐、美术、积木、科学、自然、阅读、写作和数学等不同的领域（根据个人情况，提供洗浴服务）。

10:45—11:00　圆圈时间（室内或室外）

11:00—12:00　户外活动时间

儿童在户外活动区发展粗大和精细运动技能，同时能够学习与他人谈判、解决冲突的能力，并且能够探索周围世界。

12:00—13:00　午餐时间

13:00—13:30　圆圈时间

13:30—15:00　休息时间

15:00—15:30　点心时间

15:30—16:30　户外活动时间

16:30—18:30　学习活动中心时间

在最后 2 小时的学习活动中心时间，儿童通常会进行自发游戏，或者在音乐、阅读和戏剧游戏中进行小组和个人活动。

## 过渡环节

**过渡环节**是指儿童从一种活动转移到另一种活动，在这一过程中儿童可能存在困难。成人必须重视过渡环节，以顺利转移儿童的注意力。如果需要进行整理，可以让儿童继续当前的活动，并轻轻地推动他们进行下一个活动。过渡环节中良好的计划、组织和乐观的态度可以极大地帮助儿童降低转换的困难。

有的儿童很难进行过渡环节的转换。他们会特别专注于自己的活动，并且可能很难转移兴趣点。家长可能会倾诉："当他玩玩具时，我很难让他停止玩玩具而去洗澡；一旦他开始洗澡了，我也很难让他快点洗完；我终于让他躺在床上，给他讲睡前故事，他又哭着让我讲更多的故事。救命！" 参见正面引导焦点 7.7。

**正面引导焦点 7.7 如何改善过渡环节？**

为了帮助儿童实现平稳的过渡，我们需要这样做。

1. 提前通知："给你 5 分钟时间清理完毕！"
2. 确保过渡环节是可预测的和适时的。
3. 按照固定的程序进行过渡。
4. 保持过渡的顺利和安静。
5. 避免无聊的等待："我们等等其他儿童洗手，一起唱个歌吧。"
6. 添加一些有趣的、具有参与性的身体动作（"像舞蹈家一样在床上踮起脚尖""像青蛙一样跳到浴室"）。
7. 提前演练过渡环节。"当你爸爸来的时候，你应该做什么？""没错，保持冷静，当有问题时立即跟老师汇报。"
8. 考虑个别孩子的特殊需求："乔哈尔，我们把你的名字写在那个拼图上，这样你就可以在午睡后继续拼拼图。"

资料来源：改编自 Feldman & Jones，1995。

儿童喜欢尽情享受生命中的每一刻，他们渴望学习，并且善于自我引导。但在过渡环节中，他们需要专门的支持，以避免过于磨蹭、抵抗、哭闹，甚至发脾气。

制定明确的固定时间表

当面对突然的、意想不到的需求时，儿童会自然而然地倾向于抵制。同样，当成人被要求改变某个习惯时，我们偶尔也会小题大做，争辩说："这样感觉很奇怪……我不习惯……我不想改变。"（McKenry & Price，2005）

例如，对于一个从未担心过何时何地便溺的学步儿来说，我们坚持让他通过在厕所里便溺来保持裤子干燥，但是他可能不会感觉到二者之间有太大的差别。给儿童设定合理的期望，然后保持目标的一致性和可预测性，有助于儿童接受并逐渐适应社会标准。

给予儿童温和的引导，保持一致性和可预测性，帮助儿童逐渐接受并适应社会的期望。

儿童不会立即养成轮流玩玩具或克制自己抢玩具的能力。然而，如果我们缓慢而持久地施加影响，那么就可以促使儿童以更负责任和更亲社会的方式来处理相关事宜。

在刚开始的几个月内，如厕训练可能只包括谈论、观察、探索便盆，并让儿童在上面坐一两秒钟，让儿童把它当作换尿布程序中有趣的部分。可能需要几个月的时间，儿童的行为才能慢慢扩展到实际使用便盆。但重要的是，儿童一直在朝着正确的方向前进。

儿童在日常生活中的重大变化都是如此。我们需要给他们时间来逐渐适应并学习新的做事方式。最终，没有人会记得或者关心儿童学习速度的快慢，但是对于孩子来说，这个过程是否快乐很重要。

**实际应用案例**

## 威廉和大自然漫步

布伦达与她们班的3岁孩子已经准备好出门了。连日来的大雨让他们一直待在托儿所的室内，不能出去。今天晴朗的天空和明媚的阳光很适合他们摆脱早晨的例行计划，去户外释放一些被压抑的能量。

布伦达和她的助教特雷莎一致认为去操场是不可行的，因为沙箱和秋千下还有很多积水。“来一次大自然漫步吧。”特雷莎建议道，“这样会很完美，因为那里有很多漂亮的秋叶，我们可以步行到公园去收集科学中心里需要的橡子和树叶。”

孩子们兴高采烈地准备去散步，每个孩子都选择了一个牵手的搭档。当布伦达和特雷莎让孩子们两人一组排好队时，每个小组的孩子都满怀期待地、激动地扭来扭去。

"记住,"布伦达说,"我们需要一直和搭档牵着手,在人行道上小心翼翼地走,直到我们安全到达公园。"然而,在他们走了几步后,刚满 3 岁的威廉在看到一片亮黄色的叶子时,便放下搭档的手,弯下腰捡起叶子。而跟在威廉身后的路易莎(3 岁)一不小心跌倒在他的身上。

布伦达把威廉和路易莎扶起来,然后蹲到与他们的视线齐平的位置,轻轻地握住威廉的手,礼貌而坚定地说:"对不起,威廉,你必须等我们全部到公园后再找树叶。记住,一定要注意安全!注意和你的搭档牵着手。"然后她轻轻地拍了拍威廉的肩膀,微笑着宣布:"好了,这列火车准备好再次出发了吗?让我们冲下铁轨!哇哦,嘀!叮、叮、叮!"

几分钟后,一片红叶再次吸引了威廉的注意,他又弯下腰去捡,而可怜的路易莎像上次一样又趴倒在他的身上。然而这次她很快就爬了起来,拉着威廉的手,大声地说:"不好意思,威廉!当你这样做时,我会摔倒!"(路易莎的发音有误,这里呈现的是更正后的语句。)

案例讨论的问题

1. 路易莎为什么选择用语言来表达她的沮丧,而不是直接咬人或打人?

2. 布伦达应该如何回应威廉和路易莎之间的互动?她是否应该进一步纠正威廉的行为?她是否应该强化路易莎的语言能力?

3. 如果威廉继续干扰大自然漫步环节,布伦达和特雷莎该怎么办?你能想到什么预防措施来避免这种现象吗?

4. 这些孩子是否正在学习亲社会行为?如果是,那是如何学习的?

5. 布伦达和特雷莎是否对孩子们的基本需求保持兴趣、一致性、坚持性和敏感性?她们是否正在按照发展适宜性教育的原则开展活动?

## 7-4 如何设计户外环境?

户外活动场地应支持儿童发展身体、智力、情感和社交技能。场地上的所有材料都必须适合儿童的年龄。应将婴儿、学步儿、幼儿和学龄儿童的户外活动区域分隔开(Olsen, Hudson, & Thompson, 2005)。

户外活动场地的设备和材料旨在支持不同年龄段的儿童发展各项技能。在户外活动时间，可以开展不同的游戏活动。儿童应有时间以自由选择的任何方式玩耍，他们可以跑来跑去，并根据自己的兴趣使用一系列材料、设备和空间。成人应让儿童在与户外环境互动时不断进行学习（Elkind，2007；Erikson，1963；Fromberg，2007）。

在户外活动时间，儿童可以独自玩耍、与他人一起玩耍或以小组形式进行玩耍。有时，教师会在户外活动区域安排小型或大型的团体活动，比如在树下安静地读书、搭建障碍训练场、扔沙袋或球、跳舞、训练军姿、唱歌和演奏乐器等。

自由玩耍不是浪费时间，游戏是儿童的工作（Montessori，1986）。儿童应在精心策划的户外环境中自然而然地玩耍，进行体育锻炼、社交游戏、角色游戏和玩各种器械。重要的是，在这个年龄阶段，这些活动会激发儿童的智力发展（Leong & Bodrova，2009）。

为了准备适宜的户外环境，我们必须立足于对儿童的了解。我们必须考虑儿童的身体、社会性 – 情感和认知。我们需要设计专门的户外活动场地，以满足儿童这三个方面的需求。

在具有发展适宜性的户外环境中，儿童会进行体育锻炼、社交游戏、角色游戏和玩各种器械。重要的是，在这个年龄阶段，这些活动会激发儿童的智力发展。

## 7–4a　支持身体的发展

户外活动场地必须为儿童提供体育锻炼和发展技能的机会，以促进其身体的健康发育。儿童的粗大和精细动作技能的发展与其身体意识和行为调节能力密切相关

（Bodrova & Leong，2008）。

儿童需要充足的运动（Thigpen，2007）。缺乏运动给当今的儿童带来了前所未有的健康问题。幸运的是，运动对于儿童来说是自然而愉快的。当在户外快乐地活动身体去扮演角色、社交和挑战自我时，他们变得更加自信，更有安全感，更加充满活力（Frost et al.，2001）。

在滑梯、秋千、平衡木、攀爬架等设备上玩耍，可以帮助儿童掌握相应的运动技能，并改善协调能力和平衡能力。此外，相对高强度的运动可以帮助儿童消耗过多的精力，使他们能够更有效地适应，并集中精力安静地进行课堂学习活动。不幸的是，许多小学的管理人员取消了操场活动时间，因为他们认为这样将帮助儿童更有效地提高学习成绩（Miller & Almon，2009）。

### 7–4b 支持社会性 – 情感的发展

户外活动区域是儿童发展社交技能的绝佳场所。在这里，他们会很自然地开始探索社会关系，与他人沟通交流，甚至是发生冲突，并且开始学习如何交朋友以及做别人的朋友。在户外活动时，儿童之间的友谊可能时好时坏、起起落落。这时，教师便发挥着支持儿童开展社会交往的重要作用。我们可能会对这些愤怒的争吵感到头疼和恼火，但这正是儿童学习朋友之间如何相处以及解决分歧的方式。儿童开始学会妥协，这是人生中的必备技能。教师的作用就是引导儿童正确地进行社会交往（Goleman，1995）。

社会性是人类的基本属性。从出生起，我们就有了对归属感的基本需求。起初，我们依附于自己的主要照护者（即我们的家人）。随后，婴儿在成长的过程中开始建立与外界的联系。在幼儿阶段，儿童开始需要朋友。共同游戏的经历开始让儿童重视他人的观点（Hallowell，2003）。

有时候，如果儿童想要继续和朋友一起游戏，那么他们就必须控制自己的行为。就这样，他们开始学习自我控制。他们开始学习恰当地处理自己和他人的激烈情绪。在发展的各个年龄阶段，游戏都可以帮助儿童学会自我控制，以恰当的方式表达自己的情绪、处理分歧（Smagorinsky，2007）。

此外，游戏能教给儿童宝贵的社交技能，让他们学会考虑他人的需要与感觉。通过社会交往，儿童开始学会合理地应对拒绝和控制。他们开始学习分享权利、空间、物品和想法。这些重要的生活技能可以帮助儿童在团体中建立强烈的归属感

（Vygotsky，1978）。

### 7–4c　支持认知的发展

户外活动区域提供了一个自然的环境，儿童可以对一些生物和非生物进行观察、养育、收集、比较、分类和测试等，这些有趣的活动可以促进认知的发展（Charles et al.，2008；Louv，2008）。研究表明，儿童的游戏会促进其认知能力的发展。理解因果关系是我们理解世界的基础。这种能力促使我们发展道德判断力，学会与过去和解，并学习为未来做好规划。皮亚杰相信，儿童主要通过游戏的方式来积极探索周围环境，并由此学习因果关系（1930）。最近的研究表明，即使是幼儿对因果关系的理解也要比皮亚杰所认为的更多（Saxe，Tenenbaum，& Carey，2005）。

户外活动区域提供了一个自然的环境，儿童可以对一些生物和非生物进行观察、养育、收集、比较、分类和测试等，这些有趣的活动可以促进认知的发展。

鲍尔（Bower，1982）指出，婴儿理解客体永久性的时间要远远早于皮亚杰认为的时间。他通过研究发现，在掀开遮盖物露出消失的物体时，3.5个月大的婴儿就会有感到惊喜的表现（心跳加快）。另一位研究者威拉特（Willatts）发现，年龄较小的婴儿能想办法消除障碍物，找到自己想要的物品，而这一年龄远远早于皮亚杰认为的年龄。

然而，皮亚杰理论的核心思想是儿童能够通过积极的探索“构造”自己的知识（特别是因果知识），这是我们开展工作的基础。儿童会自然而然地探索任何能激发他们好奇心的东西。这种探索性游戏可能并没有系统性。孩子们似乎只是在玩石头、沙子和水，但是他们恰恰是学习寻找证据的小科学家（Masnick & Klahr，2003；Sodian，Zaitchik，& Carey，1991）。学步儿、幼儿和学龄儿童可以辨别重复的模式，进行心理预测，使用不同的问题和解决方案开展实验，进行逻辑推理（Gopnik & Schulz，2007；Kushnir & Gopnik，2007；Schulz，Gopnik，& Glymour，2007）。

除了自由游戏外，在户外活动时间里还可以进行集体教学活动。如果天气不好，影响户外活动的时间，那么当天气变好时，可以增加户外活动的时间。儿童在户外活动时往往更加活跃，感觉刺激更加丰富，因此不同学习风格的儿童都可以从户外活动中有所收获。当天气晴朗时，许多学习活动都可以在户外进行。参见正面引导焦点 7.8。

The Preschool at Claremont United Methodist Church

户外活动区域及其中的所有物品都必须符合儿童的年龄特点。

**正面引导焦点 7.8　拓展户外学习**

- 生命科学：探索风、云、季节的影响，识别昆虫、植物，学习园艺，研究天气。
- 物理：探索水、沙子、岩石和木材的质地，研究秋千、跷跷板和三轮车等设备的运行方式。
- 数学：计数和摆弄自然材料（松果、橡子、木棍、鹅卵石）。
- 艺术：绘画、捏黏土、使用现有的材料做拼贴画、利用自然材料建造创意性结构。
- 语言：给物体命名、创编与自然相关的故事、玩木偶、演小品。
- 社会探究：在沙箱中建造城市，绘制户外活动区域地图，为三轮车车道制作交通标志。
- 自助 / 独立技能：准备零食、捡垃圾、擦洗三轮车和其他物品。

天气不好时，我们该怎么办？

- 增加新的创意——移动图书、游览车、消防员等。
- 在区角进行自由游戏。
- 设置探索天气的科学桌。
- 设置制作节令性手工艺品的桌子。
- 设置专门制作食物的桌子。
- 制作戏剧表演的服装。
- 号召进行春季大扫除——配备小桶、喷水瓶和海绵，并组织儿童帮助清洗架子、玩具和窗户。
- 在圆圈活动时，可以关灯倾听和讨论大自然的声音，或者阅读相关的书籍。

请不要打开电视。儿童看电视的时间已经比他们在学校里的时间还要多。研究表明，看电视不利于儿童的身体健康和智力发育（Bener et al.，2010；Schmidt et al.，2008；Sellers et al.，2005；Todd et al.，2008）。作为儿童教育专业人士，我们一定不能助长儿童过度使用电子设备，应该为家长树立正面的榜样。

## 7-4d　发展适宜性户外活动区域中的环境要素

户外活动区域应该帮助儿童了解身边的环境。其中使用的材料和设备并不一定全部来自商业制造，而应该利用环境优势和天然的材料（如树桩、木材和大石头等）。户外活动区域应该直接通向教室，并且应该远离交通道路、噪声、污染、积水或其他可能的危险。参见正面引导焦点 7.9。

### 正面引导焦点 7.9　设计具有发展适宜性的游乐场

户外活动区域设计的三大要点如下。

1. 适合儿童的年龄特点——婴儿和学步儿必须有一个专门的区域，幼儿和不同年龄阶段的学龄儿童应有不同水平的设备。

2. 游戏区——草地跑步区、攀岩器材区、玩沙包和戏水区、骑行区。

3. 开放的视线——成人可以随时看到在户外活动区域内的所有儿童。

户外活动区域的材料清单：

- 可用的饮水机和浴室
- 树木、草地和其他植物
- 多样的活动，如奔跑、攀爬、匍匐前进、滑行、保持平衡
- 设备的下方以及易坠落区需进行安全防护
- 玩沙区和戏水区应设置成具有可操作性的区域，用于移动、搬运以及重新布置材料
- 提供用于遮阴、倚靠、休息的结构
- 具有隐私的空间（但需要适当监督）
- 自然的色彩和纹理
- 抬高的园艺箱
- 具有易得性

资料来源：Hudson，Thompson，& Olsen，2003.

Photo courtesy of the Preschool at Claremont United Methodist Church

路边的石头为儿童的艺术表达和粗大肌肉运动提供了机会。

## 安全

户外活动区域应达到安全标准，同时确保给儿童提供探索和挑战的机会。当然，户外场所不提供设备和材料，看起来会更加安全，但这剥夺了儿童的学习机会。我们的任务是为儿童提供最大可能的学习机会，同时尽一切努力确保儿童的安

全（Pellegrini，2009）。

户外活动区域中的设备应具有不同程度的挑战性，使儿童以自己的步调去探索、尝试和体验适合其发展水平的风险。在儿童准备就绪之前，不要强迫他们冒险。成人不能帮助儿童使用攀爬设备，要让儿童凭借自己的能力完成攀爬（Thompson，Hudson，& Olsen，2007）。

自然游戏的魅力在于，儿童可以挑战自我，并在成人的引导下学习。但是，在实践和学习的过程中，儿童有可能会犯错。要设计安全的户外活动区域，保证儿童从较低的高度跌落到设备下方的柔软地面上，从而确保儿童的安全。学校通常会根据当地的天气情况以及具体条件来选择合适的地面。大多数的保育中心会使用沙子、木材、橡胶或砾石等材料覆盖地面，也有一些保育中心使用专门的特殊材料来最大限度地支持助行器、轮椅或其他支撑装置的使用（Olsen，Hudson，& Thompson，2005）。

监督

可以在操场上放置一些成人用的长凳，以方便来访的家长观察他们的孩子。但是，教师和照护者会经常忙于在操场上照看儿童，以致没有时间坐在长凳上与其他人聊天，或者将户外活动时间作为休息时间。幼儿园管理政策规定了在户外活动区域中的师幼比。我们必须始终待在户外活动区域的周围，确保每个儿童都在视野范围内。

我们必须特别关注大门、小门、游乐设备、攀爬结构等以及任何可能需要特殊帮助的儿童。我们必须给予儿童近距离的、充分的关注。我们应随时走动，以便及时了解儿童的需求（Hudson，Olsen，& Thompson，2002；Kern & Wakeford，2007）。

如果户外活动区域的设计能够保证一个成人照看到整个区域，那么第二个成人可以坐下来，集中精力陪伴儿童进行游戏、手工、绘画或其他学习活动。适当的监督和良好的教学将带给儿童两全其美的收获（Thompson，Hudson，& Olsen，2007）。

作为户外活动的监督者，我们的目标应该对儿童来说可实现、支持儿童独立，并且在这一过程中遵循基本规则（如安全、尊重和负责）。我们不想解决儿童的问题，而想引导儿童解决自己的问题，想成为善解人意的教练和引导者。儿童的学习来自解决自身问题的过程。我们不允许他们伤害自己或他人，不尊重他人或不负责任，我们将温和而坚定地引导儿童掌握适当的决策技巧（Hughes，2008）。

这是美好的一天。安东尼奥是户外活动区域的三位监督教师之一，在那里 3—5 岁幼儿正在一起游戏。安东尼奥正在监督“设备区”。

突然，他听到一阵尖锐的声音，并立刻听出是奈达和马西娅的尖叫声。安东尼奥立即审视了周围环境，发现 3 岁的洛根正在滑梯底部叫喊。

安东尼奥冷静地看向在滑梯顶部尖叫的 5 岁女孩，询问她们需要什么帮助。她们说洛根挡住了她们的路，并且违反了玩滑梯的规则。“不应该从下往上爬滑梯！”她们喊道。

安东尼奥说：“姑娘们，你们能不能先下来跟我和洛根谈谈？他太小了，也许他并不明白规则。”女孩们从滑梯上走下来，急切地想与洛根对质。安东尼奥也把洛根叫了过来。小洛根对不能玩滑梯很不高兴，但安东尼奥温柔地哄着他，鼓励他和女孩们交谈。姑娘们毫不含糊地告诉他，他必须先上梯子，再从滑梯上滑下来。她们说：“你这样玩对别人不公平，而且如果你这样爬上去，别人可能会撞到你、伤到你。”

洛根看起来像是要哭了，说：“但我太害怕爬上梯子了。”安东尼奥说：“嗯。洛根怎样可以解决这个问题呢？”马西娅想了想，柔声说道：“好吧，如果我们帮你，你会害怕吗？我们可以跟在你的身后，你可以慢慢地走。”

奈达邀请洛根和她们一起爬梯子。洛根想了想，还是不想去。相反，他选择去沙坑里玩。女孩们又回到滑梯处。安东尼奥感觉很好，他觉得自己成功地引导孩子们独立地做出了亲社会行为。

### 包容性

当然，户外活动应该允许不同能力水平的儿童参与社交、智力和体育活动。每个人都应该做一些有趣的事情。儿童可以根据自身需要，从事多样的活动。一位儿童治疗师通常会在区域调整方面提出好的建议。

一般来说，无障碍户外活动区域可以提供有背部和侧面支撑的秋千、专门设计的骑乘玩具和活动转移设施，以便使用移动设备的儿童能够在无法使用的设备上玩耍。无障碍户外活动区域还可以为有运动障碍的儿童提供扶手、安全抓杆或类似的安全装置。

具有包容性的户外活动区域，始终有通往户外活动区域及周围的无障碍通道。散发着芳香的花园和提供多感官体验的事物，为有感官需求的儿童增添了特殊的包容性维度（Flynn & Kieff，2002；Schappet，Malkusak，& Bruya，2003）。

### 7-4e　什么是绿色游乐设施

绿色的**景观式游乐设施**是一种特殊的户外活动区域，旨在让儿童体验大自然。景观式游乐设施强调儿童与昆虫、植物、蜿蜒的小径、草地斜坡、倒下的原木、树桩、水上游戏、园艺和其他自然物开展的创造性游戏和学习互动（Faber Taylor，Kuo，& Sullivan，2001）。

与以前的儿童相比，现在的儿童越来越肥胖，在户外玩耍的次数越来越少。电视、电子游戏、计算机和其他电子产品，使儿童变得被动、不活跃。北卡罗来纳州立大学风景和园林研究员罗宾·摩尔（Robin Moore）表示，自然空间和材料会吸引儿童在户外玩更长的时间，采用更有创意的方式（Cosco，Moore，& Islam，2010；Louv，2008；Moore Cooper Marcus，2008）。

The Preschool at Claremont United Methodist Church

这个由家长制作的小游戏屋的周围有树桩、有趣的石头和盆栽，这些由儿童负责养护。

伊利诺伊大学的研究人员正在研究儿童与自然之间的关系。他们发现，绿色的游戏环境不仅可以缓解儿童的注意缺陷障碍症状，还可以提高儿童的游戏质量以及儿童与成人之间的互动质量。他们发现，儿童使用带有大型钢铁和塑料设备的区域的方式与其使用多功能的绿色游戏场地的方式存在巨大差异。儿童使用绿色游戏场地的时间更长、更有创意、更平和（Faber Taylor，2004；Panksepp，2007；Schottelkorb & Ray，2009；U.S. Department of Health and Human Services，2009）。

儿童使用绿色游戏场地的时间更长、更有创意、更平和。

此外，公众和专业人士对绿色游乐设施越来越感兴趣，这基于一种信念，即鼓励儿童在很小的时候就参与园艺活动和感恩土地，这样可以建立他们对户外活动的终生喜爱。2007 年，美国国家野生动物联合会开始举办“绿色 1 小时”活动，这是一项全国性的运动，旨在说服家长鼓励他们的孩子每天在大自然中度过 1 小时（Keeler，2008；Louy，2007，Mclennan，2009）。参见正面引导焦点 7.10。

### 正面引导焦点 7.10　设计绿色游乐设施

1. 创建自然的儿童园艺活动（向日葵、带有芳香的植物、蔬菜）。
2. 创建自然的斜坡（多草的土丘）。
3. 创建自然的小径（脚踩石、木片、豌豆大小的碎石）。
4. 创建自然的攀登物（巨石、原木、树桩、干草包）。
5. 创建自然的玩水区（沙、水、岩石）。

6. 创建自然的声音（竹子和贝壳风铃）。

7. 提供可移动的材料（棍棒、石头、容器、铁锹）。

8. 教儿童有关鸟类、昆虫和植物的知识。

9. 避免化学除草，以及使用化学肥料来绿化草地，需使用有机和无毒的替代品。

10. 使用环保的户外活动设备。例如，使用经过认证的由可持续采伐的木材或可回收的材料制成的设备。确保制造商有环保理念。

## 7-5 营造良好的社会环境

成人如果希望激发儿童的亲社会行为，就必须先建立一个良好的社会环境。在这种环境中，儿童能够感到足够的安全和舒适，因此可以表现出合作、同情和利他的态度。那些担心被伤害、因别人超越自己而备感压力或被迫与伙伴竞争的儿童，可能对亲社会行为没有兴趣。害怕自己的需求无法得到满足的儿童可能无法对他人表现出慷慨。儿童可能会在某种情况下表现出亲社会行为，而在另一种情况下不会表现出亲社会行为；日常的行为表现在很大程度上取决于周围环境（Berk，2001；Carr et al.，2002；Charney，1997，2002；Hartshorne & May，1928；Katz & McClellan，1997）。

### 7-5a 游戏化学习的重要性

儿童期是生命中的重要时期。哺乳动物的幼崽（幼犬、小猫、小马驹等）会嬉戏玩耍，以培养成年后所需的生存技能。各种各样的成年动物承担着重要的职责（如提供食物、住所以及保护），而幼崽则四处追逐昆虫、爬树、在草丛中滚动以及假装打架。他们的自由使其能够协调肌肉并练习生存技能。

年幼的人类也需要一个受保护的童年时期，在此期间玩耍和探索。如果儿童被强迫表现出严肃的、小大人的行为，那么他们可能会变得乖戾和挑剔。他们可能不会从朋友的滑稽动作中获得乐趣，反而觉得有必要向成人报告或揭发另一个孩子的微不足道的错误行为。当个人权利受到侵犯时，儿童应有向成人投诉的自由；当有人违反规则或做出危险行为时，儿童可以向权威人士（成人）举报不当行为。这种告状是真诚的，绝不应该被贴上“打小报告”的标签。但是，轻率地斥责或恶意告状是另一回事。痴迷于告状的孩子希望给同伴带来麻烦，可能期望成人会消灭或惩罚每一个愚蠢或幼稚的行为，并因他说的话而奖励他，因为他是一个“乖孩子”。这种行为是不恰当的，应予以处理。

一个并非出于好意而坚持告状的儿童，在被告状的玩伴看来是反社会的。但是，告状的儿童可能会从成人对孩子行为的批评中推断出，如果这样做，那么做一个好孩子或成为儿童中的一员是不行的。这个孩子可能会感到自己与其他孩子的疏离感，他可能实际上将自己视为一个小大人。这些感觉阻碍了友谊的发展，从而阻碍了合作游戏、最佳的社交和情感发展，所以我们需要让儿童知道，有时做一个“傻”孩子是完全可以的。当儿童被教导要帮助犯错误的朋友时，成人就能帮助他们避免搬弄是非。“是的，谢利，我知道詹姆斯忘了需要轮流。我们如何帮助他记住呢？”

对于婴幼儿来说，轻松、有趣的气氛有助于他们发展忍耐力和幽默感。浸染于较为宽容的氛围，可以极大地帮助孩子发展同情心。成人有时会忘记站在孩子的角度来考虑他们的感受和想法。

成人认为坐着发呆或无所事事是一种奢侈的享受，但是儿童认为坐着什么都不做是一种可怕的惩罚。成人的节奏比儿童的节奏更慢、更安静，他们可能会因儿童的尖叫声、扭动、摔跤和奔跑而感到厌烦。因此，成人会强迫儿童在他们的忍耐范围内吵闹和活动。相反，当成人学会温和地引导活泼、吵闹的儿童时，儿童会感受到成人的慷慨和宽容，那么孩子们会学会表现出对他人的慷慨和宽容。

艾伦是一个年轻的爸爸，在看到他蹒跚学步的孩子头上“穿”着内裤走进来时，他没有表现出愤怒，而是坐下来笑得很开心。当一直努力控制体重的法雷尔夫人听到小珍妮弗说“我觉得你很漂亮，你是全世界最漂亮的胖女人”时，她笑着把它当作真诚的赞美。辛迪小姐发现吓坏她的可怕蜘蛛，原来只是塑料礼物，她和她的学生们和善地笑了起来。

我们可能会倾向于过于严肃地对待儿童原本正常的幼稚行为，甚至会因此变得愤怒并实施惩罚。然而，在轻松有趣的氛围中，儿童可以学习纪律，同时可以学习慷慨和宽容（Webster-Stratton，2000；Wilcox-Herzog & Ward，2004）。儿童知道犯错是被允许的，因为家长、教师和照护者是自己的盟友，而不是敌人。儿童知道有时表现得顽皮和愚蠢是可以的，因为其他人可以放下隔阂，一起开怀大笑。

显然，在愚蠢和真正的不当行为之间、在嬉闹和反社会活动之间是有界限的。嬉闹既不伤人，也不刻薄；恶意却是两者兼有。不完全恰当的愚蠢行为可以用耐心和幽默来处理，但当它开始干扰必要的程序或惹恼他人时，可能需要坚定地予以纠正。

## 7–5b 创建合作环境

当我们说“看看你可不可以第一个收拾好自己的午餐盒”或“最安静的人可以排在第一位”之类的话时，我们是在鼓励儿童开展竞争而不是合作。我们经常倾向于使用有竞争性的挑战，因为它们比唠叨或威胁更有效地发挥作用，而且它们看起来没有负面影响。但是请记住，即使这一策略能够很好地实现短期目标，它也不一定能够实现我们追求的长期目标。从长远来看，能迅速地穿上衣服或不用提醒就拾起垃圾，都不如培养儿童学会合作和关怀更为重要，因为儿童将会成为未来的公民。

通过敦促儿童以牺牲他人为代价来取胜，可能会造成贪婪和对他人的情感缺乏敬意的不良品质。将儿童的竞争冲动转移到和自己的最好成绩来比较会更有帮助：“你今天搭的积木能不能比昨天的更高？”

我们生活在一个瞬息万变的社会中。当我们觉得一名儿童可以以某种方式行事时，我们就希望这种行为能够立即发生。一本畅销书可能会“自信地”告诉家长，孩子可以在一天内学会如何上厕所。实际上，儿童无法在一天、一周甚至一个月内掌握上厕所的技能。一个2岁的孩子似乎在一夜之间便不会尿床，但这只有在孩子掌握了数百项先决技能后才会发生。儿童需要大量的时间、耐心和正面的引导，以掌握持续合作所必需的技巧和自我控制能力。

在区域活动中，儿童的游戏应为合作式的，而非竞争式的。

只有掌握了这些先决技能后，儿童才能控制自己的肠道和膀胱的功能，并获得真正独立如厕所必需的自助技能。对婴儿的排泄习惯非常敏感的父母，能够可靠地“捕捉”婴儿的排尿和排便活动，但这与独立如厕不是一回事。参见正面引导焦点 7.11。

### 正面引导焦点 7.11 如厕学习涉及哪些内容？

要保持独立，儿童必须做到以下几点。

1. 认识身体感觉。
2. 抑制突然的冲动。
3. 停止游戏（这确实很困难）。
4. 找到洗手间。
5. 管理好衣物（家长有时会忘记这有多困难）。
6. 在“可怕”的、有水的马桶上保持平衡。
7. 有意识地控制排泄肌肉。
8. 处理厕纸。
9. 冲洗厕所。

成人有时对儿童的如厕学习非常不耐烦。许多儿童要到 3 岁或更大的时候才能学会独立如厕。即使到了那个时候，他们在卫生间里偶尔也可能需要提醒或帮助。

## 7-6 照护者

人们可能容易得出一个错误的结论，即养育者、教师或照护者要么是圣人，要么是容易被说服的人。但是，“养育”一词的意思是训练、教育或滋养。真正的照护者只是一个诚实的、情感健康的人，同时是一个自信和懂得关怀他人的人。参见正面引导焦点 7.12。

**正面引导焦点7.12　给照护者的小贴士**

有效的教学和照护者应做到以下几点（Berry，2006）。

1. 保持积极的态度。
2. 对所有的儿童保持高期望。
3. 具有帮助儿童学习的技能。
4. 做好课堂、活动和材料的准备工作。
5. 具有创造力和灵活性。
6. 在互动中保持温暖和亲力亲为。
7. 使儿童具有归属感。
8. 尊重孩子和家长。
9. 宽容和原谅他人的错误。
10. 愿意承认自己的错误。
11. 具有同情心，能够为他人着想。
12. 公平、公正、无偏见。
13. 具有良好的幽默感。

教养儿童并不意味着指出他们的每一个缺点、批评他们的每一个不完善之处，惩罚他们的每一个错误判断。事实上，塑造儿童的积极行为的第一步只是简单地树立一个好的榜样。

我们不知道的是，许多孩子的不当行为只不过是在我们意料之外的情况下，对我们自身行为的即时回放。儿童会模仿成人打人的方式来表达不满。我们打孩子，然后告诉他们不要打别人。想一想当我们说“如果你还要打你的弟弟，我就要打你的屁股，打人不好！”时，我们的语言和行为上的差异多么让人疑惑，并且十分虚伪。

## 7-6a　如何看待体罚?

研究告诉我们，对儿童进行体罚是一种不恰当且无效的引导方法（Bender et al.，2007；Beniet & Kazdin，2003；Socolar，Savage，& Evans，2007）。对儿童进行体罚，在很多地方都是违法行为。尽管在美国南部一些州的公立学校里仍存在拿戒尺惩罚学生的现象，但许多国家和地区都明确禁止任何形式的体罚。在保育中心或学校里体罚儿童很有可能会破坏教师的职业、声誉和未来收入（确实发生过诉讼）。在发展适宜性教育中，伤害儿童是绝对不被接受的（Copple & Bredekamp，2009）。

打、掐、咬、摇儿童都是危险的，我们在任何情况下都不能采用这种引导儿童的方式。虐待性头部外伤和其他形式的虐待常常始于这样一种观念，即通过惩罚婴幼儿可以使其行为表现得更好（Christian & Block，2009；Christian & Poppe，2007）。如果身体上的惩罚不起作用，那么随之产生的沮丧和愤怒可能会加剧体罚的程度。大约三分之二的虐待儿童案件始于对儿童不当行为的体罚（Donnelly & Straus，2005；Straus，2008；Straus & Douglas，2008）。

成人有时会错误地认为，如果轻度惩罚不起作用，那么就只能增加惩罚的次数和严重程度。“如果我下手再重一点，我就能达到目的。”通过选择永远不体罚儿童，我们可以避免整个丑陋的事情。我们都不会希望任何人通过体罚的方式来教会我们一些东西，儿童也不会喜欢，因为还有更好的学习方式。但是，避免体罚的主要原因是，这种方法并不能有效地培养出积极的、具备亲社会行为的儿童。长期面对体罚的儿童长大后更有可能使用殴打的方式来解决与伴侣的分歧（Cast，Schweingruber，& Berns，2006；Gershoff，2002，2008）。

研究表明，当家长和其他照护者给人的印象是愤怒、冷漠、刻薄和暴躁时，儿童无法健康成长（Berlin et al.，2009；Bugental，Martorell，& Barraza，2003；Carr et al.，1999；Bernetal，Martorell，& Barraza，2003；Larzelere，Cox，& Smith，2010；O’Leary，1995）。

研究人员发现，有些家长在婴儿开始爬行和探索周围世界时就开始打屁股，一些家长在宝宝 18 个月时就会习惯性地打屁股、拍手心。一项针对婴幼儿的研究发现，在 1 岁时就经常被打的婴儿在 3 岁时更有可能出现严重的行为问题。这些幼儿在心智发展测试中的得分也较低。而那些既被打屁股又没有得到温暖照顾的幼儿的情况更糟（Berlin et al.，2009；Bugental，Martorell，& Barraza，2003；Gershoff & Bitensky，2007；Taylor et al.，2010）。关于体罚对幼儿影响的研究表明，体罚对培养有能力、会合作和负责任的儿童没有帮助（Ember & Ember，2005；Fontes，2005；Gershoff，2008；Lansford et al.，2005；Socolar，Savage，& Evans，2007；Straus，2005）。参见正面引导焦点 7.13。

**正面引导焦点7.13 永远别打屁股!**

1. 打屁股有严重的副作用。

2. 打屁股并不比其他引导方法更有效。

3. 打屁股与建立和谐家庭和社会的理想背道而驰。

4. 打屁股与行为问题（例如攻击性行为、自我调节能力差、智力发育缓慢）有关。

5. 打屁股与情绪问题、攻击性行为、沮丧、缺乏同情心、与家长关系消极以及学业困难有关。

6. 打屁股在不同的文化中有不同的结果。与体罚普遍的环境中的儿童相比，很少体罚的环境中的儿童如果受到体罚，那么造成的负面影响更大。

儿童被打得越多，长大后他们越有可能变得更有攻击性。其他研究也呈现出类似的结果（Grogan-Kavlor，2005；Lansford et al.，2009；Mulvaney & Mebert，2007）。对于年龄越大的儿童，体罚的负面影响可能越明显。珍妮弗·兰斯福德和她的同事追踪了十几年上小学时在家里被打和未被打过的孩子，结果发现，受过体罚的儿童的行为问题最严重，与家长的关系也最消极（Jennifer Lansford et al.，2009）。

已经有24个国家禁止了对儿童的任何形式的体罚。在美国，有30个州以及华盛顿特区和波多黎各，禁止在公立学校中对儿童进行任何体罚。只有少数几个州仍习惯性地使用戒尺来惩戒儿童，有20个州仍允许学校对儿童进行体罚（Lynch，2010）。参见正面引导焦点7.14。

**正面引导焦点7.14 引导学龄儿童**

1. 使用积极的、预防性和支持性策略来开展适当的社会行为，可以有效地促进儿童在学校里的积极行为。

2. 对小学生进行积极的社会情感技能培训可以使学校更安全，而更安全的学校是更有效的学习环境。

3. 在实施系统的社会情感技能培训的学校里，学生参与学习活动的时间会增加，学业成就也会提高。

4. 那些通过预防和积极的社会情感支持来充分解决行为问题的学校表明，纪律转介的比例减少了 20%~60%。

5. 在学校里适当地实施社会情感培训计划可以带来显著的改善，对改善问题行为、沟通技巧、学业成就以及正常发育儿童和有能力差异儿童的最终幸福感都有长期影响。

资料来源：Carr et al.，1999，2002；Colvin，2010；Crone，Hawken，& Horner，2010；Lane，Kalberg，& Menzies，2009；Sailo et al.，2009.

许多有关体罚的研究结论是，即使是轻微的体罚（如果这是引导的主要方法）也会导致消极的结果。研究告诉我们：家长或照护者的温暖、敏感和理解能支持儿童发展积极的情感、社会性和智力；而家长或照护者经常表现出愤怒、冷漠、厌恶和麻木不仁，则会导致儿童情感、社会性和智力的不良发展。与体罚相比，其所伴随的负面情绪的表达可能对儿童的发育会造成更大的损害（Chang et al.，2003；Larzelere et al.，2010；Larzelere & Kuhn，2005）。

### 如果打屁股不起作用，为什么它如此普遍？

许多被打屁股的孩子在长大后努力成为一个尊重他人、聪明、健康和负责任的人，其中无疑包括本书的许多读者。我们的父辈和祖辈深信不疑的是："我要把你痛打一顿，直到你不能坐下来，然后你才会记住不要碰别人的东西""然后你就能学会与兄弟融洽相处""然后你就能记住不要再在街上乱跑"。可以确定的是，恐惧、痛苦和恐吓都是很好的威慑力量。但是长大后有些人可能还记得我们在成长过程中遇到的问题和怨恨。

尽管一开始**体罚**或**言语虐待**似乎很有效，但当儿童很小且容易受到恐吓时，这些行为就提供了攻击性行为的范例，会让儿童习惯于被体罚控制。在成人多次对一名儿童施以严厉的惩罚后，儿童会变得习惯，以至于不再产生同样的效果。惩罚可能会使他感到愤怒，但它可能不再会吓到他。随着儿童的年龄越来越大，身体越来越强壮，对儿童的管教存在更多的困难。无论如何，儿童长大后会难以被体罚控制。

## 认识大脑

### 我们可以从神经科学中学到什么？

**体罚和大脑发展**

1. 严厉的体罚可能会造成大脑的永久性变化（Larzelere，2000；Larzelere & Kuhn，2005；Mulvaney & Mebert，2007；Straus & Paschall，2000）。

2. 尽管美国儿科学会反对使用体罚，但仍有约90%的学前儿童遭到体罚（Teicher，Anderson，& Polcari，2012）。

3. 研究表明，严厉的体罚往往会导致不良后果，例如攻击性行为、暴力、反社会行为、抑郁、自杀念头、焦虑、酗酒和滥用药物（Aucoin，Frick，& Bodin，2006；Baumrind，Larzelere，& Cowan，2002；Gershoff，2002）。

4. 长期以来，体罚被认为是控制儿童，并使其社会化的必要和有效方法，但是现在我们了解到，严厉的对待并没有效果，并且会导致各种各样的发展问题（Frodl et al.，2010；Teicher，Anderson，& Polcari，2012；Tomoda et al.，2011）。

5. 当家长使用体罚（击打、拍打、抽打、捏和摇晃）来减少儿童的不当行为时，其长期影响通常与原本目的背道而驰（Grogan-Kaylor，2004，2005）。

6. 减少儿童遭受照护者的欺凌和恐吓行为的影响，可以极大地改善儿童的健康、发展和学业成就（Cohen et al.，2009；Frodl et al.，2010；Teicher et al.，2010）。

## 认识大脑

### 我们可以从神经科学中学到什么？

**言语虐待和大脑发育**

1. 言语虐待不仅会伤害儿童的情感，还会对儿童的大脑结构发展造成持久性损害（Choi et al.，2009；Hanson et al.，2010；Taylor，2010；Teicher，Anderson，& Polcari，2012；Teicher et al.，2010）。

2. 严厉的口头谴责被公认为是控制儿童和使其社会化的有效方法，但是现在我们了解到，严厉的口头谴责并没有效果，并且会导致各种各样的发展问题（Frodl et al.，2010；Polcari et al.，2014；Teicher，Anderson，& Polcari，2012；Teicher et al.，2006；Tomoda，2011）。

3. 研究表明，如果家长使用平和的、具有支持性的引导方法，而不是使用愤怒的言语和体罚，儿童在一生中遭受情感、身体和行为问题的风险将会下降，而学业的成功率将会增加（Choi et al.，2009；Cohen et al.，2009；Larzelere，2000；Hanson et al.，2010；Polcari et al.，2014）。

经验丰富的教师知道，他们必须特别注意那些经常遭受家长体罚或言语虐待的儿童。这些孩子看起来似乎被家长管教得很好。但通常，一旦家长稍不注意，这些孩子就失去了控制。当教师开始使用权威的正面引导策略时，儿童经常会极大地考验教师的耐心。这种儿童期望被打、被责骂，希望可以被控制身体。当他没有受到惩罚时，他就会测试自己达到何种程度才会引起成人的愤怒。在信任教师之前，儿童会多次测试这一过程。有了信任、支持和关爱的榜样，他最终开始学习如何控制自己的冲动和内在选择的过程。

杨太太在家长外出项目中负责照顾 1 岁的孩子们。当一个婴儿咬人时，她会尽己所能地做到坚定但温柔地采取措施，以阻止孩子继续咬人并使被咬伤的孩子尽快平复下来。她用坚决（但不生气）的声音对咬人的孩子说："请停下来。"然后，她向咬人的孩子示范如何安抚被咬的孩子。杨太太轻柔地抚摩着被咬孩子的手臂，用舒缓的声音说："温柔，要温柔。"咬人的孩子常常会模仿她并抚摩被咬的孩子，然后她回应说："你做得可真温柔，谢谢。"慢慢地，婴儿们开始模仿和学习杨太太的温柔。参见正面引导焦点 7.15。

**正面引导焦点 7.15　为什么家长要打屁股？**

1. 当孩子行为不当时，家长真的不知道还能怎么办。

2. 家长难以控制自己的愤怒和沮丧。

3. 异常的压力会使温柔的家长变得愤怒。

4. 经济压力、工作问题、婚姻压力或不堪重负的单亲抚养压力，都会导致家长情绪失控。

5. 媒体中的暴力行为往往会使家长对攻击性行为不敏感，比如殴打、扇耳光以及使用伤害性、贬低性和侮辱性语言。

6. 吸毒或酗酒常常会导致家长失去良好的判断力。

7. 家长的家庭、宗教或教育文化背景可能会造成其倾向于用打屁股来解决问题，而他们可能没有意识到打屁股会引发潜在的问题。

资料来源：Douglas & Finkelhor，2005；Marshall，2002；National Center for Children in Poverty，2004.

关键的问题不是打屁股会破坏儿童的一生，而是依靠体罚来控制儿童会干扰其自我控制能力的发展。打屁股根本不能像用正面、坚定的方法来引导儿童那样有效地赢得孩子的合作。如果我们真正致力于提供一个健康的环境，使儿童能够成长并发挥学习的最大潜力，那么体罚会增加儿童的压力，并引起其他的负面问题。

## 7–6b　照护者如何对攻击性行为做出反应?

照护者应立即停止攻击性行为，然后帮助孩子独立、适当地解决问题。这一切都是在冷静、支持和乐观的状态下完成的。照护者应努力寻找并解决持久的攻击性行为的根源。最重要的是，照护者要与儿童建立情感联系，应与儿童建立互相关怀、敏感和理解的关系。

当孩子长大一点后，杨太太开始强调另一个概念：用言语而不是攻击性行为来表达愤怒。因为她很少使用“不”这个词，并且只有当她真正想要制止某一行为时，她才会说“不”，所以孩子们了解到“不”是一个重要且有分量的词。我们不会听到杨太太斥责孩子：“你怎么敢对我说‘不’！”她允许儿童口头表达他们的想法和感受。

当杨太太和一个不高兴的学步儿打交道时，她会先承认孩子的感受，即使不允许孩子这样做是合理的做法。她说：“我知道你现在不想洗手，但是你必须洗干净手才能吃东西。”她实际上是在引导孩子们说“不”的技巧。她提示他们：“告诉马库斯‘不’，可以说‘不，马库斯，那是我的饼干’。”慢慢地，孩子们通过直观教学以及模仿，学会了用语言而不是攻击性行为来表达他们的愤怒。

### 7-6c 儿童可以通过模仿来学习恰当的行为吗?

尽管婴幼儿只能模仿观察到的点滴行为，但即使是第一次尝试也对其发展至关重要。学前儿童可以模仿行为的整个过程，他们处于模仿的敏感时期。当他们模仿成人的行为时，我们可以看到他们重新演绎自己所感知的世界（Bodrova & Leong，2010；Brown & Vaughan，2009；Gladwell，2000；Mayes & Cohen，2001；Piaget，1962）。这些“窥探”包括有趣与令人震惊的成分。孩子们的模仿游戏揭示了他们对成人世界的天真误解，也包含他们有时感受到的惊恐和伤痛。

学龄儿童也会模仿，但他们在选择角色模式时更加精挑细选。他们不断地（但不自觉地）吸收周围人的微妙的行为特征。但是他们不太可能模仿自己不喜欢的成人或儿童的行为。他们会有意识地学习自己欣赏的说话、打扮和举止方式（Bandura，1977）。我们可以通过成为儿童世界中受人尊敬和钦佩的榜样，而不是冷漠和疏远的权威人物，来激发儿童的积极模仿和学习。

示范是一种教授亲社会行为的重要且合乎逻辑的工具，如果我们不能意识到自己的行为和态度，以及电视等文化媒体所传达的行为和态度，那么我们就浪费了影响儿童的大好机会。如果儿童长时间看电视，那么他们必然会内化所看到的语言和行为。成人应密切监视和限制儿童观看电视节目的类型，以避免其过度受到暴力和不负责任的行为的影响（Buijzen & Valkenburg，2003；Linder & Gentile，2009；Manganello & Taylor，2009；Pagani et al.，2010；Rosenkoetter，Rosenkoetter，& Acock，2009）。

我们应该认真审视自己，并纠正自身的一些问题，而不是将所有的注意力都集中在纠正儿童的行为上。即使我们未能成功消除所有的个人缺陷，我们也肯定会对儿童的两难境地（想要停止不当行为却无能为力的处境）更加敏感。如果我们的目标是培养儿童的自律和自控能力，那么我们最好看看自身有多少值得人钦佩的特征，这样我们就可以向儿童展示（而不是仅仅告诉他们）应该如何表现。参见正面引导焦点 7.16、7.17、7.18。

#### 正面引导焦点 7.16　询问有关不当行为的问题

1. 这种行为的哪些方面令我特别烦恼?
2. 我有什么办法可以为这种行为树立榜样?

3. 我可以对哪些积极行为进行示范和强化，以替代不当行为？

4. 我该如何示范恰当的行为，以确保儿童注意到并做出反应？

**正面引导焦点7.17　积极榜样清单**

1. 请记住，作为一名教师，我自然而然地就成为一个榜样。

2. 找出自身值得儿童学习的品质，并努力改掉不良的行为习惯。

3. 提供能够传递希望儿童学习的价值观的学习材料和玩具。

4. 表现出镇静，使用平和的冲突管理方式。

5. 在日常行为中表现出合作、同理心和慷慨大方等品质。

6. 给儿童读一些表达宽恕、诚实、坚持、责任、尊重和公平等道德价值观的书。

**正面引导焦点7.18　给教师和照护者的五个提示**

1. 了解每个儿童，并回应他们的能力、兴趣和喜好。

2. 选择与儿童发展的各方面（如社会性、情感、身体和智力）相关的学习材料。

3. 建立一日常规，留出不间断的时间来开展儿童自发、自导的游戏。

4. 允许孩子在明确定义的范围内做出选择来表达自己的个性，例如：“你喜欢绘画还是玩黏土？”“你想阅读还是写日记？”

5. 极大地避免儿童被迫静坐、等待或排队的情况（婴儿尤其无法应对这些情况）。

我们偶尔会设定不合理的目标。我们需要时不时地关注儿童的行为。我们不应该年复一年地忽略凌乱，然后突然要求整洁——从现在开始！我们可以一步一步来帮助孩子们。

3岁的费尔南多洗完澡后，总是裹着一块柔软的大浴巾在房子里走来走去。

当准备穿衣服时，他总是习惯性地将潮湿的毛巾扔在卧室的地板上。这个小男孩很可爱，以至于他的父母默默地容忍他随意扔毛巾的习惯。然而，有一天，他的妈妈实在忍受不了了，大喊：“费尔南多，把这条湿毛巾拿回浴室，我的意思是‘赶紧的’（step on it）！”妈妈冷静了一会儿后，她偷偷地往浴室里看了看费尔南多。他站在浴室中间，可怜地哭泣着，乖乖地站在毛巾上。实际上，他确实按照指示“踩在了上面”（step on it）。

### 如何更加关注儿童的个人需求？

> 温柔是强而有力的，真正的力量却也是十分温柔的。
>
> ——圣方济各·沙雷氏

照护者应该满足儿童的个人需求。家长通常很容易将自己的孩子视为独立的个体。家庭亲密关系和共同生活的经验使人们至少了解（不是尊重）个体差异。对家长来说，一个关键的难题可能是接受孩子的个体差异，并避免将他们进行互相比较。家长可能会在明知道拉莫纳更愿意骑自行车，而不是学弹钢琴的情况下说：“我确定拉莫纳会像她的哥哥一样喜欢上钢琴课。”

可悲的是，在小组活动中，儿童可能被看作一台大机器中的小齿轮。婴儿的尿布不是在变湿或变脏时更换，而是在一日例程中规定的时间进行更换。进餐、玩耍和睡觉可能会按整个小组的时间表进行，而不是针对儿童单纯的感受（如“饿了”“游戏的兴致”或“疲劳”）而进行。儿童可能在某一天因不饿而不想吃早餐，或者可能在午睡时间之前就想睡觉。而单个儿童很容易在集体中感到被忽视。尽管制定固定的一日生活常规对于集体照护者保持头脑清楚和生存至关重要，但照护者需要找到对儿童的特殊需求敏感的方法，为儿童的个性化需求提供保障。

在 8 月汗流浃背的炎热天气里，照护者不应该对儿童面朝下睡在裸露的塑料垫子上无动于衷，也不应该因为穿脱鞋太麻烦就让儿童穿着鞋子打盹。即使没有专门的餐巾纸或纸盘，照护者也不应该随意地将零食和饼干扔到光秃秃的桌子上。照护者应该真正关心每个儿童的舒适度和感受。即使儿童的个别需求无法立即得到合理的满足，照护者也应该表达对个别需求的认识和关注。例如：“我知道你很饿，我保证只要每个人都把手洗干净了，就可以吃午饭了。”关注儿童的个性化需求是展示合作行为的绝佳方式。

照护者可以在给婴儿换尿布等日常护理的过程中通过面部表情将无条件的关爱

传达给婴儿。如果婴儿抬头看到照护者的面部表情是恶心或厌恶的，他会感觉到做一个婴儿是不好的，需要换脏尿布也是不好的。如果他看到一个轻松的微笑，那么他会知道自己是受欢迎的，他的需求是可以被满足的。如果一个幼儿在学习像父亲一样除草的过程中不小心踩踏了花圃，而父亲耐心地提醒他以后要注意，并教他在除草的过程中避免伤害花朵的方法，那么这个儿童会感到被肯定。

照护者不要害怕对孩子表示爱意（Hoffman，1979）。微笑、给予温暖的拥抱和表现出真诚的兴趣，都可以让儿童知道他是被无条件接受的。适当的感情绝不能是具有侵扰性的、压倒性的或单方面的礼节，而应是相互尊重的和互惠的。人类的基本需要之一是归属感。我们在本质上是社交动物。如果我们没有在周围的社会秩序中产生归属感和安全感，那么我们就无法真正感到幸福或有成就。最理想的社会状态是我们能从周围的重要人物那里感受到钦佩、接受和认可。

如果不能获得归属感与成就感，那么人们（儿童和成人）可能会通过消极的社会关系来找到认可和接受。人们通过拉帮结伴来获得领导地位，通过无视规则来获得认可，并通过震惊、恐吓或激怒他人来吸引他人的注意力。儿童最不能接受的事情就是被忽略和被遗弃。只有在情感上最弱势的社会成员才会完全退缩，并接受与世隔绝的生活。

为了刺激亲社会行为，照护者应该明确地让儿童知道他们是被接受和认可的。照护者不应仅仅关注儿童的不当行为，还应关注并评论儿童的积极行为，表扬儿童记得擦脚、评论他的蜡笔画中的鲜艳色彩以及饶有兴趣地倾听他对周末露营的兴奋。照护者应该小心区分行为与行为发出者：“我不喜欢你打人，但我非常喜欢你。你是个好孩子，你可以学会用言语而不是拳头。”尽管成人有时会进行不可避免的引导和干预，但是儿童总是知道自己是个好孩子，是一个有价值的人（Brady et al.，2003）。

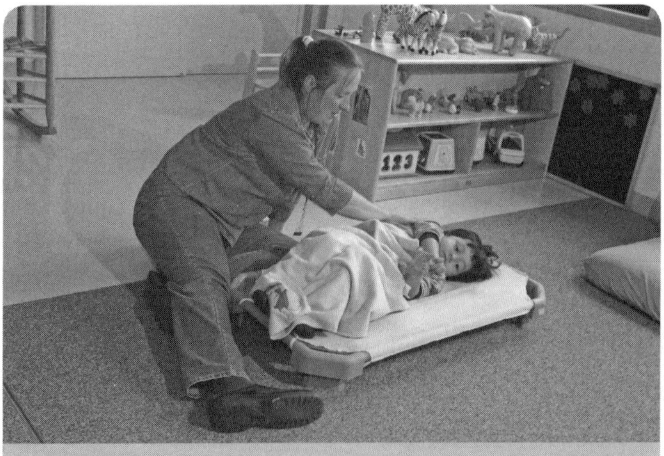


一个真正好的照护者会关心个别孩子的舒适度和感受。

## 7-6d 我可以做到既坚定又充满关怀吗?

照护者应该做到坚定，并且关怀儿童。漠不关心式的宽容会促进儿童的反社会和攻击性行为（Bersamin et al.，2008；Goldthorpe，2007；Whittle et al.，2008）。真正的照护者应该通过坚定而公正的方式告知儿童，他们的身边有一堵坚固的保护墙，以确保他们的安全，从而赢得儿童的尊重。当然，成人还需要知道，如果这堵“墙”在某些情况下成为儿童的障碍而不是保护，那么它是可以被打破的。

莱昂内先生真的很喜欢孩子。他心地善良但不太坚定。当珍妮跑去向他抱怨“安娜拉了我的头发，弄碎了我的蜡笔”时，莱昂内先生耸了耸肩说：“我敢肯定这只是个意外。”当孩子们在午餐时间乱扔食物时，莱昂内先生假装没有注意到，并试图通过大声谈论天气来吸引“罪魁祸首”的注意：“听，我听到了雷声，你听到了吗？”莱昂内先生很善良，但确实没有主见。他的宽容对于孩子来说是障碍，而不是帮助。

胡安娜小姐在看到两个男孩互相扭打时，立即做出回应：“打扰一下，你们是怎么回事？”霍默大喊道：“托尼已经玩黄色的自卸车很长时间了，但是不肯分享给别人。”托尼大喊是他先拿到的。托尼推了霍默一把，扭打又开始了。胡安娜小姐跪了下来，温柔但坚决地打断了他们：“请现在停下来。”她用坚定但不过分严厉的语气说道：“谢谢。我知道你们俩是好朋友。我想我们可以找到解决的办法，让我们在台阶上坐一会儿，然后一起讨论一下。”当他们一起坐下来时，胡安娜小姐帮助男孩讨论他们的问题，并找出解决问题的方法。当他们找到双方都可接受的解决方案时，他们回去重新开始玩耍。

儿童永远不应该成为成人泄愤或报复的对象。儿童依靠成人来保持稳定和控制力。儿童特别容易受到伤害，因为他们在生气时很难控制住自己。当儿童知道成人在他们表现出攻击性或破坏性行为之前会出面阻止时，他们会感到被保护和有安全感。

## 7-6e 我有能力保护个人权利吗?

儿童希望确切地知道他们的安全和权利能够受到保护。照护者应果断地、公平地、坚定地执行适当的规则。宽容的方法不能满足儿童的发展需求，他们需要始终如一的权威引导。

玛丽·贝丝是两个孩子的母亲，这两个孩子分别是5岁的男孩特里和3岁的女孩贝齐。贝齐崇拜她的大哥哥，并尝试模仿他的每一个行为。有时，当特里独自一人时，他似乎因贝齐的关注而骄傲，并和她玩几小时；但是当他有自己的同龄朋友时，他就会将贝齐赶走，并让她别打扰他。有一天，当贝丝给厨房的地板打蜡时，她听到后院有吵架声。贝齐哭了，因为特里和他的朋友不允许贝齐和他们一起玩，并高喊："贝齐是跟屁虫！贝齐是跟屁虫！"

因为贝丝那时一心想着打蜡的事情，所以她想以命令的方式让特里照顾他的妹妹，并停止男孩们的愚蠢的废话。幸运的是，她停下来，评估了每个参与者的个人权利。作为家长，她有义务做家务，也有义务照顾孩子（她认为孩子比打蜡重要得多）。特里有义务善待自己的妹妹，并照顾她，但他也有权过自己的生活，并与朋友们玩耍。贝齐有权不被别人辱骂，但她也有义务尊重哥哥的隐私，并且有时要学会独立玩耍。

贝丝在耐心地倾听了所有人的抱怨后，说："特里，当你那样骂贝齐时，她会感到受伤。你有权与朋友玩耍，但不允许骂人。让我们做个约定，你陪贝齐在秋千上待几分钟，让我完成厨房里的工作，之后我会将贝齐带到屋里，然后你和你的朋友就可以在后院里自由玩耍。贝齐，你可以和特里玩几分钟，然后和我进屋，我会教你如何给娃娃洗澡。"

因为贝丝是一个有教养意识的母亲，所以她有能力且愿意付出更多的努力来保证每个人的权利，以及每个人有责任心地进行行动。她没有只做看似有利或方便的事情，而是努力创造一个公平且互相尊重权利的环境。

## 总结

1. 亲社会行为的概念侧重于有利于或促进与他人互动的三个关键要素：合作、同理心和利他主义。

2. 亲社会行为有助于孩子与家人、托儿所、社区、游戏团体或学校建立联系。

3. 为了培养亲社会行为，儿童必须在有益的社会环境中与同伴互动。

4. 游戏有助于儿童的认知、身体、社会性和情感健康。

5. 担心自己的需求能否得到满足的儿童将无法发展亲社会行为。

6. 室内外环境中的所有材料和设备都可以帮助儿童发展身体、智力、情感和社交技能。

7. 环境创设应该支持安全、包容和亲社会行为。

8. 照护者应该是一个坚定的、充满关怀的、真诚的、心理健康的人。

9. 示范是教授亲社会行为的重要且合乎逻辑的工具。

10. 鼓励儿童互相竞争会降低他们的合作能力。

11. 认可和鼓励是过度表扬的适当替代品。

12. 一味放任并不能满足儿童的发展需求，儿童需要始终如一的权威引导。

## 关键术语

**亲社会行为**（prosocial）：改善他人福祉或对与之接触的人产生普遍的积极影响的行为。

**环境**（environment）：围绕个人的情况或条件；在幼儿教育的背景下，我们将环境视为儿童所接触的一切，包括物体、活动、常规和人。

**反社会**（antisocial）：损害他人福祉或对与之接触的人产生普遍的消极影响的行为。反社会行为的典型特征是缺乏道德约束、缺乏道德控制、冲动以及没有罪恶感。

**自我中心**（egocentrically）：婴幼儿常常以自我为中心、被认为很“自私”。这种表现是这个年龄段儿童的正常发展特征。

**学习者共同体**（learning community）：一个拥有相似的教育目标、朝着共同的目标努力、活动相互关联、共同努力创造进步的群体。群体的力量比任何个体的力量都更强大。对于儿童来说，学习者共同体是一个培养儿童和成人的归属感的团体，有助于彼此的学习和进步。

**交通模式**（traffic patterns）：儿童在教室里常走的路线。

**错误控制**（control of error）：最初是由玛丽亚·蒙台梭利开发的一种教学策略，也称“自我纠正”。它旨在儿童犯错时向他提供即时反馈，使其不再犯错。它把控制权放到学习者的手中，保护儿童的自尊，促进其自我激励。

**儿童自发的**（child-directed）：学习活动是由儿童自发的好奇心和对学习的渴望所激发的，而不是在成人的引导、操纵或强迫下展开的。

**过渡环节**（transitions）：在日常活动中，儿童必须停止或离开一项活动并开始另一项活动的阶段。活动间的困难过渡可能会导致儿童不愿意从一项活动转移到另一项活动。此外，过渡环节的混乱和压力可能会引发儿童的不当行为。

**景观式游乐设施**（playscape）：户外活动区域要以景观式游乐设施为主，它必须是自然的，依靠本地植物、草坡、树桩和岩石，而不是依靠人造设备等。

**体罚**（corporal punishment）：是指使用体力造成疼痛和伤害，旨在控制儿童的行为。

**言语虐待**（verbal abuse）：使用言语嘲笑，蔑视、羞辱和嘲弄儿童。

## 学生活动

1. 观察经全美幼教协会认证的室内外活动区域。
   a. 找出亲社会行为的例子。
   b. 识别出养育性社会环境的特点。
   c. 识别成人教养行为的例子。
   d. 列出孩子们最感兴趣的室内学习材料。
   e. 列出看起来最吸引儿童的户外活动设施。
2. 在观察过程中，什么最让你惊讶？
3. 你最期待看到什么？

## 相关读物

Brown, S., & C. Vaughan. (2009). *Play, how it shapes the brain, opens the imagination, and invigorates the soul*. New York: Penguin Group.

两位作者致力于研究游戏对人和动物的影响。他们的结论是，游戏不仅能提高我们的生活质量，还对人类生存至关重要。

Copple, C. & S. Bredekamp, Eds. (2009). *Developmentally appropriate practice in early childhood programs serving children from birth through age 8* (3rd ed.). Washington, DC: NAEYC.

该书旨在帮助教师实施发展适宜性教育。它按照每个发展阶段的“环境”来组织，以帮助提出适当的对策，促进儿童的整体发展。

Keeler, R. (2008). *Natural playscapes: Creating outdoor play environments for the soul.* Redmond, Washington: Exchange Press.

该书介绍了关于儿童户外活动区域的一种新概念——自然游戏区。整个游戏区充满了美术、丘陵、小路、树木、草本植物、开放区域、沙子、水和音乐等。

# 第 8 章　通过积极沟通建立联系

## 全美幼教协会标准

本章涉及以下全美幼教协会标准：

**标准 4　使用有效的方法与儿童和家庭联系**

4a　理解积极的关系和支持性互动是与儿童相处的基础

4b　知道并理解早期教育的有效策略和工具

4c　使用广泛的适合发展的教 / 学方法

4d　反思他们（你）的做法，以促进每个儿童的积极发展

## 目标

在阅读这一章后，你应该能够完成以下目标：

8-1　进行积极沟通

8-2　识别沟通中潜在的感受和情绪

8-3　使用正面的引导，而不是负面的命令进行沟通

8-4　描述自主性沟通的特征

8-5　描述非生产性沟通的特征

8-6　使用关键对话中的组成要素来解决冲突

# 8-1　建立积极沟通的基础

积极沟通就像一支富有表现性和反应性的舞蹈。儿童从小就开始进行这种互动式舞蹈，但经过多年的学习才能逐渐获得有效的沟通技巧。通过与沟通的榜样进行互动，儿童可以学会有效地沟通。我们需要引导儿童参与两类对话角色：诉说与倾听、引导和追随。

## 8-1a　如何发展早期沟通技巧？

我们可能会以吸引婴儿情绪和注意的方式与其交谈。婴儿将在我们讲话时，通过观察和回应来参与其中。随着时间的推移，婴儿学会模仿我们沟通中的细节，例如转折、语调、面部表情、时间把控、发起对话与做出应答等。当累了时，婴儿会以看向一旁、做鬼脸或打哈欠等方式表示疲劳，并进行简短的休息（White，1995；Yoshinaga-Itano，2004）。

一个敏感性强的成人将跟随婴儿的节奏，等他回头看时，表明他已准备好再次进行互动。我们可以通过重复婴儿的咯咯、咕咕声来附和他们。这种由婴儿主导的婴儿语形式（或“妈妈语”形式）对于帮助其获得对话式的给予感非常有用，而且这种对话形式在儿童表达和理解单词前的很长一段时间里都持续存在（Bruner，1978a，1978b；Tomasello，2003）。

当成人按某种节奏与婴儿互动时，婴儿将发现一个特定的行为会引发一个可预测的反应。婴儿会感觉到周围的环境是可控的、可预测的，从而激发他们的动机和学习。感到自己在互动中无能为力的婴儿，可能会变得沮丧、烦躁、消极或孤僻（Zeanah & Zeanah，2001）。

较大的婴儿能够学会在物体和照护者之间来回看，咿咿呀呀，用指向或伸手表示对物体的渴望。这种常识性沟通反映了儿童希望通过与成人沟通来掌握自我需要的技能。发育良好的幼儿能够掌握对话的基本要素：有意义的单词、语调、转折、面部表情、手势、发起对话和做出应答。但是，要理解婴儿想要表达的含义可能是困难的。机智的成人会想方设法地避免幼儿重复自己的要求（Clarke-Stewart，Malloy，& Allhusen，2004）。

这位父亲跟随婴儿的节奏，一直等到她看向他，这表明她已准备好进行互动。他跟着他的小女儿，重复她发出的咯咯、咕咕声。这种有趣的婴儿语被称为“妈妈语”，它将帮助婴儿在学会表达或理解单词前的很长一段时间里学习对话。

对儿童早期语言学习的支持性回应能够鼓励儿童继续努力。发展适宜性教育环境中的成人会避免使用过多的纠正和鞭策，因为这会阻碍儿童练习他们的语言。即使 2 岁的孩子已经掌握了许多短语，他们也可能需要一点温柔的鼓励，以进行对话。我们可以通过问一些简单的问题来帮助他们，如：“这是你的大玩具熊吗？你的玩具熊叫什么名字？”（Markus et al.，2012；Uomini，2010；Wittmer & Honig，1997）

## 8-1b 儿童在早期阶段如何沟通？

婴儿似乎没有意识到这样一种观念，即只有在听众在场的情况下才讲话。一两岁的婴儿和学步儿有时会在单独游戏时进行生动的自言自语。实际上，当被要求说话时，幼儿可能会茫然地沉默，然后在独自一人时或与信赖的照护者交谈时才会随意地表达。即使家长说自己的孩子在家里与家人的交谈很多，但刚进入幼儿园的幼儿可能需要数周或数月的时间，才能尝试与幼儿教师交谈。

三四岁的儿童能够学会理解和表达许多关于想法和感受的词汇，他们变得更加关心对话时是否有听众。一个认为我们没有听他说话的幼儿可能会直接面对我们，甚至可能会试图按住我们的脸，以免我们逃避他的视线。但是，当两个幼儿面对面地兴奋聊天时，他们似乎都不会注意到对方并没有倾听，这样的情况并不罕见。幼儿还会与毛绒玩具和电视角色等无生命的物体交谈，而并不担心这些物体是否给予回应（Birchmayer，Kennedy，& Stonehouse，2010）。

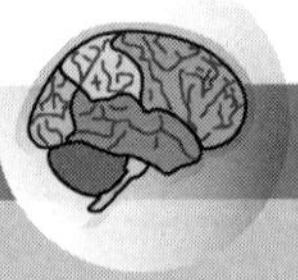

**认识大脑**

### 我们可以从神经科学中学到什么？

**婴幼儿如何学习语言？**

1. 婴儿如何理解母语，并学会表达自己的想法和需求？儿童用语言表达想法的能力是人类心智的惊人成就，而这在无意识的情况下就能实现（Dunbar，1998；Eimas，Siqueland，Jusczyk，& Vigorito，1971；Kuhl，2010）。

2. 研究人员可以识别出不同国家/地区中的10个月大的婴儿咿呀学语的差异（de Boysson-Bardies，1993）。到20周大时，发育正常的婴儿能够模仿人的声音（Kuhl & Meltzoff，1982）。婴儿时期形成的语言模式会产生终生影响（Flege，1991）。

3. 研究人员认为，通过语言进行交流是生存的必要条件。在大脑的进化过程中，语言能力和社交能力是联系在一起的（Adolphs，2003；Dunbar，1998；Kuhl，2007；Pulvermuller，2005）。

4. 在亲密的社会互动过程中，婴幼儿学习语言的效果最好。听广播或者电视中的对话并不能帮助婴幼儿学习语言，事实上，这往往会阻碍婴幼儿的语言发展（Conboy & Kuhl，2011；Kuhl et al.，2003）。

5. 在婴幼儿学习语言的过程中，他们会密切注意照护者和其他孩子的面孔、动作和声音。他们的小脑袋开始整理并理解所听到的语言模式（Bialystok & Hakuta，1994；Birdsong & Molis，2001；Bruer，2008；Flegeoy et al.，1999；Johnson & Newport，1989；Knudsen，2004；Kuhl，2004；Newport et al.，2001）。

6. 尽管成人有更丰富的经验，但是婴幼儿比成人更擅长学习语言。语言发展是神经生物学中“关键期”或“敏感期”的最好例证之一（Birdsong，1992；Ferguson et al.，1992；Johnson & Newport，1989；Kuhl，2008；Kuhl et al.，2012；Mayberry & Lock，2003；Neville et al.，1997；Weber-Fox & Neville，1999；White & Genesee，1996；Yeni-Komshian et al.，2000）。

7. 婴儿的语言学习涉及感官和运动练习（Kuhl & Meltzoff，1996）。这种模仿发声的能力可能依赖大脑的镜像系统，该系统引导婴儿的社交和情感发展（Hari & Kujala，2009）。

8. 世界上没有一台计算机可以从一种语言的多种声音中收集、整理和创造意义，但是婴幼儿通常能够做到。如果他们能与多种语言的使用者进行足够的社交互动，那么他们就可以学会这些语言（Abramson & Lisker，1970；Rabiner & Huang，1993）。

9. 婴儿可以通过听“妈妈语”获得帮助。“妈妈语”即一种简化的、高音调的和夸张的语音，这是成人在与婴儿互动时普遍使用的语言（deBoer & Kuhl，2003）。

10. 在 20 世纪 70 年代，人们发现：婴儿可以听到任何一种语言中存在的独特语音差异，这是成人无法做到的。但是随着婴儿开始识别常用的声音，他们就丧失了识别那些在其语言系统中没有意义的声音的能力（Abramson & Lisker，1970；Eimas，1975；Eimas et al.，1971；Lasky et al.，1975；Lotto et al.，2004；Werker & Lalonde，1988；Werker et al.，2007）。

学龄儿童的语言更加精确。他们最终意识到，交流时必须有倾听和诉说的轮换。他们日趋增长的词汇量以及成熟提升了他们的沟通能力。婴幼儿在表达情感时往往会借助于肢体语言。他们在愤怒时可能会咬人或打人，在表达喜爱时可能会拥抱和亲吻。相比之下，学龄儿童能更熟练地使用语言来表达情感。他们在愤怒时可能会使用侮辱、威胁或中伤性语言，在表达喜爱时可能会做出对友谊的承诺。尽管学龄儿童不再像婴幼儿（他们似乎能够吸收所看到的一切）那样对成人榜样感到敏感，但学龄儿童会模仿榜样的行为，因此会受到其敬佩的成人和儿童的较多影响（Bandura，1977）。

## 8-1c　手语如何帮助引导儿童?

现在的家长和早期教育工作者应该认真考虑在常用的儿童引导技能清单中增加手语教学，这样做有很多原因。比如，公众对手语的广泛了解，不仅可以帮助聋哑儿童及其家人融入社会，还可以让婴幼儿在学会使用口头表达前用双手来表达其多样化需求。婴幼儿可以学习并理解手语的研究发现，引发了家长和早期教育者的手语教育运动，他们发现手语在促进交流方面非常有价值（Acredolo et al.，2002；Briant，2004；Daniel，2001；Glazer，2001；Goodwyn et al.，2000；Jaworski，2000）。

对婴幼儿使用手语进行引导的一个重要原因是，当婴幼儿生气或兴奋时，动手往往比说出单词更容易。我们经常告诉他们："把你的想法说出来。"但在他们激动和兴奋时，他们说不出话来，然而他们的手却可以自由地活动。通过养成使用手语的习惯，婴幼儿可以用自己的手完成一些紧急的任务，如简单的记忆任务、代替敲打和推的动作等。

## 8-1d　为什么交流对引导儿童很重要?

随着儿童的成长以及沟通方式的不断变化，我们必须认识并适应儿童不断变化的能力水平。有效的儿童引导取决于与儿童联系感的建立，这需要进行有意义的沟通。正面引导的目的不在于外部控制或操纵儿童，而在于发展儿童的内在控制力、责任感和对他人权利的尊重。这种内部控制始于通过开放、真诚的对话来理解自己的需求和他人的期待（Dreikurs，Cassel，& Ferguson，2004；Hallowell，2003）。

有效的儿童引导取决于与儿童联系感的建立，这需要进行有意义的沟通。

要使儿童为成为民主政治体系中的公民做好准备，就必须让儿童成为良好的沟通者。在专制政体中，公民可以盲目无知地跟随领导人，而无须参与讨论或质疑。为了使民主制度发挥作用，公民就必须对自己的行为负责并坚定立场。这些目标是通过倾听、阅读和讨论等交流方式来实现的（Caspary，2000）。

儿童学习沟通技巧的最有效工具是模仿和练习。儿童通过观看、聆听并与榜样互动来学习有效的沟通技能。通过实践所观察到的内容，儿童可以将这些技能转化为自身行为的一部分。参见正面引导焦点 8.1。

### 正面引导焦点 8.1 有效沟通促进正面引导

运用沟通技巧做到以下几点。

1. 了解儿童的需求。
2. 明确表达出期望。
3. 示范有效的沟通。

为了帮助孩子更有效地聆听，我们应该做到以下几点。

1. 在视线水平上保持眼神交流。
2. 避免走神。
3. 放慢速度并紧扣要点。

4. 一次只做一件事情。

5. 使用简单、有意义的语言。

6. 使用肢体语言来阐明意思。

兰迪将椅子拉到教师的桌子旁，摊开一大张画纸，拿出各种蜡笔。他说：“嗨，凯蒂小姐。我要画画。”凯蒂小姐瞥了一眼，微微一笑说：“嗯，太好了。”此时，凯蒂小姐的注意力正集中在另一群孩子的身上。兰迪又说：“看，凯蒂小姐，看这里！”而她似乎并没有注意到兰迪。

最后，兰迪拉着她的袖子说：“看看，我正在画大山。我的爸爸带我去露营了，我发现了很多石头。你想看真正的石头吗？”说着兰迪从椅子上站起来，开始将口袋里的石头放到画纸上。凯蒂小姐突然看到他那小堆石头和鹅卵石，她严厉地说：“兰迪！这是怎么回事？把这些脏石头拿开，扔到垃圾桶里。你不能在纸上堆石头。”

兰迪结结巴巴地说：“但是，但是……”他的眼里充满了泪水。凯蒂小姐坚持说：“兰迪，请你别再这样大惊小怪的，照我说的做。”

兰迪垂下头，拖着脚，慢慢地穿过教室，走向垃圾桶。他庄重地将自己的鹅卵石扔到了垃圾桶里，这是真正的“山上的石头”，但凯蒂小姐没有在听。

## 8-1e　如何通过用心倾听培养归属感？

人们强烈地需要与他人建立联系。缺少生活中的这种连接，我们就无法生存。如果一个孩子经常被忽略，那么他将感到自己是隐形的。许多所谓的行为不当只是儿童试图以另一种方式被看见。一个没有归属感的儿童可能会逐渐变得疏远、叛逆或孤僻（Hallowell，2003）。

> 我们有两只耳朵和一张嘴，以便听的能比说的多两倍。
>
> ——爱比克泰德（希腊哲学家）

儿童在群体中越确信自己被接纳，就会越自信、越合作。成人的礼貌、用心倾听不仅可以使儿童自信地认为他们所讲的话很重要，还可以通过以身作则来教他们如何倾听。另外，用心倾听能够帮助我们理解孩子的需求（Close，2002；Egan，2002）。参见正面引导焦点 8.2。

**正面引导焦点 8.2 用心倾听**

1. 表现出恰当的肢体语言，例如点头、微笑和专注地看。

2. 给出口头回应来引导和鼓励儿童表达，例如："我明白了。""理解。""哦，你对此感觉如何？"

3. 耐心地等待儿童把话说完，而不是催促他或替他说完。

## 8-1f 在寻求帮助背后的三种基本的人类需求

盖兹达（Gazda，2006）及其同事定义了三个需要沟通的原因，这些原因表明人们渴望得到某种回应或帮助。成人和儿童都有满足自身需求的基本的人类冲动。幼儿（偶尔还有年龄较大的儿童和成人）可能会在无意识的状态下对模糊的需求感做出反应，虽然他们并没有意识到或理解这种需求。参见正面引导焦点 8.3。

**正面引导焦点 8.3 儿童和成人如何沟通他们的需求？**

各个年龄段的人都有多种满足自身需求的方式，但在这些复杂性的背后，我们归纳了三种基本的人类需求。这三种需求如下所示。

1. 动作或信息："请做……"或"请告诉我……"。

2. 理解和关注："请认真倾听并表示对我的关心。"

3. 不恰当的互动："请让我紧抓着不放、发牢骚、抱怨、破坏等。"

想要熟练地识别日常沟通中存在的潜在需求，需要付出时间、精力和实践。诸如"我的妈妈在哪里？"之类的问题，可能只是一个简单的信息请求，也可能是一个其实知道妈妈在哪里的小孩，为了得到理解和关注而提出的请求。沟通不畅的根源之一是，提供帮助的人倾向于得出错误的结论，并以一种不能满足需求的方式做出回应。用心倾听以及耐心等待儿童自己表达，可以鼓励儿童练习表达的技能。

只有将这种沟通方式实际应用于成人与成人之间、成人与儿童之间以及儿童与儿童之间的互动，它才是最有效的。我们不能说："按我说的做，而不是按我做的做。"儿童在日常生活中经常被尊重地倾听，才会很好地倾听他人。只是简单地告诉儿童要学会倾听是不够的。

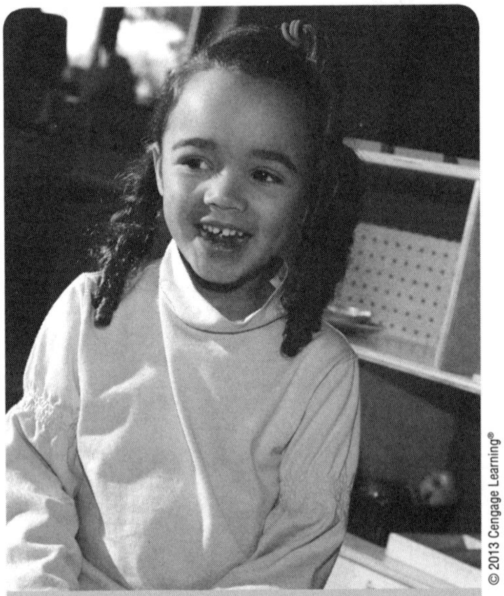


用心倾听以及耐心等待儿童自己表达，可以鼓励儿童练习表达的技能。

**实际应用案例**

## “你永远留在这儿吧”

在商场里，马琳停下脚步等待她2岁的孩子。她4个月大的孩子在她的肩膀上睡着了，她感到很疲惫。她对2岁的克丽丝特尔说：“克丽丝特尔，快点过来。我们要回家了。”

克丽丝特尔停下脚步，转而在长凳上爬上爬下，观察其他购物者。她的妈妈失去了耐心：“克丽丝特尔！你快点过来，否则你会后悔的。”克丽丝特尔直接无视了她。

马琳迅速走到克丽丝特尔身边，并牢牢抓住她的手腕，说：“我们走吧。”克丽丝特尔以幼儿反叛时常使用的“橡胶腿策略”做出回应——她瘫倒在地板上，双腿柔软无力。妈妈紧紧地抓住她的手腕，克丽丝特尔呜咽着说：“我不想回家。”

马琳意识到她无法顺利地带这两个孩子离开商场。她恼怒地说：“行，我走了，你永远留在这儿吧，再见！”

她转过身，快步走出商场，随后克丽丝特尔号叫着跑去追她。

案例讨论的问题

1. 如果你是马琳，你会怎么做？为什么？

2. 克丽丝特尔从这个互动中真正学到了什么？

3. 为了避免马琳的困境，我们可以怎么做？

4. 对这个场景进行角色扮演，使用积极、自信的沟通，并进行适当的引导，然后比较可能的结果。

儿童在**渗透**（潜移默化）中学习。他们通过日复一日地融入生活环境中来吸收信息（Atherton，2005）。有效倾听不仅是儿童的学习目标，也是儿童日常生活中的必要组成部分，体现在儿童与儿童或成人的互动中。例如，有一句俗话说：“不闻不若闻之，闻之不若见之，见之不若知之，知之不若行之。”希望你将在日常生活中与幼儿一起实践本章中介绍的技能。当你掌握这些技能时，幼儿自然会模仿你的行为，并将你的沟通策略进行内化。

## 8-1g 对行动或信息请求的适当回应

需求可能会被隐藏或屏蔽。听起来很简单的语句实际上可能是对行动的需求。“我睡不着”的真正意思可能是“过来给我读一个故事”。评论可能确实会掩盖真正的信息诉求。“莱特西娅的妈妈太胖了”的真正意思可能是“莱特西娅告诉我，她妈妈的肚子里有一个婴儿，这让我感到非常恐惧和困惑”。由于儿童的沟通技巧没有完全发展，因此成人必须致力于保持开放和畅通的沟通渠道。

乔伊，一个 18 个月大的孩子，坐在小凳子上，一边摇晃一边哭泣。“熊，熊，我的熊。”（“Beah，beah，ma beah.”）他抽泣着。罗莎里奥小姐蹲在他的身旁，轻轻地哄着他，问他想要什么。乔伊很快就带她去洗手间。他将手臂伸向一个存放尿布袋的高架子，着急地恳求道：“熊，熊！”（“Beah，beah！”）

罗莎里奥小姐从架子上拿起尿布袋。她发现乔伊的灰白色泰迪熊在里面。她说：“哦，你想要你的熊。对吗，乔伊，熊？”

乔伊点头说：“我的熊。”（“ma beah.”）他抱着他的熊，拉着熊的一条腿蹒跚地走开了。

即使罗莎里奥小姐听不懂乔伊的话，她也意识到乔伊正在要求她采取行动。与幼儿一起工作的人需要花费大量的时间来回应幼儿的行动或信息请求。有些要求很简单明了："是时候吃点心了吗？""请帮我系上鞋带。"而有些要求（例如乔伊对熊的要求）就很难令人理解。

5岁的玛莉卡和约翰逊夫人站在操场上。玛莉卡看到一只毛毛虫向她爬来，吓得大声尖叫。约翰逊夫人弯下腰，轻轻地让那只毛毛虫爬到她手里的叶子上。玛莉卡大叫："它会杀了你的！它会杀了你吗？"

约翰逊夫人说："不，玛莉卡。这只小毛毛虫的嘴很小，没有牙齿，也没有毒。它喜欢吃树叶。当它变得很胖时，它会把自己包裹在像小毯子一样的茧里。当它在茧里时，它会变成美丽的蝴蝶，然后，再过很长一段时间，一只美丽的蝴蝶会从茧里飞出来，然后飞走。"说完，约翰逊夫人帮助玛莉卡在一个大罐子里为毛毛虫搭建了一个合适的家。之后，在圆圈时间里，她给孩子们读了《饥饿的毛毛虫》（*The Very Hungry Caterpillar*）一书。

约翰逊夫人将玛莉卡对虫子的恐惧，转化为对科学和自然的好奇心。约翰逊夫人意识到在玛莉卡的尖叫背后，包含着对信息的需求。约翰逊夫人回应了一个潜在的问题。

生日聚会结束后，4岁的塞思看到他的母亲正在打包剩下的蛋糕。他说："妈妈，我还想吃蛋糕。"他的母亲说："不，塞思，你不能再吃了。"塞思乞求道："求求你，我饿了，我想要吃蛋糕。"

塞思的母亲弯下腰，与塞思的视线平齐，轻轻地握住他的手。她共情地说："塞思，我知道你真的想吃蛋糕。那个蛋糕尝起来很好吃，对吧？但是吃太多蛋糕对你不好。我爱你，我希望你的身体健康、牙齿健康，所以我必须说不行，你不能再吃蛋糕了。"

塞思抽回他的手，跳上跳下，像生气的老母鸡一样发出呜呜的声音，拍打着他的手臂（学前儿童沮丧和发脾气的表现）。塞思的母亲没有退缩，她弯下腰，以一种非常镇定的语调说："你可以生气，有时候我也会生气，甚至气到想哭。有时候我也会难过，想要一个拥抱。"

塞思接着就爬进了母亲的怀抱，得到了一个大大的拥抱。突然，他高兴起来，说道："苹果怎么样？苹果可以让人拥有像超人一样结实的牙齿。"母亲笑着回答："塞思，这听起来像个好主意。"塞思的母亲清楚地理解儿子的诉求，但她也知道，想要什么就有什么对塞思来说并不好。塞思的母亲因为很爱塞思而拒绝他最初的要求，也因为足够爱他而接受适当的妥协。

成人对保障儿童的健康、安全和福祉负有主要责任。遵从有潜在危害的或不公平的要求会伤害儿童，并最终损害成人与儿童之间的信任和尊重。有时，我们很想接受不合理的要求，以避免冲突或赢得儿童的爱戴。塞思的母亲不仅坚定地做出对塞思最有利的决定，还给塞思上了宝贵的一课。

尽管屈服或避免麻烦会更简单，但是塞思的母亲以柔和的力量向塞思展示了一个自律的、做正确事情的榜样。即使塞思威胁着要发脾气，但塞思的母亲依然通过她的镇定、耐心和坚持，为塞思树立了好的榜样。塞思可以学习到积极的处事技巧，保持镇静，并在沮丧时坚持寻找解决方案（有些成人会在无意间助长孩子的脾气）。最重要的是，塞思的母亲敏锐地理解他的感受，并且让孩子知道，即使在要求没有被满足的情况下，他也是被关爱和尊重的。

塞思没有发脾气，但是即使他发脾气了，那也没什么。大多数幼儿在明白发脾气并不会帮助他们达到目的之前，都会发脾气。家长在孩子发脾气时最应该做的是保持镇定、确保孩子没有受伤，并安抚孩子尽快平静下来。

## 8-1h 对需要理解和关注的适当回应

有些请求可能在表面上看是需要行动或信息，但事实并非如此。这种类型的交流的核心是倾听并表现出兴趣。

威尔克先生看到班级里的幼儿正在各个区角进行工作和游戏。只有 5 岁的经常害羞的安杰莉卡独自在艺术中心里。威尔克先生经过她时，她喊道："威尔克先生，我需要帮助。"他微笑着，高大的身躯一下子坐在她旁边的小椅子上。安杰莉卡将纸和塑料剪刀递给威尔克先生，说："请你帮我剪，我不知道怎么做。"

一直以来，威尔克先生都认真地观察，并通过区角的观察资料来记录班级幼儿的技能水平。他确信安杰莉卡会使用剪刀。他观察了当下的情形，并默默地排除了剪刀坏了或要剪厚纸等可能性。他认为安杰莉卡可能不是真正在寻求行动（为她剪东西）或信息（教她如何剪东西），而是在寻求理解和关注。

威尔克先生知道，以苛刻的方式让安杰莉卡尴尬是不能帮助到她的。他还知道，他不能强化她的观念，即她可以通过装作无能来获得关注。他说："有时候剪东西真的很困难，对吗？"他轻轻地拍拍她的肩膀，然后补充道："当你尝试剪这张纸时，我可以坐在你的旁边吗？"当威尔克先生聚精会神地看着时，安杰莉卡快速地剪下了锯齿状的纸张。几分钟后，当他起身离开时，他说："安杰莉卡，你应该为自己独立剪完所有纸张而感到自豪。"

威尔克先生对安杰莉卡需要理解和关注的判断是正确的。寻求关注并不是儿童的反常行为。从本质上看，人类是社会性动物，需要得到别人的关注才能更好地发展。我们的目标不是阻止儿童吸引关注的行为，而是教给儿童如何以可接受的方式获得足够的关注。如果威尔克先生观察到安杰莉卡继续以假装无能为力的方式引起他人的注意，那么他可能有必要在私下巧妙地对她说："安杰莉卡，你似乎需要关注。需要关注是可以的。你可以跟我说'威尔克先生，我需要关注'，这样我就能知道你真正需要什么。"（请参阅"如何回应不恰当的互动要求？"）。

当儿童的需求受到尊重时，他们就会知道有需求和情绪是被允许的。通过积极沟通，教师通常能够发现不当行为的原因。

在尊重需求的环境中，儿童会知道有需求和情绪是被允许的。有时我们会不经意地向孩子传达一种印象，即他们的需求或情绪会使我们生气。这种问题通常出现在当我们很难满足自身情感需求的时候。

积极倾听（也被称为镜像倾听、反思性倾听、共情倾听或回应式倾听）是一种真诚而尊重地处理情绪和需求的有效策略。在积极倾听中，倾听者应避免说教、建议或通知。他只需要简单地倾听，并反映他在倾听时的感受即可。这给倾听者足够的时间去真正倾听对方的声音，让对方知道他的情绪和需求是重要且受到尊重的，并想办法帮助他人解决问题（Cronen，2001；Egan，2002，2006）。

珍妮是一个托儿所的负责人，她尊重保教人员，并希望他们能把这种尊重给予婴儿和学步儿。她说，即使是婴儿和学步儿，他们也在不知不觉中学习周围的行为。她还知道，照护婴幼儿需要承担极大的压力。

4 个月的艾登正在哭泣，他的妈妈休完产假就上班了。这个孩子来过几次托儿所，但大多数时间都在哭泣。

凯特是他的主要照护者，她尝试用一切努力使他平静下来。她抱着他走、拍拍他、摇摇他，现在她已经忍无可忍了。

凯特冲进珍妮的办公室，问道："那个孩子有什么问题？我做什么都不管用。我应该怎么做？"幸运的是，珍妮意识到凯特并不是真正在寻求行动或信息。凯特最需要的是理解，所以珍妮让她坐下来，并将门关上。珍妮没有讨论如何解决艾登的问题，而是专注地倾听和理解凯特的感受。珍妮关心地说："凯特，你看起来真的很沮丧。"

"我当然是的，"凯特回答，"我想我再也受不了他哭了，我甚至怀疑我是否应该带孩子，我真的束手无策了。"

明智的是，珍妮没有做出判断，也没有提供信息或采取行动。盖兹达和同事（Gazda et al.，2006）指出，急于给某人快速解决问题的方案是"廉价而肮脏的"方法，因为帮助者没有了解所有的事实。如果问题如此容易解决，以至于"从头顶一下子迸发"的解决方案就足够，那么为什么遇到问题的人还没有想到这一点呢？

珍妮没有急于告诉凯特为什么有问题或如何解决问题，而是简单地向凯特反映了（通过倾听）她从凯特那里听到的东西。

她不带判断且积极地（或反思地）倾听凯特的讲述，并做出如下陈述：

"我听到你说的是……"

"换句话说，你是在说……"

"听起来你好像感到……"

珍妮说："凯特，我听到你说的是，你感觉非常沮丧，你担心自己已经失去了耐心。你似乎想知道自己是否真的适合与孩子一起工作。"珍妮的冷静使凯特平静下来，因为她意识到自己没有被评判或被告知该做什么，珍妮确实在倾听并理解她说的话。她思考了一会儿，说道："我想我只是这一天过得不好。我真的很喜欢和婴儿待在一起。只是不管我做什么，艾登都一直在尖叫。”珍妮俯身靠近凯特，并且挽着凯特的手臂说道：“你知道吗？你因为无法停止艾登的哭泣而感觉到不安。我认为艾登很幸运，因为你如此关心且努力安慰他。”

凯特泪如雨下。她感受到了足够的信任，可以放开自己的感情，并且释放所有装在心里的东西。现在她对理解和关注的需求已经得到了满足，她可以返回教室，再次尝试满足艾登对理解和关注的需求。

虽然艾登没有看到或听到成人的对话（因为他尚且年幼，即使看到了也无法理解），但毫无疑问，他会感觉到凯特难过时声音和肢体语言中的挫败感和紧张感。当凯特返回照顾他的时候，他会从凯特更镇定和更包容的态度中受益。通过感知照护者的耐心和理解，艾登将开始学习应对技巧，随着年龄的增长，他将需要这些技巧来建立自信和自尊。

## 8-1i　如何回应不恰当的互动要求？

我们常常很难知道要在何种情况下不用理解儿童，并让儿童学会独立。一个孩子会乞求着说：“抱我”“为我穿上外套”或“帮我完成拼图”。我们有时很难知道什么是对孩子正确的东西。拥抱、帮助和养育是满足儿童的需求，还是强化儿童的依赖模式？

在通常情况下，只要儿童有能力，他们就会自发地摆脱对成人的各种依赖。婴儿顽固地抵制他在婴儿期仍不可少的护理。青少年反抗在儿童期曾保护过他们的依恋关系。对于大多数孩子来说，获得独立是成长过程中的动力。但是这种动力并不总是稳定地向前发展。即使是能力很强、发展良好的孩子也会不时退步，需要有人依靠的安全感。偶尔的、一点点的婴儿式养育几乎不会对发展良好的儿童造成不好的影响。这种“回归”似乎只会让儿童重新充满活力、渴望独立。但是，对于长期依赖的儿童来说，溺爱会损害儿童的自尊心、破坏其主观能动性。

在某些情况下，儿童会学会习得性无助（Altenor et al.，1977；Haith & Benson，2008）。我们可能难以接受改变，并且可能无法认识到儿童正在发展中的能力。有时我们可能会在无意中干扰儿童学习独立生活的努力，因为我们没有意识到自力更生的重要性。

儿童在第一次尝试自己做事情时，常常是混乱和错误百出的。学习自己吃饭的婴儿会把食物弄得到处都是，学习自己穿衣的学步儿常将双脚放在同一条裤腿中，学习系鞋带的幼儿会在鞋上系出乱七八糟的结，学习园艺的学龄儿童会在刚种的幼苗上行走。诸如此类的小事故是儿童开展经验学习的必要部分。在一个苛刻的、完美主义或惩罚性氛围中，儿童会开始害怕犯错，可能会变得被动，通过不尝试任何需要主动或有失败可能的事情来规避风险。

有时，儿童会通过持续的抱怨、靠近或经常要求特殊的帮助（例如，排在第一位，坐在教师的大腿上或被抱着）来表达依赖。一味地放任这些不恰当的要求对儿童来说没有帮助。6 个月大的婴儿在试图伸手够玩具时发现自己够不着，他会趴在地板上哭着寻求帮助；然而，他更需要独立完成这件事，而不是让人帮他。

通过鼓励儿童，而不是为儿童做事，我们更能帮助到他们。一个发脾气声称自己精疲力竭，并且乞求他人帮助收积木的幼儿，可能会对某些游戏感兴趣（例如“我闭上眼睛，你告诉我何时睁开，然后我来计算积木架上有多少块积木”）。那些跟随教师并寻求帮助的儿童，可能需要被分配一些重要的责任（例如帮助一个更年幼的儿童）。

在某些情况下，重新定向是不够的。成人有必要明确地表达拒绝参与过度依赖、传播八卦、过度抱怨或容易引发成人与儿童矛盾的互动。盖兹达及其同事（2006）告诉我们，如果我们支持不当行为，即使是单纯地保持沉默，我们也可能失去帮助儿童的机会，而且会在不经意间成为消极或伤害他人的“榜样”。

盖兹达进一步补充说，这条规则说起来容易，做起来难，因为成人有必要在不冒犯他人的情况下终止不恰当的互动。冒犯儿童或其他成人会损害信任、切断沟通并给人留下傲慢的印象。推荐的回应方式

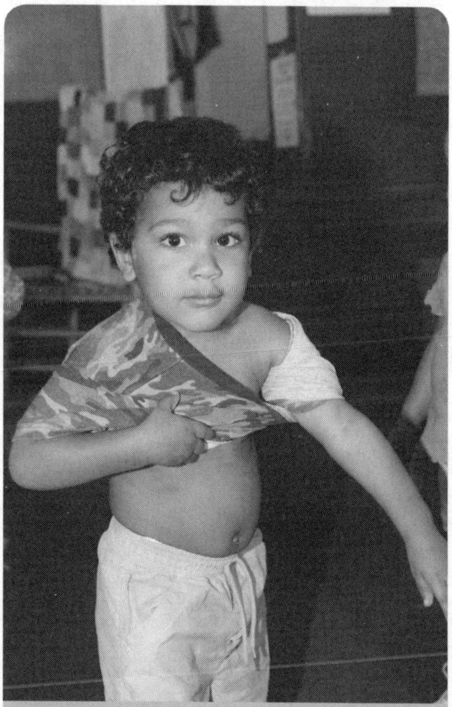


儿童在第一次尝试做事情时常常会犯错误，但是犯错对于他的学习来说很重要。我们需要耐心等待，避免干扰其独立学习的努力。我们鼓励孩子为自力更生而不断努力，只有当他达到对挫折的容忍上限时，我们才应介入并提供帮助。

是礼貌而坚决地拒绝成为不当行为的一部分，同时要以直率、热情和尊重的态度来表示对他人的关心。委婉的方式能减少拒绝参加不恰当互动的麻烦（Gazda et al., 2006）。

一天下午，埃尔南德斯先生到达学校，并准备他的课后体操课。三年级的双胞胎学生萨拉和辛西娅自愿帮助他铺垫子。在萨拉和辛西娅帮忙时，她们向埃尔南德斯倾诉了对詹姆斯的不满，詹姆斯是体操课上最不受欢迎的男孩之一。

萨拉说："哈！我们真受不了詹姆斯。他比大象还胖。"辛西娅插话道："你听过他笑吗？有点像打喷嚏，而且发出奇怪的声音。"她们咯咯地笑。

埃尔南德斯先生很珍惜和这两个孩子之间的良好关系，他不愿意让她们难堪，但是他知道，微笑和沉默是默许她们评论詹姆斯的做法。这会对詹姆斯造成伤害，并且不会让萨拉和辛西娅做出更恰当的行为。

埃尔南德斯先生小心翼翼地措辞，然后弯下腰，轻轻地碰了碰两个女孩的肩膀。他温和地说："我对你们关于詹姆斯的谈论感到不舒服。"然后，他巧妙地改变了话题，大声说："但是，你们知道吗？我真的非常喜欢你们为我提供的帮助。女孩们，那个平衡木怎么样？你们能到那边帮我一起搬吗？谢谢。"

埃尔南德斯先生没有评判或批评两个女孩。他只是简单地通过表达自己的感受来礼貌地拒绝参加谈论。女孩们可能会感到尴尬，但她们知道教师接受并关心她们。这次经历的结果是，女孩们可能对嘲笑他人这件事慎重思考，这并不是因为害怕受到惩罚，而是因为她们的内心逐渐发展的是非感，而这种感受来自一个强大而受人敬佩的榜样——埃尔南德斯。

## 8-1j 倾听和帮助策略对婴儿和学步儿有效吗？

言语和句子的复杂性必须始终根据听者的成熟程度进行调整。但是信息的完整性和基本内容并不能因简化而丢失。身体动作、面部表情、语气和语调、手势有助于向婴儿和学步儿传达我们的信息。

王太太在母亲节外出活动中负责照顾婴儿，她听到11个月大的加文正在哭。加文正在敲打一扇低矮的橱柜门，门被一个儿童防护锁锁着。王太太认为这个婴儿的哭泣是对行动的要求，即加文希望打开橱柜门。王太太试图用几个玩具来分散他的注意力，但他继续哭泣并不断拉门。

王太太用双手抱起正在尖叫和哭泣的加文，然后将他抱到大摇椅上。她边摇摇椅边拍加文，用充满关爱的声音说："我理解你想探索那个橱柜，但是里面的东西可能会伤害到你。我不能让你在那儿玩，因为我喜欢你，我想保证你的安全。"当加文冷静下来时，王太太抱着他在托儿所里四处走动，一边继续与他交谈，一边向他展示其他可探索的区域。

加文不理解王太太的话，但他绝对可以感觉到她的温暖和同情心，并且可以感觉到她拒绝的坚定性。他可能还会多次测试，但是王太太的温暖将告诉他仍然被人接受的事实。她的一致性将向他传达，有时限制也是生活中的一部分。她认识到，婴儿探索边界是因为他们理解或记住规则的能力有限，同时他们会通过尝试和错误来学习。她会拒绝加文打开橱柜门的要求，但是加文的举动不会影响王太太对他的印象。

此外，通过与加文交谈，王太太可以集中于她当下的想法和感受。她和加文一样需要领会她说的话。通过用言语表达自己做某事的原因，她能确定自己正在做正确的事情。此外，通过将自己的感受表达出来，她需要确保自己的面部表情和肢体语言与她想要传达给加文的信息相一致。

王太太在知道加文不能真正理解她的话的情况下，可能会说："听着，别再跟我开玩笑了。你是想烦我吗？"但是这些话不可能以真诚、热情和充满关怀的方式来传达。王太太的表情和语气可能会给加文带来讽刺、不耐烦和责怪的感觉，而加文会无意识地吸收这些负面感受，接着将它们反映在他的行为中。诸如"愚弄"和"烦"之类的词是含混不清的，无助于加文学习语言。对于加文来说，幸运的是，王太太不会对他无礼，就像不会对她尊重和重视的任何人无礼一样。

## 8-2 凸显潜在的感受

大多数与儿童打交道的人都会同意，早期保育与教育是一项耗费情感的工作。儿童的情绪变化就像过山车。他们可以在眨眼之间从笑变成哭，从取得新发现时的高兴到好朋友说"恨你"时的心碎，那些密切参与儿童生活的成人正被儿童的情绪浪潮裹挟着前进。

儿童的情绪是真实发生的。在 6 个月之前，婴儿只有三种未分化的情绪：愉悦、警惕和愤怒。到 9 个月时，婴儿的情绪反应范围大大增加。到 3 岁时，儿童已经发展出所有的人类情绪（Haith & Benson，2008）。

早期学习的重要部分是儿童逐渐发展情感意识和表达这些情感的能力。儿童可能会不自觉地做出反应，可能会在没有意识到饥饿、不适、疲劳等情况下发牢骚、发脾气。我们在识别、标记和向儿童解释感受方面发挥重要作用。我们可以通过表达相关的感受，向儿童提供有关某些行为的重要反馈（Kottler，2000）。

### 8-2a　成人应该何时用何种方式向儿童表达感受？

当向他人表达强烈的感受时，我们应该仔细斟酌。如果我们倾诉太多或表达的感受太强烈，儿童可能会不知所措。简单的、客观的陈述比指责性陈述有用。参见正面引导焦点 8.4。

**正面引导焦点 8.4　说“我的信息”（I Messages）**

下面是一个需要填空的句子，称为“我的信息”。它用于适当且无威胁地陈述感觉：发生__________情况时，我感觉__________，因为__________。

此句式不包含“你”。诸如“你让我生气”或“你的大喊大叫伤了我的耳朵”之类的话暗示着责备，可能会使他人产生不必要的愧疚感。正面的引导应伴随着信心与责任感，而不是消极的负罪感。我们可以简单地说：“当听到大声尖叫时，我会感到害怕，因为噪声会打扰你周围正在忙碌的朋友。我需要你使用柔和的声音。”

对于学步儿，我们会说：“当你的朋友被咬时，他会哭，因为很疼。咬饼干和苹果是可以的。我们要温柔待人，轻轻地抚摩他人。让我们为你的朋友拿一条冰毛巾敷一敷。”

如果我们始终使用坚定但不具有控制性的语言来表达强烈的感受，那么孩子们最终会模仿我们，通过使用语言而不是攻击来表达自己的愤怒和挫败感。当我们的感受集中于行为而不是儿童时，他们会更加顺从。

此外，我们可以用固定句式来厘清和表达自己的意思，例如：“当我看到你分享一个特殊的玩具时，我感到很自豪，因为我知道你正在学习如何与他人相处。”“当阳光明媚时，我感到兴奋，因为我们可以到外面欣赏花花草草。”“当我发现你抛下所有的压力时，我感到欢欣雀跃，因为我如此高兴和自豪。”

我们必须与儿童建立温暖、充满关怀的关系，以更加有效地实施引导。

积极和消极的情绪表达都可以对儿童的行为产生显著的影响，但前提是表达情绪的人要与儿童有情感沟通。我们必须与儿童建立联系。无论是成人还是儿童，都不会特别在意他不喜欢或不尊重的人的感受。实际上，知道自己不喜欢的成人被尖叫声吓到了，可能会激发儿童发出更多的尖叫声。

## 8-3 正面引导与负面命令

在积极的沟通中，我们会专注于识别和陈述期望的行为，而不是关注不当行为。比起负面命令，儿童和成人都更愿意对正面引导做出反应。例如，家长可能会对托育机构里这样的要求更敏感——“请检查好凯利当天是否有足够的尿布”，而不是“你从来没有给凯利带够尿布”。不管是儿童还是成人，他们对正面引导和负面命令的反应是截然不同的。

> 用积极的思想代替消极的思想后，你将开始获得积极的结果。
>
> ——威利・纳尔逊

另外，幼儿的语言理解能力非常有限，以至于他们往往只听句子中的关键词，并仅对其做出反应。如果一个成人告诉一个幼儿“我不想让你碰这个蛋糕”，那么这个幼儿可能实际上理解的是“想……碰……蛋糕”，又因为幼儿本就想碰蛋糕，所以最终他可能就会去碰蛋糕。我们可以通过指定特定的活动来避免幼儿触摸蛋糕，从而实现更好的沟通。我们可以在远离蛋糕的地方提供纸和蜡笔，然后说“请给这张大纸涂上颜色”，这是幼儿可以准确理解的话语，即“给……纸……上色”。

婴幼儿很难倾听和理解句子中的每个单词，并且在实施和抑制行为方面存在困难。例如，如果我们坚定地对没有想要随地吐痰的幼儿说“不能随地吐痰”，那么他可能理解其中的每一个单词，但是当他想到“不能随地吐痰”时，他很可能已经开始吐痰了。“不要弄湿你的裤子”的说法会使儿童有弄湿裤子的心理暗示，这可能会触发排尿反应。“现在该使用便盆了”的说法唤起的是人们对如厕的心理暗示，这能有效地获得儿童的配合。见正面引导焦点 8.5。

**正面引导焦点 8.5　正面引导与负面命令**

比较以下示例。

| 负面命令 | 正面引导 |
|---|---|
| 不要在大厅中奔跑。 | 请慢慢走。 |
| 不要把牛奶洒了。 | 请用双手。 |
| 别再戳吉米了。 | 现在把手放在膝盖上。 |
| 住口。 | 请安静地听。 |
| 别打断我。 | 现在轮到我发言了。 |
| 嘴里有东西时不要说话。 | 先吞下，再说话。 |
| 别在队伍里推搡。 | 请小心行走。 |
| 别大喊我的名字。 | 请轻声说出我的名字。 |

负面命令已经在我们的心中根深蒂固，并且成为一种习惯模式。要打破任何的习惯模式都需要时间、承诺、动力和毅力，打破沟通习惯也不例外。通常，当开始改善沟通方式时，我们会听到自己使用无效的短语，但似乎无法避免使用它们。想想一个漂亮、天真的孩子，站在一摊尿中惊讶地说：“想上厕所！”他正迈出改变习惯模式的第一步。成人因为对儿童说“闭嘴”而感到后悔，这是迈出有意识地控制和改变无效的沟通策略的第一步。成人与儿童一样认识到自己犯了错误，是开始学习的关键阶段。

## 8-4　自主性沟通的特征

沟通的目的始终是传达消息，就像无线电发射机旨在传播无线电节目一样。为了收听节目音乐，从发射机发送出的电波必须与收音机的接收设备相匹配。成人发起的沟通也必须与儿童的智力和情感能力相匹配，否则儿童将不能接收到消息。

儿童和成人都应避免难以理解、威胁、模糊或粗鲁的交流方式，就像他们会关闭带有令人不快的杂音的收音机一样。尽管有时我们可能会觉得说教或抨击是合理的，但如果信息被拒收，那么传达这个信息就没有任何价值。我们的目标是让信息被接受并发挥作用。

卡罗琳是一名儿童保教专业人士，负责 4 岁幼儿的保育与教育。当孩子们离开操场去教室里吃点心时，她说："嗯，我饿了。克莱，你饿了吗？"克莱表示认同。孩子们对卡罗琳关于饥饿的表达进行了拓展："我像老虎一样饿。""我饿到可以吃掉整栋大楼。""我饿到可以吃掉整个世界！"

孩子们在桌子旁的座位上坐下，还在为吃掉整个世界的说法咯咯地笑着。克莱要和他最好的朋友米沙坐在一起，但埃伦已经坐在了米沙旁边的椅子上。克莱跺着脚，大声地抱怨着，并不停地摇晃埃伦的椅子。但是埃伦固执地坐在椅子上。

卡罗琳迅速介入这场即将爆发的斗争。她跪在地上，与克莱视线平行，然后说："你生气是因为有人坐在你想坐的椅子上。你能用语言告诉埃伦你的感受吗？"

克莱喊道："我想要那把椅子，现在就给我！"埃伦紧紧地握住椅子，并且不理他。卡罗琳转向埃伦说："埃伦，你能告诉克莱你的感受吗？"埃伦看着地板，摇了摇头。卡罗琳问她："你想要我告诉克莱你的感受吗？"埃伦用力地点头同意。

卡罗琳说："克莱，埃伦感到非常难过，因为你摇她的椅子，并对她大吼大叫。是她先来到这里的，她不想让你把椅子拿走。"克莱又开始摇晃椅子，卡罗琳坚定地将他的手从椅子上移开，然后拉住他的手，但她的声音中充满了关心和共情。她说："克莱，我知道你也感到非常难过，但是你有两种选择。你可以选择在另一把椅子上吃点心，或者你可以到大厅里与我谈谈，直到你感觉好些为止。你要选择什么？"

从经验来看，克莱知道卡罗琳很温柔体贴，但他也知道她总是言出必行。他并不想要发脾气，因为这会耽误他吃点心。卡罗琳看到他犹豫不决，迅速地说道："看，克莱，乔伊的旁边有一张空椅子，你要不要坐在那里？"克莱认为坐在乔伊的旁边也很好，然后就慢吞吞地走过去坐下了。卡罗琳笑着拍了拍他的肩膀。

如果我们与幼儿隔得很远，随便看一眼便说“莱特西娅，不要碰剪刀，你会割伤自己的”，那么莱特西娅可能会认为我们不是很担心剪刀的危险。同时，我们可能不会采取行动。莱特西娅可能会继续触摸剪刀，并密切地关注我们，寻找更多有关剪刀的更直接的线索。

如果我们停止手中的工作，并弯下腰，与儿童的视线平齐，伸出手去拿剪刀，然后说“请把剪刀给我。这些剪刀太锋利了，它们会割伤你的。我们会为你找一把塑料剪刀”，那么我们坚定的肢体动作与我们的言语交流就相匹配了。莱特西娅可能会意识到我们是认真的，并且十分坚持，那么她会让我们把剪刀拿走。

当莱特西娅思考是否遵守指令的时候，她会解读我们的面部表情（是否有嬉戏的眨眼或有疑虑的表情？）、语气（是不确定的微弱语气，还是绝对自信的语气？）和手势（是建议性的，还是肢体威胁？）。如果成人的非言语暗示过于顽皮或随意，那么莱特西娅会认为她确实没有必要遵守指令。如果成人的语言十分具有威胁性和侵略性，那么莱特西娅可能会被激怒并抵制指令。如果成人的语言富有主张性、充满关爱、自信且毫无废话，那么莱特西娅可能会迅速且自愿地遵守指令。

## 8-4a 自主性沟通的关键因素

自主性沟通是表达思想和感受的一种方式。它允许个人捍卫权利，同时充分尊重他人的权利。非自主性沟通可能是被动的，也可能是咄咄逼人的。

### 简要是自主性沟通的首要原则

尽管婴儿、学步儿和幼儿需要大量的机会来聆听成人复杂的语言音韵和节奏，但自主性沟通必须简短而切中要点。成人要确定需要说的内容，并用简短的语言表达出来。成人的言语混乱会妨碍儿童对行动的执行。

儿童的年龄越小，成人做到言简意赅就越重要。学步儿需要简单的包含两个词或三个词的句子，例如“请坐”或“别咬人”（如果孩子已经被咬了）。幼儿需要稍长的句子，例如“苹果可以吃，但不可以扔”“请用双手拿玻璃杯”或“椅子是用来坐的，而不是踩的”。

### 真诚是自主性沟通的必要条件

儿童可以快速识别出那些心口不一的成人。无意义的威胁会适得其反。成人只会教给孩子不能指望大人说什么就做什么，即使成人反复强调“这次我是说真的！”。对孩子撒谎或欺骗他们服从，是绝对不可取的。当家长要离开时，即使儿童会流泪，也应该诚实地告诉他们即将面对的离别。感到悲伤是一种自然而健康的反应，而感觉到被欺骗则不是。

### 直接性有助于沟通直达目标

散漫、暗示和讽刺对成人没有什么价值，对儿童更是毫无价值。与其说“孩子们，艺术区变得越来越邋遢了”，不如说“请将废纸捡起来，然后把它们放进垃圾桶。再拿一块海绵擦一下桌子，谢谢”。与其说“让我们保持安静”，不如说“请轻轻地走路、安静地说话”。与儿童交流时使用的词语，应该是具有明确含义的单词。诸如“你现在就把它剪下来”这样的短句，应在需要剪刀和纸的场合内使用。

### 委婉可保持沟通渠道畅通

过分热情的甜言蜜语通常不能像取悦成人一样对儿童有效，但委婉和真诚的品质却十分受欢迎。你可以委婉地对孩子说：“你的杯子可能会从桌子上掉下来，请把它从边上推回去，谢谢。”但对孩子说“别对你的那杯牛奶这么粗心”是不得体的。你可以对孩子说：“看这里，亲爱的，让我们把小杯子推回去，这样牛奶就不会洒出来，好吗？”儿童可以在亲切的关系中得到爱和善意。

### 具体性使沟通更清晰

诸如“善”与“恶”之类的抽象词，可能会使儿童感到困惑。例如，“说谎是不好的”这一表述，可能会导致儿童认为自己是恶人。更具体的说法是：“如果你说谎，那么其他人可能会不信任你，他们可能会慢慢地不相信你说的话。”对于更年幼的儿童，具体性是通过行动来表达的。告诉婴儿“要对你的朋友好”并不具体，婴幼儿对“好”一词没有真正的概念。这是一个含糊不清、充满价值判断的词语，没有两个成人对其有完全相同的定义。婴幼儿不会明确地知道如何做一个好人。成人说“轻轻地拍他的肩膀”，并且示范轻拍一个朋友的肩膀就是具体的表达，这样婴幼儿就可以观察到并准确地理解成人所期望的行动。

### 尊重是自主性沟通中不可或缺的一部分

与自己厌恶和鄙视的人进行开放、真诚的沟通是不可能的。在民主国家中，尽管每个人的角色和责任截然不同，但垃圾清洁工值得与总统一样受到尊重。同样，新生儿的人格和人权应该像社会上的其他成员一样受到尊重。对儿童的尊重体现在，承认和保护儿童的尊严和权利。警察可以依法制止公民并开出罚单，即使这会使公民感到非常不高兴，但警察无权伤害、侮辱或威胁公民。懂得尊重的成人应懂得传授基本规则。一个有礼貌的成人会私下处理儿童的问题行为，并着重于改善儿童的行为，而非惩罚他们。

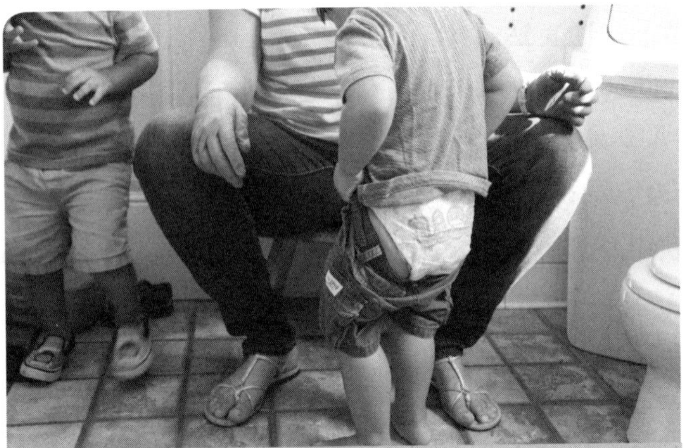
Montessori Country Day School

如果我们承认并保护每个儿童的尊严，那么我们就会尊重他们。

### 通过传递希望，乐观能促进合作

儿童在与成人互动时需要知道，这个成人确实对儿童的成功充满信心。通过明确一定可以解决问题，儿童在与成人互动时会变得柔和，更容易接受成人的引导。在接近珍妮弗之后，你可以说："珍妮弗，每个人都会犯错，错误能够帮助我们学习，也许明天你可以提醒大家，未经允许不要跑出大门。"

### 灵活地辨别坚定和固执很有必要

无论你多么坚定地想要实行一项行动计划，总是存在其他可能需要更改计划的可能性。儿童需要保持对成人期望的一致性理解，但是这种需求与灵活处理并不矛盾（诀窍是找到正确的平衡）。有效、坚定的引导不仅要求成人提供尽可能多的一致性，还要求其提供尽可能多的灵活性，以使纪律教育人性化、合理化。

成人必须不断在严格、明确的限制性与适当的倾听、适应和妥协的灵活性之间寻求平衡。例如，当儿童发脾气或行为不当时，成人可以坚决拒绝谈论或破坏既定规则。但是，当儿童冷静下来并能够从逻辑上解释问题后，成人可以通过屈服或消除规则来实现最好的正义。对于一个幼儿，我们可能要依靠直接观察而不是口头讨论来确定规则是否公平合理。

### 拥有所说即所指的信心

儿童对面部表情、语调、身体姿势以及手脚动作特别敏感。不真正相信儿童会按要求做的成人会表现出不确定感和虚弱感。信心十足、目光敏锐的成人会大大增加儿童以及其他年龄段听众服从的可能性。坐立不安、声音微弱并避免与儿童进行目光交流的成人会暗示孩子并不需要真的听话。

当成人说一些讽刺的话时，例如“好吧，让我们看看你是否可以不像往常一样变成小怪物，不在我们等医生的时候跑来跑去、乱撕东西”，儿童立即知道他们应该不好好表现。相反，有信心的成人可能会坚定而关心地说：“这是一本书，我们在等待的时候可以静静地看。我们必须很安静地坐着。在医生的办公室里是不允许吵吵闹闹的。”这就表明成人相信儿童可以做出恰当的表现。

从表面上看，惩罚、威胁和恐吓很快就能见效，但从长远来看却会破坏纪律。自信的沟通并不一定总能带来即时的解决方案，但是随着时间的流逝，坚持使用这种沟通方式能更加有效且长久地解决问题。当第一次的沟通努力不能立即解决问题时，成人有时会屈服于儿童的需求。但是，通过让儿童知道我们言出必行，多数坚持将获得重要的益处。一个孩子可能因一时心血来潮而固执地拒绝一个规则，但是如果我们坚持让他知道我们希望这个规则得到遵守，那么他最终肯定会遵守。就像传说中的龟兔赛跑一样，稳扎稳打才能最终赢得比赛。

### 同情心看起来似乎和坚定不沾边，但是很重要

同情意味着替他人感到难过；意味着换位思考，理解别人的感受。没有同情心的自信是空洞的、不真诚的。充满同情心的自信能够将力量和爱融为一体。一个手脚肮脏、流着鼻涕、有制造混乱能力的儿童并不总是能引起家长和照护者的温暖和同情。但是，有效的沟通需要真诚的理解和关怀。从婴儿期到成年期，同情心主要通过眼睛和面部向听众表达，其他语言和非语言暗示也可以表达同情心（或缺乏同情心）。参见正面引导焦点 8.6。

**正面引导焦点 8.6 我如何做到权威，而不是专制？**

1. 认真倾听。

2. 避免给出解决问题的指示："只有这样做，你的问题才能得到解决。"

3. 避免使用诸如"我是专家"或"我知道最适合你的东西是什么"之类的陈述。

4. 问问自己："我能帮上什么忙？"

5. 提醒学龄儿童，随着年龄的增长，他们需要做出重要的选择和决定，不管别人说什么或做什么。他们必须学会为自己的身体和思想负责。

我们可以先通过初步的肯定来表示同情，然后开始批评。我们可以牵着一个孩子的手说："我知道你想和小猫一起玩，但是追着拽它的尾巴真的会吓到它，你要不要给它喂点食物，让它知道你是它的朋友？"

## 8-5 非生产性沟通的特征

成人有许多不同的沟通方式。当然，不同沟通方式的有效性不同。效果最差的方式通常仅肤浅地传达沟通的内容，而不能完全考虑沟通中另一方的感受或情绪。最重要的是，我们要避免进入沟通陷阱，这会妨碍对话并疏远儿童（或任何年龄的其他人）。

盖兹达及其同事（2006）列出了无效沟通的九种定势。尽管简单的定势不能反映真实人物的复杂性，但它们有助于识别真实人物不时表现出的特征。这些定势可能是一个人回应的主要方式，但其他人可能偶尔会在他们的行为中识别到些许定势。这些定势的目的不是给儿童或成人贴标签，而是为了更好地认识和理解无效的沟通方式。

### 8-5a 这些定势如何表现为问题？

阅读下文中的描述，并反思你与他人的互动，他人可能正在寻求帮助、寻找信息、参与或进行不适当的行为。大多数人会在一个或多个描述中看到自己的一些影子。

- 花匠式成人没有意识到任何问题。如果一个孩子说自己被另一个孩子伤害了，花匠式教师总会温柔地说：“为什么，卡洛斯？我敢确定他不是要故意伤害你！”如果一个泪流满面的孩子抽泣着说：“我讨厌我的妈妈。”花匠式教师只是会心地笑着说：“你当然不会讨厌自己的妈妈，孩子们都不会讨厌他们的妈妈。”花匠式教师因为随意抛洒乐观的花环而不是坚定地解决问题，失去了很多与儿童沟通的机会。
- 侦探式成人想要找到答案：“你为什么这样做？”“谁先做的？”“是不是告诉你不要那样做？”“你认为你现在要做什么？”倾听者不仅对一系列问题感到头昏脑涨，还倾向于说谎或给出侦探式教师想要的答案。
- 魔术师式成人可以方便地解决问题。如果一个孩子说：“有人把我从秋千上推了下来。”魔术师式教师会兴高采烈地说：“是的，但是现在游戏已经结束了，所以没关系，不是吗？”如果一位父亲对婴儿的安抚奶嘴丢了表示很担心，魔术师式教师会回答说：“没关系，埃玛真的不需要安抚奶嘴，她会尖叫一两小时，然后忘记这件事。”
- 教官式成人没有时间进行交流，忙于发号施令。幼儿园里的教官式教师如果在积木区听到激烈的争论，并不鼓励沟通，而是直接说：“把这些积木从地板上捡起来。卡莱布，把你的衬衫塞进去。萨曼莎，如果你能专心管好自己的事，就不会遇到这些问题。”
- 老板式成人会让每个人都很忙，以至于他们无法思考问题。一位母亲向孩子的教师坦白说，她的丈夫已经离开了她，而她也失去了工作。她担心儿子会受到她的压力和沮丧情绪的影响。老板式教师会回答：“你需要走出家门，不要再自怨自艾了。你可以参加美术课、在医院里做义工或者多聚会。”这位母亲在离开时更加有罪恶感和不知所措。
- 摇头族式成人擅长谴责他人。摇头族式教师最喜欢的一句话是：“好吧，我并不感到惊讶。你知道的，这是你自己的错。”当杰米要求摇头族式教师朱迪小姐帮忙打印他的名字时，她说：“如果你上周专心听我讲，你就已经知道该怎么做了。”当主任请朱迪小姐帮忙照看一个哭喊着要妈妈的新生时，朱迪小姐说：“他一直在哭，你能指望什么？你看到这个孩子的母亲怎样对他言听计从了吗？她应该为此负责。”
- 大师式成人充满了毫无意义的陈词滥调。一位母亲问她的孩子是否需要言语治疗，大师式教师会聪明地回答："一针及时，省九针！"一个9岁的男孩问他的大师式父亲，为什么国家会有核弹等恐怖的事情，他被告知："预防为主，治疗为辅。"一个4岁的男孩哭着说："没人喜欢我，我没有任何朋友。"大师式教师会回答说："好吧，你必须要成为别人的朋友才能拥有一个朋友。"大师式教师的陈词滥调式的回答会匆匆地结束对话，但是并没有激发儿童对问题的洞察力和理解力。

- 通灵者式成人在需要的时候并不能给予安慰。通灵者式成人总是准备预测所有可能发生的可怕和绝望的事情。当一个3岁的孩子因为手指里插进刺而哭着跑进屋时，通灵者式母亲会说："我告诉过你不要在跷跷板上玩耍，如果你被感染了，我又得付一大笔医药费。瞧瞧，你的指甲可能会变黑并脱落。"当然，还有一种经典的通灵者式反应："约翰尼，当你从树上掉下来摔断双腿时，别来找我。"

- 贴标签式成人通过分配标签来快速解决问题。一位幼儿园教师向她的同事抱怨她们班里发脾气的儿童让她很头疼。贴标签式同事耸了耸肩，说："我真的不知道你能对'可怕的2岁孩子'做些什么，他们就是那样。"在家长会上，一个单身母亲问："我儿子怎么了？他似乎试图伤害周围的所有人。"一位贴标签式教师拍拍她的肩膀，说："嘿，所有的多动症孩子都会这样。"贴标签式教师会阻碍有意义的交流，在打上终结式标签后，似乎没有讨论问题的任何理由。

© 2013 Cengage Learning®

以积极的方式开展重要的对话是所有人都可以获得的技能。这位教师正在通过简化冲突谈判的步骤来引导学前儿童，他可以开始独立、果断且积极地解决自己的冲突。教师说："你想不想让我陪你一起去告诉阿尔瓦罗，当他叫你'便便宝宝'时，你是什么感觉？"

在上述的每个定势中，沟通者都阻止、消除、回避或挫败了情感交流。一个有效、坚定的沟通者应充满善意、尊重和真诚地表达情感。通常，采取方便的做法来停止幼儿哭泣、结束争端或使家长和同事放轻松可能是最容易的。不幸的是，当强烈的情感被压抑住时，情况会恶化到更加难以控制。

## 8-6 以和平的方式解决冲突

当感觉受到言语或肢体攻击时，我们可能会以无法解决问题的方式做出反应。有些成人和儿童会回避分歧，而有些人则会强烈抨击。无论采取哪种方式，我们都害怕由于某种原因而发生的对抗。大多数人处理情感受挫的能力很差。我们可能会因为大喊大叫、退缩或者说一些感到后悔的话而生气、沉默。缺乏足够的词汇量的儿童会通过咬、抓、推和踢等方式来表达自己的愤怒。

有情绪并不能使我们很好地做出谈话准备。大自然赋予了我们想要通过反击或逃跑来应对威胁的天性。但是，我们的大脑可以（从生活中的任何时刻开始）朝着有效倾听和真诚沟通的方向进行训练（Patterson et al.，2002）。

> 武力不能维持和平，只有理解才能实现和平。
>
> ——爱因斯坦

**关键对话**为我们提供了实现**冲突解决**的有效工具。这些对话通常是关于棘手问题的。当感到生气或情绪低落时，我们的体内就会发生一些微妙的变化，例如：脖子后面的汗毛会竖立起来、肾脏顶部的两个小器官会将肾上腺素泵入我们的血液、我们的大脑会将血液从它认为不太重要的活动（如思考）中转移到打和跑之类的优先级任务上。不幸的是，随着手臂和腿部的大肌肉获得更多的血液，我们大脑的高级推理部分获得的血液就会减少（Patterson et al.，2002）。

因此，我们需要与准备好战斗或逃跑的大脑和身体进行关键对话。可能另一个人有同样的身体准备，所以难怪关键对话经常会失败。首要任务是使每个人在生理、情感和心理上保持冷静。为关键对话创造一个温暖、有吸引力、安全和热情的环境，是一个很好的切入点（Patterson et al.，2002）。

进行关键对话是我们可以多加练习和学习的技能。关键对话的目的是在一个预设的结果框架下将人们带入相互尊重的对话。在关键对话结束时，参与对话的人应该感受到被重视，感受到自己的观点被认真对待。个别参与者可能会也可能不会从对话中得到他们原本想要的东西，但是他们都应该对这一过程感到满意。每个参与者在离开时都应该对自己的表达感到满意。

我们应该尽可能在儿童面前示范和平地解决小问题，以使他们形象化地看到这一过程的开展。我们还应该在避开儿童的情况下使用这一方法来解决与家长和同事之间的重大问题。我们应该教给儿童简化的冲突谈判方法，使他们在年龄足够大时能够解决自己的冲突（Patterson et al.，2002；Sharmin，2006）。

儿童和成人经常陷入争夺控制权的斗争之中。权利斗争演变为争输赢的局面，在这种情况下，成人满足自己需求的唯一途径是让儿童屈从于成人的控制，而儿童满足自己需求的唯一途径是让成人屈从于儿童的控制。这场拔河比赛使成人和儿童彼此对抗。参见正面引导焦点 8.7。

**正面引导焦点 8.7　关键对话**

在进行关键对话之前，我会分析自己的动机。

**我是否想**

成为权威（负面）

赢（负面）

惩罚他人（负面）

报仇（负面）

避免尴尬（负面）

**我是否想**

建立相互尊重、信任与合作的基础（正面）

找到大家都可以接受的解决方案（正面）

找到基于道德、法律的解决方案（正面）

**我是否愿意对关键对话承担责任？**

我的期望是合理的（正面）

我避免在交流中粉饰或造假（正面）

我确保对方知道我在乎他的目标（正面）

我确保对方知道我尊重他（正面）

我确保对方知道我们有共同的目标（正面）

我确保对方信任我的动机（正面）

**遵循礼貌性准则**

我将使用“我”来陈述或表达；以“我感觉、我需要、我想要……”为开头来组织句子。

我将承认自己的感受，并且避免批评或找替罪羊；“我个人会支持你，但（许可标准、领导、家长等）不赞成”。

我会承认并尊重别人的感受。

我会用心倾听，避免打断别人。

我会保持尊重（避免嘲笑、嘲讽和评头论足）。

我会紧扣主题。

**要进行关键对话，我将遵循以下六个步骤**

1. 听：使用有礼貌的积极倾听的方式。

2. 同意：尽可能地表示同意，只反对一小部分内容。

3. 说出我的想法：这就是我所需要的，这就是我的看法，这就是我的感受。可以展开讲事件并进行客观的讨论：“这不是我的主观想法，这是有档案记录的，让我们来看一下。”

4. 比较：如果有人不同意，可以比较不同的观点，不要暗示别人是错的。

5. 达成共识：确定双方都想要并达成共识的内容，然后在此基础上进行深入；例如，“我们都希望彼得开心并在学校里表现出色”。

6. 采取行动：认可我们有两种观点；决定如何继续推进——“我有一个折中的想法。”“你愿意尝试一下吗？”负责人必须对行动和决定负责——“我重视你的观点，但这是我目前必须为这所学校做出的决定。”

**密切注意无用的思维定势**

受害者：“这不是我的错。”

恶棍："这都是你的错。"

失败者："我无能为力。"

**作为榜样，你会如何做？**

守口如瓶：把事情装在心里，默默承受。

发脾气：以具有伤害性和侮辱性的方式向他人乱发脾气。

表达出来：使用积极沟通来适当地表达沮丧、烦恼或困扰，并进行有效的问题讨论（Patterson et al.，2002）。

**关键对话示例**

1. 听。

教师说："米琼达，你看上去很生气，心情不好。"

米琼达："我讨厌埃米！"

教师："米琼达，你是因为埃米拉扯你的秋千而生气吗？"

埃米："我也讨厌你！"

米琼达："好吧，我不想在沙坑里玩。"

2. 同意。

米琼达："是的，她一直拉着我，不让我一个人待着。"

米琼达："埃米，你为什么对我这么刻薄，惹我生气？"

3. 说出我的想法。

埃米："因为你不和我一起玩，你总是荡秋千。我再也不喜欢荡秋千了。"

4. 比较。

教师："那么，米琼达，你想荡秋千，而埃米想让你和她一起挖沙子，是吗？"

米琼达："但是，我喜欢荡秋千！"

5. 达成共识。

教师："你喜欢和埃米一起玩吗？"

米琼达："当然喜欢，她是我最好的朋友。"

6. 采取行动。

教师："你可以采取什么措施来解决这个问题？"

米琼达："我可以告诉她，如果她和我一起荡秋千的话，我会给她一个玩具。"

教师："你认为这样行得通吗？"

米琼达："我认为行不通，她可能会开始追我。"

教师："嗯……你还能尝试其他方法吗？"

埃米："如果我们像丛林中的恐龙一样在树下玩耍，你会和我一起玩吗？"

米琼达："好吧……但是这次我能扮演霸王龙吗？"

埃米："当然！我会是一只有锋利爪子的恐龙，好吗？"

**如果找不到解决方案怎么办？**

- 允许分歧存在。
- 远离分歧的根源，并开展其他活动。
- 尝试在其他时间再次协商。

通常，权利之争会导致不良的行为模式变得根深蒂固。成人和儿童之间的对抗可能干扰愉悦的、培养儿童自尊心的互动，从而影响儿童与学校和家庭建立联系。我们会发现自己长期被儿童惹恼，儿童也变得越来越抗拒和不顺从。

此外，有时当为琐事争吵的儿童来找我们时，我们会感到恼火。儿童经常来找我们帮助他们。当儿童的权利受到侵犯时，他们有权寻求更年长、更强壮、更有权威的人帮忙，就像当我的权利受到侵犯时，我有权要求法律援助一样。参见正面引导焦点 8.8。

### 正面引导焦点 8.8 成人对获得帮助的期望

如果我因为钱包被盗而打电话向警察寻求帮助，警察做出如下回应，那么我会感到非常不满：

- "不要废话！"

- “别那么小气，小偷可能比你更需要钱。”
- “你是罪有应得，你不应该带着一个会吸引小偷的钱包。”
- “那么，你是否告诉那个小偷，你不喜欢他那样做？”

当我们退后一步，将它们与我们对儿童的期望进行比较时，我们会对一些常用的表达方式感到有些尴尬。有时我们必须作为权威人物进行干预，以确保儿童的权利得到保护。然而，为了培养儿童的独立性，我们必须引导儿童尽可能多地独立解决问题。

遇到棘手的问题时，先要积极倾听，以使儿童或成人识别、探索和表达与情况相关的感觉。不要轻易提供建议。相反，可以引导被帮助的人认识他们的选择，以及做出这些选择的可能结果。只有这样，才能帮助一个人解决问题。在帮助他人之前，我们必须承担解决问题的责任。强加给他人不必要的帮助，几乎总会适得其反。

帮助儿童是另一回事。如果儿童没有表现出解决问题的动力，那么我们有责任引导儿童。我们应该温柔地协助儿童解决行为问题，可以坐下来与学龄儿童进行关键对话。这不仅能够帮助他们解决行为问题，还能够示范重要的沟通技巧（Patterson et al.，2002；Tannen，2002）。

面对棘手问题时，可以使用积极倾听和冲突解决策略来进行积极、专业的沟通。

## 8-6a 什么时候需要进行关键对话?

艾伯特的爸爸成功地避免了先前描述的思维定势。他没有用“我们稍后再讨论”来回避问题。他没有对自己明知道孩子会后悔的事情说“是的，我就知道你会后悔”。他并没有说“我不想再听你说这个了，现在请安静，否则下周我不会让乔舒亚与你待在一起”来压制整个事情。他没有尝试迫使艾伯特与之争论而让其顺从，他也没有试图让艾伯特单纯地不要生气。他知道，只要艾伯特表现得合理，他就有权控制自己的感觉。

艾伯特正在兴奋地等待他的爸爸来幼儿园接他。他和他的好友乔舒亚一直计划同家长商量他俩一起过夜。他们一边挖沙子，一边咯咯地笑着，盘算着一起看电视，一起吃葡萄冰棍的快乐。

终于，艾伯特看到他的爸爸。两个男孩跑到大门口，看着艾伯特的爸爸停车。在爸爸还没进门的时候，艾伯特就快速地表达他的想法，导致他的爸爸没有听清。艾伯特的爸爸把他举到空中说：“我的大男孩今天过得好吗？”艾伯特兴奋地说：“爸爸，乔舒亚可以来咱们家过夜吗？他可以吗？他可以吗？”

艾伯特的爸爸牵着两个男孩在甬路上走，平静地说：“不行，儿子，今晚我需要做一些文书工作，不太适合邀请乔舒亚来玩，不过我很乐意打电话给乔舒亚的父母，邀请乔舒亚下周在我们家住一晚。”艾伯特抽回他的手，开始哭泣。他的爸爸弯下腰说：“你真的很想和乔舒亚一起过夜，是吗？”艾伯特含着泪点了点头。他的爸爸继续说道：“你会感到悲伤和愤怒，因为到下周似乎还有很长时间。”艾伯特点点头。

他的爸爸拥抱着他说：“你可以哭，就连成人也会哭，我打赌乔舒亚也感到非常难过。”艾伯特停止哭泣，看着乔舒亚。艾伯特搂着爸爸的脖子，做最后一次请求：“求求你了，爸爸。我保证我们不会打扰你的，麻烦你了。”爸爸的表情仍然沉着而富有同情心。他说：“艾伯特，你可以发出请求，也可以哭泣和悲伤，但答案不会改变，乔舒亚今晚不适合来过夜。”

艾伯特的下一个策略是噘嘴，但是他的爸爸依然保持镇定而坚定，他收拾好儿子的东西准备出发。当爸爸将艾伯特放在儿童安全座椅上时，艾伯特在爸爸的脸颊上深深地吻了一下说：“我爱你，爸爸。”他的爸爸咧着嘴笑着说：“我也爱你，儿子。”

艾伯特的爸爸使用积极的关键对话策略来解决这一冲突。他简单、直接、及时地与艾伯特对话。他表现出极大的同理心和尊重。他会倾听，让艾伯特恰当地表达自己的感受，并认可和体会艾伯特的感受。他做出自己认为公平的决定，并且坚持自己的决定而没有产生愤怒。儿童需要知道父母是可以依靠的强有力的权威人物，而不是可以被随意操纵的、易受摆布的人，也不是令人畏惧的暴君。

## 8-6b　我们应该强迫孩子道歉吗?

我们告诉儿童“要诚实，要一直说实话”，然后在儿童不知道自己是否真的感到抱歉的情况下坚持要求他们道歉，这似乎很奇怪。询问儿童“你愿意告诉里基你对发生的事感到抱歉吗？”，可能会有所帮助。更重要的是，找到某种方式帮助儿童对里基进行补偿。如果他有机会把事情做对，那么他将对自己产生自豪感。当我们暗示“你把事情搞得一团糟，你无法挽回你所做的一切”时，我们会挫伤孩子。我们可能需要进行干预，帮助孩子们集思广益，采取适当的补救措施。参见正面引导焦点 8.9。

### 正面引导焦点 8.9　儿童弥补过错的方法

1. 为朋友拿一张湿纸巾，敷在他被撞到的膝盖上。
2. 给朋友带一个创可贴。
3. 分享玩具。
4. 给一个拥抱。
5. 捡起被撞倒的积木。
6. 询问朋友是否愿意做你的同桌。
7. 画一幅画。
8. 自制一张卡片，写上“做我的朋友”。
9. 陪在朋友旁边，直到他感觉好起来。
10. 真心地说“对不起”。

## 总结

1. 儿童可以通过与有效沟通的榜样进行互动来学习有效沟通的方法。

2. 有效的儿童引导的实现取决于儿童的联系感的建立，这需要有意义的沟通。

3. 盖兹达及其同事定义了沟通中的三种基本需求，这些需求表明了人们对某种响应或帮助的渴望。

4. 儿童和成人倾向于对正面引导而非负面命令进行具有合作性的回应。

5. 尽管我们在说教或强烈抨击时可能会感到很有道理，但传达一个会被拒绝的信息没有任何价值。

6. 自主性沟通是表达思想和感受的一种方式，它允许个人在充分尊重他人权利的同时捍卫自己的权利。

7. 最无效的沟通方式是过于肤浅地注重沟通的内容，而无法解决深层情感问题。

8. 关键对话或冲突解决的目的是使人们聚在一起，在预设的结果框架内进行相互尊重的对话。

9. 对于儿童来说，弥补错误比不真诚的道歉更有价值。

## 关键术语

**渗透**（osmosis）：渐进的、无意识的吸收信息的心理过程，类似于液体逐渐渗透到材料里的过程。

**关键对话**（crucial conversations）：在有很多利害关系、强烈情绪或冲突时进行的讨论。关键对话提供了一种处理策略，在关键对话结束时可以清楚地了解期望的结果并对期望的关系有清晰的认识。

**冲突解决**（conflict resolution）：一种解决问题的策略，可以帮助两个意见相左的人消除他们的不满，并将他们的观点融入共同的解决方案。该策略需要积极倾听和非评判性沟通的回应。

## 学生活动

1. 在日常互动中练习积极（反思性）倾听。
2. 回忆你与他人进行的没有情感交流的互动。
   a. 你做了什么？
   b. 举一些例子。
3. 回忆你与他人的互动，你有没有明显感觉到对方真正需要的是理解和参与？
   a. 你是如何回应的？
   b. 你有没有积极倾听？
   c. 举一些例子。
4. 回忆你与他人的互动，你是否感觉到对方的互动方式存在问题？
   a. 你是如何回应的？
   b. 这个互动是否因对方过于执着和依赖而不恰当？
   c. 这个互动是否因为八卦或某种负面的交流而不恰当？
   d. 这个互动是否因为带有种族歧视、性别歧视和贬低某人或某团体而不恰当？
   e. 你是否清楚地表达了拒绝参与互动的明确信息，但采用的是一种关怀的态度，而不是一种傲慢的态度。
   f. 举一些例子。

## 相关读物

MacDonald, J., & Stoika, P. (2007). *Play to talk: A practical guide to help your late-talking child join the conversation*. Madison, WI: Kiddo Publishing.

该书给出了逐步培养各年龄段儿童发展社会关系和社交技能的方式。这一方式将儿童与成人之间的游戏与社交互动作为促进语言发展、人际关系和积极行为的机会。

White, M. (2002). Teachers on teaching. A lesson on listening. *Young Children*, 57(3), 43.

作者认为，应允许儿童思考并形成自己的思想。通过倾听儿童的想法，跟随他们的脚步，教师可以鼓励儿童的探索、支持儿童的学习。

# 第 9 章 产生积极行为和消极行为的根本原因

## 全美幼教协会标准

本章涉及以下全美幼教协会标准：

**标准 4 使用有效的方法与儿童和家庭联系**

- 4a 理解积极的关系和支持性互动是与儿童相处的基础
- 4b 知道并理解早期教育的有效策略和工具
- 4c 使用广泛的适合发展的教 / 学方法
- 4d 反思他们（你）的做法，以促进每个儿童的积极发展

## 目标

在阅读这一章后，你应该能够做到以下方面：

9-1　描述儿童的道德发展水平

9-2　确定促进儿童道德发展的方法

9-3　给消极行为下定义

9-4　解释气质在儿童行为中发挥的作用

9-5　评估问题行为的潜在原因

# 9-1　道德发展是积极行为产生的核心

对家长、学校、社区甚至整个国家来说，最重要的是促进儿童和未来公民的道德发展。道德是明辨是非并采取相应行动的能力。道德发展是一个过程，在这个过程中，人们学会监控自己的行为并判定行为的正误。换句话说，道德高尚的人能够拒绝做他们明知是错误的事情（Nucci，2001；Snarey & Samuelson，2008）。

规范道德行为不只是儿童的事情。当我们忍不住严厉批评一个孩子的不当行为时，我们可以想想要阻止自己的负面冲动有多难。有时，我们很难抵制住说闲话、吸烟、超速驾驶或通过撒谎来摆脱困境的诱惑。记住，儿童是通过模仿来学习的。对我们来说，为我们希望儿童发展的积极行为尽可能地树立最好的榜样是至关重要的（Gurian，2007；Nucci，2001）。

当儿童观察我们的行为，并体验与他人互动的因果关系时，他们就会在生活中接受/呈现出重要榜样的人格属性和道德标准。对成人的依恋、爱和尊重会引发儿童对成人价值观的内化。当儿童内化成人榜样的标准后，他便开始体验道德的情感成分，即**道德情感**。具有道德情感意味着当他以一种自己知道是错误的方式行事时，他会有罪恶感和羞耻感。当他举止得体时，他会为此感到自豪。道德情感是一个内在的调节器，它会引导儿童或成人做出恰当的行为，远离不当的行为。

罪恶感在调节道德行为方面起着重要作用，但说“你不觉得害臊吗，你这淘气的孩子？”这样的话，无助于把罪恶感施加给儿童。强迫一个年幼的孩子感到罪恶，实际上可能会使他在情感上更强硬，并阻碍其道德情感的发展。来自我们内心的愧疚总比别人强加给我们的内疚更有意义。目前有两种具体的育儿方法，可以帮助儿童内化价值观和亲社会的道德判断：

- 有教养的和关怀式的成人引导
- 在解释规则和期望的原因时保持一致性

通过爱和温柔以及用语言说明必要性等方法，我们可以帮助儿童发展道德行为。比如，不要只是说“不要碰它！”，我们可以说“请再选择一支不同的蜡笔，因为那一支蜡笔是你的朋友的”（Blandon & Volling，2008）。

道德发展的另一个重要的组成部分是**道德推理**。儿童思考对错的方式随着他们的智力成熟而发生巨大的变化（Piaget，1952）。7 岁以下的儿童倾向于关注行为的具体后果，而不是行为背后的抽象动机。随着他们年龄的增长和道德能力的提高，他们能够更好地思考其中的意图（Broderick & Blewitt，2010）。

### 9–1a 发展道德智力

卡耐基（Carnegie，1936）被商界认为是发展人际交往技巧的鼻祖，他认为经济上的成功只有 15% 由于技术知识，而 85% 则依赖表达思想、获得信任、承担责任、激发热情的能力（Carnegie，1936，p. 14）。我们不仅需要关注儿童认知智能的发展，还需要帮助儿童培养情感和道德智力（Cherrington，2008）。在生命的早期阶段，儿童可以学习合作、关心他人的能力（Halverson，2004）。

有道德意味着关心他人，并在关心的基础上对正误做出正确的判断。做出道德行为不仅仅是死记硬背规则。做出道德行为需要发展批判性思维，需要培养对他人的敏感性，并对在各种情况下采取适当行为做出判断（Kostelnik，2014）。参见正面引导焦点 9.1。

**正面引导焦点 9.1 道德智力**

博尔巴（Borba，2002）描述了“七种基本美德”，它们是道德智力的基础：

- 同理心

- 良心
- 自我控制
- 尊重
- 善良
- 宽容
- 公平

同理心、良心和自我控制构成了儿童的道德核心。儿童要发展道德智力，就必须发展道德核心。道德核心让儿童有能力应对来自同伴的压力和其他诱惑，但仍然可以做出道德上的决定。

尊重和善良的道德价值观让儿童富有同情心，并意识到人际关系的价值。根据博尔巴的说法，宽容和公平的美德是正直、公正和公民意识的基础。这些道德价值观一起构成儿童的道德指南（Borba，2002）。

根据正面引导理念，我们从一开始就要学习通过以价值为导向的基本原则——安全、尊重、负责——来传递道德智慧。当家长和教师在发展适宜性环境中支持儿童时，儿童就会在7—11岁时自然地开始发展归纳和思考的心智能力。**归纳法**对儿童道德智力的发展有着重要的影响，是一个强大的工具。例如，它可以让儿童明白需要改变自己的行为，因为他的行为对他人产生了负面影响（Kochanska et al.，2008；Kuhn & Franklin，2006；Kuhn，Katz，& Dea，2004）。

当儿童偏离基本规则时，我们就有机会教他们分辨对错，更重要的是，告诉他们为什么某些行为更可取。这个相当简单的过程是促进儿童道德发展的重要力量，因为它可以帮助儿童内化道德行为的标准。

> 诚实是智慧之书的第一章。
>
> ——托马斯·杰斐逊

儿童在相互尊重、同情和友爱的环境中生活和学习时，最容易形成良知。家长和幼儿保教工作者可以通过确保儿童知道他们愿意倾听，真正关心儿童的感受，尊重儿童的个人需求和兴趣，从而支持儿童良知的发展（Lefton，2000；Santrock，2008）。

随着儿童良知的发展，当做错事时，他们自然会感到内疚，这不是因为我们让他们感到羞耻，而是因为他们真诚地感受到自己的良心谴责。他们的良知促使他们下次做得更好（Groenendyk & Volling，2007；Kochanska et al.，2004，2005，

2009）。

同理心被卡根（Kagan，1984）确定为“核心的道德情感”之一。要培养儿童的同理心，就要经常与他们谈论行为和感受，谈论他们的积极和消极行为对他人的影响。要帮助儿童识别和谈论他人的行为如何影响他们（Hoffman，2001）。要支持儿童价值观的正确发展，树立良好的榜样，经常和儿童谈论价值观。

要询问儿童问题，并帮助他们从道德的角度进行思考。他们需要理解正面引导中至关重要的原则（安全、尊重、负责）。参见正面引导焦点 9.2。

**正面引导焦点 9.2　促进道德发展**

根据博尔巴（2002）的研究，我们可以通过以下方式来帮助儿童培养良好的价值观（如利他主义）。

1. 通过提出道德期望来提供直接的道德教育。
2. 对道德行为抱有较高而现实的期望。
3. 成为高标准的榜样。记住，儿童总是注视着我们！

权威式的引导尤其注重具有开放性、支持性的交流，最能有效地促进儿童的道德发展。鼓励归纳思维、养育、设置限制、成为积极的榜样、允许民主讨论和使用冲突解决方案都能够支持儿童道德的发展（Baumrind，1967，1971；Grusec，Goodnow，& Kuczynski，2000）。

在早期阶段，儿童可以学习尊重和关心他人的能力，并学会在此基础上做出正确的判断。

## 9-1b　幼儿如何从错误中学习？

4 岁的萨拉需要对以下两种情况做出价值判断：情况一是吉米想要帮忙，但不小心打碎了 4 个盘子和 3 个玻璃杯；情况二是，安妮在偷吃饼干时不小心打碎了饼干罐的盖子。萨拉认为吉米比安妮淘气，应该受到更多的惩罚。因为她认为打碎很多盘子比打碎一个盘子更糟糕。

幼儿尚且无法全面思考一个情景中的所有特征或理解内在的动机。皮亚杰（1952）通过一系列访谈来研究儿童的是非意识。正如上文所述，在访谈中，他向不同年龄段的儿童提出了道德问题。他发现不同年龄段儿童的反应有很大差异。幼儿的道德推理往往是很简单的，并仅限于按字面意义来执行规则，而不是理解规则的精神或意图。

科尔伯格（Kohlberg，1969，1976）描述了人类道德发展的各个阶段。他归纳了三个水平和六个阶段。参见正面引导焦点 9.3。

### 正面引导焦点 9.3　科尔伯格的道德发展阶段理论

**水平一：前习俗水平（幼儿期）**

阶段一：儿童仅为了逃避惩罚和获得奖励而服从规则。

例如，一个正在探索电源插座的幼儿可能会伸手去碰插座。当我们说“不，不，不要碰”时，幼儿会抬头看着我们。只有当我们注意到并准备采取行动时（或者当孩子不幸发现电击的痛苦时），幼儿才可能会抑制住触摸插座的冲动。

阶段二：儿童通过讨价还价来满足自己的需求。

做出亲社会行为是为了从他人那里得到好处。例如：“如果你让我骑三轮车，我就会成为你最好的朋友。”

**水平二：习俗水平（9 岁至青年期）**

阶段三：重点是通过“好”或“优秀”来获得认可，获得权威人士的积极关注。

例如，当我们让一个孩子尝一口青豆时，另一个孩子可能会赶紧在嘴里塞满豆子，并说：“看见我了吗？我正在吃蔬菜！”

阶段四：重点是法律与秩序。

在这个阶段，儿童关心的是每个人都履行自己的职责，遵守法律。只有在别人都违反规则时自己才可以违反。例如，当规则被打破时，学龄儿童会非常愤怒。他们可能会怨恨教师给一个患糖尿病的孩子一块糖，但并不在意这个孩子是不是病了，而只是在意这样做是不对的。我们有时会处于习俗水平的道德阶段，会说“我不能让你这样做，否则我就得让所有人都这样做”。我们假设“规则就是规则”，而且永远不可能有任何道德上的理由去偏离规则或破例。

**水平三：后习俗水平（成年期）**

阶段五：在这个阶段，正确的行为是根据社会成员普遍持有的道德信仰，从个人权利的层面来定义的。

例如，处于这个层次的教师会认识到，糖尿病儿童迫切的健康需求比遵守学校里关于糖果的公平、合理的规定更重要。在这种情况下，保护儿童的健康比遵守规则更重要。

阶段六：个人根据合乎逻辑的、一致的、普遍的个人伦理原则，通过个人良心的判断来决定一种行为是否合乎道德。

例如，儿童保育中心的主管可能会冒着破产的风险，在一起针对有权威和社会地位人士的虐待儿童案件中凭着良心做证。

### 道德发展的另一种观点

卡罗尔·吉利根（Carol Gilligan）提出了另一种研究道德发展的方法。起初，她是劳伦斯·科尔伯格（Lawrence Kohlberg）的研究助理，但在研究了他的理论后，她开始展开了批判。因为科尔伯格只研究享有特权的白人男性。她认为科尔伯格的道德发展阶段理论只代表了男性的观点，它与女性的观点相比更重视个人权利和规则。吉利根认为女性更可能重视人际关系中的关爱，而科尔伯格的理论受到了性别偏见的影响。

吉利根进行了自己的研究，发现女性被教导着要关心他人，并期望得到他人的关心。她倾听女性的心声，重新思考自我和自私的意义，从而形成了一种新的女性心理学理论。她概述了道德发展的三个阶段：一是自私阶段，二是社会性的、习俗水平的、有道德的阶段，三是后习俗水平的、有原则的、有道德的阶段（Gilligan, 1982）。

吉利根发现，接近道德水平的男性常假设个人拥有某些基本权利，因此道德对个人施加了限制。女性对待道德的态度是认为自己对他人负有责任，所以道德是关心他人的必要条件。吉利根总结说，男性的道德具有**正义取向**，女性的道德具有**责**

**任取向**。

吉利根认为，女性需要学会兼顾自己和他人的利益。她发现，女性在评判他人时往往犹豫不决，因为她们更容易看到人际关系的复杂性。男孩倾向于通过争论来结束游戏，而女孩更倾向于停下来，选择做一些不同的事情来避免争吵和伤害感情（Kimmel，2000，2004）。

高级的道德推理水平的一个显著特征是在评估行为结果时能够考虑行为动机。幼儿可能无法做到这一点，但如果我们希望有效地引导儿童，那么我们就必须达到这种程度的道德判断。如果我们仅仅因为规则就是规则而盲目地执行，不管环境或动机如何，那么我们的道德发展水平就会很低。例如，艾丽西亚试图把攀爬架上的人撞倒，但没有人受伤，而艾伯特很淘气，不小心将某人撞得很严重，此时道德认知成熟的成人就会意识到，艾丽西亚的行为比艾伯特更不合适。

我们与孩子们合作制定确保他们安全、尊重和负责的规则。我们帮助孩子们学会用批判性思维来评估规则在各种情况下的适宜性。例如，我们可能会制定一条规则：“只能拿自己的背包。”但如果有人找不到自己的背包，需要拿开别人的背包才能找到自己的背包呢？这个时候这条规则可行吗？

## 认识大脑

### 我们可以从神经科学中学到什么?

**大脑发展和道德行为**

1. 越来越多的研究关注大脑结构对道德行为的影响(Koenigs et al.,2007)。

2. 研究人员已经了解到,大脑特定区域的损伤可以在不影响其他功能的情况下损害特定功能。

3. 损伤前额叶皮质会导致道德判断受损和消极行为(Anderson et al.,1999;King & Mayhew,2002;Koenigs et al.,2007)。

4. 大脑的执行功能管理着我们计划和控制行为的能力(Sapolsky,2004)。

5. 调节情绪的能力对社会性和道德推理的发展至关重要(Damasio et al.,1994)。

6. 婴儿和幼儿的大脑发展迅速,但前额叶皮质是大脑中最后发育完成的区域。

7. 随着年龄的增长,大脑会发生变化(Giorgio et al.,2008)。大脑结构的变化与冲动控制、情绪控制以及随之而来的道德行为相关(Silveri et al.,2006)。

# 9-2 促进儿童道德发展的方法

权威的引导能够支持儿童的道德发展(Baumrind,1978)。研究证实,权威的引导可以培养社会敏感性、自我意识以及对规则和权威的尊重(Blandon & Volling,2008;Laible & Thompson,2002)。权威的引导在培养和设限中间设置了完美的平衡,既温和,又坚定。这种引导与专制的严格式儿童互动非常不同,后者往往是消极的,有时甚至是敌对或好斗的(Baumrind,1978)。

温暖的、积极的引导能够向儿童传达对他们的重视和欣赏。当儿童知道自己值得被这样对待时,他们的自尊就得到了发展。他们知道人们通常是需要被尊重的,而伤害别人是错误的。有权威的成人通常以尊重和情感支持的方式与儿童讨论道德问题(Black,2005;DeVries & Zan,2003)。

## 9-2a 设定限制

权威的引导的一个重要部分是**要求的绝对化**。参见正面引导焦点 9.4。

### 正面引导焦点 9.4 权威要求

有效的要求包含三大因素。

1. 我们必须设定较高且现实的目标。家长和教师对儿童的期望越低，儿童对自己的期望就越低。而面对不合理的高期望的儿童可能会缺乏信心，并可能变得压力过大。

2. 支持、鼓励和监督具体目标的实施会增加儿童实现这些目标的机会。

3. 我们必须提供持续的后续行动，以评估儿童是否正朝着目标取得进展。当成人没有持续跟进时，儿童很快就会发现，如果他们拖延的时间足够长，那么成人的期望就会被遗忘。始终如一地谨慎执行较高而合理的标准，将有助于儿童发展自我控制和自尊。

## 9-2b 示范适当的行为

我们如何在儿童面前生活，如何对待他人，如何处理自己的挫折和问题都会影响着儿童的行为（Lickona，1983）。儿童会观察成人的生活，模仿他们的行为。我们可以示范对他人的尊重和同情，也可以示范贬低、强迫或支配他人的不当行为。即使儿童没有直接模仿他们所观察到的特定行为，他们对待他人的信念和态度也很可能受到这些经历的潜在影响。事实上，这些教育行为并非有意为之，但并不会削弱它们的力量。树立亲社会行为榜样的成人自然会引导孩子尊重他人（Spinrad，Eisenberg，& Bernt，2007）。

## 9-2c 依靠民主程序

要依靠群体过程 / 小组活动——协商冲突、建立共识、妥协和讨论——来梳理和解决问题。以这种方式制定的决策和规则更有可能使团队中的每个人都获得归属感。参与民主团体的活动有助于儿童学习在民主社会中所必要的技能（Schou，2001）。利用这一过程可以使儿童产生依从性、道德推理、良知、自尊和利他主义

（Lickona，1983）。儿童开始发展一种强烈的“公平感”，并更加尊重他人的感受、想法和需求（Snarey & Samuelson，2008；Stables，2003）。

## 9-3 定义消极行为

通过**社会化**的过程，婴儿开始了解父母和其他人对他们的期望。婴儿并不理解适当或不当的行为是什么。即使婴儿明白他人所期望的是什么，他们也没有能力抑制自己的冲动。然而，在生命的最初几年里，如果一切顺利，那么儿童会逐渐学会自我控制，学会如何与他人相处。他们会学习如何遵守家庭和社区的公共规则。在自我控制能力发展之前，儿童完全冲动地追求自己的感觉和欲望。他们表现得像孩子一样（当然他们本身就是孩子），会犯错误、行事冲动，顽固地抵制外界控制，而这些行为被我们认为是问题行为。我们定义了需要制止的三种儿童问题行为。

- 对儿童或其他人有明显的伤害风险（保证安全）。
- 侵犯他人权利（尊重他人）。
- 浪费资源或虐待生命（负责任）。

儿童行事的三条准则为：安全、尊重、负责。接下来，我们需要问问自己：为什么儿童会表现得不友善、不安全或粗心大意？**行为不端**、**问题行为**和**不当行为**这三个词意思相近，都容易被误解为顽皮和恶作剧。然而，许多不恰当的行为并非出于恶意。儿童甚至可能没有意识到一个特定的行为是淘气的。正面的儿童引导要求我们通过观察儿童的理解水平、行为的严重程度和频率，以及可能的潜在原因来衡量儿童对不当行为的反应。

对待一个天真地爬到咖啡桌上的婴儿的处理方式必须有别于对待一个故意将沙发当成蹦床的 5 岁儿童。这两者的行为都必须被制止，因为它们都对儿童来说有明显的风险，并且涉及对环境中物体的不当处理。但是，为了得到积极的结果，我们必须对不同年龄段的儿童抱有合理的期望，并评估他们是否真的可以在困难或有诱惑的情况下控制自己的行为。

在很多情况下，改变现状比试图阻止儿童的行为要有效得多。把婴儿从咖啡桌上抱下来，并把他带到一个安全的攀爬区，这样我们就可以把不适当的行为变成适当的行为（即使儿童可能还没有意识到这两种情况的不同）。我们假设 5 岁儿童知道沙发和蹦床的区别，所以我们的重点是让儿童清楚地理解相关的事实、选择和可能带来的结果。

例如，我们可以说："沙发不是用来跳的。如果你想跳，你可以在外面柔软的草地上跳。"如果这种行为仍然继续，那么我们应该直视儿童的眼睛，用一种自信而真诚的语气说："我知道在沙发上跳上跳下很有趣，但这样有可能会损坏沙发，你也有可能摔到坚硬或锋利的东西上。""我会和你一起出去，帮你找些有趣的事来做。我们去找球吧。我们可以玩抛接球。"

评估儿童的行为是否恰当，需要我们站在他的立场上，从他的角度看世界，而这样做需要准确的洞察力和明智的判断。我们很容易迅速和轻率地把那些不便的、恼人的或让我们感到尴尬的行为标记为错误行为，却不管儿童这样做的原因。

当儿童没有从我们这里得到负面反应，以及我们在不同情况下要求不同行为表现时，他们会感到非常困惑。当同一种行为在一种环境中受到赞扬，而在另一种环境中受到斥责时，他们会感到困惑。佩雷斯夫人对她的三个孩子感到愤怒，因为他们坚持爬到儿童游乐场的野餐桌上。她没有意识到，野餐桌的木头和附近的攀爬架的木头看起来一模一样。虽然成人可以清楚地看到"攀爬架"和野餐桌之间的区别，但仔细观察就会发现，这两个物体其实都是钉在一起的木板。缺乏经验和天真无邪是儿童的行为方式被成人视为顽皮的两个原因。

改变环境总是比改变儿童容易。我们要先考虑课程、一日生活安排、引导策略和我们自己的改变。

### 9-3a 功能性行为和功能性行为失调是什么意思?

当孩子们表现出一种强迫性的、慢性的、不恰当的或自我破坏的行为模式时，这种行为模式可以被称为**功能性行为失调**。相反，**功能性行为**是适当的行为，它在儿童的生活中发挥有益或积极的作用。功能性行为有助于儿童需要的满足。功能性行为失调会产生一种消极的反应，这可能与儿童期望的结果相反——儿童与他人互动的策略不起作用，导致儿童压力增大、抑郁，从而形成恶性循环。一个孤独的、缺乏社交能力的儿童可能会通过取笑他人来吸引注意，但这种取笑是不正确的，因为它不会吸引朋友；相反，这会让儿童变得更加不受欢迎。结果，儿童会变得更加孤立和孤独，甚至在现有的功能性障碍行为的循环中越陷越深。

### 9-3b 以成人为中心的不当行为

以成人为中心的对不当行为的定义，关注儿童的行为对成人的影响，以其对成人影响的严重性，以及成人的情绪状态来评估儿童的行为。如果儿童在野餐时把果汁洒在草地上，那么成人可能不会注意到，因为不需要清理草地。如果同一个儿童把果汁洒在厨房的地板上，那么成人可能会生气并训斥孩子。如果儿童在崭新的地毯上洒上葡萄汁，那么成人可能会非常生气，并要严厉惩罚或打孩子。

儿童知道他的行为并不总是能得到成人一致的或预期的反应。儿童可能会学习到，当他们的照护者情绪较好时，他们就可以免受行为不当的惩罚。当成人心情不好时，他们会觉得自己做的任何事（不管他们做什么或不做什么）都一样，他们都会遇到麻烦。我们不能让儿童认为他们无法控制自己的环境——认为事情的发生具有随机性。

以成人为中心的不当行为聚焦的是成人的需求和欲望，因此儿童的适当行为可能被认为是对成人方便和可取的行为。安静、不碍事、适时表现出可爱（但不过分）可能被视为“好”孩子的标志。哭泣、尖叫、害怕或喋喋不休则会让成人感到厌烦、尴尬或不方便，他们更有可能会认为这些行为是淘气的。

### 9-3c 以儿童为中心的不当行为

以儿童为中心的对不当行为的定义，以儿童的能力水平、动机和长期发展来评估行为的适宜性或不适宜性。如果一个行为是错的或不恰当的，是因为它侵犯了他人的权利，是不安全的，或者对环境造成了不必要的破坏，而不是因为这个行为是麻烦的，或者是因为成人心情不好。这样定义行为的方式会带来一致性和公平感。儿童能够因此学会对自己的行为后果负责。他们知道自己的行为和从权威人物那里得到的反馈有直接的关系。

考虑到儿童的年龄和发展阶段，我们可以认识到，探索或熟悉事物对婴幼儿来说是正常且有益的学习行为，而不是不当行为。我们的责任是创建安全的环境，使婴幼儿接触的一切事物都是安全的、适当的。如果婴儿做了不合适的事情，那么他会被转移到一个安全的地方。

被允许积极参与日常活动的儿童无疑会比被鼓励安静待着的儿童更容易犯错。例如，让儿童帮忙准备食物会很麻烦，也很耗时。对我们来说，独自做这件事会更快、更容易，但是儿童在这样的经历中获得的信心和技能是非常重要的。扔鸡蛋和洒面粉不是恶作剧，而是儿童学习负责和独立的重要机会。成人应该教儿童如何完成日常任务，如何自己打扫卫生，而不是因为儿童把事情弄得一团糟就责骂他。

## 9-4 气质

为什么同一件事能激励一个人，却会让另一个人承受痛苦和压力？了解气质类型有助于我们识别儿童的需求，以及帮助儿童发展潜在的才能。气质是一个人的重要组成部分，气质特征对儿童与周围环境中的人和事的互动方式有深远的影响。从婴儿期开始，气质就有助于塑造儿童了解世界的独特方式。

Montessori Country Day School

从婴儿期开始，气质就有助于塑造儿童了解世界的独特方式。

人类是复杂的，专家们设计了许多方法来观察和理解人类的内在活动过程。一项气质评估指明了十多种不同的气质类型。另一个研究重点在于分析内向者和外向者的气质特征。实际上，人类的多面性格并不能被简化成一个整洁、易读的表格，但是它可能会帮助我们发现一些有用的信息。

使用测试来了解自己的气质类型，可以帮助你注意到你没有意识到的事情，包括什么环境才能使你得到真正的满足等。了解儿童的气质类型才能更成功地引导他。

### 9-4a 婴儿如何表现出气质差异?

著名心理学家玛丽・罗斯巴特（Mary Rothbart）对气质类型进行了具有开创性的研究。她开发了一种评估婴儿气质的方法，涉及婴儿气质的各个方面，如活动水平、安抚性、恐惧、面对限制时的痛苦、微笑和大笑以及持续定向等（Rothbart et al.，2000）。参见正面引导焦点 9.5。

#### 正面引导焦点 9.5 罗斯巴特的婴儿气质差异清单

- 活动水平——不断地移动胳膊和腿、扭动身体。
- 面对限制时的痛苦——当处于被限制、被照顾的状态或不能完成一个期望的动作时，会大惊小怪、哭泣或很痛苦。
- 接近——快速接近目标，表现出兴奋和对愉悦活动的积极预期。
- 恐惧——对突然的变化、新奇的事物或陌生的人感到恐惧和不安，抵制新颖的事物。
- 持续定向——长时间地关注某一对象或只与单个对象互动。
- 微笑和大笑——在被照顾和玩耍的时候，很容易微笑和大笑。
- 声音反应——在日常活动中频繁发声（发出咕咕声、咿呀学语、试着说话）。
- 悲伤——因为不舒服、丢东西或者无法完成想做的事情而感到情绪低落。
- 知觉敏感性——容易感受到来自外部环境的轻微、低强度的刺激。
- 高强度的快乐——享受高强度的刺激（在快速的变化、复杂性、新颖性和不一致性中找到快乐）。
- 低强度的快乐——更喜欢低强度的刺激（可能因为变化太快、太复杂、太新颖和不一致而心烦意乱）。
- 拥抱——喜欢被照护者抱着。

- 安抚性——当照护者使用安抚技巧时，可以减轻儿童的烦躁、哭泣或痛苦。
- 反应能力下降或从痛苦中恢复的速度下降——不能从痛苦或兴奋中迅速恢复，不容易睡着。

罗斯巴特的清单有助于我们识别和理解婴儿的气质差异，这样我们就能更好地满足他们的需求。我们越了解儿童，就越能更好地满足他们的个人需求并引导他们的行为。

杰罗姆·卡根的研究教会了我们关于气质的什么东西？

杰罗姆·卡根（Jerome Kagan，2004）是哈佛大学的退休教授，被认为是20世纪最优秀的心理学家之一。他设计了一个有趣的测试，给一个4个月大的婴儿连续展示一系列他从未见过的五颜六色的新玩具，每个持续展示20秒。婴儿是冷静地盯着并等待更多的玩具，还是开始疯狂地哭泣，并摇晃他的胳膊和腿呢？卡根发现，如果婴儿觉得这种活动极其痛苦，那么随着年龄的增长，他在社交活动中产生焦虑的风险会更高。

卡根还发现，尽管冷静地期待更多玩具的婴儿更有可能在未来的社会互动中体验到轻松舒适，但他日后遇到麻烦的风险略高，因为他可能对家长和教师的警告无动于衷。

卡根和同事们（1999）通过在500个婴儿面前悬挂玩具，进行了婴儿气质的研究。20%的婴儿表现出痛苦的哭闹和有力的四肢抽动，甚至至少40%的婴儿在测验中会出现背部拱起的现象，他们被描述为高反应性的。40%的婴儿几乎没有动作或情绪表现，他们被描述为低反应性的。其余婴儿的反应则介于两者之间。

许多接受初次测试的儿童在2岁、4岁和7岁时接受了后续测试。卡根在休息时刻和压力时刻（比如在没有提前告知的情况下要求他们发表演讲时），对237名10—12岁儿童进行了完整的脑部扫描、心率分析和体温测量。

卡根的关键发现是，大约20%的被标记为高反应性的婴儿在长大后仍然不喜欢新奇的事物。当遇到意想不到的情况时，他们会发出生理上的信号来表明他们受到压力。在婴儿时期被标记为高反应性的儿童在长大后会表现出害羞。

卡根发现，在被标记为低反应性的婴儿中，只有三分之一的儿童随着年龄的增长，在面对陌生情况时仍然保持冷静和放松。卡根解释说，这项研究还证实了随着年龄的增长，许多婴儿逐渐远离极端状态并转向较为温和的性情——这是家长和儿童所处环境重要性的体现。只有少数的婴儿（每类中占 5%）在成长的过程中转向了相反的极端状态。

### 9–4b 我们如何支持精力充沛的孩子？

玛丽·希迪·库辛卡（Mary Sheedy Kurcinka）在她的《养育精力充沛的孩子》（*Raising Your Spirited Child*，2009）一书中，列出了精力充沛的儿童通常共有的五种性格特征。与一般儿童相比，这些儿童更容易紧张、更执着、更敏感、更有洞察力，对新环境的适应也更慢。同时，根据库辛卡的说法，这类儿童在日常生活中可能看起来特别精力充沛，但在新环境中会谨慎且异常严肃。在发展适宜性教育项目中，我们需要了解气质等多重因素对儿童早期发展和学习的影响。参见正面引导焦点 9.6 至 9.10。

#### 正面引导焦点 9.6 精力充沛的儿童有激情

1. 大声地笑和哭。
2. 可能会在游戏中大声尖叫，以至于家长和教师几乎无法忍受。
3. 可能会变得非常沮丧。
4. 身体表现充满激情。
5. 很容易受挫。
6. 可能会拿走别人的玩具。
7. 可能会在一瞬间情绪崩溃。
8. 可能有谩骂或咒骂的倾向。
9. 当不能随心所欲时，可能会大叫或搞破坏。

**降低音量**

1. 密切注意儿童的暗示信息。
2. 在儿童的压力爆发之前进行干预。
3. 改变场景。

4. 了解什么样的事情会让儿童的紧张程度急剧上升，从而加以预防。

5. 了解什么样的事情可以有效地让儿童平静下来，从而利于这些活动。

6. 播放舒缓的背景音乐。

7. 开始一项令人放松的体育活动（例如，散步、跳绳、爬山、荡秋千、摇娃娃）。

8. 介绍一个令人愉快的专注项目（例如，拼一个拼图、给盒子上色、喂兔子、切草莓做零食）。

9. 提供一些轻松的一对一的对话，让儿童谈论自己的感受。

10. 发现并追随儿童天生的幽默感（例如，邀请所有的儿童展示他们最滑稽的表情，问谁能像兔子一样跳，或者假装你对儿童知道答案的事情感到困惑："嘿，为什么这只鞋不适合我的脚？""哈哈哈！那是吉米的鞋，不是你的！"）。

## 正面引导焦点 9.7 精力充沛的儿童有毅力

1. 很难接受别人的拒绝。

2. 因为他确信自己是对的，所以他可能会争辩到最后："但为什么不呢？嗯？为什么不呢？"

3. 思想单一；一旦他致力于一项活动或项目时，很难让他转移到其他事情上。

4. 通常，他对每件事都有自己的计划（例如，当他的计划与现实不符时，他会变得心烦意乱："我想要的花生酱三明治是三角形的，但你把它切成了正方形。"）。

5. 想要独立完成每件事，即使有明显的困难也会坚持不懈。

### 避免权利斗争

1. 记住，坚持不懈是一种积极的美德；要尊重每个儿童的独特性。

2. 慎重选择争吵，优先考虑期望，并保持专注。

3. 通过适当的妥协，试着以可接受的方式把“不”变成“是”（例如，“你如此做不安全，但如果我们这样做呢？那会是什么样子呢？”）。

4. 经常和精力充沛的孩子交谈，询问他的计划和期望，这样他就不会感到惊讶。

5. 在整理时间之前，给儿童 5 分钟的准备时间，提醒他们 3 分钟后游戏时间结束，或者提醒他们看完书就该睡觉了，这样可以帮助他们找到停止点。

6. 允许灵活地安排时间，以便需要更长时间学习或活动的儿童能够得到保护和鼓励。

7. 不要让外部因素干扰儿童一直以来的自然模式（例如，在吃饭、做作业、做家务的时候关掉电视、收音机和电话）。

8. 专注于基本原则——安全、尊重、负责。

库辛卡（2009）建议打破“拔河比赛”的僵局，让儿童有“五种选择”（也就是说，给出五个不同的想法，这样可以一起选择一个你们都同意的想法）。对于非常小的儿童或有能力差异的儿童，你可以帮忙想出五种选择。

## 正面引导焦点 9.8 **精力充沛的儿童很敏感**

1. 可能会被聚会、人群、购物中心和游乐园等因素过度刺激。
2. 可能有喜欢和不喜欢的食物，或者极其挑食。
3. 经常对环境中的气味、声音、光线和纹理反应过度。
4. 可能对周围人的情绪过于敏感。
5. 可能会因为内衣的接缝或衬衫的标签而恼火。

### 提高应对能力

1. 与儿童交谈，帮助他描述和记录自己的感觉。
2. 当感到沮丧、疲倦或烦恼时，运用“我”的信息来示范恰当的口头表达。
3. 确认儿童感觉的正当性（也就是说，感觉没有对错，它们只是感觉）。
4. 尽量消除或避免刺激儿童的诱因。

5. 改变环境，以减少无法避免的诱因。

6. 让儿童练习处理那些无法改变的事情——当他准备好并按照自己的节奏去做的时候。

## 正面引导焦点9.9 精力充沛的儿童有洞察力

1. 很容易分心。

2. 发现自己很难专注于一件事情。

3. 因为注意力分散，往往会丢掉东西。

4. 因为其他事情引起了他的注意，而忘记自己正在做的事情。

5. 高度的好奇心和注意力迫使他注意每一个细节。

6. 当长时间不间断地集中注意力时，他会变得精疲力竭。

### 引导儿童专注

1. 调整环境以减少干扰。

2. 当下达指令时，与儿童保持视线平齐，进行眼神交流。

3. 给儿童简单的、逐步的引导和跟进，以确保儿童不会分心。

4. 如果告诉他没有用，那么向他示范你期望的行为。

## 正面引导焦点9.10 精力充沛的儿童有适应能力

1. 难以应对环境、日常事务、日程安排、食物和重要人物的变化。

2. 可能会固执己见，拒绝遵从成人的要求，甚至毫无征兆地变得消极（例如，“你想要一些冰激凌吗？”“不！”）。

3. 有时会显得顽固、专横和固执。

4. 可能很快就会被激怒，而很难迅速恢复。

**缓解压力**

1. 制定灵活的时间表，允许儿童按照自己的节奏从一个活动区域转移到另一个活动区域，从而消除不必要的过渡环节。

2. 提前和儿童谈论计划表，并在转变之前给他时间提醒。

3. 进行角色扮演并排练变化及新活动等情况。

4. 给儿童足够的时间和鼓励，让他处理停止和过渡环节。

5. 承认儿童的感受，并鼓励他用语言表达自己。

6. 有时，坐下来和儿童一起开始新的活动，有助于他减少压力并适应新活动。

思考并评估你自己的强度、毅力、敏感性、洞察力和适应新环境的能力。气质可能有来自父母一方或双方的遗传成分。如果一个充满活力的成人与一个精神饱满的孩子配对会发生什么？如果一个随和的成人与一个充满活力的孩子配对会发生什么？如果一个充满活力的成人与一个随和的孩子配对呢？

了解儿童的气质可以帮助我们避免进入陷阱，并制定出针对特定情况的儿童引导策略。我们可以深入了解为什么一个儿童在某些情况下会有某种行为。我们可能会开始理解为什么一个儿童的行为会强烈地激怒我们。

知道将要发生什么有利于我们掌控局面。我们与其感到惊讶和猝不及防，感到儿童的行为是针对我们个人的，不如退后一步，想想为什么孩子会有这样的行为。

记住，如果我们能够预测到一个孩子即将崩溃，那么我们就能够为此做出计划，甚至可以避免它。更多地了解引发儿童情绪波动的原因，能够帮助儿童学习在这个世界上（与人）成功相处所需要的技能。

**实际应用案例**

## "狠狠揍一顿"真的好吗？

星期六下午，夏洛特和杰夫在附近的一家快餐店里吃汉堡包。这个地方热闹非凡，到处都是孩子。

夏洛特和杰夫没有自己的孩子，但他们惊奇地看到不同类型的成人与孩子交谈、游戏或训斥孩子。

杰夫特别好奇的是，有个女人似乎要照看六个孩子。其中一个6岁的孩子把盐握在手里，舔了舔，然后笑着用她咸咸的手抚摩着身边的孩子。孩子们一边躲避，一边尖声大笑，一边扔餐巾纸。那个女人严厉地看着他们，威胁说如果他们不安静下来，就要把他们关进车里。

杰夫俯下身，小声对夏洛特说："这些孩子真得狠狠揍一顿！"

案例讨论的问题

1. 孩子们产生不当行为的原因可能是什么？

2. 你认为在上述情况下，对于这个女人来说，最有效、最合适的方法是什么？

3. 为什么杰夫认为狠狠揍一顿会有帮助？

## 9-5　问题行为的潜在原因

躺在沙发上连续看几小时动画片并不是恰当的行为。为了改变这种行为，我们可能需要思考导致儿童没有参与更健康、更活跃的游戏的潜在原因。儿童的安静和被动行为是否得到了积极的强化？我们是否会对儿童的自发游戏做出消极回应？儿童是否可以使用有趣的玩具和具有挑战性的游戏设备？儿童需要和谁一起玩吗？如果我们想改变现状，防止不当行为的发生，那么我们就必须始终考虑导致不当行为的可能原因。在儿童引导方面，就像卫生保健一样，最好的治疗是提前预防。

### 9-5a　不恰当的期待

有时，儿童的不当行为是我们的不合理期望的直接表现。我们可能会期望儿童做他们还不能做的事情。

海伦娜和雷带着18个月大的儿子比利坐在儿科的候诊室里。小男孩穿着他最好的衣服、闪亮的黑鞋子，戴着一个小领带，坐在爸爸的膝盖上，看起来像一个婴儿时装模特。比利静静地坐了一会儿，然后看了看周围环境和他的爸爸妈妈。他的父母正全神贯注地讨论他们想咨询医生的问题。

又坐了几分钟后，比利指着一个养着热带鱼的大鱼缸说："看！"（他的言行一致。）几秒钟后，他仍然指着，看着他的母亲，重复道："你看，这是什么？"海伦娜把比利的领带弄直，说："是的，它们是鱼。嘘，安静。你会把衣服弄得乱七八糟的。"

比利又盯着鱼缸看了几秒钟，然后从爸爸的腿上爬了下来。爸爸把他拉回膝盖，坚定地说："那不是给你摸的。你需要待在这里，静静地坐着。如果让你下去，你肯定会摔坏东西的。"比利开始哀号，用手揉眼睛，不时挣扎着要从爸爸的膝盖上下来。妈妈从包里拿出一个瓶子，递给比利，但是他把瓶子扔在地上，边踢边大声地哭着。

当护士说轮到比利看诊时，海伦娜和雷似乎已经对比利没有办法了。海伦娜的声音里充满了挫败感，她说："他为什么这样做？当他这样的时候该怎么办？有时候他就是让人受不了。"

这时，除了等待比利转换情绪，平静下来，我们几乎无能为力。我们本可以采取很多措施来防止这种情况的发生。如果海伦娜和雷更加了解幼儿，他们本应该预料到他不能安静地坐 30~60 分钟。

他们本可以带一些他最喜欢的玩具或书来。他们也可以通过玩躲猫猫来分散他的注意力，或者让他在笔记本上乱写乱画，或者关注到他对鱼缸的兴趣等。雷本可以密切观察比利，并在比利观察和试图摸鱼缸的时候和他展开讨论。

## 9–5b 误解他人的期待

有时候，儿童会误解别人对他们的期望。

琼是一名幼儿园教师，当发现幼儿把盥洗室弄得乱七八糟时，她感到很沮丧。地板上到处都是水和纸巾。琼对 3 岁的米沙说："我要去拿一件上衣。你能把纸巾都扔到垃圾桶里吗？"

当琼拿着上衣回来时，她发现小米沙正吃力地从自动取纸机里拿出干净的纸巾，一把一把地往垃圾桶里塞。米沙可怜地说："老师，这纸巾太多了。"

幸运的是，琼意识到，尽管米沙的行为并不是她所期望的，但她的意图是好的。米沙只是逐字逐句地按照教师说的去做——"把纸巾都扔到垃圾桶里"。琼没有指定是地板上的"湿纸巾"。

琼热情地感谢米沙的帮忙，然后才认真地说："我们把又湿又脏的纸巾扔进垃圾桶吧。等我们下次洗手的时候再用干纸巾。”

如果琼责骂了米沙：“看看你都干了些什么，你这傻东西。”那么当下次有人请米沙帮忙时，她也许就不会那么积极了。相反，她会为自己的好意、辛勤的工作和无法读懂成人的心思而感到羞愧。

### 9-5c　不成熟的自我控制

有时，儿童似乎真的想要遵从我们的要求，但不知为何，他们似乎就是无法控制自己去完成我们所期望的事情。

埃洛伊丝在家庭日托中心里为四个孩子提供儿童保育服务。她致力于成为一名幼儿教育工作者，而不仅仅是一名保姆。为了帮助幼儿学习科学和自然，她买了一只小豚鼠。

周一早上，当孩子们抵达日托中心时，这只豚鼠引起了一阵兴奋。埃洛伊丝坐在笼子旁，有两个孩子坐在她的腿上，她正和这两个孩子谈论这个新宠物。当这只豚鼠在笼子里跑来跑去，发出尖锐的声音时，男孩们决定给它取名为“吱吱”。

埃洛伊丝解释说，如果人们发出太多的噪声或摇晃笼子，吱吱就会害怕。她还说，尽管吱吱非常温顺，但如果看到伸进笼子的手指，它可能会感到困惑并试图咬这个手指。孩子们兴奋地谈论吱吱，并尽量把手放在背后或口袋里，这样他们就不会摇晃笼子或把手指伸进笼子。

埃洛伊丝走进盥洗室去帮助另一个孩子。突然，她听到一阵骚动，尖叫声此起彼伏。原来孩子们太激动了，不小心把笼子从桌子上弄掉了。吱吱尖叫着跑来跑去，孩子们也尖叫着跑来跑去，有的幼儿哭了，豚鼠的水和食物洒得到处都是。

埃洛伊丝很快就抓住吓坏了的豚鼠，然后轻轻地抚摩着可怜的吱吱，用平静的声音说：“听着，孩子们，你们能听到吱吱发出的声音吗？它很害怕。让我们唱一首安静的摇篮曲，安慰一下它吧。”年纪稍大的孩子和埃洛伊丝一起给吱吱轻声唱着《摇篮曲》(Rock-a-Bye Baby)。其他孩子睁大眼睛看着。当大家都安静下来后，埃洛伊丝把吱吱放回笼子里，说：“我们把吱吱的笼子放到储藏室里，让它休息一下。午睡后，我们会把它拿出来，再看看它。”

埃洛伊丝意识到，孩子们并没有要故意伤害或吓唬吱吱，他们太激动了，以至于需要必要的自我控制来应付这种局面。埃洛伊丝相信，只要有足够的时间、耐心和练习，儿童最终会发展出他们需要的自我控制来正确地观察豚鼠。她也知道在那之前，她需要拿走吱吱，除非她能够在儿童观察豚鼠时监督他们。埃洛伊丝认识到，谴责或惩罚缺乏自制力的儿童是不合适的，也没有帮助。因为在那个时候，这些孩子还没有能力以更成熟或更可控的方式行事。相反，她可以帮助他们识别吱吱的感受和需求，这样他们就可以理解为什么只能看而不能碰它。她也知道暂时改变环境比试图改变孩子的行为更适合。

### 9-5d 愚蠢的嬉戏与群体效应

闭上眼睛，试着回忆你小时候在一个很棒的生日派对上的兴奋感觉，在一个大型家庭庆祝仪式上满是欢笑的感觉，或者在学校的节日聚会中的感觉。你还记得你和你的朋友或兄弟姐妹会有点疯狂吗？你明知道之后会受到父母的严厉批评，但这感觉太好了，以至于你无法阻止自己。无论何时，当我们与快乐的孩子们快要闹僵时，请暂停片刻，回想一下我们在童年时的那些神奇时刻，或许会有所帮助。我很想再次体会那种感觉——完全不受约束，并且自由自在。

星期二的早上，埃尔姆街公共图书馆里总是充满活力，当附近的孩子们在儿童故事时间蜂拥而入时，这个安静的小图书馆立马活跃起来。

儿童图书管理员阿萨德太太会花几小时挑选合适的书籍，并练习朗读，以确保吸引幼儿的兴趣。在星期二的早晨，阿萨德太太会带领一群幼儿坐在地板上，准备讲故事。她开始唱一首关于三只小鸭子的歌。

其中一名幼儿把双手折叠放在腋下（作为鸭翅膀），帮她唱歌曲中“嘎嘎”“嘎嘎”“嘎嘎”部分。其他幼儿也跟着开始摇晃着胳膊，嘎嘎地叫起来。第一个嘎嘎叫的幼儿开始咯咯地笑，并跌倒在地板上。然后，其他幼儿也都模仿他咯咯地笑、跌倒在地、在空中踢着脚。

阿萨德太太唱完了她的歌，并和蔼地扶着克里斯坐起来，他看起来是个“孩子王”。她问：“你准备听一个关于叫平（Ping）的小鸭子的故事了吗？”克里斯使劲儿点点头，喊道“是的”。当然，其他幼儿也开始大力点头。

阿萨德太太开始讲故事，声音里充满着吸引力。“很久很久以前，在一个遥远的地方，有一只叫平的小鸭子。”所有的孩子都俯身向前去认真听。然而，当阿萨德太太读到故事中最激动人心的部分——平开始做恶作剧时，孩子们都兴奋极了。有几个人开始跺脚，克里斯尖叫了一声。当其他幼儿也加入尖叫的行列时，克里斯开始使劲儿摇头，以至于他的头发都要竖起来了。

阿萨德太太站在那里，无可奈何地看着这些孩子，他们似乎被这种欢快的摇头跺脚的群体效应控制住了。突然，阿萨德太太意识到，幼儿对与其他孩子的社交活动比对她的故事更感兴趣。她放下书，站起来说："谁能站得笔直？太棒了！现在，谁能跺你的脚？太了不起了！让我们一起唱'头和肩膀，膝盖和脚趾'。"

阿萨德太太富有洞察力地意识到，幼儿的粗暴行为并不是有意冒犯她。克里斯和其他幼儿并不淘气，他们只是非常开心。他们很高兴能和一群孩子一起参加一个激动人心的活动，而对一只来自远方的鸭子的生活不感兴趣。在这段特殊的时间里，合唱和运动满足了他们的需要，他们并不想听优秀的文学作品。

### 9–5e 无聊

无聊是儿童行为不当的常见原因之一。

这一天，幼儿园已经关门了，但教职工的孩子们却在幼儿园里徘徊，等待父母结束员工会议。幼儿园教职工以自己的敬业精神和高标准为傲，为了实现高质量的目标，他们每周四下午下班后都要开会讨论问题。

因为大多数教职工都已经为人父母，所以他们的孩子只能在员工会议时在园内等待。教职工们轮流为"教职工子女"带零食，并在会议期间照顾他们。但很明显，教职工子女都害怕度过漫长的周四下午。12 月初，为了策划特别的活动，教职工们开了几小时的会。孩子们吃了零食，给图片涂了色，还翻阅了成堆的拼图和书籍。5 岁的谢利和 4.5 岁的贾斯明非常无聊，然后他们开始闹着玩。他们翻着熟悉的书，给角色编造一些可笑的故事，然后放声大笑。

接着，他们认定自己就是间谍哈丽雅特，于是他们偷偷地从桌子底下和家具后面溜过去，试图偷看那些成人，然后退回休息室，笑着在地板上打滚。间谍们决定，下一次他们要突袭敌人的领地（员工会议室），并且袭击成人的咖啡桌。谢利蹑手蹑脚地爬到咖啡桌下，贾斯明则兴奋地蹲在大厅里，用双手捂住嘴巴看着，不让自己笑出声来。成人们继续讲着，一只小手慢慢地摸到咖啡罐旁边的方糖盒，然后传来一个奇怪的声音——大厅里的贾斯明咯咯的笑声。成人们继续说着，什么也没注意到。

那只小手（正抓着一大把方糖）慢慢地顺着桌子往下移，不幸的是，她在移动的过程中把咖啡壶的线扯掉了。突然，整个冒险的幻想在小谢利的周围破灭了。

贾斯明在大厅里惊恐地看着，而谢利则缩在桌子底下，手里抓满方糖，周围是一个倾倒的咖啡壶、几个大水坑和流淌的咖啡。谢利的脸窘得通红，房间里的成人都向她冲过来。她的母亲看上去是最震惊的，因为谢利一直是一个乖孩子。幸运的是，没有人受伤。然而，教职工认为他们的孩子在没有监督的情况下也会表现得体的想法导致了一场真正的灾难。

无聊，特别是加上监管松懈，容易诱发一些错误行为（以及一些非凡的"创造力"的爆发）。持续的监督是正面的儿童引导必不可少的。细心的成人能够发现无聊的苗头，并采取措施加以纠正。

## 9–5f 疲劳和不适

如果我们感觉不舒服，我们可能很难表现良好。

雅各布森一家在动物园里度过了美好的一天。他们在日出之前就离开了家，驱车数小时来到附近的一座大城市，让四个孩子领略了一流的动物园。他们的孩子包括三个男孩和一个女孩，年龄从 15 个月到 8 岁不等。他们享受了近乎完美的一天。天气很好，猩猩倒挂着逗孩子们开心，艾莉森学会了说"猴子"和"鸟"，还会发出许多新认识的动物的声音。到结束的时候，回家的旅途似乎特别漫长和乏味。阿尔开车，他的妻子雷吉娜和孩子们不久就睡着了。

当他们驶进车库时，每个人都醒了，很明显孩子们都饿了，脾气有点暴躁，而且精疲力尽。阿尔说："我想我可以做薄饼。那不会花很长时间。"雷吉娜让孩子们洗了澡，穿好睡衣，每个人都准备坐下来吃大大的薄饼、苹果酱和培根，这是孩子们最喜欢的食物之一。

雷吉娜瘫坐在椅子上，阿尔抱起艾莉森（她穿着可爱的连体睡衣和厚尿布）坐到她的高脚椅上。他开始给她切薄饼。突然，艾莉森开始呜咽，摇着头，推着椅子前的托盘。阿尔说："怎么了？你不想让我切你的薄饼吗？"艾莉森变得暴躁起来，挣扎着，声音越来越大。阿尔说："来，用我的薄饼跟你换，我的没被切开。"艾莉森猛地一挥，薄饼落在弟弟威廉的身上，引得他哭了起来。

阿尔试图让威廉冷静下来，这时雷吉娜把艾莉森从高脚椅上抱起来，她说："亲爱的，我知道，你累了。我们都累了，但你不可以扔食物。"艾莉森更强烈地挣扎着，尖叫得更响了。阿尔和雷吉娜绞尽脑汁地想办法让她安静。但他们所做的一切似乎都于事无补，并且他们的每一次努力似乎都让事情变得更糟。他们最后决定，唯一能做的就是把艾莉森放进她的婴儿床里睡觉。她抽泣着睡着了，最后发出痛哭后的有节奏的喘息声。

孩子们吃完饭睡着后，阿尔和雷吉娜对艾莉森的脾气感到困惑，不知道这是发展的一个新阶段，还是她过度兴奋和疲惫的结果。

第二天早上，雷吉娜靠在艾莉森的婴儿床上向她问好。当她解开艾莉森的睡裤，脱下她的尿布时，艾莉森满面笑容。然后雷吉娜停了下来，她惊奇地发现一个小塑料恐龙玩具不知怎么卡在艾莉森的尿布里，扎进了她的皮肤，这让雷吉娜非常难过。艾莉森的身上被卡住的地方有一个亮红色的点。雷吉娜拿走了这个惹祸的玩具。她自责道："为什么我昨晚没有检查一下她的尿布？"

疲劳或任何引起不适的事情都会导致儿童（和成人）失去控制、行为过激、违抗规则或行为不当。饥饿、寒冷、炎热、生病或受伤都是造成儿童暴躁和不合作的原因。年幼的孩子甚至都无法意识到造成其痛苦的根源是束紧的腰带，还是缠在脚趾上的袜子线，或者是湿尿布里的沙粒。大一点的孩子有时也会变得消极，而没有意识到他们哪里感觉不好。我们需要记住，表面呈现出来的东西并不总是全部事实。

## 9–5g 渴望认可

被忽视对任何年龄的人来说都是一种伤害。

凯利在家中排行老二。在他3岁时，他的姐姐凯瑟琳把小学教师给她的评价报告带回家，上面写了她多么聪明和出色。凯瑟琳还有很多朋友，她们几乎每天都来找她，要求和她一起玩。每当凯利想要和凯瑟琳以及她的朋友们一起玩时，她们都会叫他走开，凯瑟琳会大喊："妈妈，让凯利走开，别来烦我们！"

相比之下，凯利的弟弟尼克似乎总是在妈妈的怀抱里，吃东西、打嗝、洗澡或摇晃。当凯利让他的妈妈给他读一本书或推他荡秋千时，妈妈说："凯利，请你自己去玩你的玩具吧。宝宝在哭，我现在不能和你玩。"凯利认为他的妈妈已经不再爱他了，她只爱那个愚蠢的婴儿（以及凯瑟琳和她重要的家庭作业）。

凯利尿湿了裤子。他的妈妈说："凯利！你是大男孩了。你应该知道怎么上厕所。"凯利说："没有人爱我！"然后他从后门跑了出去。凯利把一把旧椅子靠在一棵树上，爬上了树。虽然这很吓人，但他还是越爬越高，直到再也爬不动。然后他开始哭了起来。

妈妈听到凯利哭的声音就跑了出去。她喊道："哦，我的天呐！凯利，你究竟是怎么爬到那里去的？"她给凯利的爸爸打了电话，花了 1 小时才把凯利安全地救了下来。爸爸把他带下来，并交给了他的妈妈。她紧紧地抱着他，紧到他几乎无法呼吸，但他并不介意。他很高兴能从那棵树上下来。

凯利的爸爸坐在草地上。由于爬树和担心的缘故，他仍然气喘吁吁，汗流浃背。他示意凯利坐到他的腿上。他说："儿子，你的妈妈和我都很爱你。你是我们独一无二的凯利。你觉得我们可以到杂货店里将一枚崭新的硬币放入口香糖自动售卖机，然后，砰，就会出现一个新的凯利？不！我们无法用那种方式得到一个新的凯利。你是整个世界上独一无二的。"

凯利坐在爸爸的膝盖上，被爸爸强壮的手臂环绕着，他的脸紧贴着爸爸的胸膛，他能听到爸爸的心脏怦怦跳动的声音、低沉的语调，还有隆隆的笑声。凯利想象着一个印着他的脸的颜色鲜艳的口香糖球从杂货店里的自动售卖机里滚出来。他深吸了一口气，咧嘴一笑。

对于年幼的孩子来说，被忽视的感觉要比陷入困境、惹人生气或心烦更痛苦和可怕。任何人都需要一种归属感，感觉到自己是被需要的。如果一个孩子觉得自己被遗弃了，那么他可能就不能与他人合作和遵守规则。

## 9–5h 灰心

被灰心压倒会使任何人都感到沮丧和愤怒。

菲奥娜一家搬到了一个新的社区。在原来的学校里，菲奥娜已经上二年级了，她非常喜欢那里的教师。她的学业成绩很好，教师经常让她在完成作业后帮助其他孩子。教师还表扬了菲奥娜的印刷体字迹，并经常把她的试卷放在布告栏上让大家看。然而，在新学校里，菲奥娜并不认为新教师克兰小姐欢迎她的到来。在她到新学校的第一天里，克兰小姐就表现得很生气，菲奥娜听到她向另一位教师抱怨说，她不得不在中途接手一个从另一个学区转来的学生。当菲奥娜开始在克兰小姐给她的新练习本上仔细地用印刷体写她的名字时，克兰小姐厉声说道："小姐，在这所学校里，二年级学生是不用印刷体的！我们都用手写体。"

菲奥娜低下头，盯着自己的脚，琢磨什么是手写体。她知道母亲说过很多次不能在心里诅咒别人。克兰小姐递给菲奥娜的练习本上是成人写的字，还有淡蓝色的直线和虚线。她说："我没有时间教你其他同学已经学过的所有东西。只要浏览一下练习本，照着例子把单词写在每一页上就好。我再也不想看到你在这门课上写印刷体了。你明白吗？"

菲奥娜一个人坐在教室的后面，感到非常沮丧，但她努力把练习本上的形状古怪的字母抄下来。最后，她明白了，有些单词是由她熟悉的字母组成的。这些字母就像项链上的珠子一样串在一起。她把认识的字母用印刷体写出来，然后把它们连起来，使它们看起来像示例中的手写体。

克兰小姐一点也不喜欢菲奥娜的作品。"手写体不是你这样写的！你看不出别的孩子是怎样写的吗？"菲奥娜尴尬极了，不敢环顾四周。她希望其他孩子不要盯着她看。

之后，菲奥娜在家里变得很安静。她没有讲那一天发生的故事。她不再盼望上学，几乎每天一到早上就胃痛。她恳求母亲让她待在家里。她看起来变得易怒，经常和她的兄弟姐妹发生激烈的争吵。在学校里，每当菲奥娜觉得克兰小姐在看她或朝她这边走时，她都会去找卷笔刀。由于把笔芯削得太尖了，每当她紧张地把铅笔芯按在纸上时，铅笔芯就会断。她不停地用橡皮擦擦去错误，直到她在练习本的纸上磨出了洞（看起来像瑞士奶酪那样），这使得她的作品看起来更糟糕。克兰小姐对菲奥娜很恼火，并且开始觉得菲奥娜学习缓慢，是一个难相处、不合作的小女孩。

事实上，菲奥娜并没有生病，不是行动迟缓，也不是很难对付，她只是非常沮丧。她的自尊心受挫，这让她变得脆弱、混乱，完全无法胜任学业、社交活动，也无法达到教师的期望。严厉的批评和挫折使她更加难以完成困难的任务。

## 9-5i 挫折

无论多大年龄的人，当遇到某种程度的挫折时，都有失去控制的风险。

本尼的攻击性可能在很大程度上源于他在日常生活中遇到的压力。他的单身母亲弗吉尼娅除了工作外，还要学习。她试图在经济和情感上努力生存下来，但心中积累了很多挫败感。她努力成为一个完美的母亲，同时努力处理自己的个人和社会性需求，这让她感到很沮丧。本尼“感染”了她的一些压力，他不知道自己为什么总是那么紧张和固执，也不知道如何让这些情绪消失。

在本尼 2 岁时，弗吉尼娅几乎每天都会跟别人说，他是一个“典型的魔王”。他努力地表现得像个大人。每当他的妈妈想给他系鞋带时，他就会抱怨：“我会自己做。”

当弗吉尼娅对他的抱怨感到恼火时，她会说：“好吧，那你自己把鞋带系上。”本尼当然不知道怎么系鞋带，但他固执地系了 15 分钟，把鞋带扭得一团糟。

弗吉尼娅说：“看看你都做了些什么。我告诉过你，你不会系鞋带。别动，让我把这些绳结解开并系好。”本尼又踢又打，不让妈妈碰他的鞋子。她最后打了他一巴掌，让他把鞋子脱了，这样她就可以把它们系上了。

尽管弗吉尼娅是一个有一份要求较高的工作的单身母亲，而且她每周要上两个晚上的课，但她把自己的公寓收拾得非常干净，周末她还会去旧货市场和二手商店里，购买本尼可能需要的所有玩具和衣服。每天，本尼都会被送到托儿所，他看上去干净整洁，头发也梳得整整齐齐。

弗吉尼娅在不用上课的晚上会把本尼接回家，她总是有很多工作要做，她通常会把本尼放在地板上，让他在她做饭、打扫和学习的时候自己玩玩具。大多数情况是，本尼把玩具扔在一边，跟着妈妈到处跑，钻进她的怀抱或厨房的橱柜，把东西弄得乱七八糟。当她对他失去耐心时，她会打他的手，说“不”，或者狠狠地打他的屁股。

忙碌、疲惫的母亲和黏人、固执的幼儿之间的紧张关系，在他们的小家庭中建立起来。在本尼的托儿所里，当其他孩子拒绝给他玩具或不让他骑三轮车时，本尼会开始咬他们。即使教师让他在“思考椅”上坐一段时间，也完全不能杜绝他的咬人行为。事实上，这似乎让他变得更加固执和激动。

有一天，本尼惹了好几次麻烦，所以他独自坐在那里玩音乐盒。他转动着小手柄，听着曲子，当演奏到“猴子追黄鼠狼，绕着鞋匠的长凳转来转去……”时，蹦出来一个小丑。

本尼聚精会神地看着，然后试图把小丑推回盒子，盖上盖子，这样他就可以再玩一次。他把小丑的头往下推到盒子里，用力压住盖子，但是小丑的两只小塑料手伸了出来，盖子盖不上。本尼使劲儿地按下盖子，但是他的手滑了一下，小丑弹了出来。本尼怒视着不配合的小丑，然后弯下腰咬了小丑的手。本尼咬了很久、很用力，以至于整个身体都在颤抖，他在那只塑料手上留下了清晰的牙印。

对于今天的许多儿童及家庭来说，压力是一个非常现实的危机。孩子们可能会在不知不觉中从父母和照护者那里吸收到压力，或者直接在自己的生活中表现出有压力的症状。当下，很多孩子从童年早期就开始，几乎每天从早到晚都要从教室赶往辅导班、兴趣班，再参加各种社会活动。不管压力的起因是什么，它的症状通常都包括做出不适当的行为（以及出现关于健康、食欲和注意力的问题）。

无论多大年龄的人，当遇到某种程度的挫折时，都有失去控制的风险。发展适宜性教育课程专门设计了一些既不简单到令人无聊，也不困难到令人沮丧的材料和活动。

## 9-5j 反抗

在压抑到一定程度的情况下，即使是最温顺的人也有可能倾向于反抗。

19 岁的萨姆身材高大，肌肉发达。他刚被市中心的一个大型社区活动中心聘为体操教练，为 6—12 岁儿童提供课后辅导。他儿时的梦想是参加奥运会，但由于背部受伤，他的梦想破灭了。于是，他开始教儿童体操，这是他从未想过要做的事。

他决定在课堂上建立纪律规范，从一开始上课时他就要求非常严格。他把一至三年级的学生都叫到一起，双手叉腰，笔直地站在他们的面前，用洪亮的声音宣布："如果你不经我的允许就说话，不注意听我的指示，想偷懒或很粗心，那你就得离开这里。明白吗？" 孩子们齐声答道："是的，教练。"

起初，孩子们似乎很害怕萨姆和他说的一切。他们严肃而专注，他一说跳，他们就跳。渐渐地，他们的服从变得越来越压抑。萨姆从来不称赞孩子们的进步，只是简单地说一句："好吧，你终于开始用心了。" 不过，他很快就提出了尖锐的批评，比如："如果这就是你最好的表现，那么你就去一边坐着吧。你不值得我浪费时间。" 这些话很伤人，孩子们越来越不喜欢萨姆。

孩子们好奇为什么萨姆经常威胁要把他们踢出班级，却从未实施过。他们不知道萨姆没有权力开除学生，但是他们开始意识到，他的威胁大多是空洞的。在管控之下，萨姆对孩子们变得越来越冷淡，要求也越来越高。孩子们变得更加冷漠，不愿与他合作。萨姆经常惩罚孩子，让他们长时间在墙边罚坐。孩子们找到利用罚坐的时间给萨姆制造更多麻烦和干扰的方法。他们通过给他带来无数的挫折和干扰，以表达对他的反感。

萨姆的心中充满了愤怒和无助。他知道，如果他打了任何一个孩子，他就会立刻被解雇，但他的内心充满了一种强烈的冲动，想要向孩子们表明他已经控制了他们。但是除了使用武力来控制他们以外，他不知道维持纪律和秩序的其他方式。萨姆不知道纪律教育的实现最好是通过建立一种公平、信任、诚实和相互尊重的氛围，而不是通过制造恐惧和屈服。

即使冒着被惩罚的风险，某些条件也会引发反抗并诱使孩子们违抗权威（Devine，2002；Nelson，2006；Psunder，2005；Stafford，Laybourn，Hill，& Walker，2003；Wyness，2006）。参见正面引导焦点 9.11。

**正面引导焦点 9.11　诱发反抗的因素**

1. 对于生活中制定和执行规则的权威人物，儿童感到很愤怒和蔑视他们，而不是喜爱和尊重他们。

2. 儿童会因为在武断或不公平的规则中没有获得发言权而感到愤怒。

3. 儿童发现遵守规则并达到成人的期望太难了。

4. 儿童意识到规则只是空洞的威胁，并不会持续或公平地执行。

5. 儿童沮丧到一定的程度，感到自己陷入如此大的麻烦，以至于相信他们所做的任何事情都不会使自己的处境更糟。

## 总结

1. 道德推理是引导儿童判断对错的思维方式。

2. 被持续地塑造、期望并认真地执行的高要求且合理的道德标准，将有助于发展儿童的核心价值观。

3. 儿童的道德智慧会成为他的指南针，引导他选择积极的行为而不是消极的行为。

4. 了解儿童的气质类型有助于我们识别其需求，看到儿童潜在的才能，从而帮助他们发展。

5. 精力充沛的儿童需要特别的支持和理解。

6. 以成人为中心的对不当行为的定义关注的是儿童的行为对成人的影响。

7. 以儿童为中心的对不当行为的定义关注的是儿童的能力水平、动机和长期发展，以此作为评价行为恰当与否的指标。

8. 正面的儿童引导要求我们通过观察儿童的理解水平、行为的程度和频率以及可能的潜在原因来评估我们对不当行为的反应。

9. 我们必须始终考虑产生不当行为的可能原因，以便有机会改变，并防止其再次发生。

10. 我们要关注儿童的能力水平、行为的严重性、动机以及产生行为的可能原因。

## 关键术语

**道德情感**（moral affect）：感到罪恶或羞耻的能力，是一种与内疚或问心无愧相关的感觉。它表明行为是否恰当，并引导一个人做出适当的或期望的行为。

**道德推理**（moral reasoning）：引导人们判断道德行为的思维过程。

**归纳法**（induction）：从局部到整体、从日常琐事到主要的生活概念的推理过程。因为儿童在"亲身体验"中的学习效果最好，所以我们邀请他们思考和讨论不当行为，这样他们就能通过归纳法得出更抽象的道德概念。

**正义取向**（justice orientation）：在这一观点中，正直往往是做出自主、独立和自我导向的道德决定的主要指南。

**责任取向**（responsibility orientation）：在这一观点中，围绕对他人的关注、忠诚、责任、自我牺牲和和平相处，进行基于人际关系、关怀和伦理的道德判断。

**要求的绝对化**（demandingness）：要求儿童有特定的行为。对儿童抱有很高的合理期望，并且得到鼓励和支持。

**社会化**（socialization）：儿童学习可被社会接受的行为的过程。

**行为不端**（misbehavior）：不适当的、麻烦的、有时不安全的行为。

**问题行为**（problem behavior）：给他人带来不便和麻烦的行为。

**不当行为**（inappropriate behavior）：不适当的、不成熟的、无益的或社交无能的行为。

**功能性行为失调**（dysfunctional）：对儿童的生活没有任何积极作用的、不适当的或自我伤害的行为。

**功能性行为**（functional）：在儿童的活动和互动模式中起积极作用的、适当的行为。

## 学生活动

1. 为了具有威信，你必须为儿童设定较高但现实的目标。
   a. 思考某个特定年龄段的儿童的行为问题。
   b. 找出这种行为的潜在原因。
   c. 设定一个改善行为的目标。

d. 创建一个假想的计划来引导儿童，并支持其行为的点滴进步。

e. 确定一个计划来追踪和评估目标的进展。

2. 具有权威性的成人必须通过仔细地支持、鼓励和监督来帮助儿童实现较高且现实的目标，要多与幼儿互动。

a. 为一名幼儿确定一个积极并现实的引导目标。

b. 使用正面的引导策略，和缓地促进儿童实现目标。

c. 你如何鼓励儿童朝着目标迈出一小步？

3. 具有权威性的成人必须提供要求一致的后续行动，以评估儿童是否实现目标。

a. 你如何确保提供具有一致性的后续行动？请举例说明。

b. 过一段时间后，评估幼儿是否朝着目标取得了进步。

c. 你是否相信你设定的目标是适当的（积极的和现实的）？

4. 如果你是一名教师，你认为与家长合作实现儿童行为目标的最有效方式是什么？

a. 告诉家长他们所做的是错误的，你知道什么对儿童是最好的。

b. 在家长早上赶着上班的时候，当着孩子的面和家长说话。

c. 在合适的时间单独与家长见面，讨论孩子的行为，共同决定什么目标是合适的。

d. 一定要认真倾听家长对孩子的看法。

e. 尊重家长，征求他们对问题的看法，并采取具有发展适宜性的方法来回应儿童的行为。

## 相关读物

Kurcinka, M. (2007). *Kids, parents, and power struggles*. New York: Harper Collins.

该书为家长提供了一个好的方法来帮助他们的孩子表达沮丧、愤怒、嫉妒等其他情绪。作者还帮助我们了解我们自身和孩子的气质是如何影响家庭生活的。成功引导的关键在于我们尊重彼此的差异。

Kurcinka, M. (2009). *Raising your spirited child*. New York: Harper Collins.

作者提供了生动的例子和积极的方法来养育精力充沛的孩子。她重点介绍了最新的研究和正面引导的有效策略。

# 第四部分

# 正面干预

# 第 10 章 有效的引导干预

## 全美幼教协会标准

本章涉及以下全美幼教协会标准：

**标准 5　使用内容知识来构建有意义的课程**

5a　了解学科的内容知识和资源

5b　了解和使用领域或学科的核心概念、探究工具和框架结构

5c　使用知识、适当的早期学习标准和其他资源，为每个儿童设计、实施和评估有意义、有挑战性的课程

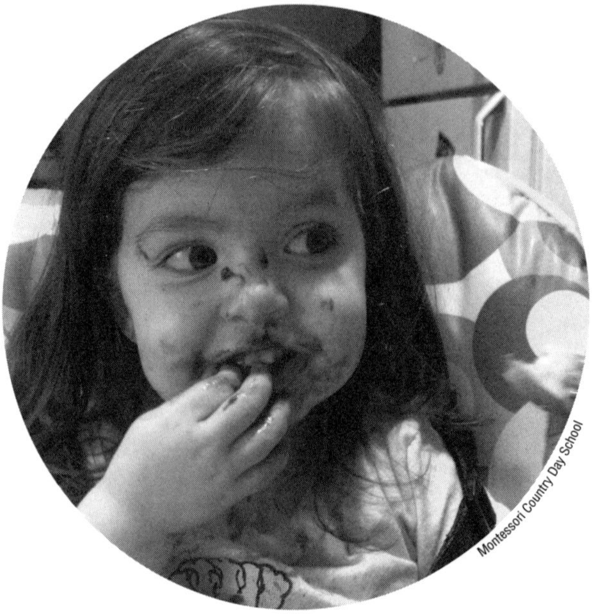


## 目标

在阅读这一章后，你应该能够做到以下方面：

10-1　区分何时引导干预是不适宜的

10-2　解释何时以及如何进行适当的干预

10-3　确定塑造积极行为的适当方法

10-4　评估消除问题行为诱因的策略

## 10-1　忽略不违反基本规则且轻微的烦人行为

有时我们需要离开，让孩子们自己解决简单的事情。对孩子来说，一次性改变太多行为的侵入性和压倒性尝试并不会帮到他们。我们最好把引导的重点放在优先事项上。在通常情况下，我们应该忽略轻微的烦人行为，除非它是危险的、无礼的或有破坏性的。换句话说，我们应该忽略任何不违反基本规则的行为。在要求孩子停止某一行为之前，我们需要问自己："这个孩子是真的违反了基本规则，还是仅仅因为我对他的行为感到厌烦？"在引导孩子方面，我们有很多重要的工作要做，我们不能走弯路。让我们继续聚焦优先事项——安全、尊重和负责。

例如，一个孩子刚刚很有攻击性地推搡了他的朋友，现在正独自坐着咬指甲，并来回摇晃他的椅子。也许我们现在只应该对他的攻击性问题进行干预。我们可以在心里记住在攻击性行为得到解决后的某个时候，在不那么关键的其他问题上，以一种委婉和支持的方式与他一起工作。如果我们给予孩子太多的期望，尤其是当我们都很沮丧的时候，他可能会退缩或反抗。

### 10-1a　将注意力集中在其他地方

当孩子做了一些轻微的烦人或尴尬（但并非不可接受）的事情时，只要把孩子的注意力转移到其他地方就可以解决问题。在餐馆里，对于一个正在用勺子猛敲金属托盘的婴儿，家长可以通过玩躲猫猫或摇晃一个更柔软、更安静的玩具来改变其倾向。成人可以用有趣的玩具来引导一个吮吸拇指的幼儿从吮吸转向探索玩具。成人还可以通过帮忙推购物车，并在选好食物时把食物放到篮子里，改变一个好奇的幼儿触摸货架上的商品的倾向。

### 10–1b 谨慎地将轻微的烦人行为重新定向为更积极的替代行为

对于轻微的烦人行为，可以通过让孩子参与一个**替代**不受欢迎行为的活动来重新定向。例如，可以通过用纸巾擤鼻涕来引导一个正在抠鼻子的孩子。在这个过程中，我们不用提抠鼻子的事情，而可以解释如何使用纸巾，扔掉纸巾，然后洗手，以防止别人感冒。

为了改变轻微的不当行为，我们可以确定涉及儿童身体的一个或多个部分的活动，这些部分目前被用于不受欢迎的行为中，然后我们可以用涉及这些身体部分的可替代的另一个行为来代替不当行为。例如，在一个孩子用手去感觉邻居的花园里精致而昂贵的花朵时，我们可以向他演示如何把手放在背后或口袋里，倾身去闻栀子花的美妙香味。我们还可以引导他用手从地上收集有趣的树叶和橡子。

这些做法有助于孩子理解探索和享受自然是可以的，但破坏别人的财产是不可以的。厉声说“不要碰那些植物！”会抑制孩子的好奇心，而好奇心是其智力长期发展的关键因素。当然，在你的孩子损坏邻居珍贵的栀子花时，你被动地站在旁边也是粗鲁无礼的。

### 10–1c 帮助孩子认识积极行为的一般影响

另一种温和地改变错误行为的方法是，将孩子的注意力集中在更可取的行为的积极结果上。我们可以给孩子提供信息。我们可能会说：“如果你把牛奶杯放到餐垫上，那么在你想喝它之前，它都不会妨碍到你。”或者，我们可能会说：“如果你慢慢地、轻轻地擦掉错别字，那么你的作业纸看上去会很漂亮。”我们可以告诉一名幼儿：“我喜欢听到‘谢谢’。真周到！布雷特记得说‘谢谢’。”

### 10–1d 处理有关生殖器的问题

与生殖器有关的问题往往需要在童年早期处理。与儿童的生殖器有关的活动确实会出现问题。学步儿或幼儿可能会在午睡时摩擦生殖器。幼儿或小学低年级儿童可能会对彼此的生殖器表现出好奇。偶尔，孩子可能会表现出令人不安的行为。家长和教师有时可能会不知所措，不知道如何回应，不知道如何坚定地回应，甚至不知道是否应该回应。随着社会对性虐待的高度关注，我们必须对虐待的迹象保持高度警惕。发展适宜性教育项目需要利用有关发展方面的知识为儿童创造健康、尊重和支持的环境，所以我们需要花费很多心力来确保敏感问题得到专业处理。参见正面引导焦点 10.1。

### 正面引导焦点 10.1　在你回应触摸生殖器的行为之前，先花点时间思考

**思考什么**

◆ 儿童的行为是否表现为简单的、孩子般的好奇？

学步儿或幼儿在洗手间里花一点时间比较、触摸、探索或谈论他们的生殖器。一个母亲正处于哺乳期的幼儿脱下自己的衬衫，给娃娃家里的娃娃“喂奶”。

◆ 这种行为是否表现为周期性的自我刺激？

像吮吸手指、咬指甲和缠绕头发一样，手淫可能会成为孩子减压的习惯。一个年幼的孩子在极度疲惫或心烦意乱时会摩擦他（她）的生殖器，或仅仅将此作为入睡时的一种习惯。

**做什么**

◆ 注意不要反应过度。

这些行为是好奇心的正常表现。要承认差异并利用好教育时机。我们可以说：“是的，男孩和女孩有不同的身体，但每个人都是特别的。女孩会长成女人，男孩会长成男人。”如果有必要，可以温和地将行为自然地重新定向到另一个行为。

◆ 如果孩子是一个婴儿或学步儿，那么除了忽略他们的行为，把精力集中在消除压力源上，我们别无选择。如果孩子是幼儿，那么我们需要更主动一些。比如：“你想不想在睡觉的时候抱着这个泰迪熊来帮你记住不要摩擦屁股？”

| | |
|---|---|
| | "当你需要摸屁股的时候，你必须去洗手间。" |
| ◆ 这种行为看起来是紧张的、死气沉沉的，还是娱乐他人的嬉戏？<br>幼儿在内衣里塞满树皮覆盖物，在操场上摇摇摆摆地走来走去，边笑边喊："我们屁股大！"孩子们在洗手间里互相嘲笑，比如"我看见你的'小弟弟'了"或者"你是一个尿布婴儿"。 | ◆ 排除尿路或其他感染的可能性。<br>要理解、坚定、始终如一。必须永远停止嘲笑和辱骂。我们可以说："要有礼貌，使用善意的语言。" |
| ◆ 这种行为是不是特别不像孩子的行为？这似乎是一种对成人的性行为的幼稚模仿？<br>你发现两个幼儿躲在灌木丛的后面，一个叠着另一个模仿成人的性行为。一个玩娃娃的孩子创造了一个涉及生动的性行为或语言的假想场景。 | ◆ 你注意到其他警告信号了吗？孩子的社交性和情感发展似乎很迟缓？这个孩子似乎很孤僻？这个孩子看起来是好斗的或叛逆的吗？如果以上任何一个问题的答案是肯定的，那么就有必要联系儿童保护机构。 |

## 什么是性骚扰？

**性骚扰**是令人不快的性行为。它包括一系列的行为——从破坏性的烦扰到严重的虐待，甚至是强迫的性行为。性骚扰不仅有违道德，而且是违法的。

有几起受到高度关注的性骚扰案件，涉案儿童因不恰当地拥抱教师或捏另一个孩子的屁股而被驱逐出托儿所和小学。幸运的是，这种奇怪的情况很少发生。

根据定义，青春期前的儿童是无法对任何人进行性骚扰的。他们有能力欺负人、行为不当、以不适宜的社交方式行事。他们可能会受到青少年或成人的性骚扰或性伤害，所以我们应该时刻警惕这些问题。但是，如果一个孩子还没有生理上、激素上或心理上的性能力，那么触摸另一个孩子的生殖器就不是一种性骚扰。这可能是出于好奇，可能是小孩子在模仿他所看到的不适宜的事情，也可能只是愚蠢的游戏。但不管是什么——这都不是性骚扰。

如果一个三年级的学生捏了教师的屁股，那么他应当为这种不恰当的行为承担责任。我们应该找出这个年龄的孩子有这种行为的原因，这样我们才能帮助他改变自己的行为。也许是因为教师或其他孩子没有满足他被关注的需要，所以他在班级里表现得像个小丑。也许他在模仿自己看到的东西。捏教师的屁股显然是不合适的，但孩子会做出这样的行为。这就是我们监督他们的原因，因为他们还不成熟，他们还是孩子！

唐尼是一个充满活力的5岁孩子，就读于一所大学的附属实验幼儿园。今天照护他的是大学二年级的奇吉塔。她正在给他上几何图形课。她说：“唐尼，这是一个正方形。你能环顾一下房间并找到形状类似的东西吗？”唐尼环顾四周，指向一扇窗户。“对，唐尼。那扇窗户的形状像正方形。这是一个圆圈。你能找到像圆圈的东西吗？”唐尼在房间里环视很久。接着他灵光一现，用手抓住奇吉塔的两个乳房，诚恳地说：“你的乳房是圆的。”奇吉塔愣住了。她迅速地移开唐尼的手。“呃，对，圆的。呃，让我们把它放在一边，你现在可以去搭积木了。”

奇吉塔急匆匆地跑到主任那里，既心烦意乱，又有点生气。她报告说唐尼抓住了她的乳房。主任解释道，唐尼的行为是完全正常的**年龄典型行为**。她注意到奇吉塔巧妙地处理了这一情况，当事情发生时，将唐尼转到另一项活动中。主任解释道，唐尼的行为应该被忽略。如果这种行为持续下去，她应该再次改变方向。把注意力集中在这种行为上会强化该行为，并增加它被重复的可能性。

主任还解释道，唐尼的家里有一个正处于哺乳期的新生儿。唐尼对哺乳的过程非常感兴趣，他向母亲问了很多关于婴儿如何从她的乳房中获得乳汁的问题。唐尼的行为与性骚扰无关。他只是一个典型的好奇的孩子，正在天真地了解他的世界。

## 10-2 直接打断有害的且不公平的行为

孩子们依靠我们来执行规则和保护个人权利。只有当孩子们开始相信规则是有意义的，他们才会愿意遵守规则。规则执行的一致性和公平性有助于孩子们学会信任权威人物。有害或不公平的行为必须立即被负责任的成人直接打断。

如果只是被动地看着孩子们打架，说“他们必须学会维护自己的权利。当吉米受够了杰拉尔德打他的时候，他就会学会回击”，那么我们并不能帮助孩子们懂得合作和尊重。当我们说“不要告诉我有人打你了，我不想听”时，我们也无法帮助孩子。我们可以帮助孩子们解决他们的分歧，但他们必须知道，我们将坚决制止不可接受的伤害性行为。

### 10-2a 遇见咬人行为时，我该怎么做？

对于幼儿家长和教师来说，咬人是一个令人担忧的问题。在咬人的情况下，不恰当的行为会显著影响咬人者以外的儿童。教师不仅要担心如何应对咬人者，还要联系被咬儿童的家长，告知他们孩子被咬的情况。被咬孩子的家长无疑会感到担心，也许他们会感到沮丧，也许（如果以前发生过）他们会感到愤怒。被咬孩子的家长会想知道我们今后保护其孩子安全的计划。

一个非常令人不安的趋势是，教育机构通过驱逐咬人的儿童来解决问题。这是一种令人震惊的方式：这个方式使一个家庭失去儿童保育措施，也无法解决儿童的问题行为。耶鲁大学的研究人员沃尔特·吉利姆（Walter Gilliam，2004）研究了学前教育中的驱逐问题，并发现学前教育阶段学生被驱逐的比率是 K—12 阶段学生的 3 倍多。他发现，黑人儿童被开除的比率惊人，男孩被开除的比率是女孩的 4.5 倍。

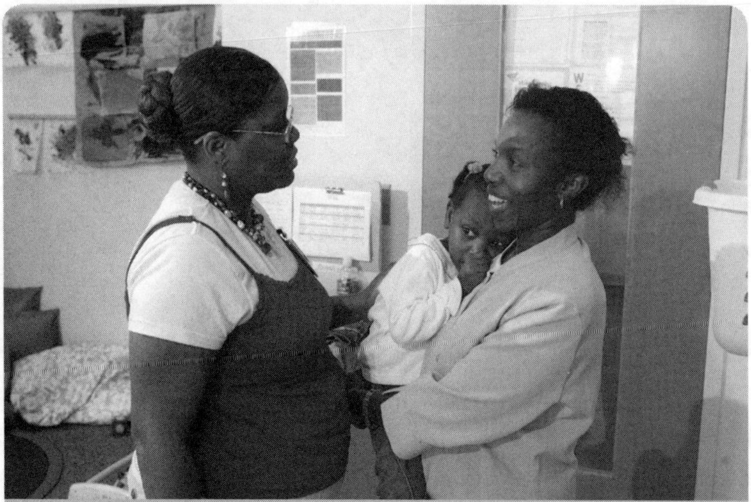



婴儿和学步儿缺乏自我控制和沟通技能。他们不知道如何以适合的社交方式来表达愤怒。咬人不是他们的错。家长和照护者应教给儿童更恰当的行为。教师可以与家长进行富有同情和关心的交流，并合作制定新的策略来改变这种不可接受的行为。

婴儿和学步儿咬人是因为他们缺乏自我控制和沟通技能。当孩子咬人的时候，我们应该以专业和同情的态度与相关的家长进行沟通。正面的儿童引导提供了许多策略，可以用来解决咬人的问题。参见正面引导焦点10.2。

**正面引导焦点10.2　对学步儿咬人行为的回应**

1. 加强监督——确保保持适当的成人监护比例。

2. 检查环境——发展适宜性教育到位吗？婴儿或学步儿是否感到无聊？

3. 集中注意力——用眼神交流，说出孩子的名字，在说“温柔点，温柔点”时，加以适当的抚触。

4. 角色扮演——“哎哟！温柔点，多利！不许咬！咬人很疼！”

5. 教孩子手语——手语可能会有助于孩子表达情感和需求。

发展适宜性教育环境能够保护孩子的心理安全。孩子们应该感到快乐、放松和舒适，而不是闲散、害怕、担心或紧张。面对咬人的问题，我们需要维持一个平和、有爱心的学习者共同体。参见正面引导焦点10.3。

**正面引导焦点10.3　在你回应咬人行为之前，先花点时间思考**

| 思考什么 | 做什么 |
| --- | --- |
| ◆ 咬人看起来是自发的吗？<br>1岁以下婴儿的自我意识有限，几乎无法有意识地控制自己的行为。在母乳喂养期间，刚开始长牙的婴儿可能会无意识地咬人。<br>大一点的婴儿在难以经受不适、兴奋、疲劳或恐惧的情绪时，可能会咬人。事 | ◆ 冷静、坚定、始终如一。<br>与孩子建立眼神交流，进行温和的身体接触，冷静但急切地说：“保持尊重，咬人很疼。”然后立即将孩子的注意力转移到其他活动上。轻轻抚摩被咬的孩子或成人，并安慰说：“温柔……要温柔。”<br>如果需要的话，把咬人的 |

实上，一个大一点的婴儿在玩躲猫猫等过于刺激的游戏时，可能会一会儿狂笑，一会儿突然咬身边的人。

◆ 咬人之前的情况是怎样的？

学步儿在两三岁时就已经开始对自己的行为有一定的控制力，但他们的沟通能力有限。当感到沮丧、愤怒、痛苦或害怕时，他们可能会感到无力。

小小的牙齿甚至能让一个成人退缩和号叫。踢打和尖叫可能会被忽视，但咬一口肯定会立即引起所有人的注意。

记住，学步儿才刚刚开始发展思考行为的认知能力，并有意识地选择不去做某个行为。

学习需要时间、毅力和耐心。在学习的最初阶段，一个蹒跚学步的孩子可能会咬人，然后立即抬头，摇着头说："不，不可以咬人。"

◆ 咬人已经成为一种习惯了吗？

幼儿仍然咬人是一个严

孩子带到一个不同的地方，让他参与一个完全不同的活动。试图让一个婴儿或学步儿在暂停时间内坐着是不合适的。（记住，回咬孩子是绝对不可以的！）

◆ 预防是关键

通过提供密切监督，并消除挫折和压力来源，集中精力来预防第一次咬人。

咬人是会传染的。被咬伤的学步儿很可能会在别人身上尝试这种新招数。在学步儿教室里，咬人比在一月份流鼻涕传播的速度还快。

坚持不懈的监督和发展适宜性教育将帮助成人防止咬人行为的爆发。确保孩子得到充分的休息，在一个平静的环境中，接受大量的情感熏陶。

无聊是婴儿和学步儿的主要压力来源，所以要确保一个安全、可进入的发展适宜性教育环境。

◆ 召开教师和家长"会谈"。

当成人可以抵制指手画脚的诱惑时，问题最有可能得以重的问题。咬人是令人痛苦的，它可能是一种感染源，因此必须要保护其他人。

问自己以下几个问题：

孩子的身体和情感需求得到满足了吗？

他是否得到了足够的睡眠、营养和健康护理？

是否有其他迹象表明孩子可能正在经历情感或健康问题？

是否有原因导致孩子感到不知所措和无助？

孩子的发育是否符合其年龄阶段的一般预期？

成功解决。以合作的方式开会讨论进展和策略对长期的不当行为有着惊人的积极影响。

专门评估和治疗发展问题的医学专家和顾问对家庭和教师来说是一笔巨大的财富。不要犹豫，要去请教他们。

## 10-2b 必要时进行坚决但温和的干预

当发现有必要制止一种不可接受的行为时，我们应该始终尽可能坚定地制止，但要尽可能温和地提醒孩子。虽然他的行为必须终止，但作为一个人，他是被接受和尊重的。

当梅拉妮小姐坚定地将一个学步儿紧紧攥住的手指从另一个正在尖叫的差不多大的孩子的头发上一个一个地掰开时，她的面部表情和音调中都透露出急切的关心（而不是愤怒）。她说："哎哟！拉扯头发会疼。请轻轻触摸。"在孩子们被安全地分开后，她轻轻地抚摩着每个孩子的头发，说："温柔，温柔点。请轻轻地抚摩别人的头发。"梅拉妮小姐坚定并尽可能温和地打断了一种可能会产生伤害的行为。

罗杰从他的朋友克里斯那里抢了一辆小车，然后跑开了。克里斯大叫并开始哭泣。里斯先生跟着罗杰（一直跟着，但没有追他），用一种非常关切的语气说："请停下来，罗杰，我需要你停下来，这样我们可以谈谈克里斯的车。"在罗杰终于停下来的片刻，里斯先生说："谢谢你等我。让我们坐下来谈谈克里斯的车吧。你喜欢克里斯的车，不是吗？这是一辆很棒的车。"

里斯先生没有立即试图从罗杰的手中把车抢走。他耐心地问："如果你想玩别人的玩具，你该怎么办？你难道不应该问'我可以玩你的车吗？'。"罗杰垂下头说："但如果我问他，他可能会说'不'。"里斯先生回答说："你说得对。他可能会说'可以'，也可能会说'不'。你想让我和你一起去吗？这样你就可以问了。如果他说'不'，我会帮你找一个不同的玩具玩。记住，未经同意就拿走东西是不被允许的。当你选择一个玩具时，没有人可以在未征求你同意之前就拿走你的玩具，对吗？"

罗杰的不公平行为被坚定而温和地制止了，他有机会汲取一个非常重要的教训。尽管规则有时会阻止他做想做的事，但它们也能确保他的权利得到保护。

## 10-2c 保持客观

正面的儿童引导是一个教育过程。在任何教育过程中，愤怒、厌恶或威胁等强烈情绪会打断而不是促进学习。人们（包括儿童在内）在平静的情况下更能集中精力和吸收信息。受到惊吓的孩子可能会清楚地记得父母如匕首般锐利的眼神，却完全忘记训斥的全部意义，也记不起最初是什么行为导致了问题。

玛丽莲在一家百货商店里买新毛巾时，3 岁的女儿斯蒂芬妮耐心地等待着（尽管她变得很无聊）。斯蒂芬妮看到一个和她年龄相仿的小男孩和他的妈妈在枕头陈列柜的另一边购物。斯蒂芬妮从一堆枕头的边缘往外看，想看清楚这个小男孩。他冲她咧嘴一笑。她感到尴尬，赶紧躲到枕头陈列柜的后面。

不幸的是，在匆忙中，她把陈列的东西弄掉了，一大堆枕头堆在她的身上。两个售货员冲了过来（看起来很生气），周围的几个顾客盯着这一团乱。看到斯蒂芬妮所做的一切，玛丽莲感到震惊。她抓住斯蒂芬妮的胳膊，把她带到女士休息室去"说几句话"。

## 认识大脑

### 我们可以从神经科学中学到什么？

**儿童的大脑和自控能力的发展**

1. 执行功能有一个漫长的发展时间表，但是大多数儿童的思想、行为和情绪的自我控制能力在幼儿阶段就取得了显著的提高（Carlson，2005；Goldman-Rakic，1987；Kopp，1982；Zelazo & Muller，2002）。

2. 执行功能赋予我们自我控制、自我约束、服从和自我调节的能力。人类在生活的各个方面都依赖于这些基本技能。执行功能使我们有可能做到以下几点（Center on the Developing Child at Harvard University，2011）：

- 承认并改正我们的错误
- 控制我们的冲动行为
- 抵制我们想要但知道对我们不利的东西
- 做出明智的决定
- 解决复杂的问题
- 坚持完成有挑战性的任务
- 制订计划
- 确定目标并监控实现目标的进展

3. 执行功能发展良好的儿童能够取得良好的社会性发展（Hughes，1998）、道德（Kochanska，Murray，& Harlan，2000）和学业发展（Riggs，Blair，& Greenberg，2003）。

4. 被诊断为自闭症、注意缺陷/多动障碍和患有其他疾病的儿童，其执行功能的发展通常会受到严重干扰，需要专业支持来帮助学习自我控制能力（Tottenham，Hare，& Casey，2011）。

5. 执行功能理论中的一个重要方面是心智理论。婴幼儿逐渐开始在心智方面有所发展。起初，它只是一个模糊和直观的感觉，但随着语言的发展，它变得更加具体和具有反思性（Astington & Dack，2008；Astington & Hughes，2013；Harris，2006）。

6. 心智理论帮助人类从另一个角度看世界。它让我们有能力思考“假如 / 假设”。我上次这样做的时候发生了什么？我这样做可能会有什么后果？我将来可能会做什么？（Carlson，Mandell，& Williams，2004；Carlson & Moses，2001；Hughes，1998；Perner & Lang，1999）。

7. 语言在心智发展中起着至关重要的作用，在自我控制的发展中也起着重要作用。研究表明，与单语儿童相比，双语儿童的心智（及其执行功能）在双语环境中发展得更早（Goetz，2003；Hughes，1998）。使用手语来帮助婴儿和学步儿沟通被证明对执行功能的发展有显著帮助（Emmorey，Luk，Pyers，& Bialystok，2008）。

8. 我们经常会让孩子们“使用你的语言”，从而帮助他们冷静下来并进行交流。研究表明，使用我们的语言能够开启大脑的刹车系统，启动自我控制的过程。利伯曼及其同事（Lieberman et al.，2007）的一项研究发现，把感受用语言表达出来可以提高一个人保持自我控制的能力。随着孩子们使用情感词汇来描述自身感受的能力逐步提高，他们会拥有更少的情绪爆发、更多的朋友，以及更好的学习成绩。

9. 研究人员发现，以下因素有助于自我控制能力的发展（Fox，Levitt，& Nelson，2010）。

- 确保孩子们得到充分的休息。疲劳会妨碍自我控制。
- 允许孩子们休息，这样他们就可以进行剧烈运动；运动可以对儿童的冲动控制产生直接和积极的影响。
- 当孩子失去控制时，教他停下来，专注于缓慢呼吸 2 分钟。教他如何用鼻子吸气，用嘴呼出一天的压力。
- 减少孩子必须做出的选择的数量，这样他的力量就能节省下来并用于自我调节。
- 永远不要让孩子为错误的决定感到内疚。研究表明，内疚并不是促使人们改善行为的最好动力。相反，要专注于前进。

玛丽莲对女儿的行为未能保持客观。她把自己的尴尬情绪发泄在斯蒂芬妮的身上。如果她能够保持一种更客观、更少情绪化的态度，那么她可以对斯蒂芬妮更有帮助。

我们可以通过关注实际情况，而不是关注不相关的成人感受，有效地帮助儿童发展自我控制能力。如果玛丽莲能够抛开羞辱感和担心陌生人认为她是个坏母亲的恐惧，那么她的引导将更有效。玛丽莲应该把注意力集中在实际情况上——斯蒂芬妮一直在耐心地等待，她没有故意做错事，而且她显然已经感到非常不安和尴尬了。

我们时不时地感到愤怒是完全正常和健康的。由于我们的体型和力量，我们可以通过慢跑、拳击和揉面包团，或在钢琴上弹奏旋律，来释放大部分的挫折感和愤怒。对孩子们大发脾气既不公平，也没有帮助。我们可以学会诚实而不被情绪压倒。

## 10-2d 让孩子远离有问题的环境

把孩子从冲突情境中转移可以让成人和孩子冷静一段时间。移开孩子难以抗拒的任何诱惑（眼不见心不烦），并确保呆呆地看着或咯咯地笑着的旁观孩子不会看到并引发进一步的不当行为。虽然永远不应该在孩子发脾气的时候考虑妥协，但是在他学会通过说话而不是尖叫来得到自己想要的东西时，妥协可以成为孩子模仿的有效榜样。

有时候，我们可能别无选择，只能抱起一个又踢又叫的孩子，然后把他（尽可能温柔而坚定）带离冲突现场。

如果一个幼儿在杂货店里因得不到自己想要的棒棒糖而大发脾气，她应该被护送出去，或者如果有必要的话，她应该被抱出去。成人可以帮助她理解，她有且仅有两个选择：其一，她可以和耐心但坚定的父亲一起坐在车里，哭很长很长一段时间；其二，她可以回到杂货店里继续购物，接受不买棒棒糖的事实。

> 孩子需要的是引导和共情，而不是命令。
>
> ——安妮·莎莉文

如果父亲通过持续的语言和非语言沟通，让女儿相信，他不会生气或者争吵，也绝对不会让步，那么小女孩很快就会认识到长时间的、激烈的、令人精疲力竭的哭泣是徒劳的。她会明白发脾气是没有用的。

当孩子意识到她不能胁迫或操纵她的父亲，并且似乎准备认输时，应该给她一个挽回面子的机会。在这一点上，表现出克制、机智、同理心，或许再加上适当的妥协（让她选择一个有营养的零食带回家），就能避免出现赢家和输家的局面。小女孩今后的合作态度将取决于她的自信，即她可以在不失去尊严和自主权，也不会让过去的错误暴露在脸上的情况下进行合作。

**实际应用案例**

## 威尔和奶油芝士馄饨

雷妮和汤姆都是慈爱而有主见的父母。他们教育孩子要尊重他人的权利。有一天晚上，全家人都非常兴奋，因为孩子们的祖父母要来短期做客。由于雷妮和汤姆那天都有工作，所以雷妮到托儿所接孩子，汤姆到一家最喜欢的餐厅打包中餐作为晚餐。汤姆要了一份奶油芝士馄饨，孩子们虽然对中国菜不是很着迷，但他们特别喜欢这家餐厅的特色菜——奶油芝士馄饨。

每个人都围坐在桌子旁聊天，享受晚餐。威尔今年 5 岁，他屈膝跪在大餐椅上，这样他就能看到每个人。他一边慢慢地吃着盘子里的食物，一边聚精会神地听大人们的谈话。

大人们吃完饭后，把盘子往后推，继续坐在桌边，有说有笑，聊着家常和孩子们的趣闻逸事，甚至包括他们所有伟大的冒险和恶作剧。汤姆靠在椅背上，伸出两条长腿，一只胳膊搭在威尔的椅背上。他边说边笑，碰巧瞥了一眼威尔面前的几乎空了的盘子。他注意到最后一个奶油芝士馄饨被威尔推到了盘子的后面。他心不在焉地拿起一把叉子，捅了捅馄饨，然后把它塞进嘴里。

汤姆吞下馄饨的那一刻，他看到威尔的脸上露出了痛苦的表情，他知道自己犯了一个大错。威尔凑近爸爸的耳朵，专心地低声说："爸爸，我们得去一个僻静的地方谈谈。"汤姆悄悄地从桌旁站起来，跟着威尔进了浴室。汤姆坐在浴缸的一边，而威尔则郑重地关上浴室的门。然后，大颗大颗的眼泪顺着威尔的脸颊流下来，他说："爸爸，你不应该不问一声就拿别人的东西。那是唯一剩下的奶油芝士馄饨，我把它留到最后，你做错了。"

汤姆把威尔抱到腿上，他们紧紧地拥抱了很久。汤姆说："你说得对，儿子。我确实做错了，我道歉。"

汤姆不知道该哭还是该笑，但他的心中充满了骄傲，因为他的儿子不但能够捍卫自己的权利，而且特意要求在一个“僻静的地方”和他谈话，特别努力地保全他的尊严。

案例讨论的问题

1. 你认为汤姆为什么吃了威尔的馄饨？你曾经在无意中伤害过孩子的感情吗？孩子是怎样回应的？

2. 你认为威尔是如何学会用他的方式解决问题的？你认为他为什么要找一个僻静的地方和父亲谈话？

3. 如果一个孩子对你的反应和威尔对他的父亲的反应一样，你会有什么感觉？你能想象威尔的父亲是什么感觉吗？你猜他和威尔谈话时在想什么？

## 10-3　果断地塑造积极行为

当一个孩子必须面对不愉快的事情时，我们应该坦诚地讨论这种情况，给孩子一个自愿合作的机会。但是，如果孩子拒绝合作，就不应使局势停顿或陷入僵局。例如，当必须给一个不情愿的孩子的膝盖上的擦伤用药时，我们会实事求是地解释必须做什么，然后把这个令他不愉快的任务完成。抱怨、哭泣和争论持续的时间越长，用药的过程就会变得越不愉快、越有压力。

分离是幼儿生活中必要但不愉快的一件事情。在分离之前，家长必须能在他们想要的任何时间来看望孩子并表达感情。家长不应该着急，但应该明确地告诉照护者她什么时候准备离开（并愿意真的离开）。在这个具有决定性的分离时刻，一个有经验的照护者会坚定而充满爱心地说：“你的妈妈现在需要离开了。你可以给妈妈一个拥抱，隔着窗户向妈妈挥手告别，或者如果你需要，在你的妈妈离开时，我可以抱着你。”如果孩子明显不愿意拥抱妈妈和挥手告别，那么家长和照护者可以富有同情心地、果断地迅速分离，即使孩子大声抗拒、不得不被抱着。

照护者可以表达同情：“是的，你爱你的妈妈。当她离开时你很想她，有时我也想妈妈。你知道我有妈妈吗？我们去找娃娃吧。你想不想看看我们的兔子今天早上在做什么？你愿意给兔子一些莴苣吗？”我们可以通过确保积极行为的发生来塑造积极行为。

通过快速果断地让正确的事情发生，然后迅速地转向更快乐的活动，我们经常可以帮助孩子避免经历失败的情况。在整个过程中，我们都不应表现出对孩子无法积极合作或顺从的沮丧、愤怒或厌恶。儿童的负面情绪应该得到承认和接受，但不应该停留在那里（Claxton & Carr，2004）。

## 10–3a 教授基本规则

孩子们需要确切地知道人们对他们的期望是什么。我们已经建立了简单、基本的规则——安全、尊重、负责。确保基本规则始终如一地得到遵守，有助于孩子们在生活中培养秩序感和一致性。如果孩子们要学习和记住基本规则，那么他们需要得到我们的帮助。以下是成功教授孩子基本规则的几种方法。

### 角色扮演

要让孩子们有机会表演或实践正确地遵守规则。对于幼儿来说，角色扮演可以让他们看到并体验适当的反应。我们可以用木偶做孩子的“麻烦朋友”。例如，让木偶伯特非常温柔但很有戏剧性地拉孩子的头发。“哦，不！伯特刚才拉了你的头发！你能看着伯特，用洪亮的声音说‘要尊重，这样很痛’吗？”

### 重复

孩子们需要很多机会来重复听到一个规则，直到他们能够完全记住这个规则。对于经历过停电的人来说，明白了一件事并不一定意味着可以立即改变一个习惯。虽然我们明明知道停电了，但仍然会不假思索地试图打开电器和灯。我们不得不一遍又一遍地提醒自己：“哦，是的，我不能听收音机……哦，电动开罐器不能运作了……哦，时钟上的时间不对。”孩子们需要且值得被耐心地提醒规则和期望，这样他们就能够改变自己的习惯模式。对孩子们的学习来说，重复是很自然的。我们可以提供具有愉悦性的重复，并用适当的儿童读物来支持儿童学习（阅读疗法）。

### 讨论

当孩子们真正理解了规则制定的原因时，规则对他们来说就有了更多的意义。我们应该摆脱，“因为我是这样说的”等老生常谈的话。一些家长会把这句话当作包罗万象的解释。正面的儿童引导要求我们简单而诚实地向孩子们解释事情。我们应该说：“你必须用钝的刀而不是锋利的刀，我不想让你受伤。”“没有得到允许，你不能打开大门，因为街道很拥挤、很危险。”“在吃东西之前，你必须用肥皂和水洗手，因为你可能因为手上的细菌而生病。”

重复是孩子学习的自然组成部分。我们必须每天提醒他："要负责任——把你的夹克挂起来。"过了一段时间，为自己的夹克负责就成了他在日常生活中自然而然的一部分。

尽管基本规则没有改变，但学龄儿童在制定并经常改变他们的班级规则时会体会到所有权。当然，班级规则是子范畴——基本规则是通用的，涵盖了行为的基本范畴。通过思考和谈论基本规则和班级规则，孩子们能够学会思考规则、处理规则，并学会做出好的决定。

## 10-3b　澄清期望

如果想让孩子们遵循指示，我们必须确保他们真正理解我们打算让他们做什么。我们有时说话很含糊笼统。我们会说"要乖""要友善""要表现得像个大孩子"。孩子们需要我们简单而具体地陈述期望。参见正面引导焦点 10.4。

### 正面引导焦点 10.4　积极而具体地陈述期望

1. "请坐下。确保你的屁股在椅子上，脚在地板上。"

2. "请用双手捧着牛奶。"

3. "请在滑梯的底部等待，直到你前面的人从滑梯上滑下去。然后你就可以爬上去，轮到你滑下去了。"

4.“请用柔和、缓慢的声音和我谈论你的妹妹。我无法理解哭哭啼啼和尖叫。”

此外，我们有时会假设孩子自动知道如何使用物品。然而，3 岁以上的儿童需要被明确告知各种物品的用途。婴儿和学步儿会把碗放在头上，尝试吃装饰用的塑料水果，尝试像穿内裤一样穿 T 恤（这就是为什么和他们在一起很有趣）。温柔的引导能够帮助他们正确地使用物品，但他们也需要大量的尽情探索安全物品的自由，并且使用他们的感官和肌肉来发现他们的世界。如果一个婴儿或学步儿在椅子上，并且有坠落的危险，那么他应该被机智地重新引导到一个更安全的地方去爬行或行走，否则椅子应该被移走。然而，我们应该告知 3 岁以上的儿童：“要保证安全，椅子是给你坐的，而不是给你站的。”

玩具、工具和武器

我们可以教给幼儿玩具、工具和武器之间的区别。例如：“玩具是你可以玩的东西，工具是帮助你做事情的有用的东西，而武器是用来伤害人的。在学校里，我们使用玩具和工具，但不使用武器。”球可以用作踢球游戏的玩具，也可以用作把风筝从树上砸下来的工具，但不能用作打别人脸的武器。叉子应该是用来叉起食物的工具，而不是用来挥舞的玩具，也不是用来戳其他孩子的武器。学龄儿童尤其能够理解和识别物体的类别，并自发地向他人指出：“铅笔是一种工具。它可以用于写作。你不能把它当作武器来使用！”

## 10-3c 保持一致性

如果想让孩子表现得体，我们需要让自己的期望保持一致性。纪律教育的执行不应该基于我们的情绪反应或一些巧合情况。例如，通过我们的行为来暗示一个年幼的孩子：“只有当我太累了、脾气暴躁到不想帮你收拾残局或者有客人的时候，你才可以在屋子里一边走动，一边吃东西、掉面包屑。”这一要求是缺乏一致性的。每天都应该保持具有一致性的规则，要么在餐桌上吃饭，要么允许孩子在家里的不同地方吃饭，只要家庭成员能够自己清理干净即可。

大一点的孩子可以清楚地理解和接受具体的规则，可以处理这些规则以外的特殊情况。他们能够理解家庭成员为什么被要求在餐厅里吃饭，尽管他们会把在床上吃早餐作为一个完美的母亲节惊喜，把在咖啡桌旁吃比萨作为一个完美的睡衣派对中的情景。相比之下，学步儿和幼儿并不能完全掌握规则。他们对世界的看法是非黑即白的。一种行为要么是被允许的，要么是不被允许的。如果他们觉得规则在执行时是不一致的，那么他们会变得非常沮丧和困惑，会倾向于完全忽视规则。比如，小孩子不应该被允许在没有扣好安全带的情况下乘坐汽车，哪怕仅一次。如果他们相信除非把自己绑在安全座椅上，否则汽车绝对不可能移动这一规则，那么他们将会接受安全座椅是生活中的一部分，而不是每次上车时都要协商的东西。

为了保持一致性，我们应该完全保证孩子的行为不会在一个场合内被取笑，而在另一个场合内被训斥。在浴室里惹来笑声的话，如果在家庭聚会上被大声地讲出来，可能就不那么有趣了。当第一次看到学步儿的头发里夹杂了意大利面条时，我们可能会觉得很可爱。但是，如果他获得了很大的关注（取笑、拍照、呼唤邻居来看），他就有可能倾向于重复这一行为。而当第二次、第三次、第四次看到这一行为时，备受折磨的家长就不会再被逗乐。在儿童早期环境中，保持一致性和合理的灵活性是至关重要的。

## 10-4 调整对象、事件和态度，以消除可能引起问题的诱因

改变孩子周围的环境几乎总是比改变孩子更容易。此外，如果我们专注于为积极行为搭建舞台，而不是在孩子行为不当后纠正他们，那么，这对参与其中的每个人来说都有更好的发展和更少的压力。我们可以使用戏剧性的低语，而不是通过提高声音来引起吵闹的孩子的注意。孩子们会更注意耳语，而不是粗鲁的吼叫声。

> 我们开始意识到，如果我们想要改变现状，那么我们先要改变自己。
>
> ——史蒂芬·柯维（《高效能人士的七个习惯》的作者）

例如，如果孩子们在教室里奔跑，那么改变教室布置让跑步变得困难比没完没了地提醒孩子走路更有效、更容易。如果学步儿总是把牛奶洒出来，那么我们可以给他们提供小一点的杯子，每次只放30毫升的牛奶。这样一来，即使牛奶真的洒了出来，也不会浪费多少牛奶，也不需要花多大力气去清理。

孩子必须从错误中学习。在日常生活中犯一些小错误，可以激发大脑思维和问题解决能力的发展（Deak，2010）。我们的工作是确保孩子们知道他们可以承担责

任。他们可以清理混乱，并补偿曾经冒犯过的人。他们还能够弄清楚如何避免未来的错误。对于儿童独立的自主学习和具有支持性的教师引导来说，错误是非常重要的教育时机。

如果学前教育计划中的孩子们在校外参观学习时总是感到疲惫和易怒，那么也许可以将实地考察重新安排到一天中不同的时间或缩短在更短的时间里。或者，旅行的次数可以少一些，但是去一些更精心选择的地方。当遇到棘手的行为问题时，我们应该问自己："与其试图改变孩子，我怎样才能改变环境、我的行为或态度来解决问题呢？"

## 10-4a 提供帮助和鼓励

孩子们在积极的关注中茁壮成长。当我们说一些话时，他们通常会变得更加配合，比如："我们能做些什么，让你更容易记住你的作业？""让我们来谈谈，当你对朋友感到生气时，你可以做些什么。"我们可以让孩子参与创造自己的解决方案，还可以让孩子体会到主人翁的感觉。正面的引导意味着我们要与孩子们一起有预防性地帮助和鼓励他们举止得体。我们所扮演的角色不仅仅是在孩子做错事后帮助他们，更是要成为他们获得成功的搭档。我们可以庆祝向更加成熟、安全、尊重和负责的行为迈出的每一小步。

## 10-4b 基于全神贯注的关注

孩子们会立刻意识到我们是否足够认真地对待我们所说的话，因此我们要停下来看一看我们的要求是否得到了遵守。就连学步儿和幼儿都知道，我们不经意地回头看一眼，并在房间的另一头随便说的几句话并没有太多的含义，比如："来吧，现在把那些玩具收起来。"

相反，我们应该停下正在做的事情，走到孩子的身边，蹲到孩子的视线高度，轻轻地抚摩孩子的肩膀，直视孩子的眼睛，用温和而坚定的语气说："谢利，现在请停下来，把积木收起来。"半小时的唠叨和来自房间另一头的威胁比不上一个温柔的抚摩，在孩子的视线高度与其对视，称呼孩子的名字并平静地说几句话所带来的影响。全神贯注是儿童引导中的一种特殊魔法。

当然，我们必须与谢利保持密切联系，并为她提供后续服务。只要谢利拿起第一块积木，我就会微笑着说："谢谢你。"如果我担心没有我的帮助和（或）督促，她可能无法完成任务，那么我会一直待在她的身边，关注她，直到任务完成。为了成功，我愿意付出一切。我的希望是帮助谢利建立起自己的内心秩序，学会安置好材料。最终，当她把整理东西的规则建立好之后，她就不再需要我的密切关注了。她会把东西收起来，因为这就是她的常规。此外，这条基本规则还帮助她了解到，当她把某样东西拿出来时，她必须“负责”，并把它放回去。

成人的全神贯注会对孩子产生很大的影响。在正面的儿童引导中，直接关注孩子会使其变得自信、积极，并建立自尊，而不是消极、愤怒、破坏自尊和自信。我们可以以积极的方式进行以下四种行为，向孩子们展示我们对他们的全心全意的关注，以及我们真的很关心他们的行为。

眼神交流

靠近并试着建立眼神交流。一个害羞的孩子或者一个曾在充满威胁和愤怒的互动中体验过眼神接触的孩子，会习惯性地把目光移开。不要强迫孩子看你的眼睛，而是通过将积极的、关心的互动与眼神交流相结合，试图赢得孩子的信任。如果孩子确实看着你的眼睛，那么要真诚地赞扬他：“谢谢你听得这么认真。”

将身体置于儿童的高度

弯腰或蹲下，以便与孩子眼睛的高度平齐。低下头盯着一个孩子看会促使他把目光移开，也可能会使你看上去很冷漠。让我们的身体与孩子的高度保持一致，这表明我们正全神贯注。

适当的触摸

触摸显然必须根据孩子的年龄水平进行调整。适合冷淡的年长的学龄儿童的触摸与需要大量拥抱和依偎的婴儿和学步儿所需的触摸完全不同。然而，在引导过程中，触摸是有意义的。当与幼儿交谈时，温柔地将一只手放在孩子的肩膀或手臂上，或轻轻地握住孩子的一只或两只手，都可能使他集中注意力。如果孩子坐在地板上，那么轻轻地碰触他的脚或膝盖，可能会引起他的注意，并传递关心。适当的触摸绝不是抓挠或强迫的。要注意孩子们发出的信号。孩子们通常会很清楚地感受到我们的触摸是令其不快的，还是舒服的。

使用孩子的名字

使用孩子的名字或昵称比使用一般的爱称（如“甜心”或“宝贝”）更个性化、更适宜。如果想要引导有效，我们必须快速地记住每个孩子的名字。可悲的是，一些年幼的孩子在听到他们的名字时总伴随着训斥式的吼叫，以至于当他们的名字被用在积极的环境中时，他们没有像我们所期望的那样做出回应。他们没有意识到名字是自己的象征，而只是一个意味着他们遇到了麻烦的负面词汇。我们应该确保孩子们每天在积极的情境中多次听到他们的名字。

### 10–4c 坚定而尊重地纠正不当行为

当孩子的不当行为必须被制止时，我们可以给孩子提供一个可接受的替代行为来获得其配合并避免产生怨恨。如果一个孩子在吃饭时在杯子和碗之间来回倒牛奶，那么他可能会被告知："你不能够玩食物，但午饭后（或午睡后）我会告诉你一个倒东西玩的好地方。"然后，我们可以在适当的时间引导孩子用盘子和玩具倒、喷、滴、溅水，可以在水槽边、水桌上、室外涉水池或他够得着的盛着 3~5 厘米深水的塑料盆里。

当孩子们感到愤怒时，他们会打、踢、捏、抓。这些典型的攻击性行为必须被制止。然而，孩子的愤怒应该得到适当的发泄。当告诉孩子"要尊重他人，击打会伤到杰茜卡"时，我们还应该加上一句："请使用语言告诉杰茜卡，你不喜欢她踩到你的手指。你能让杰茜卡看看你受伤的手指吗？"

关于儿童发展的基本原则的常识和知识，将引导我们有效地使用**重新定向**的方法。这个方法是用一种期望的行为来代替不当的行为，这样我们就可以把焦点置于孩子应该做什么，而不是不应该做什么。然而，重要的是要确保替代行为不会成为对不当行为的奖励。要记住，操作性条件反射是通过愉悦的反应来强化或加强一个行为的过程。

塞拉菲娜小姐在一家儿童看护中心里照顾学步儿，她对自己的教室里几乎每天都会发生的咬人事件感到担忧。她认为，也许这些学步儿咬人是因为正在出牙的牙龈让他们感到不舒服，他们需要强烈的口腔刺激。她决定给孩子们提供硬饼干以代替互相咬。令她沮丧的是，几天后，她发现每当孩子们饿了并想吃饼干时，他们就会互相攻击和咬对方。他们已经形成了条件反射，以为咬别人就能得到饼干。

幸运的是，塞拉菲娜小姐决定用**预防技术**和**快速反应**技术来解决咬人的问题。她提供了有趣的新活动和新材料，把吃零食的时间提前了一点，并加强了监督工作。她决定对幼儿使用牙齿的第一个迹象做出迅速、关切和坚定的反应。她的努力最终起效了。参见正面引导焦点 10.5。

## 正面引导焦点 10.5 预防技术

预防不当行为比制止不当行为容易。以下技巧有助于预防不当行为。

1. 维护发展适宜性活动和环境。
2. 创造平静、无压力的环境。
3. 观察孩子，在问题发生之前预测问题。
4. 倾听孩子。
5. 教孩子恰当地表达自己的感情。
6. 保持热情、友好、乐观的态度——微笑。
7. 用积极而非消极的语句表达要求。
8. 真诚地承认孩子们的进步。
9. 保持现实的期望。
10. 从大局着想——不要为琐事烦恼。

### 快速反应技术

有时，虽然你尽最大的努力去预防不当行为，但不当行为仍然会发生。你可以在不当行为发生时或发生后尽快做出下列反应。

1. 进行眼神交流。
    - 调整自己的位置，以便你可以和看上去有麻烦的孩子进行眼神交流。
    - 你的面部表情应该是关心的，而不是恼怒的。
2. 进行身体接触。
    - 避免麻烦的方法是紧挨着似乎有问题的孩子。
    - 坐在孩子的旁边，将一只胳膊放在他的肩膀上或进行其他适当的接触。
    - 保持冷静和坚定，而不是咄咄逼人。
3. 提供援助。
    - 问：“有什么我能帮忙的吗？”

- 进行干预，温柔地握着孩子的手，说："你似乎遇到问题了。发生了什么？"
- "对不起，劳尔，你好像忘记了我们的基本原则。我们怎么才能让它变好呢？"

4. 给出选择。
- "侯赛因，你先帮我把这些书页粘回图画书里，然后我们会给你安排另一个活动。当你准备好再次读书的时候，告诉我，我会教你怎样小心地翻页，好吗？"
- "埃玛，你可以安全地荡秋千，也可以选择其他活动。你想选哪一个？"

5. 让孩子远离问题，帮助他表达情绪。
- 将孩子从引起情绪爆发的环境中移开，这样他就可以冷静下来。
- 如果孩子表现出攻击性，想办法帮助他表达自己的感受。"我理解你很生气，但是打人是不可接受的。"
- 认可孩子的感受，同时澄清界限。"当你对扎卡里感到生气时，你还能做些什么？你能说些什么呢？你可以说'我感觉……'"

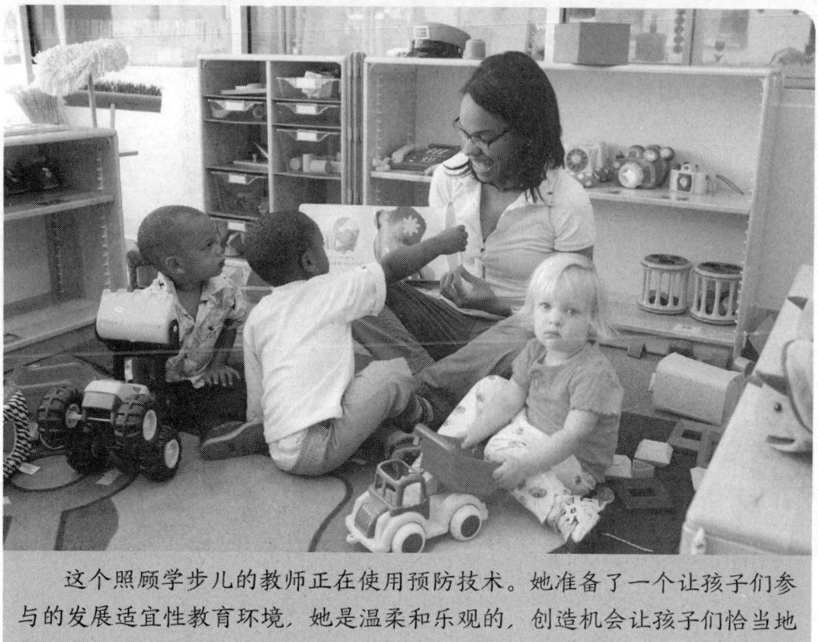


这个照顾学步儿的教师正在使用预防技术。她准备了一个让孩子们参与的发展适宜性教育环境，她是温柔和乐观的，创造机会让孩子们恰当地表达自己的情感，并且保持了教室里的平静和舒适的基调。

## 10–4d 清楚地表达恰当的感受

虽然诚实地对孩子们表达感情是合适的，但我们对于愤怒的表达会让孩子非常难以应付。愤怒在正面的儿童引导中没有位置。当面对一个高大的、咆哮的、愤怒的成人时，孩子有两种可能的反应：在恐惧中退缩并试图远离成人，或者以反叛和不服从的方式进行反击。这两种反应都不能帮助孩子成为一个更自信、更有能力、更有合作精神的人。经常感到羞愧的孩子会产生一种普遍的负罪感和无价值感。

我们可以识别引起愤怒的潜在感觉，而不是关注愤怒的情绪。我们可以问“我感到愤怒是因为我震惊、失望、担心、害怕，还是沮丧？”，而不是说“我对你很生气”，我们可以说“当我不知道你在哪里的时候，我真的感到很害怕。我怕你受伤或迷路了。我难过得想哭”。参见正面引导焦点 10.6。

### 正面引导焦点 10.6 对成人感受的恰当的言语表达

1. 惊讶、难以置信：“哦，天呐！这片美丽的叶子被扯掉了。如果叶子受到伤害，那么植物就可能会死亡。”

2. 悲伤、失望：“当发现书页被撕掉的书时，我感到非常难过。这些书很漂亮，读起来很有趣，但是它们被撕开后就没有任何用处了。”

3. 关心、担心：“当看到你用手挠蚊子咬的地方时，我很担心。抓挠会引起感染和疼痛。我们用绷带把它包起来吧。”

4. 忧虑、恐惧：“当看到你爬上攀爬架顶部的栏杆时，我感到非常害怕。你必须远离栏杆，否则你需要在操场上另找地方玩。”

5. 苦恼、沮丧：“当发现门一直开着的时候，我感到非常沮丧。因为门开着的时候，我们无法让房间保持温暖和舒适。请每次出门时检查一下门是否关好了。”

## 10–4e 解释不被接受行为的自然后果

3 岁以上的儿童通常完全能够在心理上将自己有意识的行为和潜在后果之间的因果关系联系起来。如果我们简单、礼貌、自信地陈述规则和期望，不能引起孩子的适当反应，那么是时候讨论潜在的后果了。解释潜在的后果不同于贿赂、恐吓或发出毫无意义的威胁。它的作用是对即将到来的后果给予一个诚实、真诚的警告。它的目的不是操纵、强迫或哄骗孩子以某种方式行事，而是针对自然发生的事情向孩子发出预警："如果你这样做，很可能会发生这种情况。"例如："积木是硬的。扔积木会伤到人。你可以安全地使用它们来建造一些真正有趣的东西。"

"牵马河边易，强马饮水难"，这句老话很适合孩子。我们可以为幼儿提供营养均衡的膳食，但不能强迫他们吃。我们可以说："如果你感到饿了，那么你可以从现有的营养食物中选择你想要的食物。如果你现在还不够饿，那么你可以等到更饿的时候再吃。我会把你的盘子放到冰箱里，以防你改变主意。"这种表述很坚定、自信、有道理，但并不是威胁或惩罚。这只不过是承认孩子对自己的身体有选择的权利，成人对于提供什么健康和适当的食物有选择的权利和责任。

有些话是不可接受的，比如说："如果你现在不跟我走，那么我就把你一个人留在店里。"这是一种毫无意义的威胁，留给我们的只有两个选择：是失去信誉，还是放弃孩子？我们的座右铭应该是："言出必行。"

## 10-4f 提供持续的跟进

> *雨滴穿石，不是靠蛮力，而是靠持之以恒。*
>
> *——卢克雷修斯，罗马诗人和哲学家（约公元前 99 年至公元前 55 年）*

在正面的儿童引导中没有魔法棒或小把戏，只有坚持、坚持、坚持。当坚持提供坚定、自信、充满尊重和关怀的纪律教育时，我们一定会在所关心和教育的孩子身上看到积极的结果。孩子们的不良行为模式可能非常顽固，因此，我们必须更加坚持地进行监督和后续跟进。

对适当行为进行持续不断的轻微但坚持的引导，远比反复无常的愤怒、严厉的惩罚或恐吓更有效。一条潺潺的小溪可以在坚硬的岩石上侵蚀出深深的图案；用大锤猛击岩石能改变岩石的形状，但在这个过程中会有很大的破坏性风险。

## 10-4g 强调无条件的关心与关爱

无条件的关心、没有任何附加条件的爱是建立良好秩序的基础。无条件的关爱能够让孩子们知道，他们不必为了被爱和尊重而表现、取得成就或服从。虽然我们可能不同意他们做的事情，并努力改变他们，但我们仍然爱他们，关心他们。我们应该创造一个环境，用儿童能理解的方式，让他们知道自己是被重视的（Bardige &

Segal，2005；Ciaramicoli & Ketcham，2000；Honig，2000）。

### 10-4h 对问题会被解决，保持和表现出自信

引导孩子有时会令人沮丧和苦恼。我们可能会看着孩子并摇头，想知道他们能否获得自我控制和自律。然而，我们必须坚定地保持和表现出自信，相信具体的问题会得到解决，并且我们的孩子能够学会举止得体（至少在大多数的时候是这样的）。我们的自信会增强孩子的力量，使他们相信控制自己的行为是一个可以实现的目标。

### 10-4i 保护儿童的自尊和隐私

当需要采取积极而果断的惩戒措施时，我们应该给予孩子私下谈话的尊严。在孩子的朋友甚至其他成人面前纠正他们的不当行为，会使他们感到羞辱。我们应该避免在孩子面前讨论他可能做过的粗心、不成熟和不恰当的事情。我们应该避免谈论或嘲笑孩子曾经的错误。最重要的是，我们应该以期望别人对待我们的方式——有尊严和尊重——去对待孩子。

### 10-4j 选择原谅和忘记，愿意重新开始

在正面的儿童引导中，成人应该尽己所能地做到最好，并且永远不要回头。担心过去，对过去怀恨在心，或者把过去的错误记在心里，都会破坏正面的儿童引导。对小孩子来说，每一天都是全新的一天。不管昨天发生了什么，今天都是美好、成功的一天。如果孩子们知道成人愿意原谅和忘记，那么当他们知道自己犯错时，他们会更顺从，也更愿意承认错误。宽恕会鼓励孩子们诚实，并激励他们更加努力地达到成人的期望。

## 总结

1. 试图一次性改变孩子的太多行为的侵入性和压倒性尝试，对孩子没有帮助。我们最好把引导聚焦在优先事项上。

2. 我们可以帮助孩子解决他们的分歧，但他们必须知道，我们会坚决制止不可接受的伤害性行为。

3. 我们可以通过关注实际而不是无关紧要的成人感受来极大地帮助孩子发展自我控制。

4. 把孩子带离冲突现场可以让他们冷静一段时间。

5. 孩子们需要确切地知道人们对他们的期望是什么。

6. 在对某条规则的认知完全进入长期记忆之前，孩子们需要很多机会来重复听到这条规则。

7.3 岁以上的孩子能够了解玩具、工具和武器之间的区别。

8. 为了保持一致性，我们应该确保孩子的行为不会在某一场合内被取笑，而在另一场合内被训斥。

9. 解释潜在的后果不同于贿赂、恐吓或给出无用的威胁。

10. 无条件的关心、没有附加条件的爱是建立良好纪律的基础。

## 关键术语

**替代**（replaces）：当两个操作不能同时进行时，用一个操作替换另一个操作。因此儿童必须放弃一个不受欢迎的行为，或者暂停该行为，以等待新行为的发生。

**性骚扰**（sexual harassment）：令人不快的对性的关注，对个人性刺激的关注，或通过性行为对抗、欺负和虐待他人。

**年龄典型行为**（age-typical behavior）：特定发展阶段特有的行为，即这一表现在特定年龄的儿童中很常见。

**重新定向**（redirection）：提供可替代的关注点，以分散儿童对当前不受欢迎的关注点的注意。例如，一个孩子可能会被提供一个具有发展适宜性的戏水活动，以规避他（她）想把杯子里的牛奶倒在地板上的不当行为。

**预防技术**（prevention techniques）：使某人难以或不可能做某件事，或使某件事很难发生所采取的特定程序或特殊行动。

**快速反应**（quick response）：对一种情形迅速做出反应的特定程序或特殊行动。

## 学生活动

1. 运用你的批判性思维来实践你在本章和前几章中读到的内容。

a. 创建一个具有发展适宜性的互动来帮助一个18个月大的孩子掌握“安全”规则。

b. 创建一个具有发展适宜性的互动来帮助一个5岁的孩子记住要“尊重他人”。

c. 创建一个具有发展适宜性的互动来帮助四年级的学生记住要“负责任”。

2. 去图书馆，在网上搜索，访问学校和（或）儿童看护中心，浏览有关情感、愤怒、咬人和孩子身体的儿童书籍。

a. 列出你最喜欢的书，这对阅读疗法会有所帮助。

b. 你有没有发现你认为不适合儿童阅读的书？

3. 正面的引导需要我们和孩子不断地做出改变。

a. 列出一件你现在与刚开始学习本书时想法不同的事情。

b. 描述一个你开始学习本书时所持有的而现在更加坚定的观点。

## 相关读物

Brooks, R., & S. Goldstein. (2002). *Raising resilient children: Fostering strength, hope and optimism in your child*. New York: McGraw-Hill.

Harris, B. (2004). *When your kids push your buttons:And what you can do about it.* New York: Grand Central Publishing.

# 第 11 章 错误的目标、动机和正念

## 全美幼教协会标准

本章涉及以下全美幼教协会标准：

**标准 4　使用有效的方法与儿童和家庭联系**

4a　理解积极的关系和支持性互动是与儿童相处的基础

4b　知道并理解早期教育的有效策略和工具

4c　使用广泛的适合发展的教 / 学方法

4d　反思他们（你）的做法，以促进每个儿童的积极发展

## 目标

在阅读这一章后，你应该能够做到以下方面：

11-1　列出导致孩子行为不当的错误目标

11-2　描述虐待和忽视儿童的迹象

11-3　制定成人的应对策略

11-4　区别惩罚和正面引导

11-5　解释孩子应该何时以及如何接受行为的后果

11-6　总结马斯洛的动机理论

11-7　举例说明外部强化有效的情况

11-8　展示开发儿童社会情绪智力的策略

11-9　计划活动，帮助孩子走向正念

# 11-1　错误目标是否会引发不当行为?

弗洛伊德的同事阿德勒（Adler，1931）认为，有时自我价值感低会导致孩子们采取不适当的行为，并将其作为一种施加控制和感觉自己更有能力的手段。德雷库斯及其同事（Dreikurs et al.，2004）完善了阿德勒的理论，认为有四个**错误目标**是令人困扰的行为产生的根源。他认为持续的、长期的不当行为基于孩子们的需要：

- 寻求关注
- 获得控制感
- 报复
- 远离可怕或痛苦的处境

这四个错误目标都是为了满足情感需求。不幸的是，每一种不当行为似乎都会让孩子暂时感觉好一点，但从长远来看，这些行为实际上会加剧他的情绪问题。孩子的不当行为会增加其所处环境的消极性，反过来增加其情感需求以及将来行为越来越不恰当的可能性。他的错误行为会增加负面循环，导致他的行为更加不恰当。这会使他远离别人，让别人对他更加不满。

不幸的是，有时我们的反应与这个孩子需要的反应相反。例如：我们很想忽略那个为了引起注意而表演的孩子，但这会导致他更需要表演；我们很想和那个控制欲很强的孩子展开一场愤怒的权力斗争，并且“让他看看谁是老大”，但这会让他感到更加无力和失控。

我们很想对伤害另一个孩子的好斗孩子施加痛苦，但具有伤害性的攻击会使这个孩子更加下决心施加报复。可悲的是，我们很想耸耸肩，放弃那个躲在桌子底下、摇晃头发或把头撞在墙上的孤僻孩子，但我们的放弃只会让他越来越深陷于孤立。

为了带来真正的改变，我们应该直接解决导致毫无益处的行为模式持续演变的需求。我们的工作是帮助孩子学习采用适当的方法来满足他的情感需求。参见正面引导焦点 11.1。

### 正面引导焦点 11.1　解决产生不当行为的情感原因

为了改善行为，我们应制定策略来帮助孩子感觉。

1. 接受并重视。

2. 对他的环境有影响。

3. 对尊重和公平对待充满信心。

4. 乐观地认为他能达到预期。

当孩子的情感需求得到满足时，他就不再依赖维系情感生存的不当行为。在这一点上，我们可以引导孩子打破无功能的习惯模式。我们可以教孩子如何与人相处。

德雷库斯建议，在放松的时候（不是在冲突的时候）用关心的、不批评的方式与 5—12 岁儿童交谈。孩子可能会参与探讨非生产性行为动机的谈话。我们可以机智地问下列相关的问题：

1. 你是否觉得你需要更多的关注？

2. 你是否觉得你需要更多的控制力？

3. 你是不是被别人伤害得太深，以至于你觉得有必要报复？

4. 你是不是觉得很不知所措，只想一个人待着？

如果孩子能帮助我们更好地理解他的需要，那么我们就可以直截了当地处理问题。如果寻求关注是错误目标，那么我们可以确保他得到足够的关注，而不是作为奖励或强化手段（就像愉快的分享时间）。我们可以确保不在无意中通过关注不当行为来强化毫无价值的行为。

如果报复是错误目标，那么我们可以帮助孩子交朋友，体验成就感。如果远离可怕或痛苦的处境是错误目标，那么我们必须找到一些方法与孩子沟通。我们可以推动孩子参加活动，提供鼓励，建议其接受医疗评估，探索帮助孩子感觉有价值的方法。

## 11–1a　错误目标一：寻求关注

那些被剥夺了通过有益贡献获得地位的机会的儿童，往往表现出无助、愚蠢、顽皮、刻意迷人、懒惰、无能或令人讨厌的行为来寻求关注。

### 执着、假装无能

黏人的孩子只有在被呵护和照顾时才会感到舒服和被爱。他们渴望成人拥抱他们，把他们从责任中解救出来。我们必须把重点放在帮助他们增强独立意识上。

### 刻意迷人、竞争力

缺乏归属感的孩子会孤注一掷地融入社会。他们可能会找到一个角色来扮演或赢得所有的比赛。然而，每当他感到被别人的注意力威胁时，他扮演的“好人”角色可能会立刻消失。他可能会在一瞬间从一个迷人的人变成一个冷酷的竞争者。我们可以通过在适当的时候给予真挚的爱和鼓励来重点培养孩子的安全感和自尊。我们还需要设定严格的限制，帮助孩子知道他是因为自己而被爱的，而不是因为他的虚假魅力。

### 扮小丑、表演、愚蠢

孩子们可能会用扮小丑、表演和愚蠢来吸引成人和其他孩子的注意。有些孩子似乎确信，只有当他们处于人们关注的中心，每个人都看着他们笑或者责骂他们时，他们才会被爱和欣赏。当孩子们感到尴尬或被逼到角落时，他们可能特别容易变傻。对一些孩子来说，扮小丑是一种保全面子和保护受损的自尊的方式。

我们需要允许儿童通过扮小丑来保护他们的尊严。他们应该得到私下的和充满尊重的帮助。我们可以给予他们在积极的环境中承担责任和发挥领导作用的机会，以及以适当的方式娱乐他人的机会。例如，可以鼓励孩子为同学们策划一个小品，在庆祝活动中分发餐巾或点心，或者在小组活动中唱歌、跳舞或表演一个故事。

懒惰、强迫、讨厌

懒惰、强迫或做出令人讨厌的行为可能是孩子强迫成人关注的无意识方式。这也表明孩子缺乏自尊。当成人唠叨并接手孩子的任务，或者坚持让其他孩子帮助或替他工作时，被贴上“懒惰”标签的孩子可能会受到负面的关注。那些暴饮暴食、咬指甲、取笑或故意厌恶其他儿童和成人的孩子也在强烈暗示他们对自己感觉不好。

我们将给孩子们积极领导的机会，让他们以适当的方式得到他人的关注。我们可以帮助这个孩子在科学中心里放置一个玻璃容器，这样他就可以自豪地分享他的蚯蚓了。

坚持、果断和充满爱心的引导会帮助孩子建立对自己的尊重，让他知道成人对他有足够的关心，从而积极地改变他的不当行为。例如，如果一个孩子坚持在操场上跑来跑去，用蚯蚓吓唬其他孩子，那么他就可以被坚定地重新定向——从用蚯蚓戳别人的脸转向为科学中心设置一个装有蚯蚓的玻璃容器。

## 11-1b 错误目标二：获得控制感

那些觉得自己没有被家人或社会群体真正接受的孩子，可能会采取专横、叛逆、固执、复仇或不服从的行为来寻求权力。

操纵性、报复性

**操纵**通常包括试图欺骗某人做他并非真正想做的事情。有时，我们在试图控制孩子的行为时，不恰当地为这种操纵行为形成了示范。我们可能会告诉孩子们一些虚假的信息，比如“要吃面包皮，因为它们会让你的头发卷曲”。对幼儿来说，试图影响朋友是典型的具有年龄适宜性的行为，比如“把玩具给我，我永远是你最好的朋友”。他们不懂得自己可能不会遵守诺言。然而，有时，当孩子们努力控制周围的孩子和成人时，操纵性会变得过分。

成人需要明确界限，帮助孩子意识到周围人的感受和反应。成人可以识别并表达情感。例如：“米娅，我知道你很想要阿尔维的洋娃娃，但这个洋娃娃属于阿尔维。当你想拿走她的洋娃娃时，阿尔维不喜欢和你玩。你可以选择不同的玩具，也可以在不同的地方玩。”

噘嘴、固执

想控制住自己但无法按自己的方式与他人相处的孩子，可能会做出噘嘴、固执地拒绝参与或引起争吵的反应。例如，想要（但没有得到）冰激凌当晚餐的学步儿，可能会把盘子从宝宝餐椅上推下来，踢自己的脚、尖叫、摇头，并且通常拒绝吃与胡萝卜和烤牛肉有关的任何东西。

家长和早期教育工作者既不喜欢向学步儿让步（从而鼓励他的控制行为），也不喜欢违背他的意愿，强迫他吃有营养的食物。然而，他们可以通过简单地把孩子从餐椅上挪开，让他表达自己的愤怒，从而避免权力斗争。成人可以表达真诚的同理心，但允许孩子固执，而不表现出太多的关注或关心。

例如，成人可能会说：“哭是可以的。当你感觉好了，你的晚餐就在这里等你。”当孩子结束尖叫后，他可能想也可能不想吃晚饭。不管怎样，在下一顿饭之前，他都不会饿死。我们可以通过让孩子选择何时吃饭来满足他对控制感的需要，而不是让他成功地要求那些不符合其最大利益的事情。成人的言外之意是：“你可以在合理的范围内做出自己的选择，但你也必须面对你选择的后果。”

欺凌、反抗

有些孩子当无法通过其他方式获得控制感时，就会诉诸欺凌或反抗。他们会通过自己的体型和力量在身体上压制较小的孩子，从而获得对他们的控制。成人通常不容易被小孩子欺负。一个孩子可能会被诱惑去控制成人，由于他太叛逆、太失控了，成人可能会觉得无助。然而，重要的是，成人不要让自己陷入不良的感觉。孩子需要强有力的、可靠的成人支持，才能成功地放弃不当行为，形成新的习惯。

成人必须避免与欺凌或反抗的孩子进行权力斗争。正面对峙将引发愤怒的反抗，并不能解决问题。我们的愤怒行为会进一步为不当行为进行示范。相反，我们必须想办法与孩子建立积极的关系，帮助他们感受到归属感。明确的限制是必要的，但最重要的一步是让孩子发现自己被爱、尊重和欣赏（Stutzman Amstutz & Mullet，2005）。参见正面引导焦点 11.2。

**正面引导焦点 11.2 注意——停止欺凌！**

欺凌涉及具有威胁性的语言和（或）手势、身体攻击、不雅的绰号、模仿、骚扰、回避，或其他伤害、羞辱，以及把一个孩子排除在同龄人之外的行为。成人应立即干预，制止欺凌！

1. 欺凌行为具有一种破坏性力量，会造成长期损害。

2. 成为一个恃强凌弱的人会让孩子发展出功能失调的行为模式，这将影响其一生的社交和职业发展。

3. 目睹欺凌会造成令人不安、分心和具有威胁性的环境。

Photo courtesy of the Preschool at Claremont United Methodist Church

每天我们都想办法与孩子们建立积极、充满关爱的关系，让每个孩子都有强烈的归属感。

## 11-1c 错误目标三：报复

感到被压迫的孩子可能已经放弃权力斗争，现在他们将诉诸报复。他们可能会以自己曾经感受到伤害的方式去伤害别人，以此来寻求报复。他们可能伤害同龄人、毁坏财产、不信任他人和蔑视权威。

### 破坏性、侵略性

缺乏自尊的孩子可能会习惯于做出破坏性行为和攻击性行为。这些行为告诉我们，孩子感到绝望。她可能认为：他已经被别人拒绝了，所以他做什么真的无关紧要；不管他表现如何，没有人会喜欢他。这些感觉阻碍了他对冲动的自我控制。

> 兔子急了也会咬人。
>
> ——中国谚语

具有破坏性或攻击性的孩子必须知道他将被阻止，其他人的权利将得到保护。在极端情况下，我们可能别无选择，只能约束孩子，防止他伤害自己或他人。如果我们对一个孩子感到无助和害怕，我们就会允许他咬、踢、推、捏或抓其他孩子，破坏共享的玩具，从而对这个孩子造成极大的伤害。但更重要的是，在允许孩子做出破坏性行为时，我们就剥夺了他对一个强大的成人负责保证每个人都安全的信心。每个孩子都值得被正确对待。参见正面引导焦点 11.3。

**正面引导焦点 11.3　支持情绪发展**

我们将采取以下措施来支持儿童的情绪发展。

1. 在平静的时候，与有挑战性的孩子进行情感交流。

2. 采取措施来防止攻击性行为的爆发，在平静的时候与孩子一起工作，积极地避免这种爆发。

3. 立即干预，以停止攻击，保护其他儿童，保护物理环境。

在面对一个非常难相处的孩子时，如果他同意的话，行为矫正可能有助于我们与孩子重新建立一种可管理的关系。我们必须选择对孩子有意义和可取的强化物（象征性奖励）；具体的期望行为目标必须以具体的方式确定；应该和孩子一起计划何时、如何以及在什么情况下进行强化。强化必须是即时的。当孩子朝着期望的行为前进了一小步时，他应立即得到奖励（比如一张贴纸、一个塑料圆盘或一朵小红花），奖励可以按设定的标准兑换成专有的特权或待遇。

如果一个孩子满腔热情地同意参与这个计划，那么行为矫正将是最成功的（尤其是对一个大一点的孩子来说）。如果孩子喜欢和尊重成人，并且真的想改变，那么他可能会出人意料地自愿参与一个行为矫正计划（至少在他冷静和有逻辑时）。在整个行为矫正的过程中，我们必须帮助孩子最终摆脱外部强化，加强内部控制。

我们可以从一开始就告诉孩子：“改变习惯对任何人来说都是非常困难的！这些小奖品只是帮助你开始，帮助你记住不要发脾气。过一段时间后，你就不能再依赖奖品了。你必须这样做，因为这是正确的。你不能在生活中到处发脾气，对吧？你最大的奖赏就是学会如何在不打架的情况下和朋友们玩得开心。”

**认识大脑**

## 我们可以从神经科学中学到什么？

**内在动机与外在动机**

内在动机和外在动机都能影响行为，但方式不同。

1. 虽然神经科学家还没有完全理解人类的动机，但我们确实知道内在动机有着深层的根源。我们的生存取决于提升自身幸福感的强大冲动，而这往往表现为避免身体不适、寻求快乐、保存能量和学习如何适应环境（Bechara & Damasiom，2005）。

2. 与生俱来的冲动促使我们进食、睡眠、生育、避险和适应。我可能决定建造一个花园，只是因为我享受做这件事的乐趣，我天生就喜欢园艺（Ryan & Edward，2000）。

3. 我们采取行动的另一个主要原因是，我们期望自己的行动能带来令人满意的外部回报。例如，我可能只是为了避免被邻居批评或赢得他们的赞赏而建造花园（Pritchard & Ashwood，2008；Reeve，2006；Wigfield，Guthrie，Tonks，& Perencevich，2004）。

4. 在内在动机中，人们基于自发的满足感（乐趣、个人兴趣、成就感、个人价值或仅仅是感觉良好）来决定自己想要从事的活动。在外在动机中，人们基于社会价值（金钱、糖果、加分、荣誉或奖品）来决定自己想要从事的活动（Lepper，Greene，& Nisbet，1973；Steel & König，2006）。

5. 研究表明，我们能基于行为的内在动机做出相对快速的“直觉”决定。例如，你邀请我参与一个学习恐龙的项目，因为我喜欢恐龙，所以我立刻举手。然而，我们会基于行动的外在动机做出非常有成本效益的决定。奖励是否足够有吸引力并值得我付出努力？如果你给我一个金星让我完成任务，我可能会考虑，比起通过聊天给朋友留下深刻印象的内在奖励，我是否更想要这个金星（Bechara & Damasio，2005；Bray，Shimojo，& O'Doherty，2010；Xiang，McBride，& Guan，2004）。

6. 内在动机是由自我满足的积极情绪产生的（Deci & Ryan，2011），而外在动机是由预期的社会回报产生的（Bray，Shimojo，& Doherty，2010）。

7. 研究表明，外部奖励会削弱内在动机。奖励可能会适得其反，降低人们对完成任务的兴趣。我们不能完全忽视外在动机，因为它有一些重要的用途（特别是在激励那些有显著学习差异的孩子方面）。当一项行动是例行公事或已成为不受欢迎的习惯时，外部奖励也非常有用。但当涉及创造性任务时，外在动机往往会破坏人们对完成任务的兴趣（Murayama et al.，2010；Murayama & Kitagami，2014）。

8. 显然，激励儿童的最好方法是创造条件来支持他们的内在动机。在早期教育阶段，这意味着要确保不妨碍孩子们天生的积极性。

9. 当孩子们来到这个世界时，他们管理环境的能力极为有限——他们不能四处走动，除了哭，不能与人交流，并且对自己的身体和社会环境一无所知。婴儿和幼儿在生活中有着最高的内在动力，他们将培养技能，学习如何适应自己的世界。我们的工作就是创造一个安全、富有挑战性的环境，让他们能够探索物理世界，练习新技能，并学习如何与他人互动（Corpus，McClintic-Gilbert，& Hayenga，2009；Haimovitz，Wormington，& Corpus，2011；Hayenga & Corpus，2010；Lepper，Corpus，& Lyengar，2005）。

10. 与外在动机相比，内在动机与良好的学习成绩相关。研究表明，内在动机大于外在动机会带来最大的好处（尤其是对年幼的孩子来说）。不幸的是，随着逐步迈入小学和中学阶段，儿童往往会失去内在动机（Murayama et al.，2010；Deci & Ryan，2011）。

11. 丹尼尔·平克（Daniel Pink，2009）概述了利用奖惩来激励员工的七个致命缺陷。奖惩会产生以下影响。

- 它们会磨灭内在动机。
- 它们会降低业绩。
- 它们会摧毁创造力。
- 它们会鼓励作弊、走捷径和不道德的行为。
- 它们会令人上瘾。
- 它们会形成短视思维。

蔑视、不信任

孩子的蔑视和不信任会令我们感到悲伤和沮丧。一个满腹狐疑的孩子会对别人不信任，似乎看不起所有人。我们可能会发觉有必要回溯并研究信任的基本发展，而大多数孩子在婴儿时期就开始发展这种能力了。就像一个缺乏视觉辨别能力的一年级学生在学会阅读之前需要补习一样，缺乏信任的孩子必须重新学习婴儿期的基本课程——信任他人，相信成人是可靠、可预料且会接纳的——然后才能学着举止得体。

一个孩子如果觉得自己在生活中受到了很大的伤害和不公平的待遇，那么他就不会轻易信任成人。我们需要努力与这个孩子建立联系，以赢得其信任。我们的开明、专注和积极倾听会为一段充满信任的互动打开大门。我们还可以通过建立信任模型来支持儿童发展信任。我们可以寻找机会信任这个多疑的孩子。

突然暴怒、大发脾气、反抗

那些经常沉溺于突然暴怒、大发脾气或反抗的孩子需要知道，我们不会被这种行为吓倒，也不会爆发出自己的愤怒。我们必须一步一步地在平静的时候与目中无人的孩子建立合作关系。

要创造一个积极、平静的环境。一个计划周密、有序、具有发展适宜性的环境为平静的行为奠定了基础。此外，冷静的、理解支持的成人为孩子们树立了极好的榜样。严格限制电视、电影和其他媒体刺激的体验，适合孩子的年龄并对其积极行为有着重要作用。电视、电影和电子娱乐不适合 3 岁以下的孩子，即使他们似乎被迷住了。研究表明，幼儿的大脑和身体需要积极的、动手的探索和人际互动，而不是电子刺激（Christakis & Garrison，2009；Christakis，Zimmerman，& Garrison，

2006；Rideout & HameL，2006；Zimmerman & Christakis，2007；Zimmerman，Christakis，& Meltzoff，2007）。

我们可以通过实事求是而坚定地回应孩子的情绪爆发来帮助其摆脱爆炸性行为。我们可能不得不把孩子带走，但可以非常肯定的是，孩子会意识到在这些行为中没有愤怒或惩罚——我们是坚定且充满关爱的。

这个非常具有挑战性的孩子需要知道，带有挑衅意味的发脾气是浪费时间的，因为它们没有效果。孩子发脾气不会从成人那里得到优待，也不会导致成人发脾气。持续的破坏性行为会在不知不觉中伤害到他人，孩子可能会乐于看到成人沮丧、愤怒和无助。当我们保持冷静时，发脾气不会得到奖励，也绝对没有得到强化。小孩子会知道我们是否在装腔作势。我们可以大声说："我不喜欢你发脾气，但我非常关心你。当你哭完后，我们可以谈谈什么让你这么不高兴。"

没有成人想被吐口水或看到孩子向别人吐口水，但我们爆发的愤怒只会让孩子的问题变得更糟，而不是更好。相反，我们可以说："如果你需要吐口水，你可以在水槽里吐。向别人吐口水会让人感到愤怒，还会把细菌带给别人。往水槽里吐口水是可以的。如果你想再吐一些，请往水槽里吐。谢谢你。"

Photo courtesy of the Preschool at Claremont United Methodist Church

幼儿的大脑和身体需要积极的、动手的探索和人际互动，而不是电子刺激。因为孩子们通常会看很长时间的电视，所以我们应该避免增加更多的时间。3岁以下的孩子不宜看电视。

### 粗鲁的语言

要避免对学校环境中的粗鲁或不恰当的语言反应过度。我们需要教授孩子适用于学校环境的社交方式。孩子们需要表达他们强烈的感情。这种强烈的感情不是错的，也不是坏的。孩子们只是需要知道如何以一种适合不同文化背景的方式来表达情感。

孩子可能从家庭环境、电视、音乐和其他文化中习得了粗鲁的语言。我们不应该对那些文化背景甚至粗鲁的语言进行评判——它们是文化中的一部分。然而，粗鲁的语言不适合学校的环境。我们需要与孩子们合作来改变其已经根深蒂固的习惯。我们还必须帮助孩子找到一种新的方法来有效地表达自己的感情，以符合学校的文化（Greene，2001）。

## 11-1d 错误目标四：远离可怕或痛苦的处境

由于长期沉浸在非支持性背景下，习惯于被动行为的儿童可能会受到打击。他们可能已经放弃了希望，只期望失败和阻挠；他们可能只寻求独处；他们可能会被不适当的感觉束缚住。

### 周期性自我刺激

当孩子被恐惧、压力和焦虑压倒时，他可能会退缩到自己的小世界里。尽管大多数孩子会时不时地做一些让自己感觉更好的事情，但孤僻的孩子可能会陷入持续的自我刺激之中。这种模式是周期性的，因为孩子会一次又一次地重复这个行为周期。这个周期可能包括过度吮吸拇指、咬指甲、晃头发、暴饮暴食、敲打头部或其他自我刺激的行为。

我们经常发觉这些行为令人尴尬，可能会把重点放在强迫孩子结束这种行为，而非处理行为产生的原因上。这些行为告诉我们，孩子正承受着过大的压力，不知所措，无法参加活动。通过致力于减轻孩子生活中的压力，将他们吸引到愉快的、无威胁的活动中，他们才有可能更积极地融入周围的事物和人群（Nelson et al.，2005）。

### 拒绝社交

严重孤僻的孩子可能会避免眼神交流，拒绝交谈或玩耍，并且在大部分时间内与他人保持距离。我们可能会错误地把所有的努力都放在那些有强迫且烦人的不当行为的孩子身上。我们可能会把一个孤僻的孩子看作从不打扰任何人的安静孩子。事实上，孤僻的孩子在情感上可能比难相处、吵闹、好斗的孩子更有风险。自尊、信任和归属感都是与那些似乎对他人不感兴趣的孩子建立联系的必要条件。拒绝社会交往对一个孩子来说是一种非常可怕和严重的状态。这些孩子需要得到筛查、干预和帮助。

### 压力的内在化

压抑的孩子有时会把所有不好的感觉都转移到内心。恐惧、愤怒和挫败感都没有被表达出来，只是被隐藏在心里，可能会削弱孩子的胜任感和自我价值感。这些孩子需要机会来学习，他们不必完美，别人不同意也没关系，他们有权利做自己。当发展出更强的自尊时，他们会更自在地表达自己的感受，并积极地维护自己。

### 无能与绝望的表现

抑郁情绪不是青少年和成人的专属情绪。即使是小孩子也可能表现出抑郁的迹象。日常生活中令人不知所措的干扰可能会导致孩子无精打采，表现出无能和绝望。

# 11-2　行为问题会暗示虐待和忽视儿童吗？

身体、发育或行为问题的一个严重的潜在原因可能是孩子在生活中存在被虐待或被忽视的情况。尽管实际上任何正常发育的孩子都可能经历少有的不适宜的对待，但是生活在充满暴力或忽视的环境中的孩子会被这种经历深刻地影响。虐待的后果是深远的，会影响孩子的智力、身体、社交和情感的整体发展（Brophy，2007；Douglas & Finkelhor，2005；Vesneski，2009；Whittaker，2009）。

## 11-2a　如何预防儿童受虐致死？

通过全力支持儿童保护服务机构，我们可以避免儿童因受虐待而死亡。虐待儿童是违法的。每个州都有一个指定的机构；根据联邦法律的授权，该机构可以接收和调查疑似被虐待和被忽视儿童的报告。举报是为儿童和家庭寻求帮助的一种手段，而不仅仅是阻止虐待者的一种方式。你无须知道虐待儿童的事件是否发生，这由调查者来确定。要想举报涉嫌虐待儿童的可疑案件，你应通知儿童所在州的指定机构。该机构的联系方式一般会被列在电话簿上。如果你在社区中找不到指定的机构，请致电当地的警察局或国家虐待儿童热线，那里有全国儿童保护服务机构的名单。参见正面引导焦点 11.4。

### 正面引导焦点 11.4 儿童受虐死亡人数

1. 在美国，每天有超过 4 名儿童死于虐待。

2. 大约 70% 的死亡儿童的年龄在 4 岁以下。

3. 许多死亡的是 1 岁以下的婴儿。

4. 据估计，婴儿和 4 岁以下儿童因虐待或忽视而死亡的实际人数是死亡记录中所报告的人数的 2 倍。

被虐待和被忽视儿童的行为趋向于极端。对这些孩子来说，似乎没有什么好的中间地带。他们可能被诊断为学习障碍或有强迫性的争强好胜者。他们可能过度活跃或嗜睡。他们可能在身体上无能和虚弱，或者是街头上聪明的胆大妄为者。他们可能会依附于他人或回避社会交往。他们可能看起来脏兮兮、蓬头垢面，或者十分干净整洁。他们可能会违抗权威，或者在任何时候都强迫性地试图取悦所有人。他们可能总是扮演受害者的角色，或者残忍地伤害他人。被虐待和被忽视的所有儿童都有一个共同的特点，那就是他们的自我意识发育不良。他们没有自尊所带来的积极的自我价值感（U. S. Department of Health and Human Services, Administration on Children, Youth, and Families, 2007）。

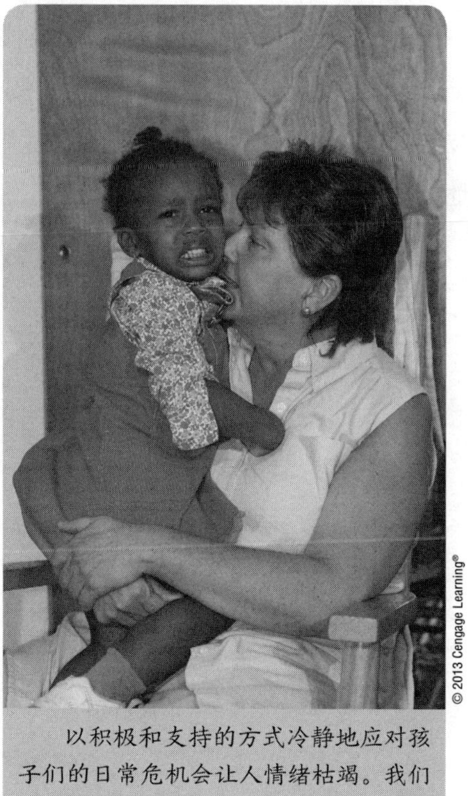


以积极和支持的方式冷静地应对孩子们的日常危机会让人情绪枯竭。我们必须找到放松和"充电"的方法，这样才能保持放松、热情和快乐。

## 11-3 满足成人的需求

孩子们当然有需求，但我们也有需求。照顾孩子是一件要求很高且让人兴奋、沮丧、感到很有收获的事，同时让人精疲力尽。如果我们的社会、情感、身体和智力需求得到了满足，那么我们就能最好地照顾孩子。我们必须为自己留出休息和娱乐的时间，必须承认有时我们不能以积极和富有成效的方式对待儿童。如果我们在大多数的时候都以关心和尊重的态度对待孩子，那么当我们说“我太沮丧和生气了，现在不想谈这个，我只想一个人待几分钟”时，他们很可能会很好地应对和尊重我们的需求。

> 尝试过，失败过。没关系，再试一次，再失败一次，会离成功更近一点。
>
> ——萨缪尔·贝克特

我们可以对自己保持耐心和理解，认识到自己并不完美。面对一个行为不当的孩子，坐下来仔细思考一个理想的反应是很容易的，但是，当反应是瞬间的且处在与那个孩子的激烈冲突中时，要做出完美的反应就不那么容易了。对我们来说，保持支持、冷静、尊重和始终如一是很重要的。我们需要退后一步，在需要的时候给自己一点时间。

当试图改变与孩子相处的方式时，我们会经历与儿童学习新行为时相同的学习阶段。例如，一个没有如厕概念的学步儿在地板上尿出水坑时，根本就没有意识。当他对所期望的行为有了认识但缺乏实践时，他会尿出水坑，向下看，然后甜甜地笑着说“上厕所”。当然，到那时上厕所就太晚了。最后，当他充分发展了意识和技能来执行这个新行为时，他会注意到膀胱充盈的感觉，并做需要做的事情来顺利地如厕（见图 11.1）。

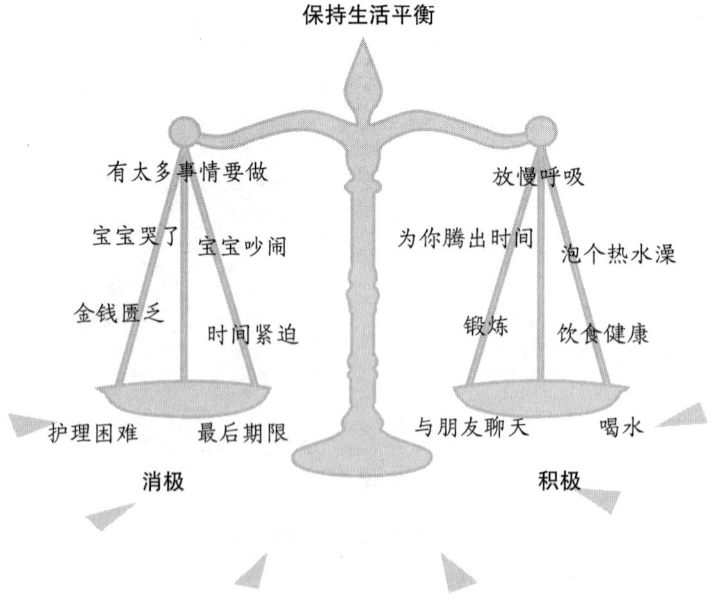


图 11.1 保持生活平衡

我们会经历同样的过程。一开始，我们可能完全没有意识到自己以惩戒的名义对青少年说或做消极的、带有破坏性和伤害性的事情。当找到更有成效和符合实际的方法来引导他们时，我们开始第一次注意到自己正在说或做消极的事情。我们会感到沮丧，因为我们似乎只有在做了这些事情之后才能意识到这些行为。我们可以意识到自己的不当行为，但为时已晚。然而，通过坚持和实践，我们逐渐能够在做错事情之前更熟练、更恰当地做出预测和应对。最终，我们的新行为会变得非常自然，以至于我们几乎不需要思考或努力就能以新方式行事。参见正面引导焦点 11.5。

## 正面引导焦点 11.5 儿童教育者 / 教师 / 照护者的应对技术

照顾一个不快乐的孩子会使人压力很大，并且压得人透不过气。我们需要有一个计划来帮助自己度过困难时期。记住以下建议。

1. 不要把哭视为个人化的行为。哭其实是婴儿和幼儿目前所掌握的最好的应对方式。

2. 深呼吸。花点时间放松一下。尖叫的孩子会很有压力。我们需要保持冷静，想办法解决这个问题。

3. 温柔而冷静地重复一些让人放心的话，比如："我知道你现在很生气。""等你感觉好点，我们再谈。""你可以哭，我在生气的时候也会哭。"这会提醒孩子（和你自己）你并没有生气。

4. 如果有其他合适的成人，那么你们可以轮流带孩子。令人惊讶的是，在孩子发脾气的过程中，让一个冷静的、未参与其中的成人来接手可能会打破这个循环，帮助孩子获得控制感。

5. 记住，我们的目标是在不让压力压倒自己的情况下应对挑战。

6. 当消极影响在你的生活中累积时，要有意识地花时间去创造足够的积极影响来取得平衡。

7. 向亲密的朋友表达你对压力情境的感受（始终隐去可识别的信息来尊重孩子的隐私问题）。

8. 找到一些方法来帮你“充电”，比如：锻炼、听音乐、冥想、阅读、拜访朋友。

9. 如果你觉得需要的话，可以从书籍、网络、咨询师或医生那里寻求经验。

正面的儿童引导是一种工具，可以帮助我们教给儿童其需要的技能，使他们过上充实而幸福的生活（Thompson et al.，2001）。

## 11-4　惩罚与引导之间的差别是什么？

惩罚是消极的。它的目的是伤害、羞辱或报复（对孩子所做的事情进行报复）。相反，引导的目的是教孩子（自信地、充满尊重地）举止得体。参见正面引导焦点 11.6。

**正面引导焦点 11.6　惩罚是什么？**

惩罚是用来欺凌或强迫孩子按照我们所期望的方式行事的，是卑鄙的。

1. “你胆敢碰那个蛋糕。离开这里去玩吧。如果我抓到你拿着蛋糕瞎闹，你一定会挨骂！”

2. “我看见你碰了那个蛋糕。坐在暂停椅上，直到我允许你站起来。每个人都会看到你坐在这把表示‘调皮’的椅子上，并且会知道你很坏。”

3. “最好不要让我看到你从暂停椅上站起来！如果我看到你试图站起来，那么我会让你在那里待两倍的时间。”

以下是成人惩罚孩子的一些方式。

1. 拽头发、捏痛、扇耳光、拽胳膊或拍打。

2. 撤回注意力，避免目光接触或不说话。

3. 用言语或行为使人难堪或蒙羞。

4. 说教或唠叨。

5. 任意剥夺与行为无关的特权。

在这张照片中，右边的男孩握着一个玩具且姿态强硬，而左边的男孩焦急地向他那边倾斜。更外围的两个孩子在听和看。如果这位教师能够确保和平地解决问题，那么这四个孩子都将在适当的行为上学到积极的内容。

此时，你可能会回应道："这份清单很好，但是当德温完全失控，故意推积木架时，我很生气。我不在乎提升他的自我形象，而只是想剥夺他的所有特权，让他坐在暂停区，直到他 20 岁！"

事实上，德温令人愤怒的行为给予我们一个将正面的儿童引导付诸实践的极好机会。我们可以通过自己的行为向德温表明，感到愤怒是自然和正常的，但伤害、羞辱或贬低他人是不可以的。

社会认可的行为准则不仅适用于儿童，也适用于成人。我们的第一步是打断不可接受的行为。然后，看看我们能否用积极的倾听来理解是什么感觉导致了德温的行为。我们可以做些什么来帮助解决潜在的问题？我们可以让德温帮忙扶起架子，并与他一起工作，以确保所有的积木块都被放回正确的地方。我们可能想重新引导德温到一个不同的活动中，远离积木区，给他一个新的开始。我们的态度是乐观和自信的，而不是刻薄或惩罚性的。我们的目标是帮助他在重返班级活动时表现得体。

**实际应用案例**

## “请穿上这件衣服！”

在阮氏明和开始去托儿所的那一天，她的父母都请了一上午的假带她去学校，以确保她顺利地过渡到早期教育项目。她的父母是非常成功的商人。他们研究了所有的选择，并在阮氏明和刚几个月大时就将她的名字列入了苹果谷儿童发展中心的等候名单上。

在父母工作期间，阮氏明和一直受到祖母的照顾。祖母现在已经搬走了，是时候让阮氏明和成为一群孩子中的一员了。阮氏明和今年3.5岁，但是她是在父亲的怀抱中吮吸着奶嘴到达苹果谷的。她是一个美丽的小女孩，有着深黑的眼睛、瓷质的皮肤和闪亮的黑发。她穿着昂贵的粉红色娃娃式礼服，这使得她比实际年龄显得还要小。

在苹果谷的前几周，阮氏明和似乎度过了一段快乐的时光，尽管教师们不得不花很多时间提醒她使用语言表达，而不仅仅是在需要东西时尖叫。可是阮氏明和的父母感到束手无策。

在与教师的会议中，她的父母报告说早晨是一场噩梦。阮氏明和的母亲说：“每天早晨，我都会给阮氏明和挑选一件漂亮的衣服，我会说‘让我们穿这件吧’。但是，阮氏明和会抓住它，跑下大厅，将它塞入洗衣篮。僵持45分钟后，我尝试喂她吃早餐。太糟糕了！我给她鸡蛋，她把它们扔在地板上，说‘不，我要燕麦片’。然后，这个过程长达半小时！我们不相信打屁股，但也不知道该怎么办。请帮助我们。”

经过讨论，大家决定应该邀请阮氏明和最喜欢的老师塞莱娜小姐到她的家里共进晚餐。在星期四晚上6点，塞莱娜小姐来了。阮氏明和兴奋地在门口迎接她。厨房里有辣的越南菜，空气中弥漫着香气。阮氏明和说：“塞莱娜小姐，快来看我的房间！”塞莱娜小姐惊讶地发现，阮氏明和的房间是一个布置精美的婴儿保育室，有装饰精美的婴儿床、一张不再需要的尿布，还有一把成人摇椅。窗帘和所有的家具都装饰有蓬松的织物，还有拨浪鼓、尿布和婴儿奶瓶等婴儿用品的图片。

当阮氏明和与父母和塞莱娜小姐坐下来吃饭时，阮氏明和被放在宝宝座椅上，尽管她的腿已经很长了。父母放在阮氏明和的托盘上的每样食物都被她拒绝了。她拒绝喝牛奶。一旦饭菜都被清理走，阮氏明和就宣布她饿了。她的父亲为她做了一个花生酱三明治。阮氏明和甚至还没咬一口，就把三明治扔在地板上。她又要了一个苹果，只咬了一口，又把它扔在地板上。她的父母看上去既尴尬又无助。他们看着塞莱娜小姐说："我们该怎么办？" 塞莱娜小姐很明智地说："我们明天在学校里碰面，看看能否解决这个问题。"

第二天，大人们如约地坐在了一起。很明显，阮氏明和的父母很爱他们的女儿，只想给她最好的。但同样明显的是，阮氏明和的行为让他们感到沮丧和不知所措。塞莱娜小姐通过感谢阮氏明和的父母允许她进入家里并享用美味的晚餐开始了谈话。然后她说："阮氏明和现在 3.5 岁了。我很困惑，她居然还需要婴儿床和宝宝餐椅。" 阮氏明和的父母感到惊讶。"嗯，我们等到年龄大一点的时候才有了孩子，我们都忙于自己的事业，所以没有很多时间与有宝宝或者孩子的朋友相处。我想我们只是没有意识到她已经不再需要这些东西了。"

塞莱娜小姐说："我在想，阮氏明和是不是在试图获得控制感，因为她不认为自己已被完全认可为一个成熟、负责任的家庭成员。我在想，你们在家里以及我们在学校里，是否可以做一些事情，使她确信所有人都将她视为一个有能力、负责任的真正属于家庭和学校的 3 岁孩子。"

阮氏明和的父亲说："哦，天呐！我想我和我的妻子已经独处了很长时间，我们并没有为孩子做准备。是的，我们今天要去为她的房间找新家具。她应该拥有什么？" 塞莱娜小姐还谈到了让阮氏明和在家庭中发声，家长可以给她三个选择，让她做出自己的选择。但她也向阮氏明和的父母讲解如何允许阮氏明和对自己的行为承担责任。塞莱娜小姐解释了如何适当地运用逻辑后果法。

随着阮氏明和的父母开始将阮氏明和视为负责任的孩子，而不是无助的蹒跚学步的孩子，阮氏明和不可抗拒地控制与父母互动的冲动开始消失。当她的父母越来越坚持要求她对自己的行为负责时，她学会了在做出冲动的选择之前先思考。塞莱娜小姐继续为她的父母提供鼓励和信息。

### 案例讨论的问题

1. 塞莱娜小姐指出了哪个错误目标？解释一下。

2. 请描述阮氏明和的父母可以做的三件事，以确保阮氏明和在家庭中感到被接受、受重视和有责任。

3. 对于阮氏明和把衣服放到洗衣篮里或在拒绝晚餐后立即要求食物，列出你会建议其父母使用的三种引导技巧（除了暂停）。

### 11-4a 暂停之前请三思

在发展适宜性教育中，很少使用暂停。还有许多其他方法来教授应对技巧和鼓励适当的行为。除了暂停，许多具有前瞻性的发展适宜性计划会使用各种正面的引导策略（Crosser，2002）。本书中为你提供了许多可以使用的正面引导方法。不是说暂停不能被正面地使用，而是实际上它经常被负面地用作一种惩罚。发展适宜性计划中没有惩罚的余地。我们有能力以积极、支持的方式使用暂停。参见正面引导焦点 11.7 和 11.8。

#### 正面引导焦点 11.7 我应该使用暂停吗？

暂停不适合以下情况。

1. 用于 3 岁以下的孩子。
2. 让人感觉像是一种惩罚。
3. 通常或经常使用。
4. 被用作威胁（“如果这样做，你将会被暂停”）。

#### 正面引导焦点 11.8 惩罚与引导之间的差别是什么？

| 惩罚 | 引导 |
|---|---|
| 降低自尊心 | 建立自尊心 |
| 羞辱 | 加强品格 |
| 侮辱 | 尊敬 |

| | |
|---|---|
| 伤害（身体上或情感上） | 治愈 |
| 怒气 | 给人希望 |
| 挫败感 | 示范应对技巧 |
| 否认努力 | 努力 |
| 尴尬 | 给人信心 |
| 劝阻 | 鼓励 |
| 轻视 | 改善自我形象 |
| 社交孤立 | 建立信任 |
| 情感上的放弃 | 提供情感支持 |
| 否认感情 | 充满爱心和关怀 |

### 11–4b 遇见发脾气和其他麻烦时请考虑暂时离开

**暂时离开**是充满关怀的行为，即使对学步儿也是适宜的。暂时离开只是将孩子从具有压倒性的情况中带走，以提供具有支持性的冷静时间。暂时离开在孩子失去控制后为他提供了一个与成人在一起的机会，让他可以离开小组。一个孩子可能需要哭泣、表达愤怒、交谈、思考发生了什么、重新振作并获得镇静。当他确定了如何弥补并防止自己进一步失去控制时，他将准备好回归小组，而不会丢面子。我们需要将幼儿从压力源中移开，并在需要的时候给予平静的支持，然后将其重新定向到有吸引力的活动中。

暂时离开的目的不是提供后果，也不是将孩子从教室里的愉快刺激中带走。这仅仅是为了给孩子一点隐私，让他有时间平息愤怒，挽回面子，提醒他自己很有价值，并且帮助他理解如何修正自己犯的错误。

“暂时离开场所”通常是教室里的一个安静角落。它应该是一个舒适、柔软的地方，而不是指定的椅子。离开时间的长短要确保孩子能够冷静下来。如果孩子愿意，成人可以和孩子在一起。一些孩子（包括蹒跚学步的孩子）想要且需要被抱着、拥抱或拍打。一些孩子在生气时不愿被触摸，想要自己一个人待着，直到他们准备好说话为止。

有时，孩子们非常不安，以至于我们必须阻止他们伤害自己和环境。我们需要尽可能地温和，又尽可能地坚定，直到他们镇静下来为止。在这场严峻的考验中，我们应该充满安慰和鼓励地讲话，警惕孩子的动作。在保护自己免被推挤或咬伤时，我们需要保持镇定、坚定和关怀。孩子需要确信我们是镇定的、可以控制的，并且不会让他们或我们自己受到伤害。

当失控的学步儿或幼儿最终平静下来时，他通常想与成人重新建立情感联系，成人在这段艰难的时期耐心地帮助了他。此时，孩子可能会急于对自己做错的事情进行补偿，以便可以回到自己的游戏中。如果不是，我们可能需要轻轻地哄他，做出一些善意的行为，使情况好转。如果情况并没有好转，我们可以表示出乐观——他将很快掌握适当表现所需的技能。

经历了暂时离开的孩子会知道爆发愤怒并不能使他的需求得到满足。它并没有让我们陷入混乱（对于一个愤怒的孩子来说，这可能是一种情感上的奖励）。没有人屈服于尖叫。实际上，什么也没有发生。那个孩子刚刚从小组中被带走，所以他可以哭，直到哭完为止。愤怒的爆发是滑稽的，因为除了有耐心的支持和对如何适当满足需求的悄悄提醒之外，它没有产生任何实际影响。“下次记住使用语言，说‘请不要碰我的积木’，而不是又踢又叫。”这种支持可以帮助孩子逐渐发展更好地控制冲动所需要的技能。

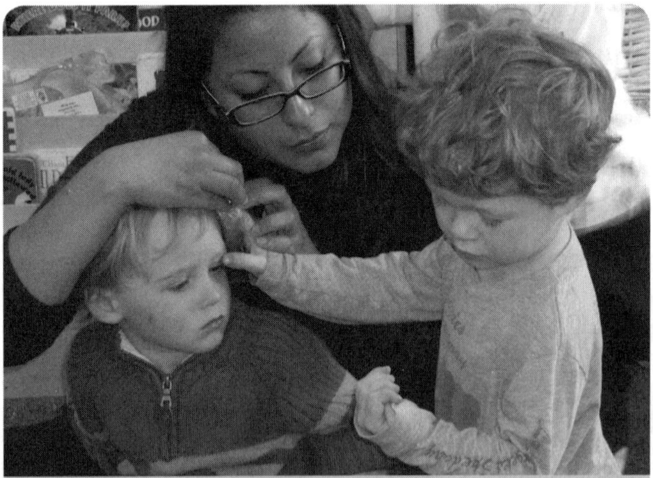


这个孩子被引导对伤害朋友的行为做出补偿。他正在帮忙把一块凉布放在朋友的头上，让他感觉好些。

许多发展适宜性教育中的教学人员设置了一个特别舒适的区域，里面配有枕头和毛绒玩具（或者他们使用阅读区），作为舒适的暂时离开场所。当孩子感到沮丧、生气或需要时间在情绪上安定下来时，他会被邀请在休息的地方让自己感到舒适，直到他感觉好些，并在他觉得准备好的时候再离开。对于这个孩子，暂时离开意味着他能够做出一个独立的选择——去休息的地方，待在那里，直到他冷静下来，并准备好重新加入他的朋友们。他已经成熟到超出需要暂时离开的水平，在原有的水平上，教师必须带他离开并与他坐在一起，然后他才能冷静下来。他现在已经足够独立，可以管理自己。

## 11-5 接受自己行为的后果

孩子们在积极融入环境的过程中学习。他们通过观察、倾听、体验（最重要的是试误）来学习。在生活中，行动往往伴随着自然的后果。如果我忘了给盆栽浇水，那么它很可能会死（一种自然的后果）。如果我上班经常迟到，那么我可能会失业（一种合乎逻辑的后果）。在生活中，行为是有后果的。我明白，如果我想避免不希望的结果并达到所期望的目标，那么我就必须以特定的方式行事（Dinkmeyer & McKay，2007）。

### 11-5a 自然后果

当一个孩子在没有成人干预的情况下学习时，**自然后果**就会发生。这种引导基于这样一个理念，即适宜行为的学习应该尽可能来自直接经验（Dinkmeyer & McKay，2007；Dreikurs & Grey，1968）。

例如："如果你不吃午饭，那么可能没到点心时间你就会饿。""如果你不把你的作品放在你的小柜子里，那么当你准备回家时你可能找不到它。""如果你把一杯牛奶放在桌子边上，那么它可能会掉下来。"我们必须克制自己说"我告诉过你的"这样的话。如果孩子需要处理浑身都是牛奶的问题，面对丢失作品而带来的挫败感，并且感觉到自己的胃是空的、在咕噜咕噜响，那么他很快就会把自己的行为和自然后果联系起来。我们可以提供机智的、正面的信息。"把你的杯子放在这里，这样它就安全了。""把你的外套挂在钩子上，这样你就能知道它在哪儿了。"

显然，在任何时候，我们都不允许自然后果存在安全风险、侵犯他人权利或威胁环境的问题（保证安全！尊重他人！负责任！）。经验是一位好教师，但我们必须要小心，避免在负面后果已经发生后再干预。唠叨、说教或惩罚孩子会破坏孩子的自然学习进程，更糟糕的是，这些不当操作可能会引发权力斗争。

### 11-5b 逻辑后果

自然后果涉及在没有成人干预的情况下允许发生的情况，而**逻辑后果**涉及的是成人在选择和施加后果时的控制。一个合乎逻辑的结果是相当不牢靠的。丁克迈耶和麦凯（Dinkmeyer & McKay，2007）提醒我们，除非结果以一种对孩子来说有意义的方式与行为相关联，否则这一后果根本不会起作用。更重要的是，逻辑后果不能被用作隐晦的惩罚措施。我们使用逻辑后果只能给孩子们创造正面的机会来推动他们前进，补偿或者弥补他们可能已经破坏的东西。参见正面引导焦点 11.9。

> 虽然我们可以自由选择自己的行为，但无法自由选择行为的后果。
>
> ——斯蒂芬·科维

**正面引导焦点 11.9　逻辑后果的几个例子**

1. 从图画书上撕下书页的逻辑后果是有机会把书页粘回去，这样朋友们就可以分享这本书了。

2. 水洒在地板上的逻辑后果是有机会用儿童型号的拖把拖地。

3. 在墙上而不是纸上涂色的逻辑后果是有机会用海绵和肥皂水来清洁墙壁。

Courtesy of Montessori Country Day School of Houston

经历合理的挫折和焦虑时刻是学习独立解决问题的一个正常部分；急于保护孩子免受片刻的不适，可能会剥夺他们独立解决问题的乐趣。

说教会毁了整堂课。耐心支配着这里的每一天。如果小孩子着迷于用海绵擦溅出来的牛奶，以至于故意往外洒，这样他才可以继续把洒出来的牛奶擦干净，对此不要感到震惊。只需简单地将孩子引导到更合适的学习材料上，这样他就可以继续探索海绵和肥皂水。记住，学习是件好事。

### 11-5c　避免将儿童从自己的行为后果中解救出来

有时，当看到一个孩子感到失望或沮丧时，我们可能会想把他从行为的后果中**解救**出来。对我们来说，只要后果是合理和安全的，把孩子从自我行为的结果中解救出来就是无用的。我们绝不会因为孩子忘记穿夹克而冒险让他以在寒冷的室外受冻作为后果，也不会让孩子因为洒了食物而以挨饿作为后果。但是，让孩子们体验到安全、合理的后果，可以提高他们的学习能力。错误是孩子从与他人和环境的互动中学习的关键部分。我们愿意等待片刻让他们处理由错误带来的不适，这给予他们独立解决问题的机会。然而，如果存在违反安全、尊重或负责的基本原则的行为，我们就必须介入。

一家人外出去市中心的一家餐馆用餐，然后他们回到家里，7 岁的蒂娜惊呼道："哦，不！我把钱包忘在餐馆里了！"她的爸爸怒气冲冲地说："蒂娜，你为什么要带着钱包到处跑？你才 7 岁！开车回市中心要花半小时的时间，到那时钱包可能已经被偷了。要不是和脖子连着，你的脑袋都会被弄丢。"在蒂娜抽泣着为自己的行为找借口时，爸爸对蒂娜吼了 20 分钟，最后他还是给餐馆打电话，独自开车回市中心寻找钱包。

尽管蒂娜的爸爸愤怒地责骂了她很长时间，但他还是把她从责任中解救出来。他打了电话，一个人开车回到餐馆，然后寻找钱包。蒂娜除了感到痛苦和愚蠢之外无事可做。如果发生以下情况，那么蒂娜的爸爸可能使用了正面后果法。

- 蒂娜的爸爸说："蒂娜，我确信你丢了钱包会很难受。让我们想想如何解决这个问题。"
- 蒂娜和爸爸一起努力回忆她的钱包可能在哪里。
- 蒂娜帮爸爸查找餐馆的电话号码。
- 在爸爸打电话的时候，蒂娜在一边等着，并得知餐馆里有她的钱包。
- 蒂娜和爸爸一起开车去拿她的钱包。
- 蒂娜的爸爸问："蒂娜，你从这次经历中学到了什么？"

在第二种情况下，蒂娜的爸爸引导她把注意力集中于她的健忘，而不是爸爸的愤怒情绪。她的不安是因为自己的健忘，而不是因为有人对她生气。蒂娜将会明白失去自己的财产是令人沮丧和不方便的，而不仅仅是试图安抚一个愤怒的爸爸。如果蒂娜只是为了取悦爸爸而学会举止得体，那么当她对爸爸生气或感到叛逆时，她可能会试图做出不恰当的行为来激怒他。

## 11-5d 有时介入不是解救儿童

孩子们来到我们这里是希望从各种情况中被解救出来。但有时孩子所遭受的委屈是合理的。当自己的权利受到侵犯时，孩子们有权向更年长、更强壮、更有权威的人求助，正如我的权利受到侵犯时，我有权请求法律援助一样。

如果我因为钱包被偷而向警察求助，而警察做出如下回应，那么我会感到很难过：

- “不要告状！”
- “别那么小气，小偷可能比你更需要钱。你需要分享！”
- “你罪有应得。你不应该带着一个可能会诱惑别人的钱包。”
- “你有没有告诉抢钱包的人，他偷了你的钱包让你很生气？”

当我们退后一步，想想自己在需要帮助时所期望的是什么时，我们会感到惊讶。

我们想把大部分时间花在营造体贴的、具有支持性的照护者角色上。我们绝对不想在自己与孩子的关系中扮演维持治安的角色。然而，我们是权威人物。我们说了算。我们必须作为权威人物进行干预，确保儿童的基本权利得到保护。

当介入时，我们要尊重地、关心地进行干预。如果可能的话，我们有许多引导策略来帮助孩子解决他们的问题。如果不可能的话，我们就充当那些违反规则的孩子进行自我管理的助手，直到他们能够自我管理为止。

## 11-5e 我们应该要求儿童道歉吗？

奇怪的是，我们会告诉孩子们“要诚实，永远要说实话”，然后要求他们“告诉 × × 你很抱歉”（甚至不知道他们是否真的感到抱歉）。任何孩子都不应该被要求说他感觉到了实际上感觉不到的东西。更恰当的做法是简单地指出另一个孩子的感受。如果冒犯他人的孩子真的感觉到抱歉，那么他可能会自然而然地表现出一些悔恨或后悔的迹象。

如果一个孩子似乎对他所做的事情感到抱歉，那么这样说可能会有所帮助：“你愿意告诉卢克，你对所发生的事情感到抱歉吗？”“你想让我替你告诉他吗？”对于我们来说，更重要的是找到某种方法来帮助孩子向卢克赔罪。如果他有机会做对事情，那么他会自我感觉良好。当我们向孩子们暗示“你把事情搞得一团糟，你无法挽回你所做的一切”时，我们会严重地挫伤他们的积极性。

如果孩子想弥补，那么他可以学着询问被冒犯的孩子：“我能做些什么来纠正吗？”我们可能需要参与进来，帮助孩子们思考他们可以做出弥补的不同方式。参见正面引导焦点 11.10。

**正面引导焦点 11.10　儿童可以弥补过失的方法**

1. 询问朋友：“我可以做什么来帮你？”
2. 如果你是真心的，就说“对不起”。
3. 给朋友弄一张湿纸巾，放在他被撞到的膝盖上。
4. 给朋友拿来绷带。
5. 坐在朋友的身边，直到他感觉好些。
6. 自制一张卡片。
7. 拥抱（尊重一些朋友讨厌拥抱的事实）。
8. 捡起被撞倒的积木。
9. 询问朋友是否愿意坐在你的旁边。
10. 邀请朋友一起参与活动。

## 11-6　行为动机——马斯洛的需求层次理论

亚伯拉罕·马斯洛（Abraham Maslow，1943）创建了一个显示心理和生理需求水平的金字塔模型。他用这个金字塔模型来解释人类动机理论（见图 11.2）。他提出，金字塔中的每一个基础层次的需求得到满足后，相继的更高层次的需求才能得到满足。参见正面引导焦点 11.11。

**正面引导焦点 11.11　马斯洛需求层次理论中激发行为的情感需求**

1. 自我实现，自我成就。
2. 自尊、责任、获得。

3. 归属感，对家人、朋友的依恋。

4. 安全感、受保护、秩序感。

5. 基本生活的需求（食物、住所、空气、温暖）。

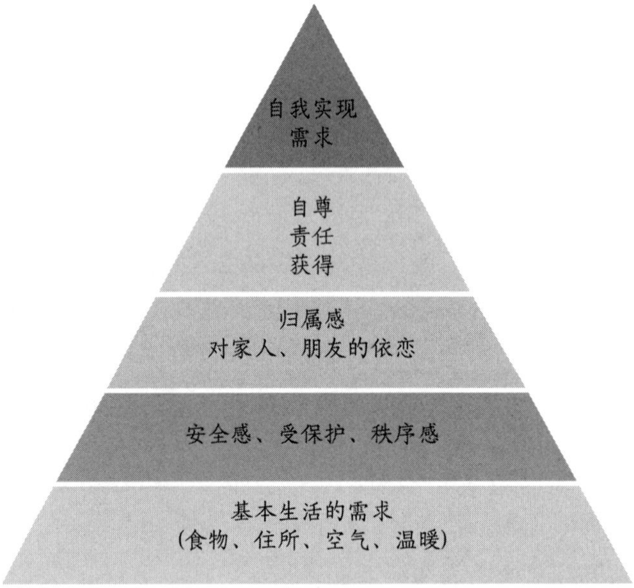


**图 11.2 马斯洛的需求层次理论**

在我们追求更高层次的成就之前，基本需求必须得到满足

一个感到饥饿的孩子在游戏和学习时的注意力会被分散。他最关心的是食物。一个受到惊吓和没有安全感的孩子对交朋友或用积木建造城堡并不感兴趣。一个感觉不被关爱的孩子无法独立而自信地工作。事实上，年幼的孩子倾向于做任何似乎可以有效满足其需求的事情。参阅前面关于“错误目标”的内容。记住这些对我们来说很重要，因为作为早期教育工作者，我们希望孩子们冷静、合作和好奇（Franken，2001；Lyubomirsky，2008；Lyubomirsky，King，& Diener，2005；MacDonald & Leary，2005；Myers，2009）。

## 11–6a 我能如何支持儿童发展自尊？

未被满足的需求是导致功能性行为失调的一个潜在原因，因此我们需要支持儿童发展自尊。一些行为不当的孩子的内心似乎有着一个巨大的黑洞，而自尊本应存在其中。自尊被认为是一种与学校成功和社会适应密切相关的人格特征（Hill & Buss，2006；Mruk，2006）。

我们知道需要做点什么来培养自尊。孩子们不会仅仅因为唱了一首可爱的关于变特别的歌，或者在“我很特别”的文字上涂颜色，就突然产生自我价值感。真正的支持自尊发展的活动包括：重视孩子，给予孩子真诚的认可，每天尊重地对待孩子，倾听孩子的心声，保护孩子的权利，每天与孩子进行眼神交流，以及在与孩子的眼睛平齐的位置使用孩子的名字。

根据孩子的年龄水平和喜好倾向，适当的触摸可能很重要。拥抱婴儿和学步儿，用胳膊搂着幼儿的肩膀，或把手搭在学龄儿童的肩膀上，都可能被认为是温暖和亲密的象征。不管潜力高低，每个孩子都有权最大限度地发挥自己的潜力。我们的作用是支持孩子的成就，让他实现自己的梦想。

孩子们对自身“价值”的看法反映了那些对他们来说重要的人对其价值的认识。如果家长和照护者一直认为孩子是可爱、有能力、有价值的，那么孩子就会发展出积极的自尊。如果细心的照护者能够满足孩子的需求，同时确保其感到安全、被爱，并始终受到尊重，那么孩子从出生起就会开始发展自尊。我们可以同时给予孩子坚定的引导和尊重的对待。虽然重建受损的自尊是有可能的，但从一开始就支持积极的自我概念的发展会更容易（Hill & Buss，2006；Mruk，2006）。

如果一个孩子的早期经历已经损害了他的自我意识，那么我们必须立即开始培养他的自尊。在这样做的过程中，我们将教给孩子通过适当的方法来满足他的需求。伴随大量的支持和耐心，孩子们就可以忘却旧的、不恰当的行为，而这些行为可能是他们在混乱或不支持的环境中获得满足的唯一途径。如果不当行为的循环难以解决，那么我们很容易陷入行为不当的境地，就像我们试图帮助的孩子一样。辱骂、大喊大叫、挖苦和嘲笑都是不恰当的成人行为。

我们成功的关键是把孩子拉高到一个更容易接受的行为水平，而不是让孩子把我们拉低到不成熟和不恰当的互动水平。当然，这是一个很容易给出却永远不容易付诸实践的建议。

## 11-7 外部强化

我们已经研究了内在动机。现在是时候看看硬币的反面了——外部**行为矫正**技术。有些行为来自无意识的习惯，即使是最真诚的改变愿望也难以与之抗衡。我们从自身的经验中知道，想要戒烟、减肥或经常锻炼并不总是足以让这些事情发生。我可能非常想减肥，但如果我每次经过冰箱时都会不自觉地打开冰箱，那么我可能就是我自己最大的敌人。

杰里米告诉他的母亲，他不想每天练习钢琴（他的钢琴教师要求他这么做）。他的母亲深入地研究了他的内在动机。她和他谈起了他想成为一名著名音乐家的愿望，以及当他掌握高难度的乐曲时的自豪感。如果杰里米真的有弹钢琴的内在欲望，而缺乏练习只是建立新习惯的问题，那么每天给他一张可爱的小贴纸作为奖励，他可能会创造出奇迹。如果他因为缺乏内在动机而不练习，那么给贴纸就是浪费时间。事实上，它们可能比浪费时间更糟糕。杰里米做出不练习的决定可能基于这样一个事实，即他放弃的只是一个小贴纸，而这个贴纸实际上并不是很有价值。此外，如果杰里米被强迫练习以获得奖励，那么当日后成人提醒他应该做的事情时，他可能会做出回应说："如果我做了，你会给我什么？"

相反，当杰里米决定训练他的宠物鸡"弹钢琴"时，他不会浪费任何时间告诉母鸡它将会感到多自豪。每当母鸡在无意间踩到放在笼子里的玩具钢琴时，他都会把一粒玉米扔到它的盘子里。不久，每当杰里米的鸡看到他时就会咯咯叫，使劲儿敲击钢琴键盘。

当与正常发育和有天赋的孩子一起工作时，随着时间的推移，内在动机几乎总是最有效的。对于正常发育的孩子来说，外部强化可能不会有效，除非成人与一个真正需要帮助来建立新习惯的孩子在相互尊重的合作中共同计划。相比之下，智力有障碍的孩子通常需要外部强化才能达到基本的学习目标。

我每天都会往汽水自动售卖机里投币，可能就像小鸡踩玩具钢琴以获得玉米粒一样机械。我可能需要改变我的外部环境来打破我的习惯循环。也许我可以走不同的路线，这样我就不会经过自动售卖机；或者我可以想出一个给自己的奖励，如果我坚持整整一个星期不喝罐装汽水，甚至随身带着水瓶（在我很想喝汽水时作为替代品），那么我就可以获得奖励。我们可以用完全相同的方法来帮助孩子改掉不良习惯。

斯蒂芬妮的妈妈来托儿所接她，她跑向妈妈。斯蒂芬妮的手里有一堆画，她围着妈妈跳舞，尖叫着："妈妈，看我画了什么！看我做了什么！"斯蒂芬妮的妈妈忙于和其他妈妈聊天，所以忽略了斯蒂芬妮。最后，斯蒂芬妮把画扔在地上，大叫道："我恨你，妈妈！"她的妈妈立刻弯下腰说（用一种不耐烦的语气）："斯蒂芬妮，你想要什么？"

斯蒂芬妮已经学到了她的妈妈并没有打算教她的东西：当你想要得到妈妈的注意时，你要表现得充满仇恨和破坏性，因为那样你会比只是请求注意更快地得到关注。

为了满足自己的需求，孩子们通常会做任何他们需要做的事情。许多无意识的习惯只是因为它们有效才形成的。我们需要非常仔细地分析一日常规，以确定孩子们如何在环境中得到他们想要和需要的东西。

最用力推搡的孩子总是排在队伍的最前面吗？发牢骚和争吵能有效延长就寝时间或看电视时间吗？如果孩子突然发作，就意味着他不必系安全带了吗？在讲故事的过程中，举止最不得体的孩子是否得到了我们所有的目光接触、语言交流、身体接触和名字识别？记住，即使是负面的关注也比被忽视要好。

我们需要考虑**间歇性强化物**的强大效应。赌博的人不需要每次把钱放进老虎机时都得到奖励。他们会连续几小时给老虎机送钱，就为了有机会得到一个真正的大回报。同样，孩子们也会缠上几小时，期待着一个可能的机会：一个感到厌烦的成人最终会让步，用孩子想要的特权或回应来"奖励"他们的不当行为。在没有意识到的情况下，我们可能每天都会强化和奖励那些不正常的令人讨厌的行为。通过有意识地观察孩子从各种行为中得到了什么，并改变我们自己的行为，我们可以采取重要举措来预防或解决许多令人沮丧的不良行为模式。

### 11-7a 什么是行为矫正？如何使用行为矫正？

为了恰当地使用行为矫正，成人需要遵循一个高度结构化的过程。

- 观察孩子现在的行为。
- 确定期望的未来行为。
- 把这两种行为之间的距离分解成几个小步骤。

我们要系统地加强每一个小步骤，让孩子更接近所期望的行为。

在行为矫正中，我们可以将学习的过程视为一次一个环节地把一条链拼凑起来。这种改变对孩子来说是外在的，因为由成人选择儿童要学习的技能并强化这种行为。但是，儿童的学习是内在的。

马娅是一个漂亮的3岁女孩，被诊断为自闭症。她不会说话，但能听懂别人说话。她不停地在房间里晃来晃去，拍打着胳膊，发出细小的呼噜声。恳求她停止这些行为的做法会使她感到困惑、有压力，以及非常焦虑，以至于这些行为会增加，甚至会导致她崩溃和发脾气。然而，使用行为矫正可能是一种有效且体贴的方式，可以逐渐帮助她找到一种沟通的方式。

马娅的教师托马斯没有关注她的拍打，而是让所有的孩子学会做同样的动作。托马斯在与马娅的视线水平齐平的高度上张贴了一张带有塑封照片的特殊海报。马娅凑近一看，不知不觉地用手掠过脆谷乐的照片。托马斯立即说："哦，你要脆谷乐吗？"他把海报上的照片拿下来，放在马娅拍打着手臂的手里。"跟我来，马娅，我现在就给你拿脆谷乐。"那是马娅最喜欢的食物，所以她迫不及待地跟着。马娅用这张照片换了真正的脆谷乐。

后来，马娅再次徘徊在海报旁。这次她故意触摸着一个照片。托马斯一直在密切关注着海报。他马上说："哦，你会喜欢那本关于托马斯小火车的书。跟我来，你可以用手里的照片来换它。"托马斯挑选了一些他知道马娅会特别喜欢的东西的照片。到这一天结束时，马娅知道如何选择一张照片来表示她想要的东西。简单的外部强化让她获得了她所需要的非语言交流技能。随着时间的推移，托马斯将使马娅摆脱奖励。然后他可以创建更复杂的图表来帮助她交流，直到她掌握语言交流技能。

发育迟缓、有学习障碍和语言迟缓的儿童缺乏讨论或反思动机的能力。行为矫正可能是引导这些孩子的最好工具。行为矫正可以非常成功地应用于发育良好的儿童，甚至是天才儿童。然而，重要的是要争取聪明孩子的自愿和积极的合作。有能力检查自己和他人动机的成人和儿童，如果意识到他们的行为在自己不知情的情况下被操纵了，那么他们就会感觉受到了胁迫。例如，如果我突然意识到我的老板在咖啡机上放了一个“坏了”的牌子，我会停止喝咖啡，并断掉咖啡因的作用，不过我可能不会对这种帮助心存感激。我可能会对未经允许的帮助感到愤怒。我可能会固执地喝更多的咖啡，只是为了维护我的自主权。

当我们坦率地说出自己的计划时，行为矫正对心智健全的孩子能够发挥作用。我们可能会说：“鲁比，你愿意制作一本特别的书来帮助你记得去洗手间吗？我可以把定时器设置为 2 小时，每当它响的时候，你可以去洗手间并在你的书上贴一张贴纸。你觉得这样有用吗？你想尝试一下吗？”

显然，只有在鲁比因拖延上厕所的习惯而尿裤子的情况下，贴纸簿才会对她有帮助。如果一个蹒跚学步的孩子还不明白他的身体发出的信号，也不知道如何控制这些感觉，那么他不会仅仅为了得到贴纸，突然间就能够掌握如厕的技能。

如果鲁比有内在动机的问题（比如需要作为一个婴儿和家里刚出生的婴儿争夺注意力），那么这个策略也不会起作用。然而，如果鲁比真的想要停止尿裤子，她只是需要一点刺激来改掉一个坏习惯，那么她可能会全力配合，并在成功时为自己感到骄傲。贴纸将给她带来成功所需要的刺激。

## 11-7b 行为矫正并不总是有效

如果使用得当，行为矫正会是一个有用的工具。强化是改变习惯模式的有力工具。然而，对我们来说，一个合理的担忧是，我们不能让忽视不当行为成为放弃对孩子不被接受的行为负责的借口。巧妙地忽视不当行为可能是有用的，只要这些行为不违背我们的基本规则。我们可以尝试与有能力的孩子合作，让行为矫正不会看起来像是被操纵的和冷漠的。如果我们忘记尊重个别的孩子，那么矫正行为的尝试就有可能会造成伤害。

在努力避免惩罚的过程中，我们有时会使用贴纸和星星作为奖励或特权来引导孩子们掌握技能并服从我们。奖励可以引起暂时的配合，但对于培养自主学习者或关心、合作、负责任的人来说并没有效果（DeVries & Zan，2003；Wien，2004）。简而言之，好的价值观必须由内而外发展。试图通过将奖励悬置在孩子面前来缩短这个过程，充其量是没有效果，最坏的是会适得其反。由于提供了引人入胜的发展适宜性学习环境，儿童很可能会成为热情的终身学习者。在一个安全、充满关怀的学习者共同体里，儿童可以发现和创造，以及选择自己如何学习。

Photo courtesy of the Preschool at Claremont United Methodist Church

那些提倡有意识的自我控制的教学人员，会帮助孩子培养终身热爱学习的精神。通过有意识的探索，孩子们能够发现他们是谁，以及他们拥有什么样的可能性。

## 11-8　如何开发儿童的社会情绪智力？

前几代人认为知识是永久的、绝对的。现在我们知道，知识是与世界和周围宇宙的动态的和变化的相互作用。知识是不断变化的。如今高科技工作场所需要的很多关键技能与十年前不同。知识进步的步伐要求我们不断更新知识和技能。

把教育看作对知识体系的掌握已经过时了。学习不再止于毕业。今天，素质教育教给孩子们思考的技巧，这样他们就能成为有效的终身学习者。在历史上，关注的焦点一直是通过韦氏智力测试等工具来评估儿童的能力，韦氏智力测试通常被称为智商测试。

然而，事实证明，智商本身并不能很好地预测生活或工作表现。与此同时，对社会公正的兴趣使人们对不受文化偏见影响的智力评估产生了兴趣。彼得·萨洛维（Peter Salovey）和约翰·梅耶（John Mayer）研究了智力的社会和情感方面，并于1990年首次提出了“情商”这个术语。丹尼尔·戈尔曼（Daniel Goleman，1995）和鲁文·巴昂（Reuben Bar-On，1997）推广了他们的研究。

**社会情绪智力**指的是能够改善工作表现和社会功能的个人和社会技能。这些技能是社会能力的必要和先决条件。社交情感模型衡量了一系列的情感和社交技能，这些技能决定了我们如何有效地表达自己、理解他人、与他人相处，以及处理日常社交和情感需求（Bar-On，2000，2005）。参见正面引导焦点 11.12。

## 正面引导焦点 11.12 高情商人士的十个习惯

1. 他们给自己的感觉贴标签，而不是给人或情况贴标签。

“我感到不耐烦”而不是“这太荒谬了”。

“我感觉受到了伤害”而不是“你是个混蛋”。

“我很担心”而不是“你是个白痴”。

2. 他们区分思想和感情。

知道何时说“我感觉……”而不是“我认为……”。

3. 他们对自己的感情负责。

“我感到生气”而不是“你让我感到生气”。

4. 他们用自己的感觉来帮助做决定。

“如果我这样做，我会有什么感觉？”“如果我不这样做，我会有什么感觉？”

5. 他们对别人的感受表示尊重。

他们会问：“如果我这样做，你会有什么感觉？”“如果我不这样做，你会有什么感觉？”

6. 他们感到精力充沛，而不是愤怒。

他们利用别人所说的“愤怒”来激发活力，采取富有成效的行动。

7. 他们认同别人的感受。

他们对他人的感受表示同情、理解和接受。

8. 他们练习从消极情绪中获得积极价值。

他们问自己：“我感觉如何？”“什么能让我感觉好些？”

他们问别人：“你感觉如何？”“什么能让你感觉好些？”

9. 他们不建议、指挥、控制、批评、评判或教训他人。

他们意识到作为这种行为的接受者会感觉不好，所以他们不这么做。

10. 他们回避那些否定他们或不尊重他们感受的人。

在可能的情况下，花点时间和那些高情商的人在一起。

这一领域的研究迅速扩大。大脑方面的研究包括探索控制情感意识的大脑回路（Lane，2000），以及其他情感和社会功能（Lane & McRae，2004；Young & Saxe，2009）。这些研究的结果提供了大脑结构的物理证据，这些结构在关注社交和情感时会变得活跃（Matthews et al.，2002，2003；Young & Saxe，2009；Zeidner et al.，2001）。

## 11-8a　我们要如何培养儿童的社会情绪智力?

发展适宜性教育项目对儿童的情商有很大的影响。我们可以帮助儿童学会以适合社会的方式进行互动，恰当地表达自己的情绪。我们也可以通过正面的儿童引导帮助孩子学会良好的社交行为。这样的策略已经被证明可以提高儿童的自我意识并减轻压力（Bar-On，2005）。

知人者智，自知者明。

——老子，《道德经》

当读到上文中的清单时，你可能已经明白：我们在本书中讨论过的所有事情都为该清单奠定了基础。我们对基本规则的使用让孩子们从蹒跚学步的时候就知道我们重视尊重和责任。当说“温柔，请轻轻触摸”时，我们正在介绍社会情感发展的早期课程。当使用阅读疗法来帮助幼儿理解他们的感受时，我们正在给他们教授社会情感发展的课程。非常重要的是，当教孩子们如何进行冲突协商时，我们就在磨炼他们的社交情感技能。正面的儿童引导能够支持儿童的社会情感发展。参见正面引导焦点 11.13。

### 正面引导焦点 11.13　社会情绪智力的组成要素

伊莱亚斯和阿诺德（Elias & Arnold，2006）指出，社会情绪智力的学习包括以下内容。

**了解自己**

- 理解感情
- 学会负责
- 认可优势
- 管理情绪
- 理解社交契合
- 进行创造性的、有纪律的探索
- 克服障碍
- 解决问题

**关心他人**

- 表示感同身受
- 尊重他人
- 承认多样性

**知道如何行动**

- 有效沟通
- 建立关系
- 公平协商以解决冲突
- 拒绝挑衅
- 在追求需求和目标时寻求适当的援助和支持
- 行为合乎道德

## 11-9 走向正念

哈佛大学的埃伦・兰格（Ellen Langer）通过对**正念**的研究改变了心理学领域。她的卓越研究表明，我们的大脑有能力改造我们的身体。在兰格的研究之前，心理学的主流观点认为决策是一个逻辑过程。她的研究为人们的思维方式确定了一种新的模式。她认为正念扩展了创造力和创新能力。不关注自己的生活会让人粗心、心胸狭窄和自满（Langer，2009）。

## 11-9a　正念是什么意思？

婴儿和学步儿似乎是处于“自动驾驶”的状态。蒙台梭利（1988）将儿童从出生到3岁阶段发展中的心智描述为“无意识的吸收性心智”。然而，婴儿和学步儿的行为非常接近正念的定义。正念包括完全的感官参与和对周围环境的关注。蒙台梭利描述的3岁以下儿童与成人的一个关键区别是无意识。3岁以后，我们会失去无意识的吸收性心智，但我们可以努力获得正念觉知。正念觉知有助于儿童和成人获得更好的自我控制和自我管理。

婴儿和学步儿天生是无偏见的，乐于接受每一种新体验。3岁以下的孩子会全神贯注于所经历的一切，他看着它，抚摩它，贴在脸颊上感觉它，尝它、闻它、摇它，然后把它重重地摔在桌子上。婴儿和学步儿在体验每件事时都像是第一次一样。在正念中，我们努力达到同样的“初学者的心智”。

Photo courtesy of the Preschool at Claremont United Methodist Church

正念包括完全的感官参与和对周围环境的关注。我们努力达到正念觉知，这样我们就能更好地实现自我控制。

婴儿和学步儿生活在当下。他们可以表达强烈的情感，然后迅速进入下一个体验。你可能会注意到一个正在发脾气的学步儿突然发现了一个玩具，然后他就停止了哭泣，摇摇晃晃地走过去玩。婴儿和学步儿会放下过去。他们从不带任何包袱或偏见。通过正念训练，我们努力从错误中学习，然后继续前进，为下一次体验做好准备，就像那个轻松愉快的学步儿一样（Burke，2010；Singh et al.，2010）。

## 11-9b 正念如何能帮到我?

人们发现正念练习对有注意力问题的儿童以及患有多动症和智力残疾的儿童都有帮助（Flook et al.，2010；Jennings，2011；Joyce et al.，2010；Liehr & Diaz，2010；Singh et al.，2010）。研究表明，它可以帮助有行为问题的儿童发展自我控制和自我管理（Coatsworth et al.，2010；Singh et al.，2010）。此外，正念训练似乎有助于解决社会和情感问题，如焦虑、抑郁和不安全感（Bazzano et al.，2010；Brown & Ryan，2003；Coatsworth et al.，2010；Kee & Liu，2011）。然而，最值得注意的是，通过正念训练，照护者、教师和家长可能会变得更具权威性，不再那么专制（Duncan & Bardacke，2010；Williams & Wahler，2010）。

你可以考虑把瑜伽作为一种向教职工和家长传授正念训练的方法。每个人在开始瑜伽或其他锻炼项目之前都应该咨询医生。幸运的是，美国的大部分地区都有健康俱乐部或其他教瑜伽的组织。如果冥想对你来说更合适，那就在你的社区里寻找冥想团体，或者阅读戈尔曼（Goleman，1997，2003）的书来学习如何冥想。

推动 3—12 岁儿童进行正念练习，可以帮助他们维持或恢复（如果已经失去的话）在早期生活中拥有的对新经历保持好奇和开放的美好品质。参见正面引导焦点 11.14 至 11.19。

### 正面引导焦点 11.14 关注环境的正念

这个正念练习能够将孩子们的意念集中在一个物体上。

1. “今天我们要探讨一个物体。”
2. “请在教室里走走，拿起一个小物体。”
3. “带上你选的物体，围坐成一圈。”
4. “用你的双手握住这个物体，从各个侧面仔细观察它。”
5. “请你现在闭上眼睛，调动你的其他感官来想一想你的物体。想想它的重量、气味、声音和质地。”
6. “睁开你的眼睛。把物体放在你的背后。”
7. “再闭上你的眼睛。想象一下你正在看你的物体。”
8. “谁愿意举手告诉我们，你对于这次练习的感受如何？”

9.“如果你最后一次闭上眼睛时能在脑海中浮现出你的物体，请举起你的手。”

10.“密切关注是否会让你更容易记住事情？”

年幼的孩子可能希望用美术纸和艺术材料来画和粘贴一本关于他们的特定物体的小册子。大一点的孩子可能会被邀请写一个想象中的故事，并在情节中使用特定的物体。

## 正面引导焦点 11.15 关注身体的正念

这种正念练习可以用任何一种小的食物来做，我们通常用三个葡萄干。这是一个专注于意识和客观经验的练习。

1. 让孩子们洗手，然后围坐成一圈。

2. 让做“帮手”的孩子为每个孩子分发餐巾或纸巾，并邀请孩子们在餐巾或纸巾上放三个葡萄干。

3.“今天，我们将思考和探索进食的过程，就好像这是我们第一次品尝食物一样。”

4.“请拿起一个葡萄干，用手指感受它的质地，注意它的颜色。”

5.“当看着葡萄干的时候，想想你会不会产生喜欢或不喜欢的感觉。”

6.“拿着葡萄干凑近鼻子，闻一闻它。”

7.“把葡萄干放在嘴边，想着你的胳膊在移动，你的手要把葡萄干送到嘴里，而你口水直流，等着葡萄干。”

8.“把葡萄干放进嘴里，慢慢咀嚼，体验葡萄干的真正味道。把它含在嘴里。”

9.“当你感觉准备好吞咽的时候，感受一下吞咽的感觉。”

10.“当你准备好时，拿起第二个葡萄干，用新的葡萄干重复这个过程，就好像这是你见到的第一个葡萄干。”

资料来源：Burke，2010；Greenberg & Harris，2012；Hooker & Fodor，2008；Kabat-Zinn，1990.

### 正面引导焦点 11.16 关注环境的正念——知晓物体运动

在这个活动中，我们需要一个可以让孩子们自由活动的开放空间。

1. 围坐成一个圈。

2. “今天我们要思考我们的身体是如何运动的。”

3. “慢慢站起来，开始绕着圆圈走。”

4. “想象我们正走在一层柔软的羽毛上。”

5. “想想那是什么感觉。”（孩子们笑和评论他们的反应是很自然的。有幽默感是一件好事。）

6. “现在我们走在黏糊糊的巧克力上。”

7. “想想那是什么感觉。”

8. “现在我们只是在普通的房间里走来走去。”

9. “想想你的感觉。”

10. “想想是什么在触碰你的身体、脸、手、脚。”

11. “大家请坐。”

12. “如果你想告诉我你的感受，请举手。”

资料来源：Greenberg Harris，2012；Hooker & Fodor，2008；Kabat-Zinn，2003.

### 正面引导焦点 11.17 通过关注呼吸来进行正念

专注于呼吸是正念练习的基础。

1. 让孩子们舒服地围坐成一个圈。

2. “今天我们要探讨我们的呼吸。”

3. “我们的肺就像胸腔里的两个气球。我们的肺将新鲜空气带进我们的身体并将用过的空气排出体外，从而保持我们的健康。”

4. “闭上你的嘴。现在轻轻地把你的手放在前面，但不要碰到鼻子。”

5. “注意冷空气如何进入你的鼻子，然后热空气如何出去。”

6.（我们不会试图让孩子们屏住呼吸、用力呼气，或者改变他们的自然节奏——我们只想让他们意识到自己的呼吸。）

7. 对于3—5岁的孩子来说，专注于感受冷暖气息的进出是完整的正念练习。

8. 对于5—9岁的孩子来说，可以深化练习："你可以放松你的手，把它们放在腿上。"

9. "我们现在要安静地数呼吸。请闭上眼睛数数：'吸气一个——呼气一个。吸气两个——呼气两个。'"（当然，大一点的孩子可以数到五个以上。）

10. 重复这个过程。

11. "谁愿意举手告诉我你的感受？当你想到自己的呼吸时，你的身体感觉如何？"

12. "你认为当你感到不安或生气时，停下来想想自己的呼吸会有帮助吗？"

资料来源：Greenberg Harris，2012；Hooker & Fodor，2008；Kabat-Zinn，2003.

## 正面引导焦点 11.18 **正念冥想**

正念强调把注意力集中在对当下时刻的觉察上。当孩子走神时，我们可以只帮助他以一种不带偏见的方式去观察事实，然后把注意力重新集中到当下。我们可以帮助孩子们专注于一个泡泡，让他们忘掉烦恼。

1. 让孩子们围坐成一圈，放松一下。

2. "当我去商店的时候，我会看东西，并对它们做出判断。我不喜欢这个——这个不好。我喜欢这个——这个很好。这就是判断。"

3. "今天我们要集中精力思考，而不做任何判断。"

4. "我想让你们闭上眼睛想象一个美丽的泡泡。"

5. "想想那些让你感到不安或不开心的事情。现在，把那些麻烦的想法放进你的泡泡里。"

6. "让我们看看我们放在假想的泡泡里的想法。"

7. "还记得我们在外面吹泡泡时，泡泡是怎么飘走并消失的吗？"

8. “当我们看着这个泡泡慢慢地飘走，变得越来越小，直到完全消失时，我们会感到非常舒服和放松。”

9. “但我们不会评判自己的想法。”

10. “我们只会看着它们，让思想的泡泡飘走。”

11. 如果孩子们看起来专注和投入，那么可以从头开始重复这个过程。

12. “如果你想谈谈你的思想泡泡，请举手。”

13. “如果你想谈谈这次活动给你带来的感受，请举手。”

14. “如果你想到了专注于思想泡泡可能会让你感觉更好的情况，请举手。”

## 正面引导焦点 11.19 练习正念

当孩子们吃东西时，我们可以和他们谈论食物的味道和气味，以及他们吃饱后的感受。当他们游戏时，我们可以和他们谈谈他们此刻的体验：你握着手上的沙子感觉如何？阳光照在你的脸上感觉如何？当荡秋千的时候，你对风的感觉是什么样的？当孩子们变得专注时，他们可能会自发地谈论声音、景象、气味和他们自己的动作。正念需要有规律的练习。我们的目标是在日常生活活动中提高孩子们的意识。

我们可以和孩子们谈论他们每天经历的事情。他们会注意到什么质地、温度和气味？这种材料有声音吗？它是光滑的吗？粗糙的？干的？还是湿的？我们的目标是让孩子们养成专注的习惯。

当孩子们开始留意自己、周围的环境，以及自己与环境之间的身体互动时，他们就有更好的机会实现对动作、冲动和行为的严格控制。有意识是通向控制的重要一步。孩子们可能无法成功地控制其模糊地注意到的不恰当冲动（或者仅仅在错误行为发生后才注意到）。因此，正念练习为我们提供了另一个强有力的工具。我们可以有效地引导孩子们日后成为实现民主并对社会做出积极贡献的公民。

## 总结

1. 鲁道夫·德雷库斯（Rudolf Dreikurs）提出，错误目标会导致孩子们通过行为不当来寻求关注、获得控制感、进行报复以及远离可怕或痛苦的处境。

2. 认为孩子们可爱、有能力、有价值，有助于提升他们的自尊。

3. 具有破坏性或攻击性的孩子必须知道他将会被阻止，他人的权利将得到保护。

4. 要立即介入，制止欺凌。

5. 经常沉溺于愤怒、暴躁和蔑视的孩子需要知道，关心他们的成人不会爆发自己的愤怒。

6. 成人要想有效地引导儿童，就必须认识到自己的需求和不完美。

7. 举报虐待和忽视儿童的行为可以挽救儿童的生命。

8. 如果我们的社会、情感、身体和智力需求得到满足，那么我们就可以最好地照顾孩子。

9. 无论孩子是否感到后悔都坚持让他们道歉，是一种既不诚实也没有效果的引导方式。

10. 惩罚的目的是伤害、羞辱或报复孩子所做的事。

11. 使用暂停作为惩罚，无法支持正面的儿童引导。

12. 只要后果安全且合理，孩子们就能从其行为的自然后果中学习。

13. 亚伯拉罕·马斯洛（1943）创建了一个显示心理和生理需求水平的金字塔模型，作为解释他的人类动机理论的一种方式。

14. 如果使用得当，行为矫正是一个有用的引导工具。

15. 优质的教育项目对孩子的情商有很大的影响。早期教育专业人员可以帮助孩子开始理解自己的情绪。

16. 正面的儿童引导支持儿童的社会情感发展。

17. 兰格认为，正念有助于拓展创造力和创新能力。

18. 正念能增强注意力、促进自我控制和情商的发展。

## 关键术语

**错误目标**（mistaken goals）：德雷库斯提出，错误动机会导致儿童行为不当。一种错误的逻辑会导致孩子行为不当，以引起他人的注意，获得控制感，为自己受到的伤害报仇，并使自己脱离可怕或痛苦的处境。

**操纵**（manipulative）：用聪明或狡猾的方法控制或影响他人做他（她）可能不想做的事。（要知道，当早期教育者把“操纵”用作名词使用时，它指的是用于促进精细动作发展的小物体。手指可以操纵或移动物体。）

**内在动机**（intrinsic motivation）：动力来自内在的兴趣、欲望或享受，而不是来自外部压力或获得奖励。

**外在动机**（extrinsic motivation）：为达到结果而进行的活动。常见的结果是因表现出期望的行为而获得奖励（金钱、等级），或者是因行为不当而被惩罚。竞争是一种外在的动力，因为参与者渴望赢得和击败他人。

**暂时离开**（time-away）：将孩子从不知所措的情况中带走，以提供一段成人在场的、具有支持性的冷静时间。

**自然后果**（natural consequence）：在没有任何外部干预来改变或控制结局的情况下产生的结果。

**逻辑后果**（logical consequence）：一种在成人决定和控制结局的情况下产生的结果。

**解救**（rescue）：免受自身行为所产生的后果；有人出面干预，把孩子从他所创造的环境中“救出来”。

**行为矫正**（behavior modification）：一种改变孩子行为的特殊方法，通过奖励新的和可取的行为，降低不受欢迎的行为对孩子的吸引力，通常是简单地忽略它们。

**间歇性强化物**（intermittent reinforcer）：在某一特定行为发生后（但不是每次）给予的刺激或奖励。这种现象倾向于增加被强化的特定行为。

**社会情绪智力**（social-emotional intelligence quotient，EQ）：一个人的自我意识、情绪管理、自我激励、同理心和对内心感受的理解程度。

**正念**（mindfulness）：集中意识而不做判断；完全接触并意识到当下的时刻。

## 学生活动

1. 孔切塔，3 岁。她每周都要发几次脾气。在通常情况下，如果另一个孩子有她想要的东西，那么她就会发脾气。孔切塔的错误目标是什么？当孔切塔发脾气时，你该如何回应？

2. 韦敏，5 岁。他非常有好胜心。每当他不是队伍的第一名、比赛的第一名或滑滑梯的第一名，他就会变得心烦意乱。有时他会变得非常沮丧，哭着拒绝参与。他总是急忙向教师求助。你认为韦敏的错误目标是什么？当韦敏哭着拒绝参与时，你该如何回应？

3. 阿曼德，4 岁。当他感觉一个成人试图让他做什么时，他就变得好争论，并开始一场权力斗争。你认为阿曼德的错误目标是什么？当阿德曼好战、拒绝合作时，你该如何回应？

4. 贝丝，8 岁。她太傻了。她跟着班长开玩笑，举止粗鲁。她也很烦人，以至于大多数同龄人都避开她。你认为贝丝的错误目标是什么？当贝丝又吵又傻时，你该如何回应？

## 相关读物

Flynn, L. (2013). *Yoga for children: 200+ yoga poses, breathing exercises, and meditations for healthier, happier, more resilient children.* Avon, MA: Adams Media.

Rigby, Ken. (2008). *Children and bullying:How parents and educators can reduce bullying at school.* Malden, MA: Blackwell.

# 参考文献[1]


AAIDD (2011). *Definition of intellectual disability*. Washington, DC: Amerlcan Association on Intellectual and Developmental Disabilities. Accessed on January 19, 2011.

Aboud. F. E. (2008). A social-cognitive developmental theory of prejudice. In S. M. Quintana & C. McKown (Eds.), *Handbook of race, racism, and the developing child* (55-71). Hoboken. NI: John Wiley Sons.

Abramson. A. S., & Lisker, L. (1970). Discriminability along the voicing continuum: Cross-language tests. *Proc. Int. Congr. Phon. Sci*, 6, 569-573.

Ackerman, D. J. (2006). The costs of being a child care teacher: Revisiting the problem of low wages. *Educational Policy*, *20*(1), 85.

Acredolo, L., Goodwyn, S., & Abrams, D. (2002). *Baby signs: How to talk with your baby before your baby can talk.* New Yo: McGraw-Hill.

Addison, J. T. (1992). Urie Bronfenbrenner. *Human Ecology, 20*(2), 16-20.

Adler, A. (1931). *The patter of life. London*. UK: Kegan Paul.

Ainsworth, M. D. S. (1973). The development of infant-mother attachment. In B. Cardwell & H. Ricciuti (Eds.), *Review of child development research* (Vol. 3, pp. 1-94) Chicago: University of Chicago Press.

Aksan, N., Prisco, T., & Adams, E. M. (2008). Mother-child and father-child mutually responsive orientation in the first 2 years and children's outcomes at preschool age: Mechanisms of influence. *Child Development*, *79*(1), 30-44.

Allen, J. P., Porter, M. R., McFarland, F. C., Marsh. P., & McElhaney, K. (2005). The two faces of adolescents'success with peers: Adolescent popularity, social adaptation, and deviant behavior. *Child Development,* 76, 747-760.

Alley, T. R. (1981). Head shape and the perception of cuteness. *Dev Psycho*l, 17, 650-654.

American Academy of Pediatrics Association (AAPA). (2005). Breastfeeding Your Baby: Answers to Common Questions. Accessed on March 16, 2011.

American Diabetes Association. (2006). *American Diabetes Association complete guide to diabetes* (4th ed.). New York: Bantam.


[1] 为了环保，也为了节省您的购书开支，本书参考文献不在此一一列出。如果您需要完整的参考文献，请通过电子邮箱 1012305542@qq.com 联系下载，或者登录 www.wqedu.com 下载。您在下载中遇到问题，可拨打 010-65181109 咨询。

American Foundation for the Blind. (1993). *First steps*. Los Angeles, CA: Blind Children's Center.

American Psychiatric Association (2010). *Diagnostic and statistical manual of mental disorders*. Arlington, VA: American Psychiatric Publishing.

American Psychiatric Association. (2004). *Diagnostic and statistical manual of mental disorders* (DSMIV-TR, 4th ed.). Washington, DC: Author.

American Psychological Association. (2003). Guidelines on multicultural education, training, research, practice, and organizational change for psychologists. *American Psychologist, 58*(5), 377-402.

American Psychotherapy Association. (2008). Working women more likely than men to stay home with a sick child. *Annals of the APA*, Spring. Accessed on March 16, 2011.

Amsterdam, B. (1972). Mirror image reactions before age two. *Developmental Psychobiology*, *5*, 297-305.

Anderson, S. W., Bechara, A., Damasio, H., Tranel, D., & Damasio, A. R. (1999). Impairment of social and moral behavior related to early damage in human prefrontal cortex. *Nature Neuroscience*, *2*, 1032-1037.

Aries, P. (1962). *Centuries of childhood*. New York: Random House.

Asbury, K., Plomin, R. (2005). Nature and nurture: Genetic and environmental influences on behavior. *The Annals of the American Academy of Political and Social Science*, 600(1), 86-98.

Ashcraft, R. (Ed.)(1991). John Locke: Critical assessments. New York: Routledge.

Ashworth P. (1992)Being competent and having 'competencies'. *Journal of Further and Higher Education,* 16, 8-17.

Ashworth, M. (1992). *The first step on the longer path: Becoming an ESL teacher*. Scarborough, Ontario, Canada: Pippin Publishing Limited.

Astington, J. W., Dack, L. A. (2008). Theory of mind. In M. M. Haith & J. B. Benson (Eds.), *Encyclopedia of infant and early childhood development* (Vol 3, pp. 343-356). San Diego, CA: Academic Press.

Astington, J. W., &Hughes C. (2013). Theory of mind: Self-reflection and social understanding. In P. S. Zelazo (Ed.), O*xford handbook of developmental psychology*. New York: Oxford University Press.

Atherton, J. S. (2005). *Learning ard teaching: Piaget's developmental theory*. Accessed on May 20, 2011.

Aucoin, K. J., Frick, P. J., & Bodin, S. D. (2006). Corporal punishment and child adjustment. *J Appl Dev Psychol*, *27*, 527-541.

Aud, S., Wilkinson-Flicker, S., Kristapovich, P., Rathbun, A., Wang, X., & Zhang, J. (2013). *The condition of education 2013* (*NCES 2013-037*). Washington, DC: U. S. Department of Education, National Center for Education Statistics.

Aunola, K., Stattin, H., & Nurmi, J. E. (2000). Parenting styles and adolescents'achievement strategies. *Journal of Adolescence, 23*, 205-222.

Bachman, H. J., Coley, R. L., & Carrano, J. (2011). Maternal relationship instability influences on children's emotional and behavioral functioning in low-income families. *Journal of Abnormal Child Psychology*, *39*, 1149-1161.